SUR LES

PRINCIPALES INDUSTRIES

PAR

PAUL POIRÉ

ANCIEN ÉLÈVE DE L'ÉCOLE NORMALE, AGRÉGÉ DE L'UNIVERSITÉ
ANCIEN PROFESSEUR AUX COURS INDUSTRIELS D'AMIENS
PROFESSEUR AU LYCÉE FONTANES

OUVRAGE CONTENANT 163 GRAVURES

DESSINÉES PAR BONNAFOUX ET JAHANDIER

ET GRAVÉES PAR LAPLANTE

QUATRIÈME ÉDITION

PARIS

LIBRAIRIE HACHETTE ET Cie

79, BOULEVARD SAINT-GERMAIN, 79

1880

PRÉFACE

L'instruction primaire n'a pas seulement pour but d'élever le niveau moral des sociétés, de donner à chacun les connaissances que tout être intelligent doit avoir s'il veut rester à la hauteur du rôle qu'il est destiné à remplir dans le monde; il faut encore qu'elle fournisse à tous ceux qui en reçoivent les bienfaits ce que nous appellerons volontiers les outils nécessaires à l'exercice de sa profession. Or, si depuis quelques années de grands et louables efforts ont été faits pour répandre l'instruction primaire, pour la développer et lui donner l'importance qu'elle doit avoir dans un pays comme le nôtre, il faut avouer que sur certains points elle laisse encore à désirer.

Tous ceux qui se sont occupés de cette grave question se sont pris à regretter que l'enfant quitte l'école primaire pour entrer dans l'atelier, où il va apprendre et pratiquer les procédés opératoires de sa profession, sans posséder quelques notions élémentaires sur nos principales industries. Il ignore et l'origine et les propriétés

fondamentales de la matière première qu'il va travailler ;
à plus forte raison ne sait-il point les transformations
qu'elle a subies avant d'arriver entre ses mains, ni celles
qui l'attendent lorsqu'elle en sera sortie. Aussi, au lieu
de s'appliquer à étudier et à perfectionner les procédés
industriels qu'ils mettent en pratique, la plupart des
ouvriers ne fournissent qu'un travail purement mécanique, laissant stérile une somme d'intelligence qui,
mieux cultivée, eût porté des fruits utiles à tous.

N'y a-t-il pas lieu de regretter aussi que ceux qui vivent
en dehors des carrières industrielles ignorent les procédés employés à la fabrication des objets de consommation usuelle ? Chaque jour nous nous servons de choses
dont nous ne connaissons ni l'origine ni la fabrication.

Nous ne pensons pas qu'on puisse contester l'existence et l'étendue du mal que nous signalons, et c'est
pour y porter remède, dans la mesure de nos forces, que
nous avons cru devoir extraire de l'ouvrage *la France
industrielle*, que nous avons publié il y a quelques mois,
des notions élémentaires sur nos principales industries.
MM. les Instituteurs, déjà si dévoués à l'enseignement des
classes ouvrières, trouveront, nous l'espérons, dans le
petit livre que nous leur présentons aujourd'hui, l'objet
d'utiles lectures pour leurs élèves. Nous nous sommes
efforcé d'éloigner autant que possible les expressions
techniques ou de ne les employer qu'en les expliquant,
et, afin de donner à nos descriptions toute la clarté dési-

rable, nous avons visité tous les centres industriels pour voir fonctionner les industries dont nous voulions exposer les principaux traits, afin de recueillir dans les ateliers mêmes les éléments de notre travail. MM. les Instituteurs pourront féconder encore ces lectures par ces explications si lucides dont ils ont le secret : ils rendront ainsi un service signalé à leurs élèves et à l'industrie.

Paul Poiré.

INDUSTRIES EXTRACTIVES

CHAPITRE PREMIER

Mines et carrières. — Extraction des matériaux employés dans les constructions. — Pierre à bâtir. — Marbres. — Ardoises. — Chaux. — Plâtre, etc.

EXPLOITATION DES MINES ET DES CARRIÈRES

On appelle *carrières* des excavations d'où l'on extrait les matériaux employés pour les constructions, le pavage, etc., tels que les pierres calcaires, le granite, le marbre, les argiles, les ardoises, la pierre à plâtre, et l'on donne le nom de *mines* aux excavations d'où l'on extrait les minerais destinés à la préparation des métaux, les combustibles, tels que la houille et l'anthracite. Ces corps se présentent ordinairement sous forme de couches, d'amas et de *filons* ou veines situées en général à des profondeurs assez grandes : aussi l'exploitation des mines exige-t-elle des travaux préparatoires plus considérables que celle des carrières.

L'exploitation des mines et des carrières comporte deux parties bien distinctes : 1° l'*abatage* ou procédés employés pour détacher les minéraux utiles des roches dans lesquelles ils sont engagés; 2° l'*exploitation proprement dite*, qui comprend à la fois les travaux préparatoires par lesquels on va trouver le gîte minéral pour y préparer des chantiers d'abatage et le dessin suivant lequel on construit ces chantiers.

Nous décrirons d'abord les procédés d'abatage, et nous ferons l'étude des principales méthodes d'exploitation à mesure que nous nous occuperons des différentes industries extractives.

Outils. — L'abatage des roches se fait par plusieurs procédés, mais les différentes méthodes employées supposent l'usage d'outils qui sont en général fort simples ; leur nature et leurs formes varient d'un pays à l'autre, mais sont toujours subordonnées à l'espèce de travail qu'il s'agit d'effectuer et aux qualités des roches qu'ils sont destinés à entailler. Ce sont en général des pics à une ou à deux pointes comme ceux que représentent les figures 1, 2 et 3, des coins de fer ou de bois, des leviers ou barres de fer plus ou moins longues que l'on enfonce en frappant sur eux avec des marteaux de fer appelés *masses* et qui sont plus ou moins lourds, des pelles de formes différentes, etc., etc.

Les pointes des pics s'usent très-rapidement, surtout dans les roches très-dures ; lorsque les pointes sont émoussées, ou lorsque la partie en acier est usée, il faut renvoyer l'outil à la forge pour être réparé. Aussi les mineurs se servent-ils souvent d'un outil appelé *pointerolle* (fig. 4), qui, en cas d'accident, est facilement réparable sur place. La pointerolle est un petit pic à tête, de 0ᵐ,15 à 0ᵐ,20 de longueur, avec un manche de 0ᵐ,25 placé au milieu. Il est en acier ou aciéré à la fois à sa pointe et à sa tête. L'ouvrier s'en sert en plaçant la pointe contre les saillies de la roche et en frappant sur la tête avec une massette de fer, de manière à faire sauter des éclats. Lorsque les roches sont très-dures, les pointes sont bientôt émoussées. Quand cela arrive, le mineur répare facilement la pointerolle en la démontant et en montant sur le manche une autre pointerolle choisie dans une trousse, où un certain nombre d'outils sont enfilés six par six (fig. 5).

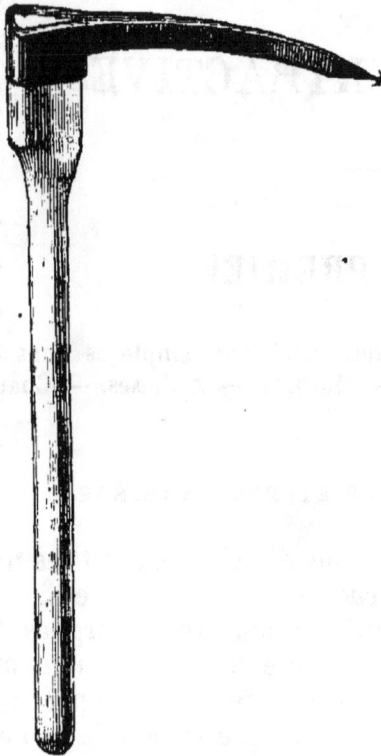

FIG. 1. — Pic des houillères de Saint-Chamond.

Abatage des roches. — Quand on veut détacher dans une carrière, ou dans une galerie de mine que l'on creuse, une masse de roche qui n'est pas trop résistante, on

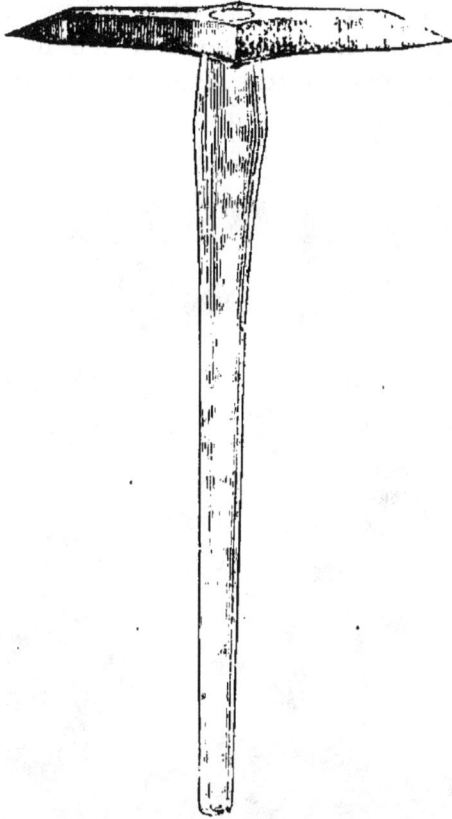

FIG. 2. — Pic à deux pointes
de Blanzy.

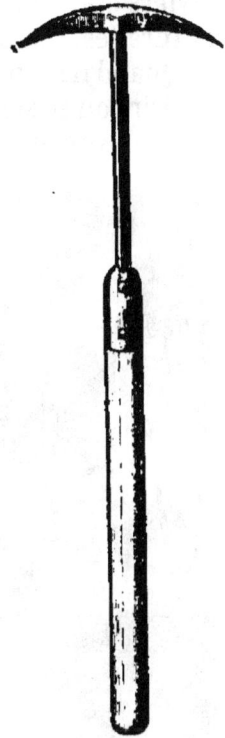

FIG. 3. — Pic ou rivelaine
des houillères du Nord.

peut opérer de la manière suivante. L'ouvrier trace à la partie

FIG. 4.
Pointerolle.

FIG. 5.
Trousses de pointerolles.

inférieure de la masse à abattre une rigole d'isolement : il peut pour cela employer la pointerolle. La roche une fois isolée, il abat la partie dégagée par la rigole à l'aide de coins ou de leviers qu'il introduit à coups de masse, soit dans des fissures naturelles, soit dans des entailles étroites faites artificiellement.

Quand il s'agit de pierres tendres, comme les pierres calcaires à bâtir, on se sert souvent d'un procédé dit *à la lance*. Il consiste à employer une longue barre de fer biseautée et aciérée à l'une

FIG. 6. — Abatage à la lance.

de ses extrémités. Cette barre ou *lance* est suspendue horizontalement par son milieu, à l'aide d'une chaîne, à une poutre horizontale, reposant sur des madriers verticaux et reliée à eux au moyen de cordages (fig. 6) : l'ouvrier, en balançant horizontalement la lance, frappe, avec l'extrémité aciérée, des coups répétés sur la roche qui s'entame. On voit que par ce procédé on utilise la masse d'un outil assez pesant sans cependant avoir à en supporter le poids, puisque la lance est suspendue par son milieu et que son poids porte tout entier sur la chaîne. On comprend que la lance devant attaquer des parties situées à des hauteurs variables, il est nécessaire de la placer au niveau convenable, ce qui se fait facilement en allongeant ou en raccourcissant la chaîne.

Quand la pierre est dure et que son usage ultérieur n'a rien à craindre de l'action du feu, on utilise ce fait que les roches les plus résistantes, brusquement chauffées, se dilatent et se fendent en perdant l'eau dont elles sont pénétrées. Si on les arrose pendant qu'elles sont chaudes, elles se contractent subitement et se fissurent à une profondeur plus ou moins grande. Dans cet état, les roches les plus récalcitrantes peuvent être attaquées par des pointerolles que l'on engage dans toutes les fissures. L'application du feu se fait à l'aide de caisses de tôle de forme conique, dans lesquelles on allume du bois et que l'on présente à la roche par la face suivant laquelle s'échappe la flamme, qui vient ainsi lécher la pierre.

Les procédés que nous venons de décrire ne suffisent pas toujours et l'on recourt souvent dans les mines, pour faire sauter des quartiers de roches, à l'usage de la poudre. Le trou dans lequel on logera la cartouche destinée à disloquer les roches par la puissance explosible des gaz que produit la combustion de la poudre, se pratique de la manière suivante. A l'aide d'une tige cylindrique de fer F appelée *fleuret* (fig. 7), et armée à son extrémité d'un biseau d'acier, le mineur perce un trou dont l'entrée a été préparée à la pointerolle. Il frappe sur le fleuret avec une masse de 2 kilogrammes environ, en le faisant tourner un peu après chaque coup de masse. Il doit verser de l'eau de temps en temps dans le trou, afin d'éviter que la chaleur dégagée par le choc contre la pierre ne détrempe le fleuret. Lorsque la pâte formée par cette eau et par la poussière gêne l'action du fleuret, il enlève cette pâte avec une tringle de fer C courbée à son extrémité en forme de cuiller et appelée *curette*. La profondeur convenable étant atteinte, le trou est nettoyé avec un tampon d'étoupe placé à l'extrémité de la curette. Le mineur prend ensuite une cartouche dans laquelle il enfonce une aiguille de fer ou de cuivre E appelée *épinglette*, qui lui sert à placer cette cartouche au fond du trou; puis, maintenant toujours l'épinglette dans l'axe du trou, il tasse autour d'elle de l'argile ou bourre avec un *bourroir* B ou tige ronde de fer portant sur le côté une cannelure dans laquelle se loge l'épinglette. Quand le trou est rempli, le mineur retire l'épinglette avec précaution, et dans le canal, qui reste libre au milieu du trou, il verse de la poudre ou place des *cannettes*, qui sont des petits rouleaux de papier enduits de poudre délayée et séchée. Il dispose alors à l'entrée du trou une mèche soufrée dont il enflamme l'extrémité. La combustion se propageant dans le canal réservé par l'épinglette arrive jusqu'à la cartouche ; la poudre s'enflamme, les gaz produits par la combustion de celle-ci font alors éclater la roche et la détachent de la masse.

La mèche doit être assez longue pour que le mineur ait le temps de se sauver et de se mettre à l'abri des fragments projetés par la détonation.

On se sert beaucoup aujourd'hui des fusées Bickford, qui consistent en une cartouche dans laquelle pénètre une corde imprégnée de poudre et autour de laquelle on effectue le bourrage. Cette corde est enflammée à son extrémité, brûle peu à peu et met le feu à la cartouche.

On emploie beaucoup aussi dans les travaux de mines la *dynamite*, substance d'un pouvoir détonant bien plus grand que la poudre ordinaire, plus économique et que l'on fabrique actuellement dans des con-

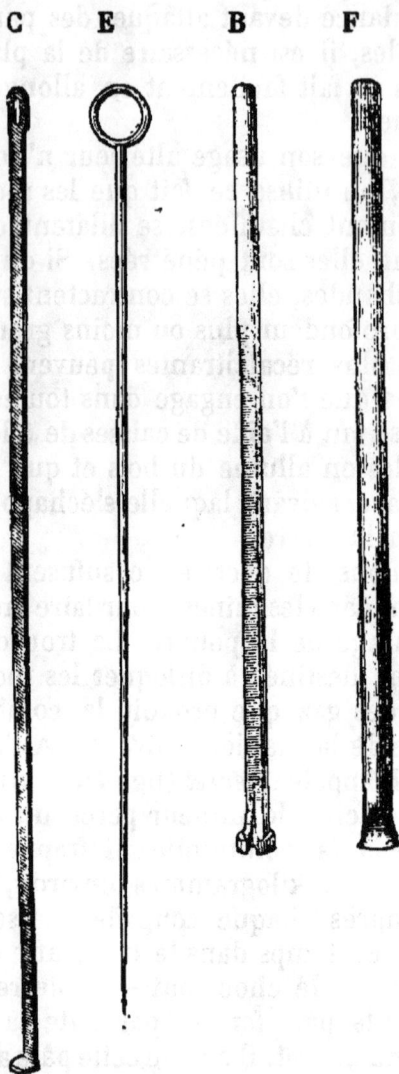

Fig. 7. — Outils pour l'abatage de la poudre.

F. Fleuret.— B. Bourroir.— E. Epinglette. — C. Curette.

ditions telles que son transport n'offre plus de danger. On l'allume au moyen d'une capsule fulminante que l'on enflamme par l'étincelle électrique.

La position des coups de mine exige de la part des mineurs de l'intelligence et de l'habitude, parce qu'il est difficile de donner aucune règle à ce sujet.

Lorsque la roche attaquée n'est pas trop dure pour être en-

FIG. 8. — Abatage par rigoles et à la poudre.

taillée facilement, la méthode la plus rapide consiste à faire une rigole à la partie inférieure du bloc que l'on veut détacher (fig. 8), puis à placer les coups de mine obliquement.

Souvent aussi on isole les blocs à détacher d'une autre manière. Le mineur creuse près du sol une entaille profonde qu'on appelle *havage* ou *souchèvement* (fig. 9), et s'engage au-dessous en ayant soin de soutenir la masse par des étais; pendant ce temps, un autre mineur, monté sur un chevalet, place des

coups de mine horizontaux, dont l'effet sera d'opérer le raba-
tage, c'est-à-dire d'abattre toute la partie située entre le
havage et le niveau des coups de mine.

Maintenant que nous connaissons les principales méthodes
d'abatage des roches, nous allons passer en revue les plus importantes des industries extractives. Le sol de la France est

FIG. 9. — Abatage par havage et à la poudre.

excessivement riche, et, parmi les substances utilisables que
l'on y rencontre, nous citerons la pierre à bâtir ou pierre de
taille, le granite, le marbre, la pierre à plâtre, la pierre à
chaux, l'ardoise, les calcaires pour ciments et chaux hydrauliques, les argiles pour la fabrication des briques, de la faïence
et de la porcelaine, la houille, la tourbe, le sel gemme, les
minerais métalliques.

PIERRE A BATIR

La pierre employée dans les constructions est une pierre calcaire (carbonate de chaux) qui est très-abondamment répandue en France, où elle forme des bancs et des amas considérables, qui sont en général régulièrement *stratifiés*, c'est-à-dire disposés par couches, et alternent avec des lits d'argile, de grès ou de sable.

Les carrières de pierre de taille fournissent d'excellents matériaux pour l'architecture et donnent lieu à une exploitation en général facile et peu coûteuse. Les pierres qu'on en extrait peuvent s'obtenir en blocs de toutes dimensions et présentent l'avantage de se laisser scier, tailler et même sculpter avec facilité, tout en offrant une dureté et une résistance satisfaisantes. Quoi qu'il en soit, toutes les pierres de taille ne présentent pas ces qualités au même degré. On distingue les pierres *dures* et les pierres *tendres*, les pierres de *liais* et la *roche*. La pierre dure ne se laisse scier qu'avec une scie sans dents et avec du grès fin que l'on interpose entre la scie et la pierre. La pierre tendre se laisse scier par la scie à dents. La pierre de liais a un grain fin, homogène ; elle est exempte de corps étrangers. La roche contient des grains de substances étrangères, comme le mica et le quartz, qui en diminuent la valeur.

Ajoutons qu'on appelle *pierres nettes* et *pierres franches*, les pierres de bonne qualité qu'on fait entrer dans les parties extérieures des bâtiments; *pierres de libage,* celles que leur couleur plus ou moins foncée et leur grain plus inégal ou plus grossier font employer pour les fondations et les caves.

Les carrières exploitées en France sont très-nombreuses, et chaque jour il peut s'en ouvrir de nouvelles, tandis que d'autres sont abandonnées. Nous citerons celles qui ont actuellement le plus d'importance. Les carrières de Tonnerre (Yonne) sont ouvertes depuis 1824 ; elles sont situées à 10 kilomètres de Tonnerre et fournissent annuellement de 3 à 4000 mètres cubes d'une pierre que l'on expédie dans toute la France, et qu'on exporte même en Angleterre et en Belgique. Les environs de Caen (Calvados) fournissent aussi une pierre à bâtir très-estimée en France et en Angleterre : les principales carrières de cette région sont celles d'Allemagne, de la Maladrerie, d'Aubigny, de Villers-Canivet, etc. La Lorraine a aussi fourni dans ces derniers temps d'excellente pierre à bâtir, qui a été employée

aux travaux des Tuileries et à la reconstruction des ponts
nouveaux. Ce sont les carrières d'Enville (Meuse) qui la produisent; à ce groupe se rattache la pierre d'Alsace, dont la
principale exploitation est à Wasselonne. Les environs de Paris,
les départements de la Seine, Seine-et-Oise, Seine-et-Marne,
Aisne et Oise, possèdent aussi des carrières importantes.
Citons en outre les carrières du Jura, des Alpes, de Saône-
et-Loire, de la Nièvre, d'Angoulême et des environs de Bordeaux.

L'exploitation des carrières de pierre de taille se fait soit à
ciel ouvert, soit souterrainement. Pour donner une idée de
l'importance relative de ces deux modes d'exploitation, nous
dirons que le nombre des ouvriers qui travaillent dans les carrières à ciel ouvert était, d'après les derniers documents officiels, de 88 439, tandis que celui des ouvriers travaillant dans
les carrières souterraines était de 21 848.

Exploitation à ciel ouvert. — Elle se pratique chaque fois
que le banc à exploiter n'est pas recouvert par une épaisseur
trop considérable de terres qu'il faudrait déblayer pour arriver
jusqu'à lui. Supposons, par exemple, que le banc à exploiter
vienne affleurer sur le flanc d'un coteau, on commence par
déblayer la terre qui recouvre la pierre. On profitera des fissures naturelles du banc pour faire, soit au pic, soit à la lance,
des entailles verticales destinées à isoler les blocs : puis utili-
sant les fentes naturelles, appelées *délits,* on fera des entailles
horizontales dans lesquelles on introduira des leviers ou des
coins qui permettront de détacher les blocs. On produira ainsi
un escarpement ou espèce de muraille verticale contre laquelle
on élèvera des échafaudages qui permettront de l'attaquer de
la même manière et de s'enfoncer dans le banc en marchant
dans le sens horizontal.

Dans d'autres cas, au contraire, on s'enfoncera dans le banc
en sens inverse, c'est-à-dire dans le sens vertical. Pour cela,
on creusera d'abord au centre de la carrière une entaille verticale que l'on élargira en détachant les blocs sur ses côtés : on
approfondira ensuite cette entaille et l'on continuera l'exploitation en s'enfonçant verticalement et en élargissant la carrière
dans le sens horizontal. Celle-ci prend alors peu à peu l'aspect
d'un amphithéâtre à gradins. Cette dernière méthode est souvent pratiquée dans les environs de Paris.

Exploitation souterraine. — Elle est pratiquée chaque fois
que les bancs sont recouverts par une épaisseur trop considé-

rable de matériaux non utilisables. Elle donne lieu à deux méthodes tout à fait différentes.

La première se pratique chaque fois que la masse à exploiter

FIG. 10. — Treuil des carrières.

est homogène, et que les bancs de pierre ne sont pas séparés par des couches de matériaux qu'on ne peut utiliser.

On commence par faire une galerie qui mène au milieu du gîte, puis on s'avance dans tous les sens à partir de l'extrémité de la galerie, de manière à creuser des chambres plus ou moins

grandes, en réservant des piliers de 4 à 5 mètres de côté et séparés l'un de l'autre par des distances, qui varient de 4 à
10 mètres, suivant la solidité des couches supérieures, appelées
toit. La méthode d'abatage est la même qu'à ciel ouvert. On
fait d'abord à la lance ou au pic des fenderies ou entailles verticales, puis des entailles horizontales, qui permettent d'isoler
et de détacher les blocs. Cette méthode est appelée *méthode par
piliers tournés*, parce que l'exploitation se fait en tournant autour des masses que l'on veut réserver comme piliers.

Lorsque au contraire les bancs à exploiter sont séparés l'un
de l'autre par des couches de matériaux que l'on ne peut utiliser, on opère autrement. On creuse d'abord une galerie d'entrée et, quand on est arrivé en plein gîte, on exploite en s'é-
tendant à droite, à gauche et en avant.

A mesure que l'on avance, on remblaye derrière soi avec les
matériaux inutiles : pour cela, avec les plus gros morceaux de
ces débris on fait des piliers que l'on élève graduellement et
qui sont appelés *piliers à bancs*. L'intervalle des piliers est rempli par les morceaux de plus petites dimensions. Il est bien en-
tendu qu'on doit toujours ménager dans ces remblais le prolongement des galeries qui donnent entrée dans la carrière et qui
lui servent d'issue pour le transport des produits extraits. Cette
méthode est désignée sous le nom de méthode par *remblais* ou
par *hagues et bourrages*.

Dans l'exploitation souterraine des carrières, il peut arriver
qu'on ait intérêt, lorsqu'on est assez loin du point de départ, à
ne pas faire sortir les matériaux par les issues primitives; on
creuse alors à travers les couches, et de haut en bas, des puits
d'extraction par lesquels on remonte la pierre à l'aide de machines installées sur le bord du puits.

Aux environs de Paris, on emploie des appareils appelés
treuils (fig. 10), sur lesquels on agit à l'aide de grandes roues
à chevilles. Pour manœuvrer cette machine, plusieurs ouvriers
montent sur les chevilles comme sur une échelle : le poids de
leur corps force la roue à tourner; la corde qui soutient la
pierre s'enroule sur le cylindre qui forme l'axe de la roue, la
pierre monte et, lorsqu'elle est arrivée au-dessus de l'orifice du
puits, on recouvre cet orifice de forts madriers sur lesquels on
la laisse redescendre.

MARBRE, EXTRACTION ET POLISSAGE

Le marbre est, comme la pierre à bâtir, une pierre calcaire, mais plus compacte, d'une structure cristalline et susceptible de se laisser polir; c'est ce qui permet de l'employer pour la confection des objets d'art et l'ornementation de nos habitations. Sa coloration dépend des substances qui accompagnent le carbonate de chaux et se trouvent disséminées dans sa masse.

La France est certainement un des pays les plus riches en marbres : elle possède de nombreux gisements de cette substance et quelques-uns fournissent des espèces comparables, pour la qualité et la beauté, aux marbres si célèbres de la Grèce et de l'Italie. Malgré cette richesse de notre sol, l'industrie du marbre n'a pris en France de sérieux développements que depuis quelques années; jusqu'au commencement de ce siècle, l'exploitation des carrières avait lieu sous la direction et aux frais de l'État, qui se réservait les marbres nécessaires pour ses travaux et vendait le reste aux marbriers. Les particuliers ne se sont engagés d'abord qu'avec timidité dans une industrie exigeant l'avance de capitaux considérables et qui doivent rester improductifs pendant le temps assez long qui s'écoule entre le moment où commence le travail d'extraction et celui où le marbre est livré à la consommation. La multiplication des voies de communication et le perfectionnement des moyens de transport ont aidé au développement de cette industrie, qui est maintenant très-prospère.

On peut diviser géographiquement les marbres français en six groupes principaux :

1° Le *groupe du Nord*, qui comprend les carrières et les ateliers situés dans les départements du Nord, du Pas-de-Calais, des Ardennes et de la Meuse. Les carrières du département du Nord (Marpont) fournissent un marbre de couleur foncée. Les marbres de Boulogne sont plus clairs, de couleur grise coupée par des veines blondes; ils comprennent les variétés désignées sous le nom de marbre *Napoléon*, marbre *lunelle* et marbre *rubané*. Le département de la Meuse fournit un marbre appelé *chaline* ou marbre de l'*Argonne*, qui est très-compact, très-dur, difficile à tailler, mais prenant bien le poli. C'est une *lumachelle*; c'est-à-dire un marbre formé de coquillages enveloppés dans une pâte calcaire.

2° Le *groupe de l'Ouest* comprend des marbres très-beaux, compacts, exempts de défauts, prenant bien le poli et pouvant s'exploiter en très-gros blocs. Il en existe plusieurs variétés de couleur grise, noire, rose et rouge. Nous citerons les carrières de Sablé et de Joué-en-Charnie dans la Sarthe, celles de Neuvillette et de Grez-en-Bouère dans la Mayenne.

3° Le *groupe du Centre* comprend les carrières du département du Lot, de Lot-et-Garonne, de la Côte-d'Or, de la Nièvre et de l'Allier. Les produits des carrières de Lot-et-Garonne peuvent être mis au nombre des plus beaux que nous possédions en France : ce sont des marbres jaunes d'une très-belle couleur, avec des teintes très-chaudes tirant tantôt sur le violet, tantôt sur le rose et présentant des veines blanches ou grises. On peut joindre à ce groupe les carrières du Jura.

4° Le *groupe des Vosges*, dont les principales carrières sont celles de Chippal et de Laveline (marbre blanc), Vackenback (marbre Napoléon ou brun rougeâtre veiné de blanc et de gris), de Russ (marbre brun vert).

5° Le *groupe des Alpes* comprend les marbres des Hautes-Alpes dont les carrières principales sont celles de Chorges et de Laur (noir veiné de jaune), Guillestre (marbre violet), Saint-Crépin (très-beau marbre noir), les marbres noirs de l'Isère, les marbres jaunes et rouges violacés des Basses-Alpes.

6° Le *groupe des Pyrénées* est le plus important de toute la France, tant pour l'abondance que pour la qualité et la variété des espèces. A ce groupe appartiennent les marbres blancs de Saint-Béat (Haute-Garonne), les marbres si variés de couleurs de la vallée de Campan, de Barousse (Hautes-Pyrénées), de la vallée d'Aspe (Basses-Pyrénées), les marbres rouges de Caunes dans l'Aude, etc.

La Corse et l'Afrique fournissent aussi des marbres très-estimés.

Le prix des marbres dont nous venons de donner la nomenclature est très-variable : en blocs, il varie de 80 fr. à 800 fr. le mètre cube.

Extraction du marbre. — Les carrières de marbre sont le plus souvent exploitées à ciel ouvert. Quand il s'agit de marbre ordinaire et en couche épaisse, l'extraction se fait à l'aide de coups de mine, et les blocs détachés par l'explosion de la poudre subissent dans la carrière un premier sciage, qui a pour but de les débiter et de les rendre d'un transport plus facile. Il s'exécute à l'aide de scies de fer et sans dents. On interpose, entre la scie

t la pierre, du grès pulvérisé que l'on arrose et qui, se trou-
ant pris entre la scie et le marbre, use celui-ci.

Quand le marbre est plus fragile, d'une qualité supérieure et
qu'il y a par suite intérêt à ne pas donner lieu à des fragments
nombreux et petits, on débite les blocs sur la roche elle-même
et on les en détache à l'aide de la scie et de coins enfoncés au
marteau dans des entailles pratiquées à la pointerolle. Il est
évident que lorsqu'on veut employer ce dernier procédé, il faut
ou que l'exploitation déjà commencée ait donné lieu à des
excavations qui permettent le mouvement de la scie, ou qu'on
ait creusé des entailles plus ou moins profondes destinées à
isoler le bloc.

Sciage et polissage du marbre. — Les blocs extraits et
débités dans les carrières sont ensuite transportés à l'usine où
doit se faire le polissage du marbre. Ils y subissent d'abord un
second sciage qui les divise en tranches plus ou moins épaisses.

Cette opération se fait souvent à l'aide de châssis garnis de
plusieurs lames de scie et mis en mouvement soit par une chute

FIG. 11. — Machine à scier le marbre.

l'eau, soit par une machine à vapeur. Ces châssis (fig. 11) sont
le grands rectangles de bois dans l'intérieur desquels on monte,

parallèlement aux grands côtés, des lames de scie, dont l'in
tervalle dépend de l'épaisseur que l'on veut donner aux trai
ches de marbre. L'un des petits côtés du cadre est articulé
avec une tige mise en mouvement de va-et-vient horizontal par
la machine motrice. L'ouvrier qui dirige cette opération jette
de temps en temps dans les traits de scie un peu de grès pulvérisé qu'il arrose avec de l'eau. Ce travail est plus ou moins
long suivant la dureté du marbre ; en général, la scie ne s'enfonce pas de plus d'un centimètre par heure.

On comprend que ce sciage ne parvienne pas à donner des
surfaces parfaitement planes ; elles sont en général plus ou
moins irrégulières et doivent être *dressées*. Quand il s'agit de
petits morceaux, l'ouvrier dresse les surfaces en frottant deux
plaques de marbre l'une contre l'autre ; elles s'usent réciproquement et les inégalités s'aplanissent. En grand, ce travail est
exécuté mécaniquement, soit en faisant frotter deux plaques
l'une contre l'autre, soit en frottant la plaque à dresser avec
une plaque de fonte. Dans le second cas, on emploie souvent
une machine qui promène, à la surface du morceau à dresser,
que l'on a fixé au plâtre sur un massif en maçonnerie, une
plaque armée sur sa face inférieure de disques en fonte. La
machine donne à cette plaque un mouvement que l'on peut
comparer à celui de la main d'une personne qui nettoie une
glace ou une vitre. Pendant ce mouvement, on jette sur le marbre de l'eau et du grès dur à gros grains ; par le frottement des
disques et du grès le marbre s'use (se dresse.

Au bout d'une heure et demie en général, le dressage étant
terminé, on procède au *doucissage,* qui est un commencement
de polissage ; il s'effectue avec du grès à grains plus fins et plus
tendres. Le polissage se fait ensuite à l'aide de la même machine, dans laquelle on substitue à la plaque garnie de disques
de fonte une plaque garnie de tampons de chanvre. Le grès
est remplacé par du plomb râpé et par de l'émeri plus ou
moins fin.

Le polissage se fait encore à la main dans beaucoup d'établissements. L'ouvrier frotte d'abord à l'eau avec des morceaux
de grès ; il continue avec un grès artificiel appelé *rabat,* puis
emploie la pierre ponce, qui efface les raies du rabat. A la ponce
succèdent l'émeri, le plomb râpé et la potée d'étain, que
les ouvriers promènent successivement à la surface du marbre,
à l'aide de tampons formés de bandes de toile roulées en
cylindres.

Le polissage mécanique demande beaucoup moins de temps que celui qui se fait à la main : aussi l'emploie-t-on de préférence dans les grandes exploitations.

Quand le polissage est fini, on nettoie les surfaces et l'on augmente le brillant à l'aide de l'encaustique.

GRANITE

On appelle *granite* une roche qui renferme trois corps différents, que l'on désigne sous les noms de *quartz*, *feldspath* et *mica*. Dans certaines localités, il est susceptible de se décomposer et de se désagréger sous l'influence des agents atmosphériques ; mais, en général, il est d'une dureté et d'une inaltérabilité qui le rendent précieux pour les constructions monumentales et le font employer pour dalles et bordures de trottoirs, marches d'escaliers, jetées de port, meules, etc. L'étendue des masses de granite permet d'ailleurs d'y tailler des blocs, dont les dimensions ne sont limitées que par les forces dont on dispose pour les déplacer.

En France, les carrières les plus riches sont celles des Vosges et de l'Ouest. Le granite des Vosges provient principalement de Cornimont et de la vallée de la Bresse. Dans l'ouest de la France, on exploite des granites gris fortement micacés et à grains fins : tels sont ceux de Vire, de Saint-Brieuc, de Sainte-Honorine, le granite blanc à petits grains du Bois-de-Gast, près de Saint-Sever. Tous les granites de Normandie et de Bretagne sont homogènes et compacts : ils se taillent avec facilité, surtout lorsque le grain est fin, et se laissent débiter en larges dalles pour trottoirs. Le nombre d'ouvriers employés sur les côtes à cette industrie est d'environ 1500.

L'exploitation du granite se fait à ciel ouvert ; les blocs se dégagent à l'aide de coins, et les outils employés pour la taille sont des pics, des pointerolles, des masses et des marteaux.

Le mètre cube de granite rendu à Paris revient de 160 à 200 francs.

GRÈS, MEULIÈRES

La pierre généralement désignée sous le nom de *grès* se compose de grains de sable ou *silice*, réunis entre eux par un ciment naturel. La consistance du grès est très-variable ; quand il est dur, compact, il sert aux constructions, au pavage, au dallage des trottoirs. Nous citerons : 1º les grès de Fontainebleau, de Palaiseau, qui sont employés au pavage dans tout le nord de la France, à Paris, etc.; 2º le *grès rouge*, le *grès bigarré*, le *grès des Vosges*, si abondants dans l'est de la France, qui donnent des pierres d'excellente qualité pour la construction des édifices, pour le dallage des trottoirs, le pavage des rues, etc.; 3º le *grès houiller*, qui sert, ainsi que le grès rouge, à la fabrication des meules employées pour user ou pour polir les corps durs.

L'extraction du grès n'offre rien de particulier : elle se fait, en général, à ciel ouvert et par des procédés analogues à ceux que l'on emploie pour le granite.

Nous citerons encore comme application des pierres siliceuses l'usage des pierres meulières de la Ferté-sous-Jouarre, qui sont formées par un calcaire siliceux présentant toutes les qualités d'une bonne meule à moudre le grain.

La pierre meulière est aussi exploitée dans la Brie et dans la Beauce comme pierre de construction. Elle est dure, légère, inaltérable, absorbe facilement le mortier, se l'incorpore et en devient inséparable. Unie aux ciments, elle forme des bétons qui permettent de monter des galeries d'égout de 6 mètres d'ouverture. La meulière constitue le fond de toutes les constructions exécutées par les services publics à Paris.

ARDOISE

On désigne sous le nom d'*ardoise* une roche argileuse de couleur gris violet plus ou moins foncé. Elle a une structure lamelleuse et feuilletée qui permet de la diviser en plaques qu'on peut employer pour la couverture des édifices. Son inaltérabilité à l'air et à l'humidité la rend propre à cet usage. Elle est employée avec succès pour les carrelages et revêtements de salles de bains, de laiteries, de lampisteries, pour la fabrication des mangeoires d'écuries, des tables de billard, etc.

La qualité de l'ardoise est du reste très-variable. L'ardoise pyriteuse, qui contient du sulfure de fer, est altérable, parce que ce sulfure s'oxyde à l'air et devient pulvérulent. Celles dont la masse est poreuse s'imprègnent de l'eau des pluies, et la moindre gelée suffit pour les briser; elles ont de plus l'inconvénient d'être perméables. En général, il faut choisir l'ardoise dont la surface est lisse, la structure homogène et serrée, la couleur foncée. On peut se rendre compte de la qualité par une expérience fort simple, qui consiste à immerger la pierre verticalement dans l'eau, de manière qu'elle n'y plonge que jusqu'au tiers ou à la moitié de sa hauteur. Si, au bout de vingt-quatre heures environ, l'extrémité supérieure est parfaitement sèche, l'ardoise sera jugée bonne et d'une compacité suffisante; dans le cas contraire, elle devra être rejetée, l'ascension de l'eau dans la masse en démontrant la porosité.

L'ardoise est abondamment répandue dans la nature. En France, les gisements les plus importants sont ceux des environs d'Angers et ceux du département des Ardennes. On en trouve aussi dans le Dauphiné, la Corrèze et la Seine-Inférieure.

L'exploitation de l'ardoise se fait tantôt à ciel ouvert, tantôt souterrainement. Nous décrirons les procédés d'extraction employés dans l'Anjou et dans les Ardennes.

Ardoisières d'Angers. — L'exploitation des carrières des environs d'Angers a longtemps été faite à ciel ouvert, de la manière suivante :

La couche d'ardoise s'étend du nord-ouest au sud-est; elle est recouverte d'une couche de terre végétale et d'argile, qui provient de la décomposition de l'ardoise et dont l'épaisseur a jusqu'à 18 mètres. On commence par déblayer cette couche, appelée *cosse*, sur l'étendue que doit avoir la surface de la carrière. A mesure que l'on déblaye et qu'on enlève la cosse, on dresse sur les bords de l'excavation et du côté de l'ouest, par exemple, un système d'échafaudages excessivement solide, dont les pieds reposent sur des paliers disposés le long du talus, de 5 mètres en 5 mètres. Cet échafaudage permettra à des chariots de venir chercher sur le bord de la carrière l'ardoise extraite. Lorsqu'on a atteint la couche exploitable, on y creuse une rigole de 3 mètres de profondeur, de 1 mètre de largeur et se terminant en coin. Cette tranchée s'appelle *foncée*. Cette foncée devient le point de départ d'une exploitation par *gradins* qui est analogue à celle que nous avons vu pratiquer pour la pierre à bâtir. Les blocs que l'on détache des bords de la tranchée se brisent, au moment de leur chute, en morceaux plus petits appelés *crenons*, que l'on subdivise au moyen de coins et de pics.

Les fragments obtenus sont placés dans des caisses appelées *bassicots*, qui sont remontées à la surface à l'aide de machines installées derrière les échafaudages dont nous avons parlé. Ces bassicots viennent vider l'ardoise qu'ils contiennent dans des chariots qui l'emportent aux ateliers de fendage.

Depuis une vingtaine d'années, on pratique aussi, aux environs d'Angers, l'exploitation souterraine, afin d'éviter les frais de découverture. On peut ainsi atteindre jusqu'à une profondeur de 250 mètres, et, à mesure que cette profondeur augmente, la qualité de l'ardoise devient meilleure.

Dans cette méthode, on creuse d'abord un puits vertical dont la section a 5 mètres sur 3 ; arrivé à la profondeur où l'on veut exploiter, on pousse dans la roche quatre galeries à angle droit sur une longueur de 40 mètres environ. Ces galeries deviennent le point de départ d'une exploitation par foncées semblable à celle qui se fait à ciel ouvert. Cette exploitation donne lieu à la formation de vastes chambres souterraines où l'ardoise est abattue, puis mise dans les bassicots. Ces bassicots servent aussi au transport des ouvriers. Quand la couche est épuisée à un certain niveau, on approfondit le puits et l'on exploite un second étage de chambres souterraines au-dessous des premières.

Ardoisières des Ardennes. — Dans les Ardennes, l'extraction de l'ardoise se fait dans trois centres principaux, qui sont par ordre d'importance : 1° Fumay et Haybes ; 2° Rimogne et Harcy ; 3° Deville et Monthermé.

Les couches d'ardoises y sont assez tourmentées, elles présentent des replis nombreux ; leur épaisseur est variable ainsi que leur qualité. Elles sont traversées par des fentes naturelles, nommées *accidents* ou *avartages*, qui facilitent l'extraction de la pierre. Si elles sont trop nombreuses, l'ardoise n'est plus exploitable : les ouvriers donnent à ces accidents des noms différents.

L'exploitation dans les Ardennes se fait souterrainement parce que les couches ardoisières y sont très-inclinées et recouvertes d'une masse énorme de roches que l'on ne peut songer à enlever. On fait ici ce qui se pratique dans beaucoup de cas semblables : on creuse, suivant l'inclinaison du gîte, une galerie inclinée qui servira à l'extraction des produits. Quand on est arrivé à une profondeur où l'ardoise n'est plus altérée par les agents atmosphériques, on dispose de chaque côté de la galerie des chantiers dans lesquels on abat la pierre par deux méthodes différentes que nous ne décrirons pas.

Les morceaux d'ardoise débités dans les chantiers sont transportés jusqu'à la galerie inclinée ; là, ils sont chargés sur de petits wagons qui roulent sur un chemin de fer établi dans la galerie, et ces wagons sont remorqués et amenés au jour par un câble qui s'enroule sur un treuil mis en mouvement par une machine à vapeur. Autrefois le transport des blocs se faisait à dos d'homme; maintenant ce travail pénible est abandonné dans presque toutes les ardoisières des Ardennes, et l'on a installé des machines à vapeur pour l'extraction des produits. Les ouvriers ne pénètrent jamais dans les travaux par les wagons qui roulent sur la galerie inclinée, car si le câble se rompait, il en résulterait de terribles accidents. Ils descendent à l'aide d'échelles ou d'escaliers. A Fumay, on établit généralement des escaliers que l'on taille dans l'ardoise ou que l'on ménage au travers des remblais; à Rimogne, où les couches sont plus inclinées, on se sert d'échelles.

L'aérage de la mine et l'extraction des eaux qui s'infiltrent à travers les couches se font à l'aide de moyens que nous décrirons plus tard à propos des mines de houille.

Fendage de l'ardoise. — Le schiste ardoisier extrait par l'une des méthodes précédentes est livré aux *ouvriers du jour*, qui sont chargés de le diviser et d'en faire des ardoises.

Au lieu de tailler les ardoises à la main, on se sert depuis plusieurs années d'une machine fort simple, qui se compose de couteaux verticaux disposés suivant la forme que l'on veut obtenir. La lame d'ardoise, ou *fendis*, est placée au-dessous de ces couteaux et, par un mouvement qui leur est imprimé avec le pied ou avec la main, on coupe la lame schisteuse d'un seul coup, comme avec un emporte-pièce; un enfant peut ainsi faire 800 ardoises par heure.

Les ardoises fabriquées sont divisées en classes d'après leurs qualités et leurs dimensions : les ardoises d'Angers ont le grain plus fin que celles des Ardennes, mais ont moins de solidité. Les premières durent de vingt à trente ans, les secondes de quatre-vingt-dix à cent ans.

CHAUX ET CIMENTS

Les matériaux de construction que nous avons étudiés jusqu'ici nous sont livrés par la nature prêts à être employés ; il en est d'autres, comme la chaux, le plâtre, et les ciments, qui doivent être préparés à l'aide de procédés spéciaux.

Fabrication de la chaux. — La chaux provient de la décomposition par la chaleur du carbonate de chaux ou calcaire que la nature nous offre en si grande abondance. On emploie surtout pour la fabrication de ce corps les calcaires qui sont rendus impropres aux constructions par le défaut de compacité, de dureté ou par l'eau qu'ils renferment. Telles sont, par exemple, la craie de Paris, celle du département de la Somme, de Saint-Jacques en Jura, la pierre dure de Château-Landon.

L'extraction du calcaire destiné à cette industrie se fait par des méthodes analogues à celles que nous avons décrites pour la pierre à bâtir ; souvent c'est à ciel ouvert, dans d'autres cas souterrainement, comme à Meudon aux environs de Paris.

Quand l'exploitation est souterraine, elle se fait souvent par la méthode des galeries et piliers. Elle consiste à creuser un système de galeries croisées qui doivent être protégées contre les éboulements à l'aide de boisages, dont nous indiquerons la disposition à propos de l'extraction de la houille. La matière extraite des galeries est portée au dehors de la carrière à l'aide de petits chemins de fer souterrains qui viennent aboutir sur le flanc des coteaux ou à des puits verticaux. Lorsqu'un niveau est exploité, on attaque la tranche supérieure de la même manière, en ayant soin de laisser entre les deux étages un sol intermédiaire et de faire correspondre les piliers et parois des galeries d'un étage à ceux de l'étage inférieur, afin d'éviter l'écrasement des travaux.

La pierre à chaux, une fois extraite de la carrière, doit être portée à une température assez élevée pour que la décom-

FIG. 12. — Four à chaux à cuisson intermittente.

position ait lieu. A la température employée, l'acide carbonique du carbonate de chaux quitte la chaux, se dégage à l'état de gaz et laisse une matière solide appelée *chaux vive*. Cette opération se fait dans des *fours à chaux* dont la disposition varie.

Les uns, dits *fours de campagne*, sont des cylindres de briques que l'on revêt d'argile pour éviter la déperdition de chaleur; on les remplit de pierre à chaux que l'on chauffe avec du bois. Il y en a d'autres d'une installation plus coûteuse, mais plus convenable. Ils sont de forme ovoïde (fig. 12) et garnis à l'intérieur de briques réfractaires. Pour les charger, on fait, au-

Fig. 13. — Four à chaux à cuisson continue.

dessus de la grille sur laquelle est le combustible, une espèce de voûte avec de gros morceaux de pierre à chaux et l'on achève de remplir le four avec des morceaux de moins en moins gros. On brûle dans le foyer des fagots, des broussailles ou de la tourbe. Lorsque la cuisson est terminée, on décharge le four. On voit donc que l'opération est intermittente.

Les fours dits *coulants* fonctionnent d'une manière continue et par conséquent sont plus économiques. Ils sont employés dans la Mayenne. La pierre à chaux et le combustible y sont chargés par couches alternatives. A mesure que la chaux est cuite, elle est défournée par le bas du four, tandis que par l'orifice supérieur on ajoute de nouvelles charges de calcaire et de combustible (fig. 13). On voit que dans ce procédé la cuisson est continue et qu'on n'a jamais besoin d'arrêter le feu pour recharger le four.

Usages de la chaux. — La chaux obtenue dans ces différents fours est employée à la confection des mortiers. Cet emploi repose sur la propriété qu'a la chaux de s'emparer de l'eau avec laquelle on la mélange, de former avec elle une pâte plus ou moins liante qui reprend de l'acide carbonique à l'air et se solidifie en se transformant en carbonate de chaux. On comprend que si l'on met entre deux briques ou entre deux pierres à unir une pâte de chaux, cette solidification se fera à la longue et le carbonate formé servira de lien entre les deux pierres ; mais comme la chaux subit alors un retrait considérable, on la mélange avec du sable qui, séparant les grains de chaux, empêchera le retrait et contractera avec eux une grande adhérence. Ce mélange, appelé *mortier*, se solidifiera à la longue et établira un lien entre les pierres ou les briques dans l'intervalle desquelles on l'aura placé.

Les chaux se divisent en chaux *aériennes* et chaux *hydrauliques*. Les chaux aériennes se solidifient par l'action de l'acide carbonique que contient l'air et sont employées pour les constructions aériennes ; elles se divisent elles-mêmes en *chaux grasses*, qui forment une pâte liante, donnent d'excellents mortiers, et en *chaux maigres*, qui fournissent avec l'eau une pâte moins liante et des mortiers de qualité inférieure. Cette différence provient de la composition des calcaires employés à la cuisson.

Les chaux hydrauliques sont obtenues par la cuisson de pierres à chaux renfermant une certaine quantité d'argile ; elles jouissent de la propriété précieuse de se solidifier sous l'eau et forment avec le sable des mortiers hydrauliques employés avec avantage dans la construction des ponts, des canaux, des citernes. Vicat a montré qu'on peut faire artificiellement de la chaux hydraulique en cuisant un mélange de craie et d'argile. Cette industrie est pratiquée en grand à Meudon.

La chaux est employée encore à l'épuration du gaz de l'éclairage, dans les savonneries, les raffineries de sucre, les tanneries, etc., etc.

Ciments. — On appelle *ciments* des chaux tellement hydrauliques qu'elles n'ont besoin que d'être gâchées avec une quantité d'eau convenable pour se solidifier presque immédiatement. Ces ciments proviennent de la cuisson de calcaires suffisamment argileux : nous citerons le ciment de Vassy, qui est vendu et expédié dans toute la France et à l'étranger ; le ciment de Roquefort employé dans tout le midi de la France ; les ciments de Grenoble, de Moissac, d'Antony, de Saint-Dié, de Chartres, de Montélimar, de Vitry, de Boulogne-sur-mer. Leurs qualités différentes proviennent de la composition chimique des calcaires qui les ont fournis. Ils sont tous obtenus en cuisant la pierre, et la cuisson est suivie de broyages et de tamisages.

MM. Demarle et Lonquety fabriquent à Boulogne-sur-mer un ciment appelé ciment de Portland, qui a des qualités précieuses. Cette matière sert non-seulement pour faire des joints de maçonnerie, mais pour faire des revêtements de mur, des dallages, des marches d'escalier, etc. Le ciment de Portland anglais est obtenu par la cuisson d'un mélange d'argile et de craie : le Portland de Boulogne est fait avec un calcaire argileux venant de Neufchâtel, et a sur le précédent l'avantage d'avoir une composition beaucoup plus fixe.

PLATRE

Le plâtre est une matière plastique usitée dans les constructions, en agriculture et pour le moulage des objets sculptés. On l'obtient en chauffant dans des fours le sulfate de chaux naturel, ou *gypse*, qu'on rencontre en assez grande abondance dans la nature et qu'on désigne sous le nom de *pierre à plâtre* ou *plâtre cru*. Le gypse contient naturellement de l'eau, et la chaleur à laquelle on le soumet lui fait perdre cette eau et le transforme en plâtre. Le gisement le plus important, celui qui donne le meilleur plâtre, est aux environs de Paris. Saint-Maur, Montreuil, Gagny, Ménilmontant, Belleville, Montmartre, Argenteuil, Franconville, Herblay, Creil et Vaux forment une chaîne de petites collines dans lesquelles le gypse est abondant et facile à extraire. Les carrières des environs de Paris alimentent tout le nord de la France. Le Midi est principalement approvisionné par les gypses de Saint-Léger-sur-Dheune et de quelques autres points du département de Saône-et-Loire. Les gypses du Puy-de-Dôme, de la Côte-d'Or et des environs d'Aix fournissent encore d'une manière notable à la consommation.

L'extraction se fait à ciel ouvert chaque fois que la couche qui surmonte le gypse n'est pas trop épaisse. Dans le cas contraire, l'exploitation se fait par carrières souterraines.

Le gypse se présente aux environs de Paris sous une épaisseur considérable : une des couches a 25 mètres, mais elle n'offre pas partout les mêmes caractères. Tantôt la roche est assez tendre pour être attaquée au pic par l'ouvrier, qui pratique un souchèvement et des entailles latérales obliques, de manière à isoler la masse à extraire que l'on détache à l'aide de coins; tantôt la pierre est assez dure pour qu'il y ait avantage à employer la poudre. Quand l'exploitation ne peut être faite à ciel ouvert, on creuse des galeries et des excavations en ménageant des piliers qui servent à soutenir le toit.

La pierre à plâtre extraite des carrières est portée aux usines où se fait la cuisson. Cette cuisson s'opère généralement dans des fours formés de trois murs surmontés d'une couverture en tuiles à claire-voie, soutenue par une charpente qui est en bois ou en fer, suivant qu'elle est placée à une hauteur plus ou moins grande au-dessus du sol (fig. 14). On dispose entre ces trois murs une masse à peu près cubique de moellons en plâtre cru : les plus gros forment, sur un carrelage en plaquettes minces de la même pierre à plâtre, plusieurs voûtes construites à sec, au-dessus desquelles on charge la pierre

Fig. 14. — Four à plâtre.

en fragments de moins en moins gros à mesure qu'on élève. Le chauffage se fait au moyen de branchages de bois sec. Au bout de dix à douze heures de chauffe, le gypse a perdu une grande partie de son eau, et la transformation en plâtre est opérée. On décharge le four, on pulvérise les morceaux sous les meules et l'on tamise la poussière. La cuisson de la pierre à plâtre peut s'opérer dans des fours coulants comme ceux que nous avons décrits pour la chaux.

Quant il s'agit du plâtre employé par les mouleurs, on cuit la pierre à plâtre dans des fours de boulangers.

Usages du plâtre. — Les usages du plâtre sont fondés sur la propriété qu'il possède de se solidifier et de former avec l'eau une masse dure et compacte. Si l'on gâche avec l'eau un peu

de plâtre en poussière, il s'empare à nouveau de l'eau dont
la cuisson l'avait privé et forme avec elle un corps dur et
solide. Aussi emploie-t-on le plâtre pour faire des enduits à la
surface des murs, pour faire des plafonds, pour sceller le fer
dans la pierre, etc.

Les mouleurs s'en servent pour reproduire des médailles, des
figurines, des statuettes. Après l'avoir gâché avec une quantité
d'eau suffisante pour en faire une bouillie claire, ils le coulent
dans le moule en creux de l'objet à reproduire ; le plâtre se
solidifie en se gonflant, et, grâce à ce gonflement, remplit bien
le moule et en épouse tous les détails. Quand il s'agit de certains
objets, d'une statuette par exemple, le moule se compose de
deux parties que l'on juxtapose et qu'on maintient unies entre
elles : après la solidification, on sépare les deux parties qui
laissent voir la statuette reproduisant tous les détails du moule.

CHAPITRE II

COMBUSTIBLES

Houille ou charbon de terre. — Coke. — Tourbe et charbon de bois.

HOUILLE

Origine de la houille. — On donne le nom de *houille* ou de
charbon de terre à une substance charbonneuse qui se trouve en
masses considérables dans le sein de la terre, et qui est, pour
l'industrie comme pour l'économie domestique, un précieux
combustible.

On explique sa formation de la manière suivante : La terre
a subi, à des époques très-reculées dans les âges géologiques,
de fréquents affaissements qui enfouissaient sous les eaux de
grandes masses de végétaux. Ces végétaux subissaient alors au
milieu de l'eau un phénomène de décomposition analogue à
celui que nous observons encore de nos jours et qui donne
naissance à la tourbe. La houille ne serait donc qu'une
espèce de tourbe, d'origine très-ancienne; elle ne s'est pas
formée d'une manière continue; dans l'intervalle de temps qui
séparait les affaissements, se déposaient, au milieu des eaux,
des roches plus tard recouvertes de nouvelles couches de

houille. C'est ainsi que l'on explique la superposition de veines quelquefois très-nombreuses en un même lieu et séparées par des couches de roches.

Les différences qu'elle présente avec la tourbe ou celles qu'offrent ses différentes variétés sont dues aux actions que lui a fait subir le foyer calorifique qui existe au centre de la terre.

Sans être aussi riche en houille que l'Angleterre, la France est cependant encore un des pays les plus privilégiés pour la quantité de ce précieux combustible que renferme son sol. Le tableau suivant donne, en chiffres ronds, l'étendue des terrains houillers en Europe et leur production pendant une des dernières années :

	Hectares.	Tonnes.
Angleterre............	1 570 000	98 000 000
Prusse, Saxe, Bavière...	600 000	20 000 000
France..............	350 000	12 000 000
Belgique............	150 000	11 000 000
Autriche, Bohême......	150 000	3 000 000
Espagne.............	150 000	400 000

La houille est, avec le fer, la principale richesse minérale de la France, qui possède 71 bassins houillers exploités dans quarante-quatre départements. D'après les derniers documents officiels, les 71 bassins ont, en 1867, produit 127 386 863 quintaux métriques de houille, ayant au lieu de production une valeur de 155 812 909 fr., ce qui donne pour le prix du quintal métrique 1 fr. 20 c.; en 1860, la production n'était que de 83 036 818 quintaux métriques, et en 1852 de 49 039 300. En 1867, le nombre des ouvriers employés à l'extraction de la houille était de 82 501.

Tous les bassins sont loin d'avoir la même importance; nous citerons seulement :

1° Le bassin de la Loire, qui est le plus important. Une trentaine de couches ayant ensemble 50 mètres environ d'épaisseur y donnent le meilleur combustible du continent; la plus forte couche, dite la *grande masse*, mesure jusqu'à 12 mètres d'épaisseur. Le bassin de la Loire fournit plus du quart de la production nationale; en 1864 (1), il a fourni 31 925 295 quintaux.

(1) Les documents détaillés que publie l'Administration des mines ne vont pas au delà de l'année 1864.

2°· Le bassin du Nord, qui s'étend dans les départements du Nord et du Pas-de-Calais, a eu, en 1864, une production presque égale à celle du bassin de la Loire ; elle a été de 31 406 827 quintaux : les couches sont nombreuses, mais peu épaisses. Nous citerons la compagnie d'Anzin, qui est la plus importante et la plus ancienne du bassin du Nord. Elle a été fondée en 1757 par le comte Desandrouin ; elle occupe aujourd'hui 12 000 ouvriers, et la direction générale de l'exploitation est confiée à M. de Commines de Marsilly, ingénieur des mines, déjà connu dans la science par de remarquables travaux sur la houille.

3° Le bassin du Gard, que l'on connaît de temps immémorial comme ceux où le combustible affleure à la surface du sol, mais qui est resté longtemps sans importance. Les houillères d'Alais appartiennent à ce bassin, qui, en 1864, a fourni 11 805 156 quintaux.

4° Le département de Saône-et-Loire, où l'on trouve les mines d'Épinac et de Blanzy. La production s'y est élevée, en 1864, à 3 627 400 quintaux.

5° Le département de l'Allier, qui a produit, la même année, 8 406 580 quintaux.

6° Le département de la Haute-Saône, dont la production a été de 2 159 755 quintaux.

7° Le département de la Moselle, qui a produit 407 010 quintaux.

8° Le département de la Nièvre, qui a produit 1 021 760 quintaux.

EXTRACTION DE LA HOUILLE

L'extraction de la houille exige des travaux considérables ; leur exécution immobilise des capitaux dont l'importance va chaque jour en croissant et que l'on peut évaluer en France à plus de 300 millions de francs.

On peut diviser les travaux exécutés dans les houillères en travaux préparatoires et travaux d'exploitation proprement dits, mais les uns et les autres doivent être précédés de travaux de recherche.

Travaux de recherche. — Lorsque les considérations géologiques, tirées de l'observation des couches du sol, font supposer l'existence de la houille en un lieu donné, il faut, avant de commencer les travaux préparatoires, s'assurer de l'existence des gîtes et recueillir autant de données que possible sur leur nature, leur profondeur et leur puissance. A cet effet, on opère des sondages, que l'on poursuit jusqu'à ce qu'on rencontre le terrain houiller, ou que l'apparition de couches inférieures démontre l'absence de ce terrain au lieu de sondage. C'est ce qui constitue les *travaux de recherche*.

Le sondage se fait à l'aide d'appareils connus sous le nom de *sondes*. Ils se composent d'un anneau tournant, appelé *tête*, auquel on suspend des tiges de fer ou de bois qui le relient aux outils chargés d'attaquer et de briser la roche. Ces tiges sont assemblées bout à bout, et leur nombre va croissant à mesure que la profondeur du trou augmente. On se sert d'outils agissant soit par *percussion*, soit par *rotation*.

Ceux qui agissent par *percussion* sont exclusivement réservés pour traverser les roches ayant une certaine dureté; on leur donne le nom de *trépans*, *burins* ou *ciseaux*. — La partie supérieure du trépan (fig. 15) est vissée dans la dernière tige : un balancier, mû par une machine à vapeur ou par tout autre moteur, soulève les tiges et le burin ; lorsque celui-ci est arrivé à une certaine hauteur, il est abandonné à lui-même, tombe et vient heurter de tout son poids le fond du trou, qu'il entaille. Le balancier redescend alors; les tiges, par un mécanisme spécial, ressaisissent le burin qui s'élève de nouveau pour retomber encore. A chaque mouvement, l'ouvrier qui dirige la tige la fait tourner d'un certain angle pour que le burin ne tombe pas toujours à la même place. Les débris de roche broyés forment avec l'eau, que l'on entretient toujours au fond du trou, des boues qui s'enlèvent à l'aide d'un cylindre à soupape que l'o visse à la place du burin.

FIG. 15.
Trépan ou burin.

Dans les terrains tendres et friables, on se sert quelquefois d'outils agissant par *rotation*; ce sont des *tarières*, qui font l'effet de vrilles ou de vilebrequins.

Les sondages durent quelquefois très-longtemps, par suite de la rupture des trépans qui s'engagent dans la roche et dont on ne retire souvent les débris qu'avec une très-grande difficulté et à l'aide d'outils spéciaux.

Travaux préparatoires. — Quand les travaux de recherches ont établi l'existence de la houille en un point donné, on peut commencer les travaux préparatoires, qui comprennent le percement des puits et des galeries qu'il faut creuser pour arriver à la couche de houille. Les puits sont des trous presque toujours verticaux, quelquefois inclinés, dont le diamètre varie et va souvent jusqu'à 5 mètres. Ils servent à la circulation des ouvriers qui descendent dans la mine ou en remontent, à celle des wagonnets ou berlines qui portent au jour la houille extraite de la couche, enfin au passage du courant d'air qui ventile les galeries de la mine et y entretient une amosphère respirable.

Le percement des puits se fait par plusieurs procédés. Quand le terrain est compacte et résistant, comme la plupart des calcaires et des grès, le travail est long ; mais il consiste seulement dans l'abatage de la roche, qui se fait à la poudre ou avec des pics, des coins et des masses. Les parois du trou se soutiennent d'elles-mêmes et n'ont pas besoin de revêtements et d'étais. Mais lorsque la roche est ébouleuse et friable, comme certains grès et la plupart des schistes, il faut soutenir les parois du puits pour les empêcher de s'ébouler, soit avec des pièces de bois, soit avec des murs en maçonnerie. Ce dernier moyen est préférable, quand le puits doit servir longtemps ; il est d'un établissement plus coûteux, mais offre plus de solidité. Lorsqu'on a à traverser des terrains meubles ou des nappes d'eau, on se sert pour éviter les éboulements, ou pour empêcher l'envahissement des eaux, de moyens spéciaux que nous ne décrirons pas.

Lorsque le forage des puits a permis de descendre au niveau de la couche de houille que l'on veut exploiter, il faut arriver jusqu'à elle ; c'est ce qui se fait en perçant des *galeries* ou conduits souterrains qui la mettent en communication avec les puits. Ces galeries sont quelquefois creusées dans la couche elle-même et descendent avec elle, ayant le même *mur* et le même *toit* (1). Quand une galerie sert au transport de la houille, on l'appelle *galerie de roulage* ; à la circulation de l'air, *galerie d'aérage* ; à la sortie des eaux, *galerie d'écoulement*.

----

(1) On appelle *mur* ou *sol* d'une couche le banc sur lequel elle repose, et *toit* celui qui la surmonte.

On rencontre dans le percement de ces conduits souterrains les mêmes difficultés que dans le fonçage des puits : elles se trouvent augmentées par la pression des couches supérieures.

On emploie, pour soutenir les galeries, les mêmes procédés que pour les puits ; on opère tantôt par muraillements, tantôt par boisages. Quand elles doivent avoir une longue durée et que le terrain traversé n'est pas résistant, on le revêt d'une maçonnerie ; c'est ce que l'on doit faire chaque fois qu'un ouvrage

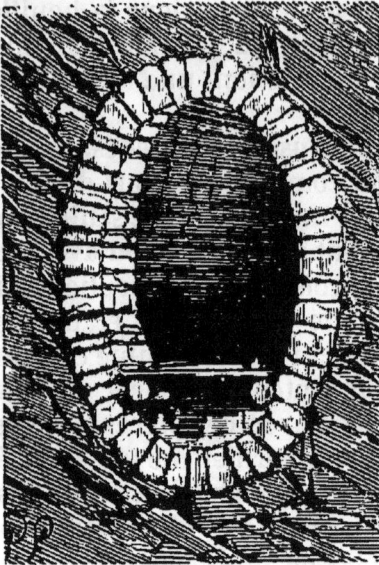 

FIG. 16.   FIG. 17.

Galeries muraillées.

doit durer plus de dix ans. Le muraillement complet d'un galerie se compose (fig. 16) d'une voûte circulaire ou ovale, la partie supérieure étant destinée à soutenir le *toit*, la partie inférieure à empêcher le gonflement du sol et à permettre l'établissement d'un plancher au-dessous duquel les eaux puissent s'écouler. Ce plancher reçoit ordinairement des rails sur lesquels circulent des wagonnets remplis de houille. Quand le sol n'est pas de nature à se gonfler, on donne à la maçonnerie la forme que représente la figure 17.

Le boisage s'applique surtout aux galeries ordinaires qui sont percées dans un terrain de consistance moyenne et qui ne doivent pas avoir une longue durée. Il est d'une exécution prompte et facile et se prête à toutes les exigences des percements. Quand les quatre faces de la galerie ont besoin d'être contenues, on établit un *boisage complet*, composé de cadres et de garnissages. Chaque cadre complet est formé de quatre pièces: un *chapeau*, ou corniche, placé au faîte de la galerie, deux montants un peu inclinés pour diminuer la portée du chapeau, une *semelle* ou *sole*, servant de base aux montants (fig. 18). Les parties de roches laissées à découvert entre les cadres sont sou-

FIG. 18.   FIG. 19.

Galeries boisées.

tenues au moyen de bois de garnissage allant d'un cadre à l'autre. Quand le sol n'est pas de nature à se gonfler, on se dispense de poser une semelle (fig. 19).

Travaux d'exploitation. — Quand le forage des puits et le percement des galeries ont conduit le mineur jusqu'à la couche à exploiter, on commence les travaux d'*exploitation proprement dite*, qui ont pour but l'extraction même de la houille ; la direction qu'on leur donne dépend des gîtes, de l'épaisseur et de l'inclinaison des couches.

Sous ce rapport l'industrie houillère a fait depuis un certain nombre d'années de remarquables progrès. La nécessité de produire la houille à bon marché, le besoin de faire rendre aux

couches exploitées tout ce qu'elles contiennent d'un combustible si précieux, et enfin le désir d'apporter dans la condition de
l'ouvrier mineur des améliorations aussi profitables pour lui
que pour les compagnies qui l'emploient, ont transformé complétement cette importante industrie.

Quelle que soit d'ailleurs la direction donnée aux travaux,
l'abatage de la houille se fait à l'aide de pics, qui varient de
forme suivant qu'on attaque le roc dur ou le charbon plus
tendre : ils sont à une ou deux pointes. L'ouvrier mineur doit
tendre à abattre des morceaux aussi gros que possible et à faire
peu de *menu* ou *poussier*, ce poussier ayant une valeur moindre
que la houille en gros fragments. Il doit, à mesure qu'il abat
la houille, faire le triage et séparer du combustible les pierres
que l'on y rencontre. Ces pierres servent aux remblayeurs pour
exécuter les remblais.

La houille une fois triée doit être transportée jusqu'au puits
d'extraction. Ce transport s'effectue de diverses manières.

Fig. 20. — Transport de la houille en wagons traînés par des hommes.

Quelquefois il se fait à dos d'homme, ou dans des brouettes,
mais c'est là une exception. Dans presque toutes les houillères,
on emploie maintenant soit de petits wagons ou berlines, soit
des bennes ou tonnes portées sur des plates-formes munies de

roues. Le roulage s'effectue sur des rails disposés sur le sol des galeries : la pente de celui-ci est ménagée de manière à faciliter le transport des wagons pleins de houille. Des ouvriers appelés *rouleurs* ou *hercheurs* s'attèlent aux wagons à l'aide d'une bricole et les traînent jusqu'à ce qu'ils soient arrivés à des galeries assez hautes pour permettre la circulation des chevaux (fig. 20). Le travail des hercheurs est souvent pénible, car lorsqu'on approche de la taille, dans les couches de faible épaisseur, les galeries deviennent très-basses et l'ouvrier est obligé de marcher presque plié en deux ; du reste, nous devons observer qu'ils s'habituent assez vite à ce genre de travail et acquièrent une grande dextérité et une souplesse remarquable. Nous avons été frappé, en visitant les houillères, de l'agilité avec laquelle hommes et enfants circulent dans ces galeries souterraines souvent très-basses, où nous n'avancions que difficilement et au prix d'une grande fatigue.

Quand les veines sont très-inclinées, l'inclinaison des cheminées ou descenderies ne permet pas le traînage de wagons ; on se sert alors de plans automoteurs. Ces plans se composent de deux voies en fer et d'une poulie placée à la partie supérieure du plan. Un câble passe sur cette poulie ; il est attaché, par une de ses extrémités, aux wagons pleins de houille qui

Fig. 21. — Train traîné par des chevaux.

se trouvent en haut de la pente, et par l'autre extrémité aux wagons vides qui se trouvent en bas. Les wagons pleins sont abandonnés sur la pente, qu'ils descendent pour aller trouver les galeries de roulage, tandis que les wagons vides remontent pour aller recevoir une nouvelle charge. Un frein, qui serre plus ou moins la poulie modère à volonté la rapidité des wagons.

Lorsque la houille est arrivée aux galeries hautes, on forme des convois qui sont traînés par des chevaux jusqu'aux puits d'extraction. Les convois sont ordinairement dirigés par un conducteur qui se trouve en tête et par un enfant ou *galibeau* qui se tient sur les derrières (fig. 21). Les chevaux ne travaillent qu'une partie de la journée; aux heures de repos, on les conduit dans des écuries très-bien installées à l'intérieur de la mine; ces animaux, qui ne remontent au jour que lorsqu'ils sont malades ou hors de service, acquièrent bientôt une très-grande habitude de ce genre de travail, qu'ils exécutent avec une docilité remarquable.

La visite d'une houillère laisse des souvenirs impérissables. Rien n'est plus intéressant à observer que l'activité de ce peuple de travailleurs qui circulent dans ces dédales souterrains, éclairés par une lampe attachée soit au chapeau, soit à la ceinture. Tout s'y fait avec ordre, on pourrait dire avec ardeur : car il n'est peut-être pas de profession qui passionne davantage que celle du mineur. Depuis le maître porion jusqu'au galibeau, tous aiment leur métier et l'exercent avec passion. Aussi rencontre-t-on peu d'ouvriers travaillant avec nonchalance; la circulation est active, l'animation est grande dans ces galeries souterraines où se croisent les convois, où brillent au loin les lampes des mineurs, où résonnent les cris des conducteurs s'avertissant à distance de l'arrivée des trains.

La houille une fois extraite et amenée au puits d'extraction, il faut la remonter au jour; autrefois on la versait dans des *bennes* ou tonnes attachées à un câble qui s'élevait dans le puits et qui en sortait pour aller s'enrouler sur un tambour mis en mouvement par un moteur quelconque. Les bennes servaient aussi au transport des ouvriers. Ce procédé présentait de graves inconvénients; il était dangereux et peu expéditif, aussi l'a-t-on abandonné pour des moyens meilleurs.

On a d'abord cherché à éviter le transbordement dont nous venons de parler, et qui a pour inconvénient de briser les morceaux et d'augmenter la proportion de menu. Pour cela, au

Fig. 22 — Cage pour l'extration de la houille.

lieu de charger la houille dans les bennes, on **accrochait** au câble les wagons eux-mêmes ou les bennes roulantes.

Dans la plupart des mines on emploie maintenant un système meilleur encore. On suspend au câble de grandes cages à deux ou trois étages (fig. 22). Ces cages portent des patins ou glissières qui guident le mouvement, en s'appuyant sur d'énormes poteaux de bois installés sur les parois opposées du puits. La cage est descendue au fond du puits et des ouvriers appelés *accrocheurs* y installent les wagons. Cette opération est très-simple, car on manœuvre l'appareil de manière que le sol de chaque étage vienne successivement se mettre au niveau d'une chambre située sur l'un des côtés du puits et dans laquelle aboutissent les galeries de roulage. C'est dans cette chambre que se tiennent les accrocheurs, qui n'ont qu'à rouler les wagons dans les cages. Les ouvriers du fond du puits et le mécanicien, qui conduit la machine motrice destinée à produire l'enroulement du câble, correspondent à l'aide d'une sonnette et se donnent le signal des différentes manœuvres.

Les cages que nous venons de décrire servent aussi au transport des ouvriers ; aussi a-t-on cherché à les munir d'appareils appelés *parachutes*, destinés à conjurer les dangers effrayants qui résulteraient de la rupture des câbles. Ces câbles sont ordinairement faits en chanvre ou en fil de fer ; ils sont ronds ou plats, et malgré leur solidité sont sujets à se rompre.

On a inventé plusieurs espèces de parachutes destinés à arrêter les cages dans leur chute, lorsque le câble vient à casser. Nous donnerons seulement le principe de celui qui a été inventé par M. Fontaine, chef d'atelier aux mines d'Anzin.

Il est situé au-dessus de la cage d'extraction et disposé de telle sorte qu'au moment où le câble vient à casser d'énormes griffes en acier, qui étaient maintenues à distance des poteaux en bois entre lesquels glisse la cage, s'ouvrent et viennent s'implanter dans ces poteaux, de manière à arrêter la cage dans sa chute.

Lorsque la houille arrive au jour et qu'elle doit être vendue à l'état où elle sort de la mine, c'est-à-dire comme *tout venant*, comprenant les gros, les petits morceaux et le poussier, elle est chargée dans des bateaux ou dans des wagons qui l'emmènent au lieu de destination. Mais souvent elle subit un triage destiné à ne fournir aux consommateurs que des morceaux d'une grosseur déterminée. On opère ce triage en la faisant glisser sur plusieurs claies inclinées dont les barreaux de fer sont plus ou moins espacés, et sur lesquels les ouvriers le manœuvrent avec des râteaux ; ils font en même temps le triage des pierres qui ont pu échapper à l'attention du mineur. Ce criblage donne lieu à trois catégories : 1° la *grosse gailleterie*, composée de morceaux dont la taille est comprise entre 40 et 20 centimètres ; 2° la *petite gailleterie*, ou morceaux dont la grosseur varie entre 4 centimètres et 17 millimètres ; 3° le *poussier*, qui sert à faire des briquettes.

Aérage des mines. — Nous avons décrit les moyens employés pour l'extraction de la houille, et nous n'avons plus qu'à donner quelques détails sur des parties accessoires, mais très-importantes de cette industrie : l'aérage des mines, l'éclairage et l'épuisement des eaux.

Le travail dans les houillères ne peut être effectué qu'à condition qu'on établisse un courant d'air qui renouvelle l'atmosphère des chantiers, des puits et des galeries. Cette atmosphère

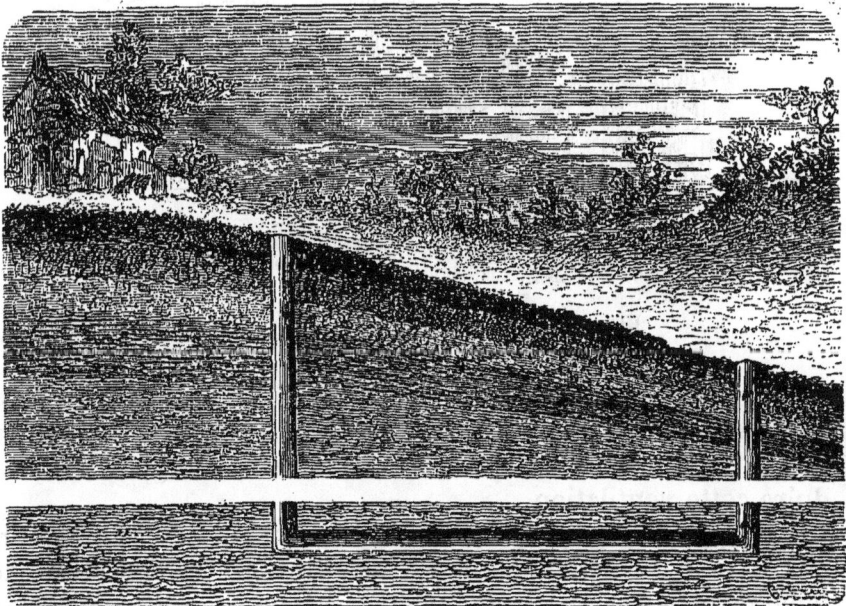

FIG. 23. — Aérage naturel des mines.

se vicie constamment par la respiration des ouvriers, par la combustion des lampes, et enfin par les gaz qui se dégagent des roches, de la houille et des bois en décomposition.

L'aérage peut être spontané ou artificiel. Il est spontané

lorsque deux puits sont mis en communication par les galeries souterraines et ont des orifices situés à des niveaux différents (fig. 23). Lorsque l'air est dans les galeries à une température plus basse qu'à l'extérieur, un courant s'établit dans le sens indiqué par les flèches de la figure. Lorsqu'il est à une température plus élevée, le courant est de sens inverse. On voit donc qu'il variera avec les saisons, puisque la température dans la mine reste à peu près constante, quelle que soit la température extérieure.

L'aérage spontané ne suffit pas ordinairement pour ventiler les chantiers et les galeries; la ventilation doit alors être produite artificiellement. Tantôt on dispose sur le côté du puits un

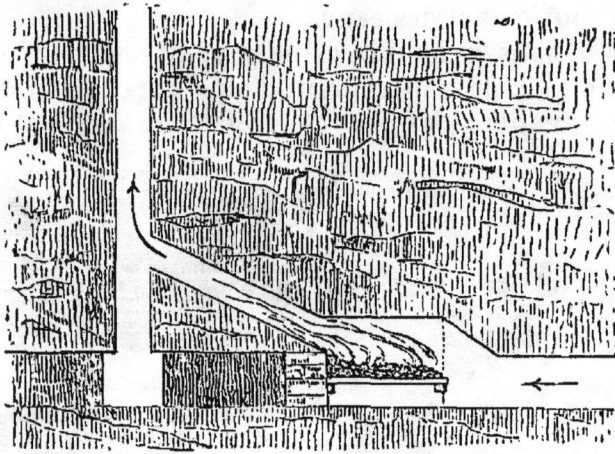

Fig. 24. — Aérage des puits par foyer.

foyer dans lequel on brûle du charbon (fig. 24) : la combustion détermine alors un tirage qui ventile la mine; tantôt on installe sur le bord des puits des machines chargées de produire cette ventilation.

Les appareils employés à l'aération sont ou des ventilateurs ou des machines pneumatiques. Les ventilateurs sont munis de palettes mises en mouvement par la vapeur. La rotation rapide de ces palettes détermine une aspiration de l'air dans l'un des puits, dans les galeries, et, par suite, la rentrée de l'air extérieur par un autre puits. Ces ventilateurs sont souvent remplacés par de puissantes machines pneumatiques qui, en faisant le vide dans le puits au bord duquel elles sont installées, déterminent la circulation de l'air

Il ne suffit pas de créer dans une mine des moyens efficaces d'aérage, il faut encore assurer la distribution de l'air dans tous les travaux ; sans quoi, le courant suivant le chemin le plus court et le plus facile, ne pénétrerait pas dans les chantiers d'abatage, dans les petites galeries, et le but ne serait pas atteint. Pour assurer une ventilation générale et uniforme, on dispose, à l'entrée de certaines galeries, des cloisons et des portes qui empêchent le courant de s'y engager. La disposition de ces portes et cloisons doit être telle, que le courant descende d'abord au bas des travaux, remonte les voies de roulage, parcoure les chantiers d'abatage de bas en haut, et se rende au puits d'appel par une voie spéciale et non fréquentée.

Éclairage des mines. — Les ouvriers, pour s'éclairer dans les mines, se servent de lampes de différents modèles, comme celles, par exemple, que représentent les figures 25 et 26.

Ces lampes ne peuvent être employées dans les mines à grisou, c'est-à-dire dans celles où se dégage de la houille un gaz appelé par les chimistes *hydrogène proto-carboné*, par les mineurs *grisou*, et qui constitue avec l'air un

Fig. 25.
Lampe des mines
de Saint-Étienne.

Fig. 26. — Lampe des mines d'Anzin, portée au chapeau.

mélange inflammable et détonant. Lorsque ce mélange vient à

s'enflammer dans une mine au contact d'une lampe ou de toute autre source de chaleur, il en résulte une effroyable détonation, qui provoque souvent l'éboulement des galeries, qui projette les ouvriers contre les parois et détermine en un mot de terribles catastrophes. Autrefois on laissait le mélange se produire et l'on y mettait le feu en l'absence des ouvriers. A cet effet, un ouvrier appelé *pénitent*, couvert de vêtements de cuir mouillé, le visage protégé par un masque à lunettes,

FIG. 27.
Lampe Davy.

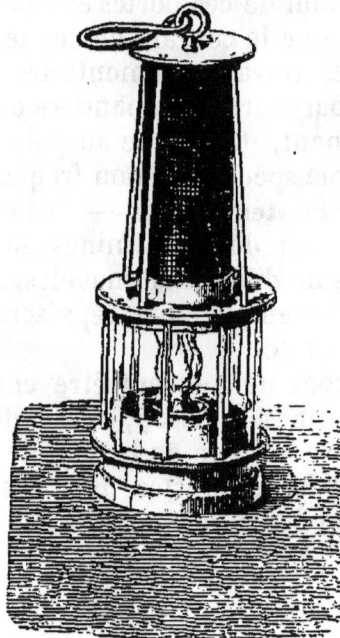

FIG. 28.
Lampe de Davy perfectionnée.

s'avançait en rampant dans les galeries, et, à l'aide d'une torche enflammée placée à l'extrémité d'une longue perche, mettait le feu au grisou. Cette méthode, encore employée, il y a quarante ans, dans le bassin de la Loire, avait de nombreux inconvénients : il arrivait souvent que l'ouvrier chargé de cette dangereuse mission payait de sa vie son dévouement aux intérêts de tous ; le feu attaquait la houille et le boisage, l'explosion ébranlait les galeries et remplissait les travaux de gaz qui viciaient l'atmosphère de la mine.

Le moyen des *lampes éternelles* était meilleur. Il consistait à suspendre au toit des tailles des lampes constamment allumées. Le grisou, à mesure qu'il se dégageait, montait en vertu de sa légèreté et venait se brûler par petites parties au contact de la flamme. On renonça pourtant à ce procédé, parce que les gaz produits par la combustion du grisou viciaient l'atmosphère.

Les moyens que nous venons de décrire furent les seuls connus pendant longtemps pour diminuer les dangers occasionnés par le grisou ; mais ils étaient insuffisants, et l'invention de la lampe de sûreté de Davy rendit un service signalé à l'industrie des houillères. Davy imagina d'entourer la lampe du mineur d'une toile métallique ; cette toile permet au grisou et à l'air d'entrer dans la lampe, le mélange vient brûler à l'intérieur, mais la toile métallique détermine un refroidissement des gaz, qui empêche l'inflammation de se communiquer au dehors.

La lampe inventée par Davy, et que représente la figure 27, avait l'inconvénient de ne donner qu'un éclairage insuffisant, puisque la lumière était en partie arrêtée par la toile métallique. On l'a perfectionnée en entourant la flamme d'un cylindre de verre surmonté d'une toile métallique, et en adoptant un dispositif tel, que l'ouvrier ne peut ouvrir sa lampe sans l'éteindre (fig. 28).

Malgré cela, malgré la surveillance exercée sur les ouvriers, on a encore quelquefois à déplorer de terribles accidents causés par l'imprudence des mineurs, auxquels le désir de fumer fait oublier les recommandations faites par leurs chefs.

Épuisement des eaux. — Il est un autre ennemi contre lequel il faut toujours être en garde dans l'exploitation des houillères : ce sont les eaux qui filtrent à travers les couches du sol et qui envahiraient les travaux, si l'on ne prenait le soin d'en ménager l'écoulement et de les aspirer au dehors à l'aide de pompes installées au bord des puits et mues par de puissantes machines.

Usages de la houille. — Il est presque inutile d'indiquer les usages de la houille. Tout le monde sait qu'elle sert au chauffage des chaudières à vapeur, à celui des appartements, à la fabrication du coke et du gaz de l'éclairage ; en métallurgie, elle est employée dans la plupart des opérations, etc.

FABRICATION DU COKE ET DES AGGLOMÉRÉS

Nous citerons comme industries se rattachant à l'exploitation des houillères la fabrication du coke et celle des agglomérés.

On appelle *coke* le résidu charbonneux que l'on obtient par la calcination de la houille en vase clos. Lorsqu'on chauffe la houille, il s'en dégage des produits très-nombreux, et parmi eux le gaz que nous employons à l'éclairage des villes. Le coke obtenu par les fabricants de gaz est un combustible de bonne qualité pour l'économie domestique ; mais sa faible densité, son défaut d'agglomération le rendent peu propre au chauffage des locomotives et aux opérations métallurgiques. Pour ce double usage, on fabrique le coke d'une manière spéciale à l'aide de fours dans lesquels on charge la houille par des ouvertures pratiquées à leur partie supérieure. Dans certaines usines, on laisse perdre les gaz et les produits volatils auxquels donne lieu la distillation de la houille ; dans d'autres, et ce système est préférable, on les emploie à chauffer les fours eux-mêmes en les faisant revenir sur la sole du four où ils s'enflamment. On emploie, pour cette fabrication, de la houille réduite en très-petits morceaux, ce qui permet d'utiliser un produit d'une valeur bien moindre que les gros morceaux. Pendant l'opération, ces menus fragments se ramollissent, se tassent, se soudent ensemble et fournissent un coke de densité convenable. On rencontre auprès d'un grand nombre de houillères des usines qui fabriquent le coke dont nous parlons.

Il en est de même de la fabrication des *agglomérés* ou *briquettes* qui servent au chauffage des locomotives. Ces agglomérés sont composés d'un mélange de poussier de charbon et de brai sec qui sert de ciment. (On appelle *brai* le résidu de la distillation du goudron.) Le mélange est remué dans un récipient où un chauffage à la vapeur détermine la fusion du brai ; puis il est livré à des machines qui le compriment et en font des briquettes : le brai sert ici de ciment et réunit les grains de poussier.

EXTRACTION DE LA TOURBE

La tourbe est un combustible employé, dans les pays de production, surtout par les ouvriers et par les habitants de la campagne. Cette substance ne joue pas encore dans la consommation le rôle important auquel elle est appelée dans l'avenir, lorsqu'on sera parvenu, par des préparations convenables, à mettre toutes les espèces de tourbes sous la forme d'un combustible commode à employer, brûlant régulièrement, dépourvu d'odeur et ne donnant ni trop de cendre ni trop de fumée. Un grand nombre d'essais ont été faits dans cette voie et quelques-uns déjà ont donné des résultats très-satisfaisants.

La tourbe est une substance brune, noirâtre, terne et spongieuse, provenant de la décomposition incomplète des végétaux.

L'examen des couches de tourbe, celui des débris qui proviennent de l'industrie humaine et que l'on y rencontre assez souvent, prouvent que les marais tourbeux ne sont pas, comme les houillères, le produit des âges géologiques, mais appartiennent à l'époque contemporaine et se forment même encore sous nos yeux.

Les gisements de tourbe sont très-nombreux en France : quelques-uns couvrent de très-vastes étendues. La surface occupée par les marais tourbeux exploitables est de plus de 600 000 hectares, répartis dans trente-cinq de nos départements. Au nord, les principaux gisements se trouvent dans les départements de la Somme, du Pas-de-Calais et du Nord. Ceux de la Somme sont très-importants ; ils ont une épaisseur qui dépasse quelquefois 20 mètres et qui est en moyenne de 8 à 10 mètres. Nous citerons encore les gisements et les exploitations des départements de l'Aisne, de la Marne, de l'Oise, de Seine-et-Oise, de la Loire-Inférieure, de l'Isère et du Doubs.

Pour toute la France, la quantité de tourbe extraite est de 3 758 518 quintaux métriques, d'une valeur de 3 627 035 fr.; la valeur moyenne du quintal métrique pour toute la France est donc de 96 centimes. Le nombre d'ouvriers employés par cette industrie est de 29 826.

L'extraction de la tourbe est une opération des plus simples, cette substance étant assez tendre pour qu'on puisse la couper à l'aide d'un instrument tranchant, une bêche par exemple. Elle peut être coupée à pic sur une assez grande hauteur, sans qu'il y ait à craindre de la voir s'ébouler, pourvu toutefois que l'on évite de déposer sur le bord des entailles les terres qui recouvrent le banc tourbeux et que l'on doit enlever pour arriver à la tourbe. Aussi les entailles que l'on voit dans les marais tourbeux et qui ne sont autres que de vastes cavités envahies par les eaux à mesure qu'on en extrayait la tourbe, ont jusqu'à 8 mètres de profondeur, et leurs bords sont taillés à pic.

L'exploitation de la tourbe se fait de deux manières différentes, suivant les circonstances dans lesquelles on opère.

Quand on peut, à l'aide d'une rigole d'écoulement convenablement disposée, faire écouler l'eau qui imprègne toujours le terrain et
assécher le sous-sol sur lequel repose le banc de tourbe, on dirige
l'exploitation de la manière suivante.

Après avoir enlevé les terres de recouvrement, on creuse des tranchées longitudinales de 3 à 4 mètres de large en se plaçant d'abord au
point le plus bas de l'exploitation et l'on enlève la tourbe en remon-
tant. Ces entailles successives sont parallèles entre elles et placées
immédiatement à côté les unes des autres, ou au moins le plus près
possible. C'est l'extraction dite au *petit louchet*, parce qu'elle s'exécute
à l'aide d'un instrument appelé *lou-chet* (fig. 29). C'est une bêche dont
le fer a 32 centimètres de longueur sur 8 de largeur; elle est armée sur
l'un de ses longs côtés d'une lame de fer appelée *aileron*, qui fait un
angle légèrement obtus et qui a aussi la largeur de 8 centimètres.
Cette lame coupe comme le tran-chant de la bêche. On comprend
que l'exploitation une fois com-mencée, chaque fois que l'ouvrier
enfonce son louchet dans le sol, et il le fait comme un jardinier qui
manœuvre la bêche, il dégage le morceau de tourbe sur deux de
ses faces, une face latérale et la face postérieure, et, comme les
coups de louchet précédents ont dégagé la face antérieure

FIG. 29.   FIG. 30.
Petit louchet.   Grand louchet.

et l'autre face latérale, il en résulte que l'ouvrier n'a plus qu'à peser un peu sur le louchet pour détacher le morceau.

Quand on est pressé, on exploite le banc de tourbe dans la même entaille, par banquettes ou gradins, sur chacun desquels on place un ou deux tireurs.

A chaque coup de louchet, la *pointe* de tourbe extraite est jetée par le tireur à l'ouvrier chargé de la recevoir sur les bords de l'entaille ; quand la profondeur dépasse 3^m,50, il est nécessaire de placer un ouvrier intermédiaire, qui reçoit les pointes et les jette à la surface.

Les eaux doivent toujours être épuisées au niveau de la banquette la plus basse : quand elles affluent en quantité notable, on augmente le nombre des ouvriers afin d'accélérer l'exploitation. Enfin, quand elles deviennent trop abondantes et qu'il n'y a plus moyen de songer à les épuiser, on travaille dans l'eau à l'aide d'un instrument appelé *grand louchet*, qui a été inventé par Éloi Morel, né en 1735 à Thésy-Glimont, village situé au milieu des marais tourbeux qui avoisinent Amiens. Cette invention a rendu un éclatant service à l'industrie des extracteurs de tourbe, et l'on a élevé sur la place de Thésy-Glimont un monument destiné à perpétuer la mémoire du modeste inventeur.

Le grand louchet est une espèce de cage à claire-voie prismatique (fig. 30), montée à l'extrémité d'une perche ou manche dont la longueur varie et peut aller jusqu'à 6 à 7 mètres. La cage est formée par des équerres de fer à trois côtés, fixées sur la perche par le côté du milieu et portant à l'extrémité des autres côtés des bandes de fer, qui sont parallèles à la perche et se terminent par des lames coupantes. Une lame coupante est aussi fixée à la partie inférieure du manche. L'ouvrier placé sur le bord de l'entaille enfonce verticalement l'instrument dans la tourbe : les lames découpent un bloc prismatique ou *pointe* qui se loge peu à peu dans la cage. Quand l'instrument est arrivé à fond, l'ouvrier lui imprime un mouvement de balancement destiné à déchirer la pointe à sa base ; puis il retire peu à peu le louchet et le renverse de manière à faire tomber sur le sol le bloc de tourbe qu'il renferme. Ajoutons que, pour maintenir la matière dans l'instrument, des ressorts, placés sur les côtés de la cage et longitudinalement, appuient sur elle à la manière de ceux qui, dans les wagons de chemin de fer, appuient sur les glaces des portières pour les maintenir partiellement ouvertes pendant la marche. La manœuvre du grand louchet est une opération très-pénible, et il est à désirer qu'elle soit bientôt remplacée par un travail mécanique qui, en même temps qu'il ménagerait les forces des ouvriers, serait plus rapide. Plusieurs essais ont été faits déjà dans cette voie.

mesure que le tireur dépose sur le bord de l'entaille les pointes extraites, d'autres ouvriers viennent les découper à une longueur convenable au moyen de bêches; puis ils les transportent plus loin et les abandonnent sur le sol à la dessiccation. Quand elles sont presque sèches, ce qui demande un certain temps, on les dispose en piles appelées *lanternes*, dans lesquelles on ménage des intervalles destinés à permettre la libre circulation de l'air qui achèvera la dessiccation.

Lorsque la tourbe a trop peu de consistance pour donner par découpage des blocs prismatiques, on la jette, à mesure qu'on l'extrait, dans des bateaux placés sur l'entaille, et des ouvriers, jambes nues, la piétinent pour augmenter sa consistance; on la transporte ensuite sur le bord et on la moule dans des moules analogues à ceux qui servent à la confection des briques.

Quand la tourbe est trop molle pour être extraite au louchet, l'extraction se fait avec des dragues semblables à celles que l'on emploie pour le curage des rivières, et le moulage s'exécute de différentes manières.

FABRICATION DU CHARBON DE BOIS

Nous décrirons ici la fabrication du charbon de bois, quoiqu'elle constitue plutôt l'objet d'une industrie préparatoire que celui d'une industrie extractive.

Cette fabrication est très-importante dans certaines parties de la France : le charbon de bois circule en masses considérables sur nos rivières, nos canaux et nos chemins de fer. La France en produit de grandes quantités, mais pas assez pour sa consommation, puisque la Belgique, l'Allemagne et l'Italie nous en envoient chaque année plus de 100 000 mètres cubes. A Paris, qui est la ville de France où le commerce de charbon de bois s'effectue sur la plus grande échelle, ce corps arrive principalement des ports de la Loire, de l'Allier, de la Marne, de l'Yonne, de la Seine, des canaux d'Orléans et de Briare. Le Midi concourt aussi à la fabrication de ce produit ainsi que plusieurs points des départements du Nord et de la Normandie.

Le charbon de bois est le résidu de la combustion incomplète du bois ou de sa distillation.

Si l'on chauffe du bois à l'abri du contact de l'air, il reste un résidu de charbon qui conserve la forme des végétaux, et il se dégage à l'état de vapeurs, des produits qui sont des goudrons, de l'oxyde de carbone, de l'acide carbonique, des hydrogènes carbonés, du vinaigre de bois, de l'esprit de bois, etc.

L'opération par laquelle on obtient le charbon de bois s'appelle *distillation sèche* ou *carbonisation*, suivant qu'on opère en vase clos ou à l'air.

La distillation en vase clos est faite dans des cornues de fonte qui sont mises en communication avec des appareils où l'on recueille les produits vaporisés tels que les goudrons, le vinaigre de bois ou acide pyroligneux, l'esprit de bois, etc. Nous nous bornerons à cet exposé du principe de la méthode sans la décrire dans ses détails.

Quant à la carbonisation à l'air libre, on l'effectue dans les forêts pour économiser les frais de transport, car le bois pèse quatre à cinq fois plus que le charbon qu'on en retire. Il ne faut donc pas s'attendre à l'emploi d'aucun appareil compliqué ; loin de toute habitation, au milieu des forêts, il n'est possible d'employer que des procédés simples, effectuant la carbonisation, de la manière la plus avantageuse, avec les seuls matériaux qu'on trouve sur place.

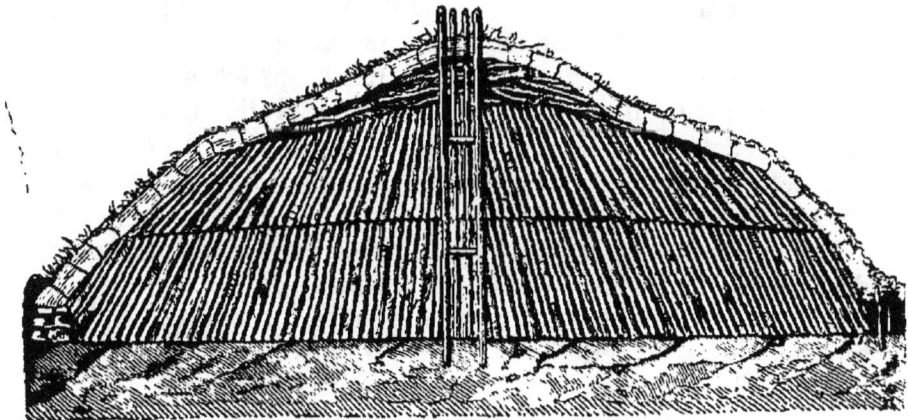

Fig. 31. — Meule pour charbon de bois.

La condition fondamentale d'une bonne fabrication est de priver le bois en combustion du contact de l'air, qui activerait trop cette combustion.

Voici la méthode qui est généralement suivie. On dispose en meules, au milieu des forêts, les morceaux de bois que l'on veut carboniser, en ayant soin de ménager des canaux horizontaux aboutissant à une cheminée centrale (fig. 31); on recouvre la meule de feuilles, de mousse, de gazon et enfin d'une couche de terre qui ne laisse libres que la cheminée et les ouvertures des canaux inférieurs. La cheminée est ensuite remplie de bois enflammé. La combustion se communique de proche en proche, et lorsque la fumée, d'abord épaisse et noire, est devenue transparente et d'un bleu clair, on bouche les ouvertures des canaux dits *évents*. La combustion se ralentit peu à peu, et la carbonisation s'effectue. Au bout de quelques jours on ouvre de nouveau les évents pour permettre à la combustion d'arriver jusqu'à la surface et enfin on les bouche de nouveau pour abandonner la masse au refroidissement.

CHAPITRE III

EXTRACTION DU SEL OU CHLORURE DE SODIUM

Le sel, dont l'économie domestique fait grand usage pour l'assaisonnement des aliments, dont l'industrie consomme des quantités considérables pour la fabrication du sulfate de soude et de la soude artificielle, est désigné par les chimistes sous le nom de *chlorure de sodium*. C'est un des corps les plus répandus dans la nature, où on le trouve soit en dissolution dans les eaux de la mer, de lacs ou de sources souterraines, soit à l'état solide sous forme de roches. C'est dans ce dernier cas qu'il est désigné sous le nom de *sel gemme*.

Le sel gemme se rencontre en France dans les départements de la Meurthe, de la Moselle, du Jura, de la Haute-Saône, de l'Ariége, des Landes, des Basses-Pyrénées. Le mode d'exploitation des mines dépend de la nature du gîte.

Quand le gîte est composé presque exclusivement de sel et qu'il a une épaisseur suffisante, on exploite la mine en abattant le sel avec des pics et en creusant des galeries à travers le gîte. Ces galeries sont soutenues par des piliers de sel que l'on ménage à mesure qu'on avance. Il faut avoir soin de laisser du sel au couronnement des excavations, afin d'éviter de découvrir les argiles du toit, qui se désagrégeraient au contact de l'air.

Les tailles doivent être distribuées de telle sorte que, s'il arrivait quelque irruption des eaux, le chantier envahi pût être abandonné et facilement isolé. C'est par cette méthode qu'a été exploitée la couche de 5 mètres qui existe sous une partie du département de la Meurthe. Attaquée à Vic par des moyens puissants, elle fut exploitée par piliers et galeries, mais l'envahissement des eaux obligea à renoncer à ce mode d'exploitation ; à Dieuze, ce procédé fut appliqué pendant longtemps, mais depuis plusieurs années il a été abandonné pour le même motif, aujourd'hui il est pratiqué à Saint-Nicolas, près de Nancy, et dans les salines des environs de Bayonne. Quand on a enlevé les deux tiers du sel gemme environ et que la sécurité des ouvriers exige qu'on ne continue pas les travaux par abatage, on peut encore pousser l'exploitation par dissolution et procéder ainsi à un véritable dépilage. Dans ce cas, il suffit de laisser pénétrer un courant d'eau dans la mine, après avoir préparé les moyens nécessaires pour retirer plus tard le liquide. Cette eau dissout le sel : lorsqu'elle est saturée, c'est-à-dire lorsqu'elle a dissous tout le sel qu'elle peut dissoudre, on la remonte à l'aide de pompes et on l'évapore. A mesure que l'évaporation se fait, le sel, privé de l'eau qui avait servi à la dissoudre, se dépose à l'état solide.

En France, le sel gemme proprement dit ne peut être livré à la consommation dans l'état où on l'extrait de la mine. On met de côté les parties blanches qui sont les plus pures ; les autres parties, qui sont souvent colorées en rouge par de l'oxyde de fer, sont dissoutes dans l'eau ; on évapore ensuite la liqueur dans des chaudières appelées *poêles*. A un moment donné, la quantité de liquide qui a résisté à l'évaporation, n'est plus suffisante pour maintenir tout le sel en dissolution, et celui-ci se dépose sur le fond des chaudières ; il est enlevé à l'aide de râbles ou râteaux et constitue un produit qu'on appelle *sel raffiné*. Quand on opère à l'ébullition, on l'obtient sous forme de petits cristaux microscopiques destinées aux usages de la table, il est alors appelé *sel fin ;* quand l'évaporation se fait à une température plus basse, il se présente sous forme de cristaux plus gros et reçoit le nom de *sel gris.*

Lorsque le gîte à exploiter, au lieu de présenter des masses importantes de sel à peu près pur, est composé de couches peu épaisses, mélangées d'argile et de substances diverses que l'on désigne sous le nom de *Salzthon* (terre salée), on renonce à l'abatage direct de la roche et l'on opère de la manière suivante :

On perce un trou qui pénètre jusque dans le terrain salifère, et l'on y place un tube qui ne le remplit qu'imparfaitement et laisse un intervalle entre lui et la paroi du trou de sonde. On fait couler l'eau d'un ruisseau voisin dans cet intervalle ; elle dissout le sel sans dissoudre l'argile et forme dans la masse des cavités de dimensions croissantes ; cette eau, devenant plus lourde à mesure qu'elle se sature de sel, va au fond du trou et remonte dans le tube à une certaine hauteur, où elle est reprise par des pompes qui l'amènent directement dans des chaudières; l'évaporation du liquide y donne le sel sous forme de cristaux.

Extraction du sel des eaux des sources salées. — Les eaux qui traversent les terrains salifères produisent des sources salées dont on peut aussi extraire le sel. En France, on en compte environ trente, qui sont réparties dans les départements de l'Ariége, du Doubs, de la Meurthe, du Jura, des Basses-Alpes, des Landes et des Basses-Pyrénées ; quinze seulement étaient exploitées pendant ces dernières années. Les eaux de ces sources ne sont pas en général assez riches en sel pour qu'on les évapore immédiatement par l'action de la chaleur, les frais de combustible seraient trop considérables. On commence l'évaporation à l'air libre. Cette industrie devient de jour en jour moins importante.

Extraction du sel des eaux de la mer. — La plus grande partie du sel livré à la consommation est extraite des eaux de la mer par évaporation à l'air libre dans des bassins dont l'ensemble est désigné sous le nom de *marais salants*.

Les eaux de l'océan Atlantique renferment 25 pour 100 de sel, et celles de la Méditerranée 27 pour 100.

On comptait en France, pendant ces dernières années, 532 marais salants, répartis sur les côtes de l'Océan et de la Méditerranée. La production de la France, d'après les documents officiels les plus récents, est représentée par les nombres suivants :

Marais salants de l'Océan........	380 000 tonneaux de 1000 kilogr.	
Marais salants de la Méditerranée.	321 000	—	—
Mines et sources..............	212 000	—	—

Marais salants de l'Océan. — Les marais salants de l'Océan sont petits et nombreux et leur juxtaposition forme une contrée assez étendue sur les côtes de l'Atlantique, dans les départements de la Charente-Inférieure, de la Loire-Inférieure, de la Vendée et du Morbihan ; le département d'Ille-et-Vilaine en possède aussi de peu importants sur les côtes de la Manche. Les terrains, où doit s'opérer l'évaporation des eaux, ont été nivelés et les terres provenant de ce nivellement sont transportées aux environs, où elles constituent un sol artificiel appelé *bosses*, qui est consacré à la culture.

La culture des bosses et l'extraction du sel pendant l'été sont pratiquées par toute une population d'ouvriers appelés *paludiers* et *sauniers*. Les premiers récoltent et confectionnent le sel, les autres vont le porter au loin à dos de mulets. Tantôt le saunier échange son sel contre du blé dans les communes éloignées de la côte, tantôt il en touche le prix en argent ; c'est ce qui s'appelle *faire la troque*.

Pour établir un bon marais salant, deux conditions sont essentielles : il faut qu'il puisse recevoir en tout temps l'eau de la mer et qu'il soit assis sur un fond de terre glaise imperméable.

Les marais salants de l'Ouest (fig. 32) se composent, en général, de la *saline* et de ses dépendances. Les dépendances sont d'abord un vaste réservoir d'une seule pièce qui est appelé *vasière*, et quelquefois un second nommé *cobier*, qui est partagé en plusieurs carrés longs séparés l'un de l'autre par de petites banquettes de terre appelées *bossis*. La *saline* se compose d'un certain nombre de compartiments, ou *fares*, semblables à ceux du cobier et communiquant, par de petites rigoles nommées *délivres*, avec les bassins inférieurs ou *œillets*. Tous les compartiments de la saline sont peu profonds, les œillets n'ont que 8 à 10 centimètres de profondeur.

Le travail commence vers la fin d'avril. Après avoir fait écouler les eaux pluviales qui ont couvert la saline pendant l'hiver, des ouvriers appelés *paludiers* réparent les diverses parties du marais. Ce travail de réparation consiste à unir le fond des bassins et à établir la régularité des cloisons.

L'eau de la mer est introduite dans la *vasière*, où elle dépose les matières qu'elle tient en suspension, et en même temps sa température s'élève ; l'exhaussement du sol de la vasière ne permet, en général, de la remplir que pendant les *reverdies* ou *malines*, c'est-à-dire pendant les grandes marées de la nouvelle et de la pleine lune. On la conduit ensuite dans les œillets en la faisant passer sur le sol échauffé des cobiers et des fares.

Grâce à la chaleur du soleil et à l'action du vent, l'évaporation se produit, le sel forme à la surface une légère couche solide qui exhale une odeur de violette ; au fond de l'œillet se

rassemble le gros sel, toujours coloré en gris par de l'argile.
A l'aide d'un instrument appelé *las* ou *rouable* et formé d'une
planche de 45 centimètres environ située à l'extrémité d'un
manche plus ou moins long, le paludier ramène le sel sur les
bords des bassins, et le lendemain, des femmes courant pieds
nus sur les cloisons glissantes de la saline viennent le chercher
pour le transporter, au moyen de vases ou *gides* qu'elles por-

FIG. 32. — Marais salants.

tent sur la tête, en un point où il est mis en tas appelés *mulons*.
A la fin de la saison, les mulons sont recouverts d'une épaisse
couche de terre glaise qui, bien façonnée au battoir, peut conserver le sel pendant nombre d'années sans détérioration. C'est
pendant qu'il est en mulons que le sel s'égoutte et se dépouille
des substances déliquescentes (1). Lorsqu'il est suffisamment

(1) On appelle corps *déliquescents* ceux qui absorbent facilement
l'humidité de l'air et s'y dissolvent peu à peu.

sec, on le livre au commerce : c'est le sel gris, dont la couleur est due à un peu d'argile.

Quand l'eau a déposé le sel, elle est remplacée par de nouvelle eau prise à la vasière ; dans les mois de juin et de juillet, pendant lesquels l'évaporation est plus rapide, la prise d'eau se fait tous les deux jours, en août et septembre tous les trois jours.

Les sels gris de l'Ouest contiennent toujours du sulfate de magnésie qui leur communique un peu d'amertume, et du chlorure de magnésium qui les rend déliquescents. Aussi, lorsqu'ils sont destinés à la table, leur fait-on subir un raffinage en les dissolvant de nouveau dans l'eau et en évaporant la dissolution. Dans cette évaporation, le sel se sépare le premier à l'état solide, en laissant dans l'eau non encore évaporée le sulfate de magnésie et le chlorure de magnésium.

Marais salants de la Méditerranée. — Les marais salants de la Méditerranée ne sont pas, comme ceux de l'Ouest, divisés en de nombreuses et petites exploitations : réunies depuis longtemps par des syndicats, la plupart d'entre elles appartiennent à de puissantes compagnies qui ont introduit dans cette industrie tous les perfectionnements indiqués par la science. Les marais salants sont répartis sur les côtes de la Méditerranée dans les départements de l'Aude, des Bouches-du-Rhône, de la Corse, du Gard, de l'Hérault, des Pyrénées-Orientales et du Var.

Les marées étant presque toujours nulles sur les côtes de la Méditerranée, il faut, pour que les salines puissent être facilement alimentées par la mer, que les bassins où commence l'évaporation soient au-dessous du niveau de celle-ci. On utilise pour cela les étangs peu profonds qui se succèdent d'une manière presque continue depuis Hyères jusqu'à Port-Vendres.

Les premiers bassins d'évaporation sont partagés en grands compartiments nommés *partènements ;* ils sont séparés par de petites chaussées appelées *pièces* et communiquant par des canaux ou *buzets*. L'eau laisse déposer d'abord les matières qu'elle tient en suspension et se concentre par l'évaporation : il serait à désirer que, par la pente même, elle pût parcourir une distance suffisamment longue pour arriver saturée à l'extrémité ; mais cela n'est pas possible, et on la conduit alors dans de grands puits dits *puits des eaux vertes,* où elle est reprise par des machines hydrauliques qui l'élèvent et la déversent dans de nouveaux bassins d'évaporation nommés *chauffoirs* ou *partènements intérieurs*. Dans les premières phases de l'évapo-

ration, l'eau laisse déposer du carbonate de chaux, du sesquioxyde de fer et du sulfate de chaux. Puis le liquide des
divers partènements se réunit dans un réservoir commun appelé
piéce maitresse, d'où il passe dans des puits dits *puits de l'eau en
sel*. Il y est repris par des pompes qui le déversent dans des
bassins plus petits et plus profonds appelés *tables salantes*, où
le sel se dépose. Ce dépôt est annoncé par l'apparition d'une
teinte rouge due à l'existence de myriades d'êtres microscopiques et par l'odeur de violette dont nous avons déjà parlé.
Les cristaux qui se déposent forment à la fin de la campagne
une couche de 5 à 6 centimètres, qu'on enlève au moyen de
pelles plates et qu'on amasse en tas appelés *gerbes*. Cette opération est appelée *levage*. Le sel s'égoutte et le chlorure de
magnésium déliquescent s'écoule peu à peu. Le sel ainsi obtenu
est très-pur.

Les eaux sont renouvelées tous les deux ou trois jours, mais
le levage ne se fait qu'à la fin de la saison, tandis que dans les
salines de l'Ouest les pluies nécessitent un levage beaucoup plus
fréquent, sans quoi le sel se dissoudrait dans le liquide étendu
par les eaux pluviales.

Dans les salines du Midi, les eaux qui ont laissé déposer le
chlorure de sodium, dites *eaux mères*, étaient autrefois rejetées
à la mer. M. Balard a indiqué les moyens de les utiliser et d'en
extraire du sulfate de soude et des sels de potasse. Les indications du savant chimiste sont devenues la base de procédés qui
sont maintenant appliqués en grand et contribuent à la prospé-
rité de l'industrie que nous venons de décrire.

CHAPITRE IV

MÉTALLURGIE

Les métaux ne se rencontrent pas, en général, dans la
nature à l'état de pureté ; ils sont combinés à d'autres corps,
tantôt avec l'oxygène (oxydes), tantôt avec du soufre (sulfures);
quelquefois aussi on rencontre leurs oxydes unis à l'acide carbonique et formant ce qu'on appelle des *carbonates*. Ces combinaisons diverses sont désignées sous le nom de *minerais métalliques*, et la métallurgie est l'ensemble des procédés suivis pour
la transformation de ces minerais en métaux. C'est une des

branches les plus importantes de l'industrie d'une nation, puisqu'elle est appelée à lui fournir les principaux matériaux employés dans la construction des machines. Elle a fait en France, depuis quelques années, des progrès considérables, surtout pour le fer, qui fait l'objet de la plus considérable de nos industries métallurgiques.

MÉTALLURGIE DU FER

Le fer est avec la houille la plus grande richesse minérale de la France ; on l'y rencontre en assez grande abondance à l'état de minerai de composition et de qualités variables. Les variétés principales sont l'*oxyde de fer hydraté*, c'est-à-dire combiné avec une certaine quantité d'eau, l'*oxyde rouge*, l'*oxyde magnétique* et l'*oxyde de fer carbonaté*.

Le minerai de fer qui, par l'importance de son extraction, occupe en France le premier rang, est un oxyde de fer hydraté, que l'on rencontre à différents états et à différentes profondeurs dans les départements de la Meurthe, de la Moselle, de la Haute-Marne, de la Marne, de l'Aube, de la Meuse, des Ardennes, du Doubs, du Jura, de Saône-et-Loire, du Cher, de l'Indre, de la Haute-Saône, de la Côte-d'Or, des Vosges, de l'Isère et de l'Aveyron.

L'*oxyde de fer rouge*, désigné sous le nom de *fer oligiste,* se trouve en couche dans le département de l'Ardèche, aux environs de la Voulte et de Privas : à la Voulte, la puissance de la couche est de 14 mètres ; à Privas, elle est de 8^m,50 ; la production en 1866 a été de 252000 tonnes.

L'*oxyde de fer magnétique* constitue aussi un minerai depuis longtemps célèbre par les fers d'excellente qualité qu'il produit en Suède et dans l'Oural : il est à peine exploité en France dans les Pyrénées, mais depuis quelques années on supplée à son absence par l'importation de celui qu'on extrait en Algérie dans les environs de Bône ; ces importations ont exercé la plus heureuse influence sur la fabrication du fer et de l'acier.

Le *fer carbonaté* offre deux variétés : la première, dite *fer spathique,* se trouve dans les Alpes françaises et s'exploite aux environs d'Allevard et de Vizille dans l'Isère et à Saint-Georges d'Hurtières dans la Savoie ; la seconde variété, dite *fer lithoïde,* est le principal minerai de fer en Angleterre ; en France, elle est peu exploitée.

Pour donner la mesure de l'importance qu'a en France l'extraction des minerais, nous dirons que le poids de minerai extrait ayant subi les opérations préparatoires dont nous parlerons plus loin, a été, en 1866, de 3 136 710 tonnes d'une valeur de 16 961 274 francs. L'extraction et la préparation avaient occupé 14 879 ouvriers, dont le salaire s'était élevé à 8 978 496 francs.

Les mines de fer, par leur nombre et par l'importance de leurs produits, occupent en France le premier rang après les mines de houille ; elles ne fournissent cependant pas la majorité du minerai employé par nos usines à fer. Les nombreux gisements superficiels, désignés sous le nom de *minières*, concourent dans une plus large mesure à l'alimentation de nos forges : les mines de fer qui sont réparties dans les départements de la Meurthe, de la Moselle, de l'Ardèche, de Saône-et-Loire, de l'Aveyron, du Gard, du Jura, du Doubs, de la Côte-d'Or, ont produit en 1864 environ 850 000 tonnes de minerai, tandis que la production des minières a été environ de 2 300 000 tonnes.

Les détails que nous avons donnés sur les travaux exécutés dans les houillères nous dispenseront de revenir sur les travaux analogues pratiqués dans les mines de fer. Nous prendrons donc le minerai à la sortie de la mine et de la minière pour suivre les opérations qu'il va subir jusqu'à sa transformation en fer.

Préparation des minerais. — Les minerais de fer ne sont jamais soumis à des préparations préliminaires compliquées. Ils subissent ordinairement dans la mine un triage ayant pour but d'en séparer les matières stériles qui ont pu se mélanger à eux pendant l'extraction : ces matières stériles sont employées pour faire les remblais.

Après le triage, lorsque le minerai est en trop gros morceaux, il est soumis à un concassage qui se fait à l'aide d'appareils spéciaux appelés *bocards* : puis les fragments provenant de ce concassage subissent, ainsi que le minerai qui se présente en grains, l'opération du *débourbage*. Elle consiste à laver le minerai et à séparer par l'action de l'eau les matières terreuses qui l'accompagnent.

Dans certaines régions, comme la Savoie et l'Aveyron, le minerai en roches est soumis à un grillage à l'air qui a pour but de le rendre moins dur, plus poreux, d'expulser l'eau et l'acide carbonique qu'il renferme.

Principes sur lesquels repose la métallurgie du fer. — Les minerais étant préparés, il faut maintenant en extraire le fer. Nous avons vu que les minerais employés à la fabrication du fer sont ou des *oxydes de fer*, c'est-à-dire des corps formés par l'union intime du fer avec un gaz que les chimistes appellent *oxygène*, ou un *carbonate d'oxyde de fer*, c'est-à-dire un corps formé par l'union intime de l'oxyde avec un gaz nommé *acide carbonique*. Le but que se propose le métallurgiste est d'enlever le fer aux corps avec lesquels il est combiné. Pour simplifier l'explication, nous dirons tout de suite que, lorsqu'on chauffe le carbonate d'oxyde de fer, il laisse dégager l'acide carbonique et se transforme en oxyde de fer, de telle sorte que nous pouvons supposer les choses réduites au cas unique où l'on emploie l'oxyde. Or, si l'on mélange de l'oxyde de fer avec du charbon, qu'on enflamme celui-ci et qu'on chauffe le tout dans un courant d'air actif, le charbon brûlera en produisant des gaz, qui, en s'élevant au milieu de la masse, prendront à l'oxyde l'oxygène qu'il renferme et le transformeront en fer métallique.

Mais le minerai employé n'est jamais pur : il est toujours mélangé à une quantité plus ou moins grande de matières terreuses que l'on a extraites du sol en même temps que lui, que l'on désigne sous le nom de *gangue*, et qui ne sont jamais séparées complétement par les préparations mécaniques dont nous avons parlé. Il faut donc isoler cette gangue qui se trouve mélangée au fer et empêcherait les particules métalliques de se réunir. On y arrive par deux procédés différents.

Méthode catalane. — Quand le minerai est riche en oxyde de fer, on emploie la méthode catalane, dans laquelle on sacrifie une partie de l'oxyde de fer pour former avec la gangue une substance fusible appelée *laitier*. Ce laitier se trouve mélangé au fer formé, et la masse obtenue dans le fourneau, où s'est effectué le traitement, peut être comparée à une éponge en fer ramolli, enfermant dans ses pores le laitier fondu. On enlève cette éponge du four et, en la battant à l'aide de puissantes machines, on exprime le laitier et l'on agglomère le fer. La méthode catalane, qui permet, comme on le voit, d'*obtenir du fer par une seule opération*, donne un métal d'excellente qualité, mais elle est peu employée, à cause de la perte d'oxyde de fer qu'elle entraîne ; la Corse, les départements de l'Ariége, des Pyrénées (Basses, Hautes et Orientales), sont les seuls où elle soit mise en pratique : en 1864, elle a produit 3300 tonnes de fer, tandis que la méthode des hauts fourneaux a produit près de 800 000 tonnes.

Méthode des hauts fourneaux. — Cette méthode ne donne

pas le fer par une seule opération, elle ne fournit d'abord qu'un produit *intermédiaire* entre le minerai et le fer : c'est la *fonte*. Voici à quoi tient cette différence :

La plupart des minerais ne sont pas assez riches pour qu'on en sacrifie une partie à la fusion de la gangue : aussi est-on obligé, pour atteindre ce but, de mêler au minerai une certaine quantité de matière fondante qui sera, suivant la nature de la gangue, tantôt du calcaire, tantôt de l'argile. Mais le laitier formé par cette matière et par la gangue n'est pas très-fusible et, pour le fondre, il faut élever la température à un point où le fer produit *se combine lui-même avec le charbon* et donne de la fonte, qu'il faudra soumettre à une seconde opération pour en extraire le fer.

La fabrication de la fonte se fait dans des appareils appelés *hauts fourneaux*, qui offrent l'apparence (fig. 33) d'une tour ronde ou carrée d'une hauteur de 15 à 18 mètres. La cavité intérieure, qui est garnie de briques réfractaires, a la forme de deux troncs de cône réunis par leur grande base.

Le tronc de cône supérieur est appelé *cuve*. L'ouverture G de la cuve porte le nom de *gueulard;* elle est surmontée d'une cheminée, nommée *gueule*, percée de plusieurs portes servant au chargement du combustible et du minerai qui sont élevés à ce niveau par des moyens variant d'une usine à l'autre. Le tronc de cône inférieur s'appelle *étalage* et se continue par un espace prismatique O nommé *ouvrage*, à la partie inférieure duquel aboutissent des tuyères T qui lancent dans le haut fourneau un courant d'air actif. Au-dessous de l'ouvrage est le creuset H qui recevra la fonte liquide : l'une des parties du creuset est formée par une pièce A appelée *dame* qui se termine au dehors par un plan incliné AC.

Lorsque le haut fourneau n'a pas encore servi, on commence par le sécher parfaitement au dedans, en faisant pendant quinze ou vingt jours un feu assez vif à la partie inférieure. Lorsqu'on juge que la maçonnerie est suffisamment sèche, on emplit le fourneau jusqu'à 4 ou 5 mètres au-dessous du gueulard avec du coke, au-dessus avec des charges de minerai et de combustible; puis on met le feu à la masse par la partie inférieure où se trouvent de la paille et des fascines. Au bout de quelques jours, on commence à voir la fonte en fusion tomber en gouttelettes dans le creuset; il est temps alors de faire arriver le *vent*. Ce vent est de l'air chassé avec une grande force par de puissantes machines soufflantes, qui dans certaines

usines, au Creuzot par exemple, atteignent des proportions co-
lossales ; il augmente l'activité de la combustion et élève par
conséquent la température. Le minerai se dessèche et com-

FIG. 33. — Haut fourneau.

mence à se réduire dans la cuve, où il perd environ le tiers de
l'oxygène qu'il renferme ; il descend peu à peu et arrive dans
les étalages et dans l'ouvrage ; c'est là qu'ont lieu surtout la

décomposition du minerai et sa transformation en fer ; mais c'est là aussi que le métal, se combinant avec le charbon, se change en fonte. La fonte liquide tombe dans le creuset, où arrive en même temps le laitier en fusion, qui, en vertu de sa plus grande légèreté, flotte à la surface de la fonte. Lorsque le laitier a atteint le bord de la dame, il s'écoule au dehors par le plan incliné AC. Quand il est solidifié, on l'emporte sur les lieux où il doit servir à faire des remblais.

Toutes les douze ou huit heures on procède à la coulée de la fonte. Pour cela, on enlève un tampon d'argile qui ferme une ouverture pratiquée au bas de la dame ; la fonte s'élance alors du creuset sous la forme d'un jet incandescent que l'on voit se diriger en serpentant dans les rigoles creusées au milieu du sable, qui constitue le sol de l'usine au pied du haut fourneau. La fonte se refroidit peu à peu, et se présente, après la solidification, sous forme de lingots appelés *gueuses*. La coulée terminée, on rebouche le trou et l'opération continue comme auparavant. Elle ne doit être suspendue que lorsque le fourneau a besoin de réparations.

Choix du combustible. — Après avoir exposé les principaux détails de la marche d'un haut fourneau, nous allons revenir sur deux points essentiels que nous avons à dessein laissés de côté pour rendre l'exposition plus claire et plus rapide. Le choix du combustible fixera d'abord notre attention ; il est d'une très-grande importance dans la fabrication de la fonte et exerce une influence directe sur la qualité des produits.

Dans l'origine, le charbon de bois était partout employé ; sa pureté, comparée à celle des autres combustibles, l'énergie de ses affinités chimiques, et par suite la facilité avec laquelle il prend feu sont des qualités d'une grande valeur, partout où l'on peut se le procurer en quantité considérable et à prix modérés ; mais ces circonstances sont rares et son emploi devient de plus en plus restreint, quoique la fonte fabriquée avec le charbon de bois soit de qualité supérieure à celle que l'on obtient avec les autres combustibles.

Le coke est très-employé dans la métallurgie du fer. Il provient de la calcination de la houille en vase clos. Cette calcination a pour effet d'éliminer le soufre et les autres substances nuisibles aux qualités du métal.

Depuis que dans la plupart des usines on a substitué l'emploi de l'air chaud à celui de l'air froid, on ne regarde pas toujours comme nécessaire d'opérer à part la transformation de la houille en coke : on charge le haut fourneau avec de la houille, et, sous l'influence de l'élévation de température produite par l'emploi de l'air chaud, cette houille se transforme en coke dans la partie supérieure de l'appareil avant d'agir sur le minerai.

Le métallurgiste ne saurait apporter trop d'attention au choix des houilles ; de leur qualité dépend celle des fontes et des fers fabriqués. Aussi, dans certaines usines, la houille est-elle concassée, lavée, triée avec soin et mélangée en proportions variables, suivant les provenances, avant d'être transformée en coke ou d'être livrée au fourneau. L'emploi de ce combustible devient plus important chaque jour ; on le mélange quelquefois avec le charbon de bois. De 1860 à 1864, la production de la fonte au charbon de bois a diminué de 2 746 586 quintaux métriques à 2 109 736 quintaux, tandis que celle de la fonte aux deux combustibles (végétal et minéral) a varié, dans le même laps de temps, de 736 017 quintaux à 883 059 quintaux métriques.

De 1861 à 1864, la production de la fonte au combustible minéral seul (houille ou coke) a varié de 5 471 767 quintaux métriques à 8 204 424 quintaux métriques.

Emploi de l'air chaud. — Avant de quitter les hauts fourneaux, nous décrirons un dernier perfectionnement dont le traitement du fer a été l'objet. Pendant longtemps on a laissé perdre par la partie supérieure des fourneaux les gaz provenant de la combustion du charbon et de la décomposition du minerai. Des expériences faites avec le plus grand soin ont conduit MM. Bunsen et Playfair à conclure qu'au haut fourneau d'Alfreton on perdait, sous forme de gaz, 81 pour 100 de matières combustibles encore utilisables, représentant par vingt-quatre heures 11 tonnes de charbon ; que ces gaz, qui étaient inflammables, étaient capables, en brûlant, de produire une température assez élevée pour fondre le fer. Depuis cette époque, la plupart des métallurgistes ont soin de les recueillir, et les emploient à chauffer, soit des chaudières à vapeur, soit l'air injecté par les tuyères.

Fontes blanches et fontes grises. — Suivant la nature du minerai employé et surtout suivant la température à laquelle s'est opérée la fusion, on produit dans les hauts fourneaux des fontes de propriétés diverses qu'on peut ramener à deux types principaux : la *fonte blanche* et la *fonte grise*. La première est obtenue à une température plus basse que la seconde, et, par

suite, c'est celle dont la fabrication exige la moins grande consommation de combustible. Elle est de couleur blanche, très-
dure, fond à 1100 degrés, n'est jamais très-fluide, et convient
surtout à la fabrication du fer et de l'acier. La fonte grise est
produite à une température plus élevée; elle est douce, grenue,
facile à travailler : elle n'entre en fusion qu'à 1260 degrés;
mais comme elle devient très-fluide, elle est très-convenable
pour le moulage des objets en fonte dont nous parlerons plus
tard. En raison des usages auxquels on destine ces deux espèces
de fontes, on donne souvent dans l'industrie, à la première le
nom de fonte d'*affinage*, à la seconde celui de fonte *de moulage*.

**Principes sur lesquels repose la transformation de la
fonte en fer.** — Pour transformer la fonte en fer, il faut lui
enlever le charbon qu'elle contient ainsi que les autres matières
étrangères, telles que le silicium, le soufre et le phosphore. Ces
trois substances ont des origines différentes. Le silicium et le
phosphore proviennent de la gangue qui se trouvait mélangée
au minerai; quant au soufre, il provient ordinairement de
la houille ou du coke. Ces trois substances nuisent à la qualité
du fer, diminuent sa résistance et le rendent cassant ; le charbon de bois ne pouvant introduire de soufre dans la fonte, il
en résulte que les fers au bois sont meilleurs que les fers à la
houille.

La transformation de la fonte en fer, ou *affinage*, se fait en
soumettant la fonte, pendant qu'on la maintient en fusion, à un
courant d'air actif qui brûle les matières étrangères dont nous
venons de parler : le charbon et le silicium sont faciles à enlever,
le premier se transformant en gaz acide carbonique qui se dégage, le second en acide silicique qui s'unit à une certaine
quantité d'oxyde de fer pour donner un silicate fusible éliminé
sous forme de *scorie* ou *laitier*. Quant au soufre et au phosphore,
il est très-difficile de les séparer; aussi les fontes qui en contiennent ne donnent-elles que des fers de qualité inférieure.

On affine la fonte de deux manières, soit au charbon de
bois, soit à la houille.

Affinage au bois. — L'affinage de la fonte par le charbon
de bois a lieu dans un petit foyer quadrangulaire formé par des
plaques de fer recouvertes d'argile, dans lequel le vent est
amené par une tuyère légèrement inclinée (fig. 34). Le foyer
étant rempli de charbon allumé, on place au-dessus du combustible la quantité de fonte qui doit être affinée. Elle entre
en fusion et tombe en gouttelettes liquides qui passent devant

les tuyères et subissent l'action oxydante de l'air lancé par ces appareils : le charbon de la fonte se transforme alors en acide carbonique qui se dégage à l'état de gaz, et la silice provenant de l'oxydation du silicium se combine avec une partie du fer et donne des scories fusibles que l'on enlève de temps à autre.

FIG. 34. — Affinage au bois.

Au bout d'un certain temps, la fonte liquide a pris plus de consistance, ce qui indique un commencement d'affinage. L'ouvrier la soulève alors avec une barre de fer, nommée *ringard*, et la ramène au-dessus du combustible. C'est ce qu'on appelle *avaler la loupe*. On ajoute du charbon frais et l'on augmente la force du vent. Sous l'influence de cette action oxydante plus énergique, la fonte se transforme en fer.

Lorsque l'affinage est terminé, que le fer *a pris nature*, l'ouvrier retire la masse métallique du four, la bat avec son rin-

gard et la livre à d'autres hommes qui la traînent encore incandescente sous une enclume, où elle reçoit les coups redoublés.
d'un marteau pesant de 300 à 600 kilogr., qui est mu mécaniquement. Pendant que le marteau fonctionne, l'ouvrier retourne la loupe en tous sens pour qu'elle soit battue de tous les
côtés. Sous l'influence de ces coups redoublés, les scories inter-
posées dans le métal et encore liquides sont projetées au loin,
et les parties métalliques se soudent ensemble. Cette opération
porte le nom de *cinglage de la loupe*. Elle donne des barres de
fer prismatiques que l'on coupe en morceaux plus petits appelés
lopins. Chacun d'eux, après avoir été réchauffé au foyer,
est forgé à nouveau avec un marteau plus petit appelé *martinet*, puis il est étiré en barres à l'aide de laminoirs que nous
décrirons plus loin.

Ce procédé donne du fer de bonne qualité que l'on appelle
fer au bois. Mais chaque jour son importance diminue par suite
de la nécessité de produire des fers à bon marché, et on ne
l'applique plus que dans des cas spéciaux. La production du fer
au bois, en 1864, tant par la méthode catalane dont nous avons
dit quelques mots que par l'affinage au bois, a été en France
de 584 760 quintaux métriques. Le département du Doubs
entre dans ce chiffre pour 179 030 quintaux métriques. Les .
départements du Jura, des Ardennes, des Vosges, du Cher, de
la Nièvre et de la Haute-Saône sont après lui ceux où la production a été la plus considérable.

Affinage à la houille. — L'affinage au bois diminue
chaque jour d'importance, tandis que l'affinage à la houille se
répand de plus en plus ; ce procédé, qui est anglais, est appelé
puddlage (du mot anglais *puddle*, qui veut dire *brasser*). La
théorie de l'opération est la même que pour l'affinage au bois :
on oxyde les matières étrangères et l'on forme des scories avec
le fer et la silice qui provient de l'oxydation du silicium ; mais
le combustible et le four ne sont plus les mêmes. La figure 35
représente l'intérieur d'un four à puddler ; la figure 36 en représente l'extérieur. La houille est brûlée dans le foyer latéral,
et la flamme qui s'en échappe passe dans le compartiment
voisin, appelé *réverbère*, et le porte à une haute température.

La fonte est jetée en morceaux sur la sole D du réverbère ;
elle y entre en fusion, et, sous l'influence du courant d'air
déterminé par la cheminée C, l'affinage se produit. Pendant
cette fusion, l'ouvrier doit continuellement renouveler les surfaces de la masse métallique ; aussi brasse-t-il le mélange

avec une grosse barre de fer, appelée *ringard,* qu'il passe
par la porte, mais en l'ouvrant le moins possible, de peur
qu'une trop grande quantité d'air ne pénètre dans le foyer
et n'y détermine une trop forte oxydation du fer. Ce travail est
très-pénible et demande beaucoup d'habileté de la part de
l'ouvrier, qui doit, à l'aspect de la masse métallique, juger
du point où est arrivée l'opération.

Lorsque l'ouvrier pense que l'affinage est suffisamment
avancé, il fait écouler une partie des scories et rassemble avec
son ringard les parties de fer affiné qu'il soude entre elles en

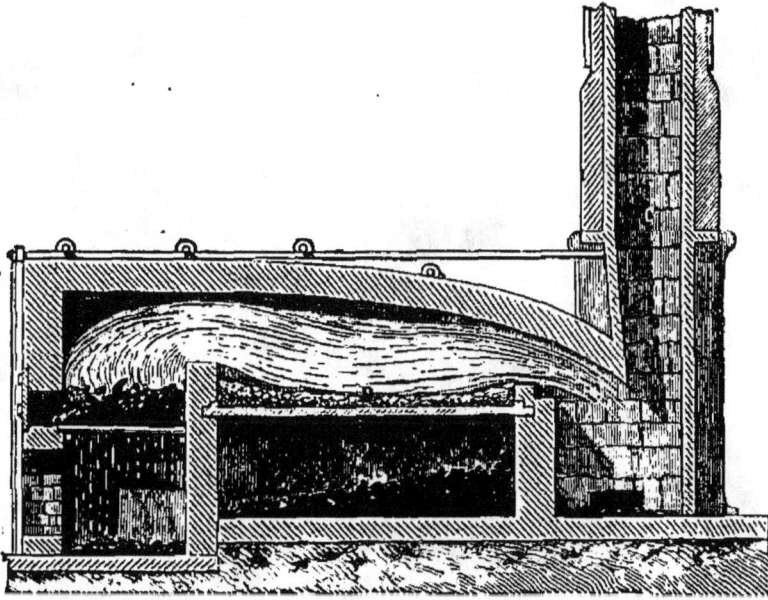

Fig. 35. — Puddlage de la fonte.

les comprimant. Il forme ainsi un noyau qu'il roule sur la
sole du four ; le volume de ce noyau augmente par la réunion
de fragments de fer incandescent qui s'attachent à lui. Quand
la boule, ou *loupe,* a acquis un volume suffisant, il la sort du
four et la fait tomber sur un petit chariot qu'un autre ouvrier
entraîne immédiatement pour porter la loupe au cinglage.

Le cinglage peut se faire avec le petit marteau dont nous
avons parlé à propos de l'affinage au bois ; mais on se sert plus
souvent d'un instrument appelé *marteau-pilon,* dont nous allons
dire quelques mots.

Ce puissant appareil de percussion, qui est très-employé

maintenant dans les forges et dans les ateliers de construction, est représenté par la figure 37. Il se compose d'une masse de fonte qui a un poids de 3000 à 5000 kilogrammes, et peut glisser entre des colonnes verticales. A sa partie supérieure est

FIG. 36. — Four à puddler.

adaptée une tige de fer qui est en même temps la tige du piston d'une petite machine à vapeur superposée au bâti de l'appareil. Un levier, manœuvré par un ouvrier spécial, permet de faire entrer la vapeur sous le piston. Par sa pression elle soulève le marteau, et, lorsqu'il est arrivé au haut de sa course, l'ouvrier, agissant une seconde fois sur le levier, met la partie inférieure

FIG. 37. — Marteau-pilon.

du cylindre en communication avec l'air extérieur. La vapeur s'échappe au dehors, et le marteau retombe de tout son poids sur l'enclume où l'on place la loupe à cingler.

Le marteau-pilon constitue un outil remarquable par sa puissance, par la rapidité de son action et par la facilité avec laquelle on le gouverne. L'ouvrier qui manœuvre le levier peut, en réglant la sortie de la vapeur, faire descendre le marteau avec la rapidité ou la lenteur nécessaires. Pour donner une idée de la sensibilité de cet appareil, nous dirons qu'il peut boucher, sans la briser, une bouteille de verre posée sur l'enclume.

L'ouvrier cingleur placé près du marteau-pilon saisit avec de fortes pinces la loupe apportée du four, la met sur l'enclume et la retourne en tous sens pendant que le marteau la frappe à coups redoublés. Le cingleur, pour se garantir des éclaboussures du laitier incandescent, porte une véritable armure ; il est muni de grandes bottes, de brassards de tôle, d'un masque de toile métallique et d'un épais tablier de cuir.

Rien n'est plus saisissant que l'aspect d'une forge importante où l'on voit en circulation les chariots portant les loupes incandescentes : le feu jaillit de toutes parts ; de robustes ouvriers, aux épaules athlétiques, manient avec aisance les masses de fer qu'ils façonnent peu à peu sous les coups répétés des marteaux-pilons.

Laminage du fer. — Après le cinglage, la loupe est immédiatement portée au laminoir, qui doit la transformer en barres.

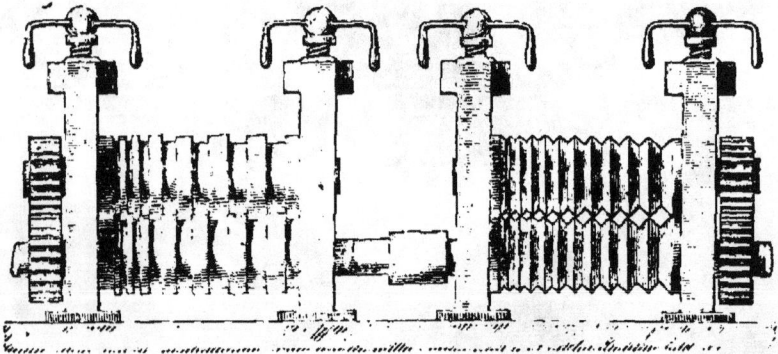

FIG. 38. — Laminoir.

Le laminoir se compose d'une ou plusieurs paires de cylindres (fig. 38) tournant en sens inverse au moyen d'engrenages à vapeur. Chaque train de laminoir comprend deux équipages,

FIG. 39 — Intérieur d'usine. — Laminoirs.

formés chacun par deux cylindres superposés qui présentent à leur surface des cannelures de formes diverses. Le premier équipage, dit *dégrossisseur* et que l'on voit à droite de la figure, est muni de cannelures à section ogivale dont les dimensions vont en diminuant progressivement; le second, ou *finisseur*, se compose aussi de deux cylindres : le cylindre inférieur porte des cannelures rectangulaires dans lesquelles pénètrent les saillies de même forme que l'on voit à la surface du cylindre supérieur. Les laminoirs sont faits avec des fontes d'excellente qualité et leur fabrication exige beaucoup de soin.

Lorsque la loupe déjà façonnée arrive au laminoir, l'ouvrier la saisit à l'aide de fortes pinces, et présente une de ses extrémités à la cannelure la plus grosse de l'équipage dégrossisseur : les deux cylindres, en tournant, l'entraînent dans leur mouvement de rotation et la forcent à s'aplatir et à s'allonger, en même temps qu'elle prend la forme de la cannelure dans laquelle elle passe. Un ouvrier, placé de l'autre côté de l'appareil, prend avec des pinces la barre ainsi formée, et, la soulevant par-dessus le laminoir, la repasse au premier ouvrier qui la présente à la seconde cannelure, et ainsi de suite. Lorsque la barre a passé dans toutes les cannelures ogivales, on la livre à l'équipage finisseur, qui la réduit en lames plates à section rectangulaire. On comprend qu'en écartant plus ou moins le cylindre supérieur du cylindre inférieur à l'aide de vis de commande, on augmentera ou diminuera l'intervalle existant entre le fond des cannelures et la surface des saillies ; par suite, la barre qui passera dans ces intervalles sera plus ou moins épaisse.

La figure 39 représente l'intérieur d'une usine dans laquelle s'effectue le travail que nous venons de décrire.

Corroyage du fer. — Le fer que l'on obtient ainsi n'est pas du fer *marchand*, c'est encore du fer brut : ses parties sont mal soudées; il présente des défauts appelés *pailles;* en un mot, sa qualité médiocre ne le rend propre qu'à un nombre d'usages très-restreint. Avant de pouvoir être employé dans l'industrie, il doit être soumis à une opération qu'on appelle *corroyage.* Pour cela, les barres de fer sont découpées en morceaux à l'aide de puissantes cisailles mues par la vapeur. En superposant ces morceaux et en les liant avec du fil de fer, on en fait des paquets que l'on réchauffe dans un four à réverbère, appelé *four à souder,* qui diffère peu du four à puddler. Quand les paquets sont à la température du blanc soudant, c'est-à-dire à une température à laquelle les morceaux de fer ramollis pourront se souder entre eux par la pression, on les retire du four et on les fait passer dans des laminoirs exécutés avec plus de soin que ceux qui travaillent le fer brut. Sous l'influence de la pression, les différentes pièces se soudent, et l'on obtient des barres d'un fer très-homogène et ne présentant plus les défauts du fer brut.

En 1864, la France a produit 7 920 581 quintaux métriques de fer d'une valeur de 193 893 156 francs.

TÔLE

La tôle est du fer réduit en feuilles. On la fabrique généralement avec des barres plates de fer corroyé, découpées en morceaux appelés *bidons*. On les chauffe d'abord dans des fours, et on les soumet ensuite à l'action de laminoirs dont les cylindres sont à surface unie et dont on diminue progressivement l'écartement, de manière à forcer le fer à s'étaler en lames de plus en plus minces. Après plusieurs passages, le métal s'est refroidi et doit être réchauffé : on met pour cela les plaques dans des *fours dormants*, ainsi nommés parce qu'ils sont presque sans tirage, l'introduction d'une trop grande quantité d'air pouvant avoir pour résultat d'oxyder les surfaces, de brûler et même de trouer les tôles. Les plaques réchauffées sont soumises de nouveau à l'action de laminoirs dont les cylindres sont plus durs et plus fins que ceux des précédents. Quand elles sont amenées aux dimensions voulues, les bords sont irréguliers et déchirés en festons : on dit alors qu'ils sont *criqués;* pour les rendre bien nets, on les rogne à la cisaille. Les tôles ainsi fabriquées sont appelées *tôles sur bidons.*

Lorsqu'on veut avoir des produits d'un prix moins élevé, on fait des tôles *directes*. Cette fabrication consiste à passer les paquets de fer brut dans le laminoir à cannelures plates, à découper les barres encore chaudes qui en sortent et à les livrer ensuite au laminoir à tôle. On évite ainsi le chauffage des bidons, et par conséquent le déchet de fer et la consommation du combustible.

Quand on veut donner à la tôle de l'élasticité et en diminuer la dureté, on la *recuit*, c'est-à-dire qu'on la chauffe dans de grandes caisses de fer, hermétiquement fermées, d'où on ne la retire qu'après un refroidissement lent et complet.

La France a produit, en 1864, 1 000 042 quintaux de tôle d'une valeur de 35 423 648 francs.

Le fil de fer ne se fabrique qu'avec des fers de bonne qualité. A cet effet, les barres de fer carrées, produites par les laminoirs ordinaires, sont découpées en morceaux que l'on réchauffe au blanc et que l'on passe ensuite dans les cannelures d'un laminoir animé d'une grande vitesse. La première cannelure est ovale, les suivantes sont circulaires. La tige de fer, qui a de 25 à 30 centimètres de côté et de 60 centimètres à 1 mètre de long, passe en moins d'une minute dans dix de ces cannelures, et en sort à l'état d'une tige ronde de 8 à 10 millimètres de diamètre et de 9 à 10 mètres de longueur. Ce spectacle est plein d'intérêt : le morceau de fer s'allonge à mesure que son diamètre diminue par le passage dans des cannelures de plus en plus petites ; on voit alors le métal incandescent courir à la surface du sol sous forme de serpents de feu, dont les ouvriers doivent éviter les replis avec la plus grande attention. Pour empêcher les accidents et en même temps la confusion qui résulterait du mélange des différents morceaux, de jeunes ouvriers armés de crochets saisissent le fil incandescent à mesure qu'il sort du laminoir, s'éloignent en l'entraînant et guident ses mouvements à la surface du sol.

Lorsque le fer est arrivé au diamètre voulu, il est enroulé encore chaud sur des bobines manœuvrées à la main ; les paquets circulaires qui résultent de cet enroulement sont, après leur refroidissement, placés dans des caisses de fonte bien lutées, que l'on chauffe au rouge sombre pour les laisser ensuite se refroidir lentement. Cette opération, appelée *recuite*, a pour but de rendre au fer toute sa ductilité (1), qu'il a perdue en partie par l'action du laminoir et qui lui est nécessaire pour pouvoir subir l'étirage à la filière et être amené à un diamètre moindre.

On appelle *filière* une plaque d'acier trempé percée de trous de grandeurs décroissantes. En forçant un morceau de fer à passer successivement à travers ces différents trous, on en diminue de plus en plus le diamètre et l'on fait un fil qui va en s'allongeant à chaque passage. L'opération s'exécute sur un

---

(1) On appelle *ductilité* la propriété qu'a un métal de se laisser étirer en fils.

banc à tirer, ou *table de tréfilerie*, représenté par la figure 40.

Sur une table sont fixées verticalement, de distance en distance, des filières placées entre des montants verticaux ; derrière ces filières sont disposées des bobines sur lesquelles est enroulé du fil de fer à étirer, qui vient du laminoir et des fours à recuire ; en avant on voit d'autres bobines pouvant tourner autour d'un axe vertical qu'une machine à vapeur peut mettre en mouvement. L'extrémité du rouleau de fil est amincie de

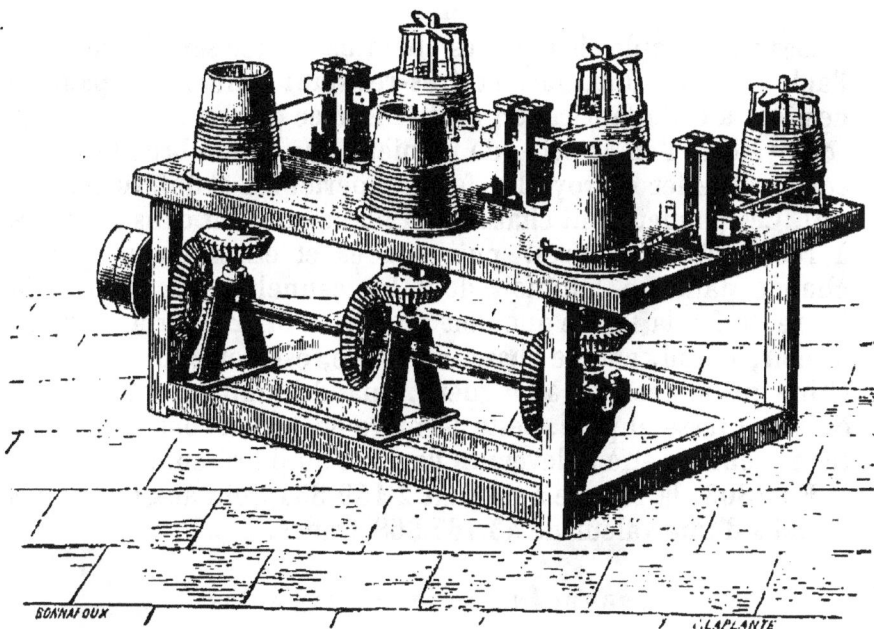

FIG. 40. — Tréfilerie.

manière à pouvoir passer dans l'un des trous de la filière, le plus gros, par exemple ; on l'y engage et elle est saisie de l'autre côté par une pince placée à la partie inférieure de la bobine correspondante ; dès que celle-ci est mise en mouvement, elle entraîne le fil, le force à passer dans le trou et à s'enrouler ensuite sur elle. Quand tout le fil a passé par le premier trou, on l'enroule de nouveau sur la première bobine, puis on appointe son extrémité et on l'engage dans le second trou. On continue ainsi jusqu'à ce qu'il ait le diamètre désiré ; mais comme, par ces passages successifs à la filière, le fer devient très-cassant, on lui rend sa ductilité en le recuisant de temps en temps. Ces recuites ont pour effet de l'oxyder ; quand on veut avoir sa surface nette et brillante, on place les paquets dans un bain d'acide sulfurique étendu d'eau, qui dissout l'oxyde. Pendant qu'ils sont dans le liquide, on prend l'une des extrémités que l'on passe dans la filière, et, à mesure que le fil sort du bain acide, il subit un dernier étirage.

La France a produit, en 1864, 405 291 quintaux de fil de fer d'une valeur de 17 567 040 francs.

RAILS

Les rails employés dans les chemins de fer sont fabriqués à l'aide d'un fer dur, fort et très-résistant à froid. Les paquets destinés à cette fabrication sont faits avec du fer brut et du fer corroyé que l'on associe, de manière que le fer brut forme le centre et le fer corroyé les faces supérieures et inférieures du rail. Ces paquets sont chauffés au blanc soudant dans des fours à réchauffer ordinaires, puis soudés et étirés en une seule chaude dans un laminoir dont les cannelures donnent à la barre de fer la forme que doit avoir le rail. En sortant du laminoir, le rail, encore chaud et rouge, est porté sur une machine qui le découpe à longueur. Quand le rail est coupé, il est ensuite dressé et paré. Cette dernière opération consiste à limer ses extrémités et à enlever les bavures qu'il présente.

En 1863, la France a produit 2 159 831 quintaux métriques de rails d'une valeur de 43 167 868 francs.

FER-BLANC ET FER GALVANISÉ

Le fer exposé à l'air humide a la propriété de s'oxyder et de se couvrir d'une couche de rouille qui augmente incessamment, de telle sorte que les pièces peu épaisses ne tardent pas à se trouer. Aussi, pour obvier à cet inconvénient, on étame la tôle, c'est-à-dire qu'on fait adhérer à sa surface une couche d'étain qui la protége de l'oxydation. La tôle ainsi étamée est appelée *fer-blanc*, et peut servir à une foule d'usages auxquels le fer ordinaire ne résisterait pas. Il y a deux sortes d'étamages : le premier, qu'on dit brillant, pour lequel on n'emploie que de l'étain pur ; le second, qui est terne, est fait avec un alliage formé de 1/4 d'étain et de 3/4 de plomb. Voici comment sont fabriquées les lames de fer-blanc livrées au commerce :

On prend des lames de fer rectangulaires appelées *bidons*, et après des passages au laminoir qui ont pour effet de les dresser et de les polir, on les plonge successivement dans plusieurs bains d'étain fondu, qui en étament la surface.

On fabrique aussi, pour les besoins de l'industrie, du fil de fer que l'on recouvre d'une couche de zinc et qu'on appelle *fer galvanisé.*

La galvanisation se fait de la manière suivante : Le fil de fer se déroulant d'une bobine passe dans un bain d'acide sulfurique étendu qui le décape, c'est-à-dire qui dissout l'oxyde formé à la surface, puis dans un bain de chlorhydrate d'ammoniaque où il achève de se décaper. A la sortie de ces bains de décapage, il traverse un bain de zinc fondu, à la surface duquel on a mis une couche de petits morceaux de coke pour empêcher que le métal fondu ne s'enflamme. Le fer s'allie au zinc, et à la sortie du bain s'enroule sur une bobine.

ACIER

L'acier est, comme la fonte, un composé de fer et de charbon ; mais il contient moins de charbon qu'elle, 1 à 3 pour 100 seulement. Aussi ses propriétés physiques sont-elles peu différentes de celles du fer et peut-il se travailler comme lui. Mais lorsqu'il a subi la *trempe*, c'est-à-dire quand après l'avoir porté à la chaleur rouge, on le refroidit brusquement en le plongeant dans l'eau froide ou tout autre liquide réfrigérant, il acquiert une dureté extrême et devient propre à la confection des outils. L'acier jouit aussi d'une élasticité que n'a pas le fer : c'est ce qui le fait employer à la fabrication des ressorts de toute espèce, et en particulier pour les ressorts de voiture.

Les procédés de fabrication de l'acier reviennent à deux méthodes principales tout à fait différentes. La première, dans laquelle rentre la fabrication des aciers naturels, puddlés et Bessemer, consiste à enlever à la fonte une partie du charbon qu'elle contient et à ne lui laisser que ce qui est nécessaire pour faire de l'acier. La seconde consiste, au contraire, à prendre du fer et à le combiner avec une proportion convenable de charbon.

Les aciers *naturels* se produisent, en général, en affinant la fonte dans des fourneaux au charbon de bois semblables à ceux que l'on emploie dans la métallurgie du fer : la différence entre les deux opérations consiste en ce que, dans la fabrication de l'acier naturel, l'affinage n'est pas poussé aussi loin ; on modère davantage l'action du vent et des scories sur la fonte en fusion. L'acier brut ainsi obtenu est ensuite *lanquetté*, c'est-à-dire aplati sous un laminoir et un martinet, qui l₂ transforment en barres que l'on met en paquets et que l'on corroie.

L'acier *puddlé* se produit dans des fours à réverbère en y chauffant, au moyen de la houille, les fontes déposées sur un lit de scories, jusqu'à ce qu'elles entrent en fusion et commencent à s'affiner. Il est nécessaire d'éviter les fontes sulfureuses et phosphorées, car le soufre et le phosphore ne sont pas éliminés complétement par le puddlage, et leur présence dans l'acier nuit à la qualité du métal. Les aciers puddlés peuvent être employés non corroyés à la fabrication de beaucoup d'objets; mais si l'on veut les rendre plus homogènes, il faut les soumettre au corroyage. Ils sont bien supérieurs aux aciers naturels.

Les aciers *cémentés* s'obtiennent en chauffant du fer de bonne qualité (fer de Suède ou de Russie) avec du charbon en poudre, dans des caisses de briques réfractaires autour desquelles on fait circuler la flamme du foyer. On peut, comme pour les précédents, en améliorer la qualité par le corroyage.

On emploie aussi, pour donner à l'acier l'homogénéité qu'exigent certaines applications, un moyen qui est plus efficace que le corroyage : c'est la fusion. La fusion de l'acier s'opère dans des creusets, à l'abri des gaz de la combustion; elle donne un métal excellent, qui peut servir à la confection d'instruments tranchants d'une qualité supérieure.

L'invention de l'*acier fondu* date de 1740; elle est due à Benjamin Huntsman, qui éleva près de Sheffield (Angleterre) un établissement important où il fit le premier l'acier fondu.

Quoique cette fabrication ait été bien perfectionnée depuis son origine, elle présentait encore de grandes difficultés quand on voulait obtenir des pièces d'un volume considérable : chaque creuset ne contenant environ que 40 à 50 kilogrammes de métal fondu, on n'arrivait que très-difficilement à couler des objets d'un poids élevé. En 1856, M. Bessemer publia en Angleterre un mémoire où il annonçait avoir trouvé un procédé par lequel il pouvait, au moyen de la fonte, obtenir de l'acier fondu en grandes masses, et par conséquent diminuer considérablement le prix de ce métal, tout en lui donnant la possibilité de se mouler. Ce procédé fut immédiatement employé à Sheffield, aux mines d'Atlas-Works; depuis il s'est répandu en France, et fonctionne avec régularité dans les forges du Creusot, de Rive-de-Gier, de Terre-Noire, de Voulte et Bességes, de Châtillon, de Commentry et de Niederbronn.

Il consiste à faire passer au milieu d'une masse de fonte en fusion un courant d'air actif dont l'oxygène brûle le silicium et le charbon combinés avec le fer. Cette combustion produit une telle chaleur, que le fer provenant de l'affinage reste lui-même liquide. Lorsqu'on reconnaît à l'aspect de la flamme que le silicium et le charbon sont complétement brûlés, on mélange au fer fondu une certaine quantité de fonte qui, suivant sa nature et la proportion dans laquelle on la fait intervenir, forme les aciers de différentes marques.

L'opération se fait dans de grandes cornues, ou *convertisseurs*, de terre réfractaire, qui peuvent recevoir le vent d'une machine soufflante. Quand la transformation de la fonte en acier est effectuée, on fait basculer le convertisseur et l'on verse le métal fondu dans de grandes poches garnies de terre réfractaire, qui sont transportées, au moyen d'une machine spéciale, au-dessus des moules où l'on doit couler l'acier.

Cette méthode permet de couler des pièces d'un volume considérable : les pièces d'un mètre cube se font d'une manière courante.

On peut dire que la découverte de l'acier Bessemer est appelée à produire une véritable révolution dans l'industrie : l'acier se substituera de plus en plus au fer, et les organes de nos machines seront à la fois plus solides et plus légers. Les compagnies de chemins de fer commencent déjà à substituer les rails d'acier aux rails de fer.

PLOMB

Nous insisterons fort peu sur les industries métallurgiques autres que la métallurgie du fer, attendu qu'elles n'ont en France qu'une très-minime importance ; quelques-unes même n'y sont pas représentées.

Le plomb s'extrait d'un minerai qu'on désigne sous le nom de *galène* et qui est une combinaison de plomb et de soufre. La galène renferme souvent de l'argent ; aussi le traitement qu'on lui fait subir a-t-il ordinairement un double but : l'extraction du plomb et celle de l'argent.

Si le minerai n'a pas une gangue contenant trop de silice, on se contente de le griller dans un four où passe un courant d'air ; le soufre, brûlé par l'air, se dégage sous forme de gaz

appelé *acide sulfureux*, et le plomb reste sur la sole du four.
Quand, au contraire, la gangue est siliceuse, cette méthode
n'est pas applicable, parce qu'une partie du plomb se combi-
nerait avec la silice de la gangue et passerait dans les scories à
l'état de silicate de plomb, ce qui constituerait une perte de
métal. On chauffe alors dans des fours à sole inclinée le minerai mélangé à une certaine quantité de fer ; ce dernier métal
décompose la galène et lui prend son soufre pour se transformer
en sulfure de fer ; quant au plomb mis en liberté, il s'écoule
au dehors.

Le plomb obtenu par ces deux méthodes est appelé *plomb
d'œuvre*; il contient le plus souvent une certaine quantité d'argent, que l'on extrait par un traitement spécial que nous ne
décrirons pas.

En France, la galène se trouve à l'état de *filons* ou veines,
d'où elle est extraite par exploitation souterraine. Ces filons sont
très-nombreux, mais ne sont exploités régulièrement que dans
un très-petit nombre de localités. Nous citerons les mines de
Ponpéan (Finistère), de l'Argentière (Hautes-Alpes), de Poul-
laouen et de Huelgoat (Finistère), du département du Gard, de
Vialas (Lozère), de Pontgibaud (Puy-de-Dôme), du Grand-Clot
et de la Grave (Isère). La quantité de galène extraite en France
s'est élevée, dans l'une des dernières années, à 952 608 quintaux métriques d'une valeur de 3 099 190 francs. Le Puy-de-
Dôme entre pour plus du tiers dans cette valeur totale.

Les principaux centres où la galène est soumise aux traite-
ments métallurgiques que nous venons de décrire sommai-
rement sont Pontgibaud, Villefort, Vialas et le Rouvergne
(Lozère et Gard); les fonderies et laminoirs de Biache Saint-
Vast, près d'Arras, où l'on traite les minerais venant de Sar-
daigne, des Pyrénées et d'Algérie; les fonderies de Couëron
(Loire-Inférieure) où l'on exploite les minerais de France, de
Sardaigne et d'Espagne.

Le plomb sert à l'état de feuilles minces, pour la couverture
des toits, pour les gouttières, pour garnir intérieurement les
réservoirs. Il est aussi employé à la fabrication de fils dont se
servent les jardiniers; il entre dans l'alliage fusible des caractères d'imprimerie, dans la soudure des plombiers. Il sert à la
conduite des eaux et du gaz de l'éclairage.

Pour fabriquer le plomb en feuilles, on coule d'abord le métal sur des tables, où il se solidifie en prenant la forme de
plaques, que l'on passe ensuite au laminoir.

CUIVRE

La métallurgie du cuivre en France est peu importante; la plus grande partie de ce métal nous vient du Chili ou de l'Angleterre. La fabrication du Chili a beaucoup augmenté depuis ces dernières années, et ce développement a eu pour conséquence de nous affranchir du monopole qu'avaient nos voisins d'outre-Manche.

Le principal minerai de cuivre est une pyrite cuivreuse, ou combinaison de soufre, de cuivre et de fer; l'oxyde de cuivre et le cuivre carbonaté constituent des minerais moins abondants.

Parmi les rares mines de cuivre que possède la France, nous citerons celles de Chessy et de Saint-Bel, près de Lyon, où l'on trouve la pyrite cuivreuse, l'oxyde de cuivre et le cuivre carbonaté; la quantité de cuivre fabriqué à Saint-Bel en 1866 a été de 180 tonnes.

Plusieurs usines, en France, se livrent à l'exploitation du minerai venu de l'étranger et particulièrement du Chili, ou à l'affinage du cuivre brut importé par les Chiliens. Nous citerons spécialement les usines des Ardennes et de la Seine-Inférieure, sans décrire le traitement assez compliqué que nécessite l'extraction de ce métal.

Le cuivre est, dans un grand nombre de cas, employé à l'état d'alliages, dont les plus importants sont le *laiton* ou *cuivre jaune* et le *bronze*.

Le laiton, qui est un alliage de cuivre et de zinc, se prépare en fondant ensemble dans des creusets ou sur la sole d'un four à réverbère le mélange des métaux qui doivent entrer dans sa composition. Lorsque l'alliage est fondu, on le coule dans des moules de granite, dont l'intérieur est garni d'une couche d'argile grasse très-mince.

Le cuivre pur se prête difficilement au moulage, parce qu'il se forme dans sa masse et à sa surface des soufflures qui gâtent la pièce coulée; on corrige ce défaut en l'alliant avec l'étain. On a ainsi l'alliage qui porte le nom de *bronze*, et qui est employé pour la fabrication des objets d'art, des cloches, des canons, etc. Sa composition varie suivant sa destination. Le bronze des canons contient 90 parties de cuivre et 10 d'étain; celui des cloches, 78 de cuivre et 22 d'étain, etc. Le bronze destiné à l'art statuaire doit avoir un ensemble de qualités qu'on ne peut atteindre qu'en alliant ensemble le cuivre, le zinc et l'étain.

ZINC

Le zinc s'extrait de deux minerais qui sont : la *blende,* ou combinaison de soufre et de zinc ; la *calamine,* ou combinaison d'oxyde de zinc et d'acide carbonique. On les ramène tous deux à l'état d'oxyde de zinc, le premier par un grillage à l'air qui brûle le soufre et oxyde le métal, le second par une calcination qui lui fait perdre son acide carbonique. L'oxyde de zinc provenant de l'une ou de l'autre de ces opérations est mélangé au charbon, puis chauffé dans des cornues. Le charbon, s'emparant de l'oxygène de l'oxyde, forme avec lui des produits gazeux et met le zinc en liberté ; le métal se vaporise et va se condenser dans un récipient communiquant avec la cornue. Le zinc obtenu par la réduction du minerai est dit *brut ;* il doit être refondu avant d'être livré à l'industrie.

La métallurgie du zinc est fort peu importante en France ; la blende et la calamine se rencontrent cependant en plusieurs endroits, notamment aux environs d'Alais (Gard), de Figeac (Lot), de Seintein, près d'Aulies (Ariége), près de Pierrefitte (Hautes-Pyrénées), et enfin à Ponpéan (Ille-et-Vilaine). Il n'y a guère d'usines se livrant à l'extraction de ce métal que celles de l'Ardèche et de l'Aveyron ; elles traitent des minerais de provenances diverses.

ÉTAIN, MERCURE, ARGENT, OR ET PLATINE

L'*étain,* le *mercure,* l'*or,* l'*argent* et le *platine* ne sont pas fabriqués en France. Le minerai d'étain, qui est l'oxyde d'étain, subit un traitement analogue à celui de l'oxyde de zinc ; il est livré à l'industrie française, soit par l'Angleterre, soit par la Hollande, qui exercent le monopole de son extraction.

Le mercure, que l'on extrait du sulfure de mercure ou cinabre, nous vient d'Illyrie ou d'Espagne. L'or et l'argent nous sont livrés principalement par les mines du nouveau monde. L'or se trouve au milieu de sables qui sont soumis à des lavages ; l'argent est extrait du sulfure d'argent. Quant au platine, il nous est fourni par la Russie.

INDUSTRIES PRÉPARATOIRES

Nous avons divisé les industries préparatoires en industries mécaniques et en industries chimiques.

Parmi les industries mécaniques préparatoires, nous citerons la fabrication des objets fondus, celle des pièces forgées, la tréfilerie (dont nous avons parlé plus haut), la clouterie, la boulonnerie, la visserie, la quincaillerie, la taillanderie, la chaudronnerie, la construction des machines motrices, des machines de toutes sortes, la fabrication des armes. Nous dirons quelques mots de chacune d'elles.

Nous rangerons dans la classe des industries chimiques préparatoires : la fabrication des produits chimiques, l'extraction des corps gras, la fabrication des savons, la préparation des peaux des animaux, comprenant le tannage, la corroierie et la mégisserie, la préparation du tabac, etc.

CHAPITRE PREMIER

FONDERIE ET FORGEAGE

FONDERIE

L'art du fondeur consiste à reproduire, avec des matières fusibles, des objets de forme plus ou moins compliquée, en fondant ces substances et en les coulant à l'état liquide dans des moules qui représentent tous les détails que l'on veut obtenir et où elles se solidifient. Cet art a pris dans ces derniers temps une très-grande importance; c'est surtout la fonderie de fer qui s'est considérablement développée. Répandue dans toute la France, elle s'exerce principalement dans les grands centres industriels et dans les régions productrices du fer; elle donne lieu à la fabrication d'un nombre infini d'objets servant à l'économie domestique et à la construction des machines.

Les fontes employées en fonderie doivent avoir les qualités suivantes : 1º devenir assez fluides par la fusion pour bien remplir les moules dans lesquels on les verse ; 2º ne pas prendre par le refroidissement un retrait trop considérable ; 3º lorsqu'elles sont à l'état solide, elles doivent pouvoir se travailler facilement et satisfaire à toutes les conditions de ténacité qu'on peut en attendre. Ces différentes qualités se trouvent réunies à un plus haut degré dans les fontes grises que dans les fontes blanches; aussi ce sont celles qui servent en fonderie, et elles sont désignées sous le nom de *fontes de moulage*. On peut employer les fontes dans le moulage, soit en première fusion, à la sortie du haut fourneau, soit en seconde fusion, c'est-à-dire après les avoir refondues dans des fourneaux appelés *cubilots*. Les fontes de seconde fusion, ayant plus de ténacité, plus d'homogénéité, servent spécialement pour les pièces qui entrent dans la construction des machines; les fontes de première fusion, pour la poterie, les tuyaux, les pièces sans ajustage et pour tous les objets qui n'ont pas besoin d'une grande ténacité.

La fabrication d'un objet en fonte suppose trois opérations distinctes : la *fabrication du moule*, la *fusion du métal* et la *coulée*.

Les moules dans lesquels on coule la fonte liquide sont faits, soit en sable, soit en terre. Le sable doit être mélangé avec du poussier de houille peu broyé et tamisé; la terre est employée avec un tiers à un cinquième de crottin de cheval ou de bourre hachée qui l'empêchera de se crevasser au moment de la coulée.

Fabrication des moules. — Il y a deux méthodes principales pour la confection des moules : 1º le moulage *au châssis*; 2º le moulage *au trousseau*. Nous ne décrirons que la première.

On appelle *châssis* des cadres de bois, mais le plus souvent de fonte, dans lesquels on confectionne le moule.

Supposons que le fondeur ait à faire une *chaise* (fig. 41), comme celles qui sont employées dans les usines pour supporter les transmissions (1).

Il fera d'abord exécuter un modèle en bois représentant exactement les formes et dimensions de la chaise à reproduire. Ce

_____

(1) On appelle *transmissions* les arbres, poulies et engrenages qui transmettent aux différentes machines l'action du moteur de l'usine.

modèle sera livré au mouleur, qui s'en servira pour la confection des moules. A cet effet, il disposera sur le sol de l'atelier un châssis d'une grandeur convenable et commencera à y piler ou *fouler* du sable. Ce foulage, qui s'exécute avec des outils appelés *battes*, a pour résultat de donner au sable une certaine compacité et de relier entre elles toutes ses parties. Quand l'ouvrier a pilé une quantité suffisante de sable, il place le modèle à plat sur la couche ainsi obtenue, dont l'épaisseur devra être telle que la moitié de la chaise, suivant son épaisseur,

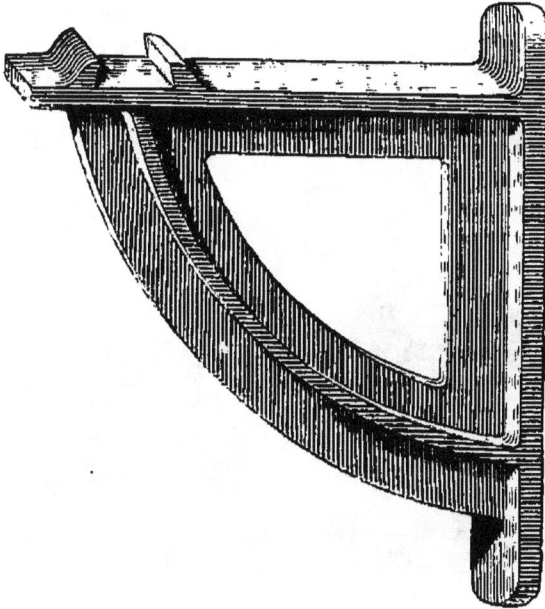

Fɪɢ. 41. — Chaise de transmission.

sorte du châssis ; c'est-à-dire que si la chaise doit avoir **10** centimètres d'épaisseur, le sable arrivera à 5 centimètres des bords supérieurs du châssis. Le modèle une fois placé, l'ouvrier pile, dans tous les vides, du sable qu'il asperge de temps en temps pour lui donner un peu de plasticité. Quand le châssis est plein, le modèle est à moitié enveloppé et sort de 5 centimètres (fig. 42), le mouleur étend alors une couche de sable sec à la surface du sable humide ; puis il procède à la confection de la seconde partie du moule. Pour cela, il pose sur le premier châssis un second châssis semblable et l'emplit de sable qu'il pilonne. Il est évident que le modèle va se trouver recouvert, et que lorsqu'il sera complétement enveloppé de sable, il aura im-

primé ses formes, moitié dans le châssis inférieur, moitié dans
le châssis supérieur.

L'ouvrier procède alors au *démoulage*. A cet effet, il enlève le
châssis supérieur. Cette opération est facilitée par la couche de
sable sec dont nous avons parlé; sans elle, les deux parties
du moule auraient contracté une adhérence qui, au moment de
la séparation, déterminerait un déchirement; puis le modèle
en bois est lui-même enlevé. Dans le démoulage, il peut se produire quelques accidents; les arêtes du moule perdent de leur
vivacité, certaines parties se trouvent écorchées : l'ouvrier, à
l'aide d'outils spéciaux, répare ces avaries et lisse la surface du

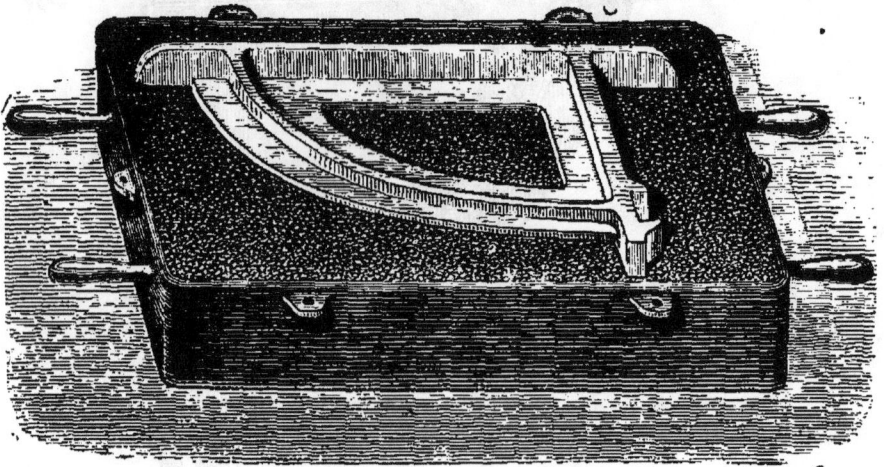

Fig. 42. — Modèle et châssis.

moule avec un peu de poussier de charbon humide. Enfin, après
avoir fait sécher les moules soit à l'étuve, soit autrement, il
replace le châssis supérieur sur le châssis inférieur. On comprend
que l'ensemble formera un bloc de sable dans lequel se trouvera
une cavité reproduisant exactement la chaise en question.
Cette cavité est mise en relation avec le dehors par une ouverture qui servira tout à l'heure à introduire le métal fondu.

Quand les châssis sont grands, il serait bien difficile de les
bouger sans s'exposer à briser la masse de sable qu'ils renferment. Pour augmenter la solidité de ce sable, les châssis présentent, comme nous l'avons dit, des cloisons quadrillées qui le
soutiennent; on se sert aussi dans ce but de crochets de métal
que l'on suspend aux parois des châssis, et qui, tombant dans

l'intérieur, se trouvent entourés par le sable. Ce sont autant de points d'appui, de liens entre lui et les bords du châssis (fig. 43).

Nous ferons remarquer que nous avons choisi un cas simple, celui d'un objet pouvant se mouler en deux châssis; mais il arrive souvent qu'on est obligé d'en superposer un plus grand nombre.

Quand il s'agit de faire des pièces qui doivent rester creuses, comme une colonne de fonte, par exemple, on fait d'abord le moule de la colonne dans deux châssis; puis dans l'intérieur de

FIG. 43. — Châssis de fonte quadrillé.

ce moule on place un *noyau*, c'est-à-dire un corps représentant grossièrement la forme de l'intérieur de la colonne creuse. Ce noyau est fabriqué sur un tuyau de terre qui est percé de trous et que l'on recouvre de terre. Quand le noyau est placé dans le châssis inférieur, on place au-dessus le châssis supérieur. Il est facile de comprendre que lorsqu'on coulera la fonte liquide, elle se répartira dans le moule en enveloppant le noyau; après refroidissement, on aura une colonne creuse dont la cavité sera remplie par le noyau, que le peu de solidité de la terre à crottin permettra d'enlever facilement.

Coulée du métal. — Nous connaissons maintenant les principaux procédés employés pour la fabrication des moules ; il nous reste à voir les moyens en usage pour fondre et couler le métal.

La fonte est liquéfiée dans des fourneaux appelés *cubilots*. Un cubilot se compose essentiellement (fig. 44) d'un cylindre de fonte ou de tôle de 2 à 6 mètres de hauteur, dont l'intérieur est garni en sable réfractaire ou en briques. La fonte et le combustible, qui est ordinairement le coke, sont introduits à la partie supérieure ; des tuyères lancent dans la masse un courant d'air actif qui élève la température et liquéfie le métal. Quand le moment de la coulée est venu, on ôte un tampon d'argile qui bouchait un orifice inférieur ; la fonte s'échappe liquide, incandescente, et on la reçoit dans des poches de tôle garnies à leur intérieur d'une couche d'argile. Souvent ces poches sont très-lourdes, et on les suspend à l'aide de machines appelées *grues* (comme celles que l'on voit sur la gauche de la figure), qui les portent au-dessus des moules dans lesquels la coulée doit être faite.

La coulée exige des précautions dans le détail desquelles nous n'entrerons pas. Nous dirons seulement que la grande préoccupation du fondeur doit toujours être de ménager une issue facile aux gaz, qui se dégagent du moule au moment où l'on y introduit le métal chaud. On comprend en effet que l'air qui se trouve enfermé dans le sable se dilate beaucoup, et, si on ne lui a pas ménagé des issues, il crève et fissure le moule. Le poussier de charbon mélangé au sable a pour but de faciliter le dégagement des gaz; il divise le sable et crée, en brûlant, des vides qui deviennent autant d'issues ouvertes aux gaz. Le mouleur fait aussi dans le moule des trous qui sont de véritables cheminées d'échappement; c'est dans le même but que les lanternes des pièces à noyaux sont percées de trous.

Nous ajouterons que lorsqu'on veut obtenir des objets à surface très-dure, comme les cylindres de laminoir, on coule la fonte dans des moules de métal qui produisent une espèce de trempe superficielle : c'est ce qu'on appelle *couler en coquilles*.

Lorsque la fonte sort du moule, elle présente quelques irrégularités, des bavures qu'il faut enlever au burin. Ce travail se fait à la main et s'appelle *ébarbage ;* on lui donne le nom de *ciselage* quand il s'applique à des fontes artistiques qui doivent avoir plus de fini.

Le moulage des pièces de cuivre ou de bronze peut s'exécuter

FIG. 44. — Cubillot

par des procédés analogues à ceux que l'on emploie pour la
fonte.

FORGEAGE

La fabrication des pièces de forge est basée sur la propriété
précieuse que possède le fer de se ramollir avant de se fondre,
et de pouvoir alors se souder à lui-même. Après le soudage, il
passe par degrés de l'état pâteux jusqu'à la consistance la plus
nerveuse et la plus tenace. Sous ces différents états, l'action
du marteau, combinée avec des réchauffages réitérés, permet
de le travailler et de l'amener, par des transformations successives, à la forme et aux dimensions que doit avoir l'objet que
l'on veut fabriquer ; mais cette combinaison du réchauffage et
du forgeage exige, de la part de l'ouvrier, de l'intelligence, du
coup d'œil et de la sûreté de main. Aussi les forgerons ont-ils
en général un salaire élevé.

Il convient de distinguer deux espèces de forgeage : le *forgeage à la main* et le *forgeage mécanique*.

Forgeage à la main. — Le premier s'exécute au moyen
d'une forge ordinaire, ou *forge de maréchal*, qui se compose
essentiellement : 1° de l'*âtre* ou partie de la forge sur laquelle
se trouvent le combustible et, au milieu de lui, la pièce à
chauffer ; 2° du *contre-cœur* ou paroi perpendiculaire à l'âtre ;
3° d'une *tuyère* qui lance dans le charbon un courant d'air destiné à activer la combustion et à élever la température. Dans les
petites forges, le courant d'air est lancé par un soufflet que fait
fonctionner l'aide du forgeron ; mais dans tous les établissements de quelque importance, on emploie des machines
soufflantes d'une puissance plus grande. La tuyère doit être
disposée de manière que le fer placé au milieu du charbon ne
reçoive le courant d'air que lorsqu'il a traversé la masse de
combustible.

Quand le fer est arrivé à la température ou à la chaude voulue, on le saisit au moyen de pinces et de tenailles de formes
et de grandeurs diverses, et on le porte sur l'enclume. Cet
appareil, que tout le monde connaît, est en fonte, ou mieux en
fer forgé. Il se compose d'une *table* (fig. 45) ou partie plane,
et de deux *bigornes* ou portions pyramidales adossées par leur
base à la table ; l'enclume repose sur un bloc de bois en partie
noyé dans le sol et destiné à amortir les vibrations et les chocs.
Le fer, retourné sur l'enclume à l'aide des pinces qui servent

à le tenir, reçoit le choc des marteaux manœuvrés soit par le forgeron, soit par ses aides.

La température à laquelle on porte la pièce dépend du travail qu'on veut lui faire subir. A la chaude du *blanc soudant,* ou *chaude suante,* qui correspond à une température de 1500 à 1600 degrés, le fer peut être soudé et corroyé. Nous avons déjà dit que le corroyage, qui consiste à souder plusieurs barres ensemble, améliore la qualité du métal en lui donnant du nerf et de l'homogénéité.

A la chaude *rouge blanc* ou *chaude grasse* (1300 degrés environ), le fer peut être étiré, façonné, modifié dans ses formes ou dimensions. A la chaude *rouge cerise* (900 à 1000 degrés), on corrige les défauts de la pièce obtenue à la chaude rouge blanc et on la *pare* en arrosant légèrement sa surface pendant qu'on la

FIG. 45. — Enclume.

bat. Enfin la *chaude rouge brun,* qui correspond à 700 degrés, température la plus basse à laquelle il convient de forger le fer, est donnée à la pièce quand elle est finie; elle a pour but d'enlever au métal l'aigreur qu'il a contractée à la fin de l'opération lorsqu'on a continué à le marteler, pendant que sa température commençait à n'être plus assez élevée. Cette chauffe est désignée sous le nom de *recuit.*

Pour la manœuvre des pièces lourdes, de l'âtre à l'enclume, et réciproquement, chaque forge dispose d'une machine appelée *grue,* qui effectue facilement le transport.

Le forgeage à la main s'applique avec avantage et facilité aux pièces dont le poids ne dépasse pas 130 kilogrammes; au delà de cette limite, le fer ne peut être forgé dans de bonnes conditions que mécaniquement.

Forgeage mécanique. — L'application de la vapeur à la traction sur les chemins de fer, à la navigation fluviale ou maritime, a rendu nécessaire la création d'appareils mécaniques puissants pour le soudage, le forgeage et le corroyage du fer, qui a dû remplacer la fonte dans la construction des pièces soumises à des chocs fréquents et à des vibrations auxquelles la fonte ne saurait résister sans se rompre. La texture fibreuse, le nerf du fer, le rendent plus apte à ces applications, parce que sous un volume moindre, il présente une élasticité et une résistance supérieures à celles de la fonte.

Pendant longtemps on ne crut pas pouvoir dépasser dans le forgeage du fer le poids de 200 à 300 kilogrammes; encore même était-on réduit à multiplier les réchauffages et à souder sur une pièce centrale appelée *âme* des pièces auxquelles on donnait le nom de *mises*. De là résultaient des imperfections nombreuses, des soudures vicieuses, l'absence d'homogénéité, une main-d'œuvre et des déchets considérables. Dans ces dernières années l'industrie de la forge a fait de remarquables progrès, et l'on arrive à forger des arbres coudés du poids de 30 à 40 000 kilogrammes. A l'Exposition universelle de 1867, la France offrait sous ce rapport les spécimens les plus intéressants.

Nous citerons comme tenant le premier rang dans cette partie de notre industrie nationale : les établissements de la société Petin, Gaudet et Cⁱᵉ, situés à Rive-de-Gier et à Saint-Chamond; de MM. Marrel frères, à Rive-de-Gier, qui, en 1867, ont exposé un arbre à trois coudes, du poids de 30180 kilogrammes, destiné à la frégate cuirassée *le Suffren;* de MM. Russerry et Lacomte, à Rive-de-Gier; le grand établissement du Creusot, dirigé par M. Schneider; les forges d'Indret, etc.

Le forgeage mécanique exige l'emploi de fours à réverbère dans lesquels on chauffe le fer, d'appareils puissants de percussion, comme les marteaux-pilons, de grues qui servent à transporter les pièces du four à l'outil de percussion, et réciproquement.

Dans la composition des paquets pour le forgeage des grosses pièces, on emploie exclusivement le fer brut, c'est-à-dire cinglé, dégrossi et réchauffé sans être corroyé; on obtient ainsi une soudure plus parfaite et plus homogène. La masse de fer destinée à la fabrication de la pièce est suspendue à une grue, puis introduite dans le four; lorsqu'elle est arrivée à la température voulue, la grue la rapporte sous le marteau-pilon, qui la forge pendant que, sur les ordres du maître forgeron, la pièce est retournée en sens convenable pour présenter ses différentes parties à l'action du marteau. Cette manœuvre se fait à l'aide de leviers que l'on place dans des trous pratiqués à la surface d'une espèce d'anneau qui embrasse l'extrémité de la masse métallique.

Les pièces de forme un peu compliquée se font par *étam-*

page. Pour cela l'enclume du marteau-pilon reçoit une matrice dans laquelle est représentée en creux la forme que doit avoir l'une des moitiés, en épaisseur, de la pièce ; le marteau est lui-même armé sur sa face inférieure d'une autre matrice où se trouve aussi représentée la forme de l'autre moitié. Le fer ramolli est apporté sur l'enclume, et les coups répétés du marteau le forcent à épouser les détails du double moule, dont les deux parties ne sont séparées, au moment du choc, que par la masse métallique qui est obligée de se modeler sur elles. C'est ainsi qu'on opère pour les roues de wagons ; elles sont souvent de fer forgé et se font en quatre pièces.

CLOUTERIE

De temps immémorial on a fabriqué les clous à la main sur tous les points de la France, mais c'est surtout dans les pays producteurs du fer que cette industrie a dû se concentrer. Nous citerons le département des Ardennes, les villes de Valenciennes, Saint-Amand, Condé, Lille, dans le département du Nord ; Saint-Chamond, Firmigny, dans la Loire ; la Mure et Yzeaux, dans l'Isère ; Tinchebray et ses environs, dans l'Orne ; enfin le département de l'Ariége. L'invention des clous dits *pointes de Paris* ou *clous d'épingle* et les applications de plus en plus répandues des procédés mécaniques ont fait une concurrence redoutable à la clouterie à la main ; mais elle n'en a pas moins conservé une importance réelle : la production annuelle de la France est encore maintenant de 15 à 16 millions de kilogrammes, dont les Ardennes fournissent environ la moitié.

Les clous se font ordinairement en fer ; nous en distinguerons quatre espèces principales : 1° les clous forgés ; 2° les clous d'épingle, ou pointes de Paris ; 3° les clous découpés dans la tôle de fer ; 4° les clous en fonte de fer, qui sont d'un usage restreint.

Clous forgés. — Les *clous forgés* se font avec du fer en verge de bonne qualité. L'ouvrier cloutier a toujours un certain nombre de verges qu'il fait chauffer dans le feu d'une petite forge à la houille (fig. 46 et 47). Le soufflet de la forge des Ardennes est le plus souvent mis en mouvement par un chien qui, placé dans une roue creuse, marche à l'intérieur et lui imprime un mouvement de rotation qu'un mécanisme très-simple communique au soufflet. Chaque ouvrier cloutier a ordinairement plusieurs chiens se succédant dans ce travail, qu'ils

exécutent avec une grande docilité. Lorsque la verge est
chauffée au blanc, l'ouvrier la prend, forge sur l'enclume ou

FIG. 46. — Outils du cloutier.

place P, l'extrémité chauffée, l'allonge, l'étire et la façonne en
pointe. Puis, à l'aide d'un ciseau fixe B, sur lequel il l'appuie,
il coupe une longueur suffisante pour faire un clou, sans

Fig. 47. — Intérieur d'une clouterie.

cependant détacher le morceau entièrement de la verge, qui lui sert à placer le clou dans la *cloutière* pour y façonner la tête.

La cloutière est une plaque de fer située à l'extrémité de l'enclume et garnie sur sa face supérieure d'une table d'acier bien dressée ; elle est percée d'un ou de plusieurs trous, et doit avoir une épaisseur plus petite que la longueur du clou ; les trous ne sont pas assez larges pour laisser passer facilement la partie supérieure du clou. Le cloutier place le clou dans le trou, la pointe en bas, et, par une pesée exercée sur la verge, la détache à l'endroit où a été donné le coup de ciseau ; puis avec le marteau il rabat sur les bords du trou la partie de métal qui excède la cloutière et façonne ainsi la tête.

Quand la tête doit être ronde, comme dans les clous à souliers, elle se fait par *étampage*, c'est-à-dire que l'ouvrier, armé d'une plaque d'acier, nommée *étampe*, présentant sur l'une de ses faces une cavité ayant la forme que doit avoir la tête, pose cette cavité sur la partie supérieure du clou, et, d'un coup de marteau frappé sur l'étampe, force le métal à prendre la forme de la cavité. Lorsque le clou est fini, l'ouvrier le fait sauter par un coup sec donné sur la pointe, et recommence l'opération.

Ce travail est en général exécuté avec une grande dextérité : un bon cloutier fait plusieurs clous par chaude, et arrive à en fabriquer quinze à vingt par minute.

Clous d'épingle. — Les *clous d'épingle,* ou *pointes de Paris,* se font avec du fil de fer. Le travail se compose de trois opérations : 1° On coupe à la cisaille le fil métallique par bouts de 30 centimètres environ et on le dresse. 2° On appointe ces bouts à l'aide d'une meule de bois garnie sur sa circonférence d'une virole d'acier taillée en lime ; la pointe étant faite, on découpe à la cisaille le morceau nécessaire à la confection d'un clou, puis on appointe de nouveau, et l'on détache la matière d'un second clou, et ainsi de suite. 3° On reprend enfin ces morceaux et l'on y façonne la tête du clou. A cet effet, l'ouvrier place le clou la pointe en bas, entre les mâchoires d'un étau, en laissant sortir au-dessus d'elles assez de fer pour faire la tête. Ces mâchoires se ferment à vis à l'aide d'un levier que le cloutier manœuvre avec l'un de ses pieds ; puis, de l'autre pied, il agit sur un marteau assez lourd suspendu au-dessus de l'étau et le laisse tomber de tout son poids. Le bout de fil de fer excédant les mâchoires s'aplatit et forme la tête du clou.

Ce procédé de fabrication est le plus souvent remplacé maintenant par d'ingénieuses machines dont nous donnerons seulement le principe.

Le fil de fer est placé sur une espèce de dévidoir d'où il se déroule mécaniquement pour entrer dans la machine. A chaque tour d'une manivelle mue par la vapeur, le fil s'avance d'une quantité constante; dans ce mouvement, il vient présenter son extrémité à l'action d'un marteau mû mécaniquement et dans le sens horizontal; le choc de ce marteau forme la tête par refoulement du métal. Un autre mouvement amène le fil entre deux couteaux qui, le coupant sous un angle aigu, font la pointe du clou et le détachent.

Cette fabrication est très-expéditive, et le prix de revient du clou fabriqué dépasse de fort peu le prix du fer qui a servi à sa fabrication.

Clous à souliers. — Les *clous à souliers*, ou *béquets*, se font par quantités énormes dans la Moselle, les Vosges, le Doubs, le Jura et aussi dans les Ardennes, où un industriel de Charleville, M. Gailly fils, a installé, il y a plusieurs années, un établissement important qui fabrique mécaniquement d'excellents clous à souliers. Le fer est employé à l'état de fil. La machine en diminue la grosseur à l'endroit qui doit former la tige, et laisse au contraire intacte la partie où la tête doit être prise; on obtient ainsi un clou à tige fine et à grosse tête, qui a le double avantage de ne pas déchirer le cuir et de préserver convenablement la semelle. Le même procédé et d'autres qui s'en rapprochent plus ou moins sont en usage dans les Vosges et en Franche-Comté.

Clous découpés. — On appelle *clous découpés* les clous fabriqués avec des bandelettes découpées dans la tôle de fer. La fabrication peut être faite à la main ou mécaniquement.

Quand on opère à la main, la tôle est divisée en petites bandelettes pointues de la longueur d'un clou; on saisit ensuite chacune d'elles dans un étau, en laissant sortir des mâchoires la partie destinée à faire la tête, qui se forme d'un seul coup par la chute d'un marteau.

La clouterie mécanique en tôle date de 1826, époque où elle a été importée d'Angleterre dans les Ardennes; elle s'y est développée graduellement, et aujourd'hui ce département compte dix fabriques qui produisent annuellement plus de 4 millions de kilogrammes de petits clous dits *semences*, *bossettes*, *clous à ardoise*, *béquets*, etc. Grâce à l'invention récente d'une machine automatique qui dirige la bandelette de tôle à découper et la retourne sans le secours de l'ouvrier, cette industrie peut maintenant lutter plus facilement avec la concurrence anglaise ou belge.

Une branche aussi florissante qu'intéressante de la clouterie mécanique en tôle, est la *clouterie à chaud*, comprenant la fabrication des grands clous employés dans la construction : les clous à navires ou à bateaux, les clous à caisses, etc. D'origine américaine, elle fut importée d'abord en Angleterre, puis introduite en 1857 dans les Ardennes, où elle a pris une certaine importance dans l'usine de Saint-Marceau.

On prend le fer en barres plates de 2 millimètres et demi à 12 millimètres d'épaisseur, et on le découpe en bandelettes de longueur variant avec les dimensions des clous à obtenir. Ces bandelettes sont chauffées au rouge dans des fours à courant d'air forcé, puis portées à la machine, où se pratiquent trois opérations successives : le *découpage*, qui divise le fer en barrettes ; le *laminage*, qui forme la lame du clou au moyen d'une molette d'acier servant à allonger régulièrement le métal ; enfin le *rabattage*, qui fabrique la tête par le choc d'un marteau. Une machine de ce genre donne 20 000 à 50 000 clous en douze heures ; la production de l'usine est d'environ 1 500 000 kilogrammes par an.

La fabrication des clous pour fers à cheval est un peu plus compliquée, à cause du renflement destiné à former la tête.

Les clous fabriqués dans la tôle découpée n'ont jamais les arêtes bien nettes, celles-ci sont toujours plus ou moins rugueuses. Quand ils sont destinés aux constructions, on a soin de leur laisser les aspérités qui augmentent l'adhérence du fer avec le bois ; pour les autres clous, on les fait disparaître par l'*ébarbage*. Cette opération consiste à les mettre avec un peu de gravier dans des tonneaux auxquels on imprime un mouvement de rotation autour de leur axe. En roulant les uns sur les autres, les clous se polissent mutuellement. Si l'on veut les blanchir, on les agite dans des tonneaux avec des rognures de cuir.

On soumet quelquefois les clous à l'opération de la galvanisation, qui les recouvre d'une couche de zinc destinée à les protéger de l'oxydation. Il suffit pour cela de les plonger dans du zinc en fusion.

BOULONS

On appelle *boulon* une pièce, ordinairement de fer, qui sert à réunir deux morceaux de bois ou de métal. ll se compose d'une tige cylindrique de fer dont l'une des extrémités E (fig. 48) est carrée et porte une tête T ; l'autre extrémité est munie d'un pas de vis sur lequel on peut visser une espèce d'anneau E fileté à son intérieur et appelé *écrou*.

Pour boulonner deux pièces de bois, on perce dans chacune un trou capable de laisser passer la tige du boulon, mais d'un

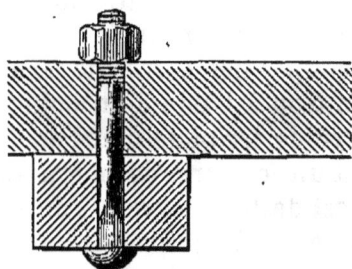

Fig. 48. — Boulon.   Fig. 49. — Assemblage par boulon.

diamètre inférieur à celui de la tête ; on les superpose, et, après avoir fait coïncider les trous, on y engage le boulon, puis on visse et l'on serre l'écrou : les deux pièces de bois se trouvent alors prises et serrées entre la tête du boulon et l'écrou (fig. 49).

La boulonnerie a atteint en France une très-grande importance : dans le département des Ardennes seul elle occupe plus de 2000 ouvriers. L'est de la France, le bassin de la Loire et la ville de Paris concourent également pour une part très-large à cette industrie.

On fabrique les boulons avec des barres de fer rond que l'on découpe à la cisaille en morceaux de longueur convenable ; on les fait rougir au feu, et l'ouvrier, prenant un de ces morceaux, le forge, l'étire, et le place ensuite dans un **trou** carré percé dans une enclume. Ce trou a des dimensions telles qu'il laisse passer librement l'extrémité étirée du boulon, mais arrête l'extrémité supérieure, qui est restée plus grosse et qui est destinée à faire la tête et la partie carrée. L'ouvrier, à l'aide d'un marteau, refoule le fer dans le trou carré et façonne la tête sur l'enclume; puis, d'un coup de marteau frappé sur l'extrémité inférieure qui passe au-dessous de l'enclume, il fait sauter le boulon et recommence l'opération. Quand la partie carrée doit être très-longue, on prend du fer carré et l'on façonne la portion cylindrique à l'aide d'une plaque d'acier dans laquelle se trouve creusée une rigole hémi-cylindrique; on y place le fer chauffé au rouge et on l'y martèle en le tournant de manière à le rendre cylindrique. A l'aide d'une petite étampe, on donne ensuite à la tête la forme carrée ou hexagonale.

Tel est le moyen de fabriquer les boulons bruts. Cette fabrication, comme celle des écrous bruts, est exécutée dans les villages des Ardennes, et le filetage dans des usines où l'ouvrier porte le produit de son travail.

Quant à l'écrou brut, il se fabrique de deux manières. On peut découper des barres de fer en fragments carrés et les percer d'un trou à l'aide d'un poinçon. Le plus souvent on prend une barre de fer plate que l'on fait chauffer, que l'on enroule autour d'un fer rond de même diamètre que le boulon auquel l'écrou est destiné, et que l'on soude de manière à en former uhe bague ronde qui reçoit ensuite, à chaud, la forme hexagonale à l'aide d'une étampe et du marteau.

Le filetage du boulon, ou fabrication du pas de vis, se fait avec une *filière*, et celui de l'écrou avec un *taraud*. La *filière à fileter* (fig. 50) est une plaque d'acier percée de trous taraudés,

Fig. 50. — Filière simple.

c'est-à-dire munis intérieurement d'arêtes en spirales vives et coupantes. On fixe verticalement le boulon entre les mâchoires d'un étau et l'on engage son extrémité cylindrique dans l'un des trous de la filière, que l'on fait tourner en la forçant à descendre le long de la tige du boulon. Dans ce mouvement les arêtes saillantes entaillent le métal et tracent à la surface un pas de vis en relief.

Souvent aussi on se sert d'une filière double (fig. 51), com-

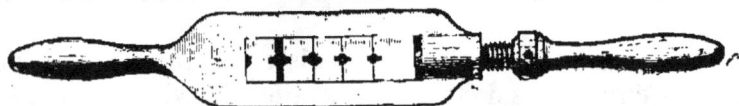

FIG. 51. — Filière à coussinets.

posée de deux coussinets d'acier que l'on peut rapprocher graduellement l'un de l'autre à l'aide de vis de
pression, et qui laissent entre eux un orifice
taraudé. On serre dans un étau la pièce à fileter, on l'engage dans la filière, et, en faisant
tourner celle-ci, on la force à descendre et à
tracer sur le métal le filet de vis.

Le plus souvent le filetage s'exécute sur le
tour, appareil que nous décrirons plus tard,
ou bien on se sert d'une machine spéciale
appelée *machine à tarauder*.

Quant à l'écrou, il est fileté au moyen d'un
taraud. Cet outil n'est autre chose qu'une vis
légèrement conique d'acier trempé, dont on
a abattu des pans (fig. 52), de manière à rendre
les angles des filets coupants et propres à entamer le métal. Quand on veut tarauder à la
main, on fixe l'écrou dans un étau et l'on introduit le bout du taraud dans le trou de l'écrou;
puis, à l'aide d'un levier appelé *tourne-à-gau-
che*, que l'on fixe sur la tête carrée du taraud,
on fait entrer celui-ci dans l'écrou en tournant
et en détournant successivement. Le métal

FIG. 52.—Écrou.

s'entame et le filet de vis se forme. On peut
tarauder mécaniquement, soit sur un tour, soit à l'aide d'une
machine spéciale.

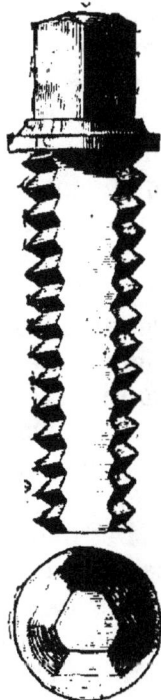

VIS

La fabrication des vis constitue aussi une branche importante de la quincaillerie; elle est surtout exercée dans les pays
producteurs du fer, dans l'Est et dans le Centre.

Quelle que soit la destination des vis, on les fabrique à l'aide
de filières, ou sur le tour, ou bien encore avec des machines
spéciales. Ce que nous avons dit à propos des boulons sur le

filetage, ce que nous dirons plus tard à propos du tour nous dispense d'insister maintenant sur les deux premiers procédés.

Nous signalerons seulement l'existence de machines perfectionnées employées dans la fabrication des vis à bois et des vis destinées à réunir les plaques de tôle avec lesquelles on blinde les navires.

Avant 1806, la vis à bois n'était pas fabriquée en France; la Westphalie nous fournissait une vis mal faite et taraudée à la lime; c'est à MM. Jappy frères que l'on doit l'invention des moyens de fabrication qui ont affranchi la France du tribut qu'elle payait à l'étranger. A la suite de perfectionnements successifs, la maison Jappy, à Beaucourt (Doubs), est arrivée à inventer des machines qui fabriquent la vis à bois automatiquement. Elles sont de trois espèces : celles qui font la tête de la vis, celles qui tournent la tête et y pratiquent une fente, enfin celles qui taraudent la vis.

A la sortie des machines, les vis sont nettoyées, polies et rendues brillantes; on les place pour cela dans des tambours remplis de sciure de bois et animés d'un mouvement de rotation continu.

Au moyen de ces machines un ouvrier fait autant de travail que dix-huit ouvriers par les anciens procédés de fabrication.

Des machines automates sont aussi employées pour la fabrication mécanique des vis pour métaux.

Les vis de plaques de blindage se fabriquent par étampage. On se sert à cet effet de deux empreintes en fonte portant chacune en creux la moitié du filet de la vis, suivant le diamètre, de sorte que, si on les superposait, l'ensemble formerait un écrou de la longueur de la partie filetée. L'une d'elles est fixée sur une enclume et l'on y place un morceau de fer que l'on a chauffé au blanc soudant; l'autre est adaptée à la partie inférieure d'un marteau-pilon pesant 200 kilogr. Lorsque le pilon s'abaisse et vient frapper l'enclume, le morceau de fer se trouve pris entre les deux empreintes, et, le métal ramolli étant refoulé dans les creux, le filet se fait d'un seul coup de marteau. Il n'y a plus maintenant qu'à enlever les bavures; cet ébarbage est pratiqué par des outils spéciaux.

FABRICATION DES ENCLUMES

Une *enclume* est un morceau de fer recouvert d'acier sur laquelle on forge les métaux. Le corps de l'enclume et les extrémités pointues, appelées *bigornes*, sont en fer à la houille que l'on forge au marteau-pilon pour lui donner la forme voulue. La face supérieure, ou *table*, doit être *dure* et *lisse*, car c'est sur elle que l'on place les métaux pour les battre; il en est de même des bigornes, sur lesquelles l'ouvrier façonne différentes pièces. Pour communiquer à la table et aux bigornes ces qualités que n'a pas le fer à un degré suffisant, on les recouvre d'une plaque d'acier que l'on soude à chaud et au marteau; puis on trempe l'acier pour lui rendre la dureté que la chaleur lui a fait perdre.

La fabrication des · enclumes est très-développée, dans le département des Ardennes, à Donchery, dans plusieurs villes du Nord (Maubeuge, Cambrai), dans le Centre (Nevers et Saint-Étienne). Les mêmes villes fabriquent aussi des étaux.

USTENSILES DE MÉNAGE DE FER BATTU ÉTAMÉ

L'emploi du cuivre pour la fabrication des casseroles, chaudrons et autres vases destinés à la préparation de nos aliments, a plusieurs inconvénients; son prix élevé et les dangers qu'il présente, quand il est mal étamé, ont beaucoup restreint l'usage des ustensiles de cuivre, qui, dans la majorité des ménages, ont été remplacés par les vases de fer battu étamé. Ces derniers jouissent d'une grande solidité, et la modicité de leur prix les met à la portée de toutes les bourses.

La confection des vases de fer battu se fait à froid et de deux manières : par le martelage à la main, comme la chaudronnerie de cuivre, ou par procédés mécaniques. Quel que soit le mode employé, on doit faire usage de tôles très-malléables et de première qualité.

Le martelage à la main se pratique dans les Ardennes de la manière suivante : On prend la lame de tôle destinée à la fabrication du vase et on l'*emboutit* avec un marteau à tête ronde. Cette opération consiste à lui donner une forme concave en frappant sur la partie centrale d'une des faces de la lame, dont les bords se relèvent peu à peu en accusant de plus en plus la concavité. Lorsque l'emboutissage est assez avancé, on pose la

concavité sur l'extrémité ronde d'une enclume et l'on frappe sur
la face extérieure du métal jusqu'à ce qu'on ait atteint la forme
cherchée. Les objets ainsi fabriqués sont ensuite munis de
queues ou manches que l'on fixe avec un rivet (1), puis on les
livre à l'étameur.

Les ustensiles de fer battu faits à la main ont l'inconvénient
de présenter à leur surface des irrégularités provenant du travail du marteau, inconvénient qui est complétement évité dans
la fabrication mécanique des mêmes objets.

C'est encore à MM. Jappy (de Beaucourt) qu'on doit cette industrie, qui date de 1825 et a pris une très-grande importance.
Nous allons en exposer les principaux détails.

A l'aide de cisailles on découpe d'abord dans des tôles d'excellente qualité, comme celles de la Franche-Comté, des disques
circulaires destinés à être emboutis mécaniquement entre un
mandrin et une matrice représentant l'un et l'autre la forme
de l'objet. Le disque qui doit, par exemple, servir à la fabrication d'une casserole, est posé sur la matrice, et le mandrin,
mû à la vapeur, venant s'abattre sur lui, le force à prendre la
forme de cette matrice.

La tôle qui a subi l'emboutissage est devenue un peu cas-
sante, elle a perdu sa souplesse et sa malléabilité primitives :
on les lui rend par le *recuit*, opération qui consiste à chauffer
les pièces embouties dans un four et à les laisser ensuite refroidir lentement. La chaleur ayant déterminé à leur surface la
formation d'une couche d'oxyde, on les décape avec soin en les
plongeant dans des bains acidulés et en les frottant avec du
sable.

Il faut ensuite procéder au *planage*, qui a pour but de faire
disparaître les irrégularités superficielles, les plis formés pendant l'emboutissage. Pour cela, on monte la pièce sur un axe
animé d'un mouvement de rotation très-rapide, et, pendant
qu'elle tourne, on appu'e sur sa surface des roulettes qui la
rendent parfaitement lis e dans toutes ses parties. Les bords sont
découpés et dressés par les outils spéciaux ; enfin on perce les
trous qui doivent recev ir les rivets servant à fixer le manche
ou les anses des vases.

(1) Pour réunir deux pièces par *rivet*, on perce dans chacune un
trou, on applique les trous l'un sur l'autre, et l'on y place un clou dont
on aplatit ensuite la pointe de manière qu'il ait deux têtes entre lesquelles sont serrées les pièces à réunir.

Certains ustensiles, comme les poêles à frire, sont polis à l'intérieur. Ce polissage se fait mécaniquement sur des tours à vapeur.

Les casseroles et les autres vases du même genre sont étamés par immersion dans trois bains successifs d'étain en fusion.

Les ustensiles de fer battu ne se fabriquent pas seulement à Beaucourt, mais aussi dans d'autres établissements de l'Est.

L'usine de Plombières a pour spécialité principale la fabrication des cuillers et fourchettes de fer battu, fabrication qui se fait de la manière suivante : On découpe dans de fortes tôles des bandes dont on élargit les extrémités en les aplatissant sous des laminoirs spéciaux ; on recuit ensuite ces bandes, et, par un emboutissage mécanique, on leur donne la forme définitive qu'elles présentent d'habitude. Après avoir enlevé à la meule les bavures du métal, on étame et l'on polit.

TAILLANDERIE

La taillanderie comprend la fabrication des scies, des faux, des limes, etc. : cette industrie est centralisée en Alsace et dans le département du Doubs.

Scies. — La *scie* est un instrument bien connu, formé par une lame d'acier laminé, trempé très-dur et portant sur l'un de ses côtés des dents bien égales faites soit mécaniquement, soit à l'aide d'une lime triangulaire nommée *tiers-point*. La forme des dents dépend de l'usage auquel l'outil est destiné. Pour faciliter le dégagement de la sciure, on incline plus ou moins les dents, alternativement d'un côté ou de l'autre. C'est ce qu'on appelle donner *de la voie* aux scies. Une bonne lame de scie doit être parfaitement élastique et sonore.

Les scies à lames courtes et épaisses s'emmanchent comme des limes ; les autres se montent par leurs extrémités dans un châssis de forme variable, mais construit de telle sorte qu'on puisse toujours à volonté faire varier la tension de la lame et l'empêcher de plier. On doit avoir bien soin, avant de les monter, de les détremper aux deux bouts, pour éviter qu'elles ne se rompent à l'endroit où elles sortent des pièces entre lesquelles elles sont serrées. Cela se fait en chauffant les extrémités, qu'on laisse ensuite refroidir lentement.

Limes. — La *lime* est un outil d'acier de forme très-variable dont les usages sont bien connus et dont la surface est rendue rugueuse par des aspérités régulièrement disposées.

Les limes sont forgées en acier, puis on les taille, c'est-à-dire qu'un ouvrier fait des sillons réguliers à la surface de l'outil. Il se sert pour cela d'un burin qu'il place sur la lime et qu'il y fait pénétrer plus ou moins profondément à l'aide d'un marteau. Ensuite il trempe l'outil pour lui donner de la dureté.

On a essayé dans ces derniers temps d'opérer mécaniquement la taille des limes, mais on n'est pas encore fixé sur la valeur de ces procédés.

On met au premier rang pour leurs qualités les limes de fabrication parisienne; mais le prix élevé de la main-d'œuvre dans la capitale ne permet pas de les produire à bon marché.

Milourd et Maubeuge dans le Nord, Brevannes dans la Haute-Marne, Lahutte dans les Vosges, Amboise, Orléans, Toulouse, Pamiers, Valentigney et Montbéliard dans le Doubs, Saint-Étienne et le Chambon dans la Loire, Saint-Maur, près de Paris, sont les localités à citer pour l'importance de leur fabrication et la qualité des limes qu'elles livrent à l'industrie.

Faux. — Les *faux* se divisent en deux grandes catégories, les faux *forgées* et les faux *laminées*. Les premières se fabriquent au martinet, à l'aide duquel on martèle un bidon d'acier naturel, qui est généralement soudé à une partie en fer; le tranchant est pris dans l'acier et le fer forme le dos. Les faux laminées ont toutes un dos rapporté que l'on soude ou que l'on ajuste avec de petits rivets.

SERRURES

On appelle *serrure* une petite machine ordinairement de fer, quelquefois de cuivre, que l'on applique sur le bord d'un vantail de porte ou d'armoire, sur les coffres, tiroirs ou secrétaires et qui sert à les fermer.

Une serrure complète se compose de trois parties: 1° le *coffre*, que l'on applique sur la porte; 2° la *clef*, qui sert, en faisant mouvoir les pièces contenues dans le coffre, à ouvrir et à fermer la porte; 3° la *gâche*, que l'on pose sur le battant ou partie fixe.

Le coffre est une boîte qui renferme ordinairement tout le mécanisme de la serrure. Le fond de cette boîte est nommé *palastre* (fig. 53). Sur ce fond s'adaptent des côtés relevés : le plus haut, appelé *rebord*, est celui à travers lequel passera le pêne de la serrure quand on fera jouer la clef; les trois autres, formés d'une seule pièce de tôle repliée et fixée à rivets sur le palastre, constituent ce qu'on nomme la *cloison*. Le pêne est une espèce de verrou qui peut être animé d'un mouvement de glissement dans le sens de la longueur de la serrure. Il se

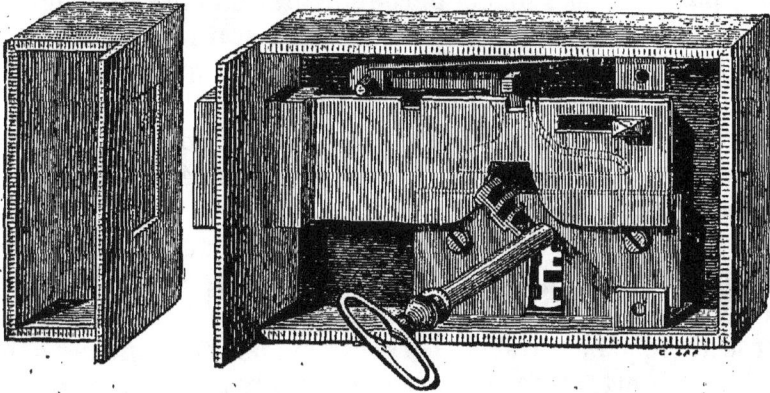

FIG. 53. — Serrure simple.

compose d'une tête qui viendra s'engager dans la gâche et d'une queue, qui d'un côté est munie de *saillies* qu'on appelle *barbes du pêne*, ou d'une partie entaillée comme dans la figure, de l'autre côté, d'encoches dans lesquelles peut tomber une saillie ou *ergot*, situé à l'extrémité d'un ressort appelé *arrêt du pêne*.

Enfin, dans le coffre se trouvent des pièces de tôle plus ou moins contournées qui s'accordent avec les découpures faites dans la clef : ce sont les *gardes* ou *garnitures* de la serrure ; elles s'opposent au mouvement de toute clef qui n'aurait pas les entailles correspondant à leur conformation.

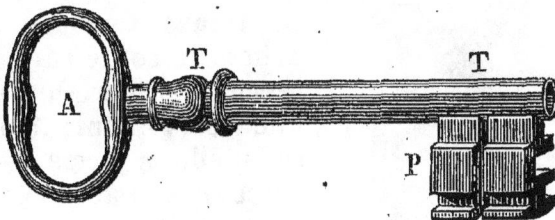

FIG. 54. — Clef.

La clef se compose de l'*anneau* A (fig. 54), où l'on applique la main ; de la *tige* TT, qui prend le nom de *canon* quand la clef est forée, de *bout* quand elle ne l'est pas ; enfin du *panneton*, partie plate et découpée que l'on voit en P.

La tige de la clef peut être forée ou pleine : quand elle est forée, elle est guidée, au moment où on l'introduit dans la serrure, par une tige fixée perpendiculairement au palastre et qui, à mesure qu'on enfonce la clef, entre dans le trou de celle-ci (c'est le cas des serrures *à broches*); quand la clef n'est pas forée, elle pénètre dans un tube qui la guide, et, lorsqu'elle est arrivée au fond de ce tube, la partie ronde qui la termine tourne dans un trou pratiqué dans le palastre. C'est le cas des serrures *bénardes*.

Voyons maintenant comment fonctionne une serrure. Quand on fait tourner la clef, le panneton va buter contre les barbes du pêne ou entre dans l'entaille. En tournant dans un sens, on fait sortir le pêne à travers le rebord et on le fait pénétrer dans la gâche : la porte est fermée. Lorsqu'on tourne dans l'autre sens, le pêne sort de la gâche, rentre dans le coffre, et la porte s'ouvre.

L'ergot, dont nous avons parlé, tombe dans les encoches après chaque mouvement du pêne, de manière à le fixer dans la position qu'il a prise. Pour que le pêne puisse bouger, il faut que l'ergot sorte de l'encoche : c'est aussi la clef qui se charge de ce mouvement; avant que le panneton, dans sa rotation, vienne appuyer sur les barbes du pêne, il rencontre une pièce à ressort qu'il déplace, et qui, comme le représente la figure, fait sortir l'ergot de l'encoche.

Il y a plusieurs espèces de serrures; nous citerons les principales.

Le *bec-de-cane* est une serrure qui ne fait qu'un tour (fig. 55).

IG. 55. — Serrure bec-de-cane.

Son pêne est taillé en biseau et se trouve toujours poussé en dehors du coffre par l'action d'un ressort intérieur. Quand on pousse une porte munie d'un bec-de-cane, elle se ferme d'elle-même, parce que, au moment où le pêne vient toucher la gâche, son biseau glisse sur le bord de celle-ci et le fait rentrer en dedans; mais, aussitôt que le pêne est devant l'ouverture de la gâche, le ressort agit pour l'y pousser, et la porte se ferme. Le bec-de-cane proprement dit n'a pas de clef; il s'ouvre avec un bouton.

La serrure à *pêne dormant* est celle dans laquelle le pêne ne sort que lorsqu'il est chassé au dehors par une clef.

La serrure *à un tour et demi* renferme, comme le bec-de-cane, un pêne poussé par un ressort et disposé de telle sorte que, par un tour de clef, il peut sortir de la serrure et entrer dans la gâche plus profondément qu'il ne le ferait par l'action du ressort seul.

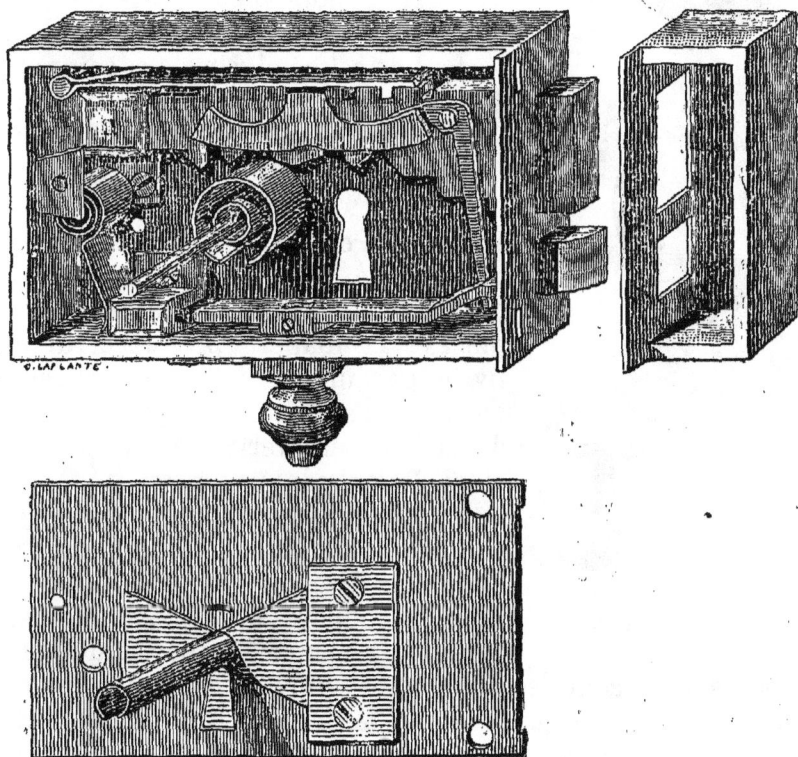

FIG. 56. — Serrure à deux tours et demi avec bec-de-cane.

La serrure *à deux tours et demi* se compose de la serrure à pêne dormant et du bec-de-cane réunis (fig. 56); le pêne est manœuvré par une clef à deux tours et le bec-de-cane par une clef ou un bouton.

Il existe un autre genre de serrures dans lesquelles le pêne reste toujours enfermé dans le coffre; il faut alors que la pièce qui lui sert de gâche porte des anneaux plats pouvant entrer dans le corps de la serrure. Les cadenas appartiennent à cette classe (fig. 57). Enfin il y a des serrures plus compliquées et plus difficilement crochetables : telles sont les *serrures à gorges*, que nous ne décrirons pas.

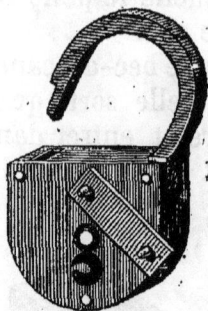

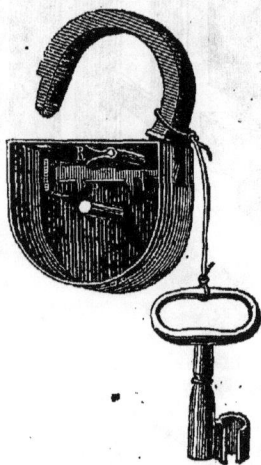

La fabrication des serrures se fait principalement en Picardie, dans l'arrondissement d'Abbeville, dans l'Orne et le Jura, à Saint-Étienne, à Saint-Bonnet-le-Château. Paris confectionne les serrures pour meubles.

La Picardie est le centre le plus important de cette industrie. Les communes d'Ault et d'Escarbotin, de Béthencourt, Woincourt, Fressenneville, etc., sont habitées par une population très-industrieuse qui s'occupe de la fabrication des serrures. Pendant longtemps le travail se faisait exclusivement chez l'ouvrier, qui découpait, façonnait et ajustait les pièces ; la matière première lui était livrée par un patron, auquel il rendait ensuite les serrures fabriquées. Aujourd'hui la serrurerie ne s'exerce plus ainsi. De grandes usines ont été fondées, et les pièces qui composent une serrure y sont fabriquées mécaniquement à l'aide de diverses machines-outils. Les unes découpent la tôle en morceaux destinés à former les parois du coffre ;

Fig. 57. — Cadenas.

d'autres y percent les ouvertures qu'elles doivent présenter ; d'autres encore découpent et taillent les différentes pièces qui entrent dans la construction de la serrure. Les clefs sont faites par étampage dans une matrice d'acier. Toutes ces pièces sont ensuite livrées aux ouvriers qui, travaillant chez eux, les ajustent et montent la serrure.

Certaines usines de Picardie sont parvenues, par la division du travail et par des machines habilement appropriées à la fabrication de chaque pièce, à réduire dans une proportion étonnante le prix des différents articles de serrurerie. C'est ainsi qu'on arrive à faire des cadenas qui ne reviennent pas au fabricant à plus de 90 centimes la douzaine, et chaque cadenas

est composé de dix-sept pièces distinctes. On fabrique des serrures à 3 francs la douzaine; le coffre de ces serrures est fait
par emboutissage dans un seul morceau de tôle et d'un seul
coup de balancier.

On emploie aussi dans la serrurerie à bon marché beaucoup
de clefs fondues en fonte malléable.

CHAPITRE II

COUTELLERIE ET FABRICATION DES ARMES

Avant d'exposer les procédés employés pour la fabrication
des objets de coutellerie, nous indiquerons la nature de ces
objets, en décrivant les principales pièces dont ils se composent.

On distingue deux espèces principales de coutellerie : la coutellerie *non fermante*, dans laquelle figurent les couteaux de
table, et la coutellerie *fermante*, qui comprend les couteaux
de poche.

Un couteau non fermant (fig. 58) se compose d'une lame L,
ordinairement d'acier, terminée par une queue ou *soie* S,
plus étroite et plus épaisse que la lame : la soie entre dans un
manche de bois, d'ivoire ou d'os. Entre la lame et la soie se
trouve une embase saillante appelée *bascule*, qui a pour but
d'empêcher la lame de toucher la nappe et de la salir lorsque,
pendant nos repas, après nous être servis du couteau, nous le
posons sur la table.

Un couteau fermant se compose d'une lame de forme variable, ordinairement d'acier, et d'un manche. La lame est arti-
culée sur le manche de manière à pouvoir basculer sur lui et
venir enfermer la partie tranchante dans une cavité pratiquée
pour la recevoir. Le manche est une espèce de petite boîte
longue dont les parois latérales sont constituées par des plaques
P, de tôle ou de laiton, qu'on désigne sous le nom de *platines*.
Le fond de cette boîte est un ressort R, de fer ou d'acier, dont
nous verrons l'usage. Les platines sont recouvertes par des plaques G, dont la nature varie avec le prix du couteau. Elles
sont d'écaille, d'ivoire, d'os, de corne ou même de bois. A
l'extrémité voisine de la lame, elles sont revêtues de plaques
de fer, d'argent ou de melchior appelées *garnitures*. La lame
peut tourner autour d'un axe qui va d'une garniture à l'autre,

et son extrémité opposée à la pointe est arrondie de manière à pouvoir glisser facilement sur le fond de la boîte quand on ouvrira ou fermera le couteau.

Voyons maintenant quel est le but du ressort dont nous avons parlé. Il a pour effet d'empêcher le couteau de s'ouvrir ou de se fermer de lui-même. On comprend que, si la lame pouvait

Fig. 58. — Couteaux fermants et non fermants.

simplement basculer autour de l'axe qui traverse les garnitures, au bout de peu de temps le jeu de cette lame deviendrait si facile, que le couteau s'ouvrirait ou se fermerait de lui-même à la moindre cause. Le ressort a pour but d'obvier à cet inconvénient et de maintenir le couteau soit fermé, soit ouvert, jusqu'à ce qu'une force suffisante vienne agir sur lui ; pour cela, ce ressort est fixé aux platines dans sa partie la plus éloignée de l'articulation, mais la moitié voisine de cette articulation peut osciller entre les deux platines. Lorsque le couteau est fermé, le ressort est droit et appuie sur la lame en la maintenant dans sa position ; pour l'ouvrir, il est nécessaire d'exercer un certain effort, et, pendant la rotation de la lame, le ressort s'infléchit comme on le voit en *r*, et sort même un peu des platines. Le couteau une fois ouvert, le ressort reprend sa position droite en venant se loger dans une entaille pratiquée à l'extrémité de la lame qu'il maintient dans sa nouvelle position. Lorsqu'on voudra fermer le couteau, il faudra de nouveau faire basculer le ressort.

La coutellerie française a quatre centres principaux de fabrication : Thiers, dans le Puy-de-Dôme ; Nogent, dans la Haute-Marne ; Châtellerault, dans la Vienne, et Paris.

Thiers est le centre le plus important ; sa production annuelle dépasse 12 millions. On y fabrique tous les articles des genres communs et demi-fins. Nogent fait surtout la coutellerie fine et demi-fine ; sa production annuelle est de 250 000 francs. Châtellerault était autrefois renommée pour la coutellerie fermante et les ciseaux ; mais la plupart des ouvriers ont renoncé à la coutellerie pour travailler à la manufacture d'armes qui fut établie dans cette ville vers 1830. Aujourd'hui cette industrie est presque exclusivement concentrée sur la coutellerie de table, qui se fait dans des usines dont nous parlerons. A Paris, l'art du coutelier consiste surtout à monter les pièces faites en province, principalement pour ce qui regarde la coutellerie de luxe.

COUTELLERIE NON FERMANTE

La fabrication des couteaux de table se fait à Thiers et à Châtellerault, mais c'est surtout dans cette dernière ville qu'elle est arrivée à un remarquable degré de perfection, grâce à M. Eugène Mermilliod, qui a fondé un important établissement, où il a installé d'ingénieuses machines servant à la fabrication mécanique des différentes pièces.

L'acier employé pour la fabrication des lames est parfaitement corroyé ; il est livré aux couteliers à l'état de barres de $1^m,30$ environ et de dimensions variables, suivant l'usage auquel il est destiné. Quand l'ouvrier forge à la main, il façonne à chaud la barre d'acier en se servant d'un marteau et d'étampes ; il amincit le tranchant en fortifiant le dos et étire la soie. C'est le moyen usité dans la plupart des lieux de fabrication, mais il a l'inconvénient de n'être pas rapide (un ouvrier habile ne pouvant faire plus de quatre douzaines de lames par jour) et de produire bien souvent des pièces manquées.

M. Mermilliod a inventé des machines qui forgent la lame et lui donnent sa forme avec une grande régularité. A la surface de chacun des cylindres d'un laminoir, M. Mermilliod a implanté deux pièces courbes et saillantes, appelées *matrices* et offrant chacune une cavité représentant la moitié en épaisseur

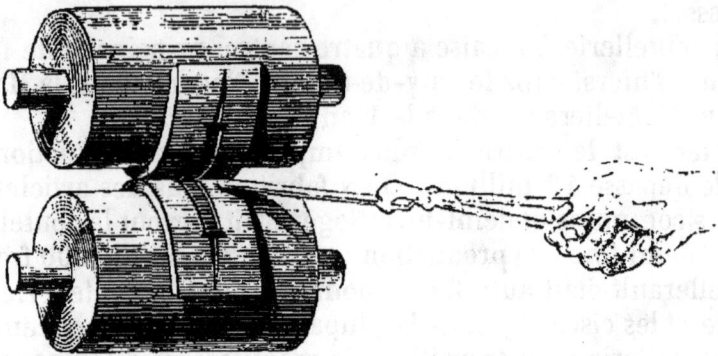

Fig. 59. — Machine à forger les lames de couteaux de table.

de la lame et de la soie du couteau (fig. 59). Pendant que les cylindres tournent, l'ouvrier prend une lame d'acier déjà ébauchée et rougie au feu : il l'engage dans la cavité des matrices, et celles-ci, en passant sur elle, forcent le métal ramolli à se modeler dans ces cavités et à en prendre la forme. Dès que les matrices ont passé, la lame redevient libre, l'ouvrier la retire, l'examine, et, si elle a quelques défauts, la présente une seconde fois pour achever l'œuvre commencée par le premier passage. Cette machine donne facilement cent douzaines de lames par jour.

L'appareil que nous venons de décrire a ménagé dans la lame un renflement qui est destiné à constituer l'embase ou bascule. Cette partie du couteau est présentée à une autre machine qui façonne la bascule par étampage et qui opère aussi avec une très-grande rapidité. Les lames sont ensuite limées avec des *fraises* ou limes mécaniques, et finies à la main.

Enfin on procède à la *trempe*, qui doit donner à l'acier les qualités voulues. Les lames sont chauffées au rouge plus ou moins vif, soit dans un feu de forge, soit dans un bain de plomb fondu ; on les refroidit ensuite brusquement en les plongeant dans l'eau froide ou dans l'huile. La trempe rend le métal aigre et cassant ; souvent même il arrive qu'elle déforme la lame, qui ne peut être redressée au marteau que si on lui rend un peu de malléabilité. On lui restitue cette qualité par le *recuit*, en portant lentement la pièce à une température assez élevée, mais toujours inférieure au rouge naissant. Cette opération exige une grande habitude de la part de l'ouvrier, qui est guidé par l'observation des couleurs différentes que prend l'acier pendant le recuit.

La lame forgée, limée et trempée, doit encore être *émoulue*, *aiguisée* et *polie*, ce qui s'exécute au moyen de meules de différentes grandeurs. Les meules à émouler et à aiguiser sont en grès fin des Vosges ; elles ont 1^m,30 de diamètre environ et sont mises en mouvement par une machine à vapeur ou par une roue hydraulique. Elles sont continuellement mouillées par l'eau, et, pendant qu'elles tournent, l'ouvrier appuie la lame sur leur contour. Le polissage s'effectue à l'aide de meules plus petites ; elles sont de bois recouvert d'une lame de feutre ou de buffle sur laquelle on étend une poudre appelée *émeri* délayée dans un corps gras.

Les manches de couteaux de table étaient autrefois faits à la main ; aujourd'hui cette fabrication est exécutée par d'ingénieuses machines chargées de débiter l'ébène, l'ivoire ou l'os en prismes qui se trouvent rabotés sur les six faces, reçoivent des moulures faites aussi mécaniquement, et enfin sont percés, suivant leur axe, d'un trou destiné à recevoir la soie de la lame. Ce travail mécanique est beaucoup plus rapide et plus parfait que le travail à la main.

A l'extrémité voisine de la lame, le manche est garni d'une virole V de consolidation (fig. 58). Cette virole est de melchior ou d'argent. Elle se fait par étampage à froid en deux pièces que l'on soude ensemble et que l'on fixe ensuite sur le manche.

Pour monter la lame, on entre la soie dans le trou pratiqué suivant l'axe du manche, et on l'y consolide au moyen de matières résineuses. Souvent le trou, au lieu de s'arrêter à une petite distance de l'extrémité, va jusqu'au bout ; la soie est alors un peu plus longue que le manche et on la rive sur une petite plaque *s* encastrée dans le bois (fig. 58).

La fabrication mécanique permet aujourd'hui de faire des couteaux de table qui sont livrés au commerce au prix de 4 à 6 francs la douzaine.

Plusieurs industriels de Châtellerault ont imité l'exemple de

M. Mermilliod, et ses machines ou d'autres analogues fonctionnent maintenant à Nogent, à Paris et à Thiers; mais c'est à lui
qu'on doit la création de la fabrication mécanique du couteau
de table. Châtellerault fabrique aussi les rasoirs, et les procédés
employés sont analogues à ceux que nous venons d'exposer.

COUTELLERIE FERMANTE

Les détails dans lesquels nous sommes entré à propos de la
coutellerie de table nous permettront d'être plus succinct dans
la description des procédés employés pour la coutellerie fermante. Les moyens mécaniques n'ont pas encore une grande
importance dans cette industrie, qui se pratique généralement
à la main; on comprend en effet que la variété infinie des modèles est un obstacle à l'emploi des machines. Le forgeage, la
trempe, l'émoulage, l'aiguisage et le polissage n'ont rien de
particulier. Ces opérations sont faites au marteau, à la lime, et
à la meule; la fabrication des pièces qui composent le manche
s'exécute aussi à la main.

Thiers est, comme nous l'avons dit, le centre le plus important de cette industrie. Les fabricants fournissent aux ouvriers
les matières premières, soit brutes, soit ébauchées : l'un forge
la lame, l'autre fait le ressort, celui-ci les platines, celui-là le
manche, et d'autres sont chargés de la trempe et du recuit, de
l'émoulage et du montage. Sauf quelques ateliers où les ouvriers sont réunis, chacun travaille séparément au milieu de
sa famille, à raison d'un prix déterminé par grosse de pièces.
(La grosse est de douze douzaines.) La coutellerie de Thiers s'est
beaucoup améliorée depuis quelques années ; outre la coutellerie commune, on y fait aussi des articles plus fins, qui peuvent rivaliser avec ceux de Nogent.

Nogent fabrique surtout la coutellerie fine et demi-fine. Les
ouvriers, dont le nombre dépasse 5000, sont disséminés dans
soixante à quatre-vingts communes aux environs de Nogent.
Chacun, après avoir acheté au détail les matières dont il a besoin, façonne lui-même les différentes pièces et les monte. Il
vient ensuite, le dimanche, vendre à la ville le produit de son
travail de la semaine. Nogent possède aussi quelques usines où
sont réunis des ouvriers se livrant à la fabrication des couteaux
et des ciseaux.

ARMES BLANCHES

L'État fait fabriquer les armes blanches (sabres et baïonnettes) à Châtellerault et à Saint-Étienne. Cette fabrication,
quoique assez simple dans ses procédés, demande une grande
expérience de la part de l'ouvrier forgeron. L'acier lui est livré
par barres de longueur convenable, qu'il chauffe et qu'il forgé
avec des étampes reproduisant les détails de forme, les cannelures que doivent avoir certaines armes, comme le sabre de
cavalerie. Après le forgeage, les lames sont trempées, recuites,
puis émoulées à l'aide de meules de grès dont la surface présente des saillies et des sillons inverses des cannelures de
l'arme, de sorte qu'en appuyant la lame sur la meule, elle est
émoulée dans les sillons comme sur les cannelures.

Le polissage se fait ensuite à l'aide de meules de bois sur la
surface desquelles on met de l'émeri empâté dans l'huile;
quand on veut avoir un poli plus parfait, pour les sabres d'offi-
ciers par exemple, on recouvre les meules de bandes de buffle.

Avant d'être montées, les lames sont soumises à une série
d'essais qui ont pour but de s'assurer de leur élasticité, et consistent à les plier de diverses manières et à vérifier si elles re-
deviennent parfaitement droites. Comme dernière épreuve, on
frappe, par le dos et par le tranchant, sur un morceau de bois
qu'elles doivent entailler sans se rompre ni s'ébrécher.

Le montage des lames se fait dans des poignées de bois où
l'on enfonce la soie du sabre; ces poignées sont recouvertes de
ficelle serrée sur laquelle on applique, avec du fil de laiton, une
bande de cuir; la garde est de laiton.

On fabrique les fourreaux de sabre ou de baïonnette en em-
boutissant à froid de la tôle d'acier autour d'un mandrin et en
soudant à chaud la jointure; le fourreau est ensuite terminé
à la lime et au marteau.

ARMES A FEU

On désigne sous le nom d'*armes à feu* des armes servant à
lancer des projectiles par la force élastique des gaz que développe la combustion de la poudre, qui est un mélange de
soufre, de charbon de bois et de salpêtre. Nous distinguerons
les *armes de guerre,* comprenant les canons et les fusils destinés
à l'armée, et les *armes de luxe,* dont on se sert pour la chasse.

FABRICATION DES CANONS

La fabrication des canons est ordinairement exécutée par l'État. Mais, pendant la dernière guerre, l'industrie privée est venue largement au secours des manufactures nationales, impuissantes à produire le nombre de bouches à feu nécessaires à la défense du pays. Les établissements de MM. Petin-Gaudet, à Rive-de-Gier, de M. Cail, à Paris, sont à citer parmi ceux qui, par leur activité, ont puissamment contribué à la réorganisation de notre matériel de guerre, matériel qui, par suite des premiers désastres de la néfaste campagne de 1870, était en partie tombé entre les mains de l'ennemi.

La fabrication des canons ne comporte pas l'emploi de procédés bien spéciaux. Nous avons vu, ou nous verrons dans la suite de cet ouvrage, la description des principales opérations qui concourent à cette fabrication (fonderie, tournage, alésage, etc.); aussi n'avons-nous que peu de détails à donner en ce moment sur cette industrie, et ferons-nous porter principalement notre étude sur la description de l'objet à fabriquer, sur les modifications qu'il a subies dans sa construction, et sur les qualités des différentes matières premières employées.

Personne n'ignore ce que c'est qu'un canon ; tout le monde sait que cet engin de guerre se réduit à un tube métallique plus ou moins gros, plus ou moins épais et fermé par un bout.

L'*âme* de la pièce est le vide intérieur qu'elle présente ; la partie antérieure est la *volée ;* la partie postérieure reçoit le nom de *culasse ;* l'entrée de l'âme est appelée *bouche,* et le renflement qui termine la volée est le *bourrelet en tulipe.* La pièce est percée, vers le fond de l'âme et suivant le rayon, d'un trou nommé *lumière,* par lequel on met le feu à la charge de poudre qui sera placée dans la culasse. Elle porte sur les côtés deux tourillons qui reposent sur un appareil roulant nommé *affût* (fig. 60). C'est autour de ces tourillons que le canon peut tourner de manière à être pointé dans la direction voulue. Le mouvement de la pièce autour de ses tourillons s'obtient à l'aide d'une vis verticale, que l'on peut manœuvrer avec une manivelle à quatre bras qui en forment la tête. Le canon repose sur cette vis, qui, suivant qu'on l'élève ou qu'on l'abaisse, le fait tourner sur ses tourillons dans un sens ou dans l'autre et fait varier l'inclinaison de l'axe. L'affût du canon forme l'arrière-train de la pièce ; l'avant-train est constitué par une petite voiture que l'on peut réunir à l'affût et qui sert à porter les munitions.

Pour charger la pièce, on introduit dans le fond un sachet rempli de poudre (le poids de cette poudre varie suivant la force du canon); on emploie pour cela un instrument appelé *refouloir*, qui sert à pousser le sachet; ensuite on place le projectile (boulet ou obus) de la même manière.

Pour enflammer la charge, autrefois on remplissait la lumière de poudre, à laquelle on mettait le feu avec une mèche; aujourd'hui on se sert d'une *étoupille*, c'est-à-dire d'un tube de cuivre que l'on entre dans la lumière et qui renferme de la poudre fulminante et de la poudre ordinaire. Il est fermé à sa partie inférieure par un petit tampon de cire et traversé suivant sa longueur par un fil de cuivre terminé par un crochet. Ce fil se termine à l'intérieur par une boucle. Lorsqu'on veut faire feu, un des servants de la pièce accroche une corde terminée par une boucle à la boucle du fil de cuivre. Cette corde, appelée *tire-feu*, se termine par un bracelet de cuir que le servant tient dans la main droite. Au commandement de *feu*, le servant tire la corde; il fait ainsi remonter le fil de cuivre dans l'étoupille; le crochet frotte sur le fulminate et l'enflamme; celui-ci communique l'inflammation à la poudre de l'étoupille, la cire qui forme la base inférieure se fond, et la combustion se propage jusqu'à la poudre du sachet. Les gaz produits prennent une tension considérable et chassent le projectile en avant.

Le boulet, en quittant l'âme de la pièce, fait avec l'horizon un angle égal à celui que fait lui-même l'axe du canon ou *angle de tir*; il parcourt dans l'air une ligne courbe appelée *trajectoire*, et, suivant la portée de la pièce, il va frapper le sol en un point plus ou moins éloigné.

La quantité de poudre est variable; son poids peut être le tiers, le quart ou le cinquième de celui du projectile. Le calibre du canon et du projectile s'évalue d'après le poids de ce dernier exprimé ordinairement en livres, ou d'après le diamètre de l'âme de la pièce.

Les canons que nous venons de décrire sont lisses à leur intérieur, et le boulet sphérique ne remplit pas exactement l'âme : entre lui et les parois existe un espace libre désigné sous le nom de *vent*. Il en résulte que le projectile a un mouvement plus ou moins irrégulier dans l'intérieur de la bouche à feu; il est sujet à des battements, à des ricochets contre les parois de l'âme, et la justesse du tir se trouve diminuée.

Canons rayés. — Depuis le commencement du siècle on avait cherché à remédier à ces inconvénients; mais ce n'est guère que depuis 1850 que des essais véritablement sérieux furent tentés dans cette voie : ces essais conduisirent à l'adoption du *canon rayé français*, qui fit son apparition dans la campagne d'Italie et donna de si excellents résultats.

L'âme de ce canon, au lieu d'être lisse, est munie de rayures ou rigoles disposées en spirale. Le projectile, au lieu d'être rond, a la forme oblongue et porte à sa surface des saillies de zinc qui s'engagent dans les rayures; il en résulte qu'il doit tourner sur lui-même pour avancer dans l'intérieur de l'âme sous l'influence de la pression des gaz. Ce mouvement de rotation rapide autour de son axe lui fait conserver sa pointe en avant, diminue les effets de la résistance de l'air, et, par suite, donne au tir plus de justesse et de précision.

On comprend facilement que lorsqu'on doit charger une pièce par la bouche, il est nécessaire de donner aux ailettes des dimensions un peu plus petites que celles des rayures, sans quoi on ne pourrait faire pénétrer le projectile jusqu'au fond de la pièce, par suite de la résistance que crée le frottement de l'ailette contre l'intérieur de la rayure. Il en résulte que le vent n'est pas complétement supprimé. Dans les canons prussiens, anglais, belges, suisses, italiens, espagnols et russes, comme dans le canon de 7 qui a été construit pendant le siége de Paris, on a supprimé complétement le vent en enveloppant le projectile d'une chemise de plomb cannelée transversalement; celui-ci, poussé par les gaz, s'avance dans l'âme de la pièce pendant que l'enveloppe de plomb pénètre dans les rayures et s'y *force* de manière à ne pas laisser de jeu. Le frottement est beaucoup plus considérable; mais comme les gaz ne peuvent s'échapper, la vitesse initiale est plus grande encore.

Canons se chargeant par la culasse. — Il est évident que le système des projectiles forcés dans l'âme de la pièce ne permet pas d'employer le chargement par la bouche et qu'il est nécessaire de charger par la culasse.

En France, ce dernier mode de chargement n'était adopté, avant la campagne de 1870, que pour les pièces de marine.

Pendant le siége de Paris on a construit en France un grand nombre de canons se chargeant par la culasse; le canon inventé par le colonel de Reffye est celui qui a été le plus employé. Les figures 60 et 61 le représentent dans son ensemble et dans ses détails. Il est de bronze, rayé et muni d'un système de fermeture qui se compose d'un bouchon fileté que l'on visse

FIG. 60. — Pièce de 7 se chargeant par la culasse. — Système de Reffye.

dans la culasse, filetée elle-même à sa partie postérieure. Ce

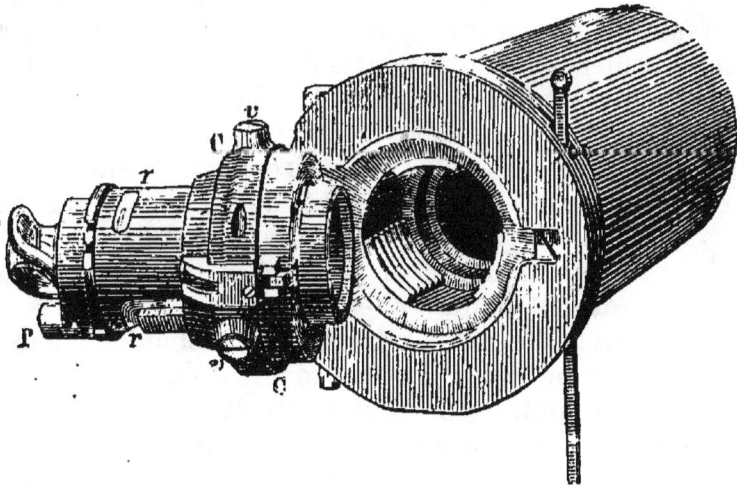

FIG. 61. — Détail de la culasse (pièce de 7).

bouchon est porté par un collier CC monté à charnière sur

l'extrémité postérieure de la culasse. Il n'est pas fileté sur toute sa circonférence, mais présente seulement trois parties *filetées et en saillie*, trois parties *creuses et lisses*. Il en est de même de la culasse. Quand on veut charger, on introduit le projectile par l'ouverture béante; puis, en faisant tourner tout le système de fermeture autour de la charnière, on entre le bouchon dans la culasse, on fait glisser ses parties saillantes dans les parties lisses de celle-ci; et, par une rotation d'un sixième de circonférence, ses filets sont mis en prise avec ceux de la culasse.

Projectiles. — Obus. — Avant d'étudier le mode de fabrication des canons, nous dirons quelques mots sur la nature des projectiles employés par l'artillerie moderne. Aux xive et xve siècles, on se servait de flèches de fer en forme de pyramide quadrangulaire, plus tard de balles de plomb, de boulets sphériques de pierre, puis de boulets de fonte. Aujourd'hui, on a adopté des obus creux de fonte de fer, de forme oblongue, contenant de la poudre qui s'enflamme quelque temps après avoir quitté la pièce; au moment de l'inflammation, l'obus éclate et lance de toutes parts, soit seulement ses propres fragments, soit des projectiles plus petits renfermés dans son intérieur.

Il y a deux espèces d'obus, les obus *fusants* et les obus *percutants*. Les premiers sont bouchés avec un bouchon qui est traversé par des canaux remplis de poudre fusante. Cette composition fusante s'enflamme dans l'intérieur de la pièce, et, continuant à brûler pendant la course du projectile, elle enflamme la poudre que renferme celui-ci et le fait éclater.

La seconde classe d'obus comprend les obus percutants : leur structure est variable. Nous dirons seulement qu'ils renferment une composition fulminante qui, par suite du choc de l'obus lorsqu'il arrive contre le point visé, s'enflamme et communique l'inflammation à la poudre qui doit faire éclater le projectile. Souvent le moyen employé pour produire la détonation du fulminate est le suivant : le bouchon de l'obus présente une tige ou *broche* qui, au moment du choc, s'enfonce à l'intérieur, vient frapper le fulminate et l'enflamme.

Fabrication des canons. — Jusqu'ici la France a employé le *bronze* pour la construction de ses canons, à l'exception toutefois de ceux de la marine, qui sont de fonte. Le bronze à canons est composé de 11 parties d'étain pour 100 de cuivre; on a essayé des alliages de nature un peu différente, mais on est toujours revenu à celui dont nous venons de donner la composition. Les pièces faites avec ce métal ont l'avantage de ne pas éclater en cédant brusquement à la pression intérieure des gaz, mais d'avertir, au contraire, par des dégradations apparentes, du moment où l'emploi de la pièce devient dangereux. Le prix de la matière est assez élevé, mais il conserve une grande partie de sa valeur alors même que la pièce est hors d'usage, car le métal peut être refondu.

Les canons de bronze sont obtenus par coulée du métal dans des moules; ils sont coulés pleins et sans noyau, à l'exception des mortiers de gros calibre.

Les bouches à feu étant coulées pleines, on les achève à l'extérieur par le tour et la ciselure, à l'intérieur à l'aide de machines à forer qui creusent le trou devant former l'âme et l'amènent au diamètre voulu. Elles se composent essentiellement d'un foret qui entre dans la pièce à mesure que celle-ci, animée d'un mouvement de rotation, vient présenter le métal à l'action de l'outil. Quant aux rayures, elles sont creusées au moyen d'une machine faisant avancer des lames tranchantes dans la pièce, en leur communiquant un mouvement en spirale.

En France, la marine de guerre a adopté les canons de fonte de fer dont la solidité est augmentée par l'usage d'une double épaisseur d'anneaux d'acier puddlé, ou *frettes*, dont on entoure le canon. C'est à Ruelle, près d'Angoulême, que se fabriquent les bouches à feu destinées à la marine française.

Ces canons sont coulés creux; ils subissent ensuite l'*alésage*, qui a pour but de leur donner le diamètre intérieur qu'ils doivent avoir. Ce travail s'exécute sur un banc de forerie où l'on fixe le canon : un burin tournant dans l'intérieur de la pièce coupe le métal et amène l'âme au diamètre voulu. Le canon reçoit ensuite les frettes dont nous avons parlé ; puis il retourne aux ateliers de forerie où il reçoit l'appareil qui doit fermer la culasse. Ce système de fermeture a une construction analogue à celui que nous avons décrit pour le canon de Reffye.

La grande ténacité de l'acier constitue pour la construction des bouches à feu un avantage sérieux; on fut arrêté pendant longtemps par la difficulté de fondre ce métal en grandes masses. Ce progrès a été réalisé par M. Krupp (d'Essen), et toute l'artillerie prussienne est aujourd'hui d'acier fondu.

Les canons d'acier joignent à l'avantage d'une grande ténacité celui de la légèreté; toutefois ce dernier avantage est en partie compensé par le poids qu'il faut donner à l'affût pour que le recul ne soit pas trop considérable; mais cette légèreté rend plus faciles les manœuvres de montage et de démontage.

FUSILS

La fabrication des fusils comprend celle des armes de guerre et celle des armes de chasse ou de luxe.

Fusil Chassepot. — Le fusil adopté aujourd'hui pour l'infanterie française est le fusil Chassepot que l'on fabrique à Saint-Étienne et à Châtellerault.

Cette arme, que nous ne décrirons pas dans tous ses détails, se charge par la culasse : elle se compose essentiellement d'un canon d'acier à l'extrémité postérieure duquel se trouve vissée une espèce de boîte ou *culasse fixe*, qui renferme un appareil de percussion appelé *culasse mobile* (fig. 62). Quand on veut charger l'arme, on ouvre cette boîte, et l'on place dans le fond du canon une cartouche contenant de la poudre fulminante, de la poudre ordinaire et une balle conique. On referme, et quand on veut tirer, on appuie sur la gâchette du fusil : celle-ci fait alors sortir de la culasse mobile une aiguille qui vient frapper la poudre fulminante et l'enflamme par le choc; l'inflammation se communique alors à la poudre ordinaire et la balle se trouve projetée en avant. Cette balle porte une petite saillie qui s'engage dans une rainure en spirale que présente l'intérieur du canon : il en résulte qu'en s'avançant dans l'âme du fusil, elle est obligée de prendre un mouvement de rotation, qui a pour effet de donner au tir plus de justesse et plus de portée. La figure 62 représente un fusil Chassepot au moment où l'on vient de l'ouvrir pour y introduire la cartouche : on voit à côté les détails de la culasse mobile.

Fabrication des fusils Chassepot. — Les canons du fusil Chassepot sont d'acier fondu et forgé. Lorsque la barre destinée à la fabrication d'un canon est forgée, on la monte sur une machine chargée de percer le trou qui doit former l'âme du fusil. Une même machine peut percer 36 canons par jour. Au forage succède l'*alésage*, qui a pour but de donner au canon le diamètre intérieur qu'il doit avoir. Cette opération s'exécute aussi mécaniquement. Le canon est ensuite *dressé*, c'est-à-dire qu'à l'aide du marteau on le rend parfaitement droit.

Lorsque le canon est dressé, on tourne sa surface extérieure à l'aide de machines-outils qui le transforment en un prisme à

un grand nombre de facettes; un aiguisage à la meule fait disparaître ces facettes et achève de le
rendre cylindrique.

La rainure dont nous avons parlé est
creusée par une machine à rayer qui
déplace, dans l'intérieur du canon, un
burin d'acier auquel elle communique
un mouvement en spirale. La rainure
a une profondeur de 3 dixièmes de
millimètre et se fait en plusieurs passes.

La culasse est aussi travaillée mécaniquement. On la visse sur la partie
inférieure du canon appelée *tonnerre*.
Sa fabrication et celle de la culasse
mobile constituent un travail d'ajustage à la main.

Enfin les canons doivent être soumis
à trois épreuves qui ont pour but de
vérifier leur solidité et leur résistance.

La première épreuve est faite avec
16 grammes de poudre, au lieu de
5 grammes que contiennent les cartou-
ches réglementaires; la deuxième avec
un poids peu supérieur à 5 grammes;
la troisième avec la cartouche régle-
mentaire. Pour que ces essais puissent
s'exécuter sans mettre en danger la
vie des personnes qui en sont chargées,
un certain nombre de canons sont
montés sur un appareil appelé *banc
d'épreuve*. Près de ce banc se trouve un
mur derrière lequel se place l'essayeur;
celui-ci, à l'aide d'un système de leviers, peut produire l'inflammation de
la poudre dans les différents canons en
agissant sur une corde qui arrive jusqu'à lui. Les armes qui n'ont pas résisté à ces trois épreuves sont rejetées.

Quant au bois de fusil sur lequel le
canon doit être fixé, il est maintenant
fabriqué mécaniquement par des appareils appelés *machines à copier*.

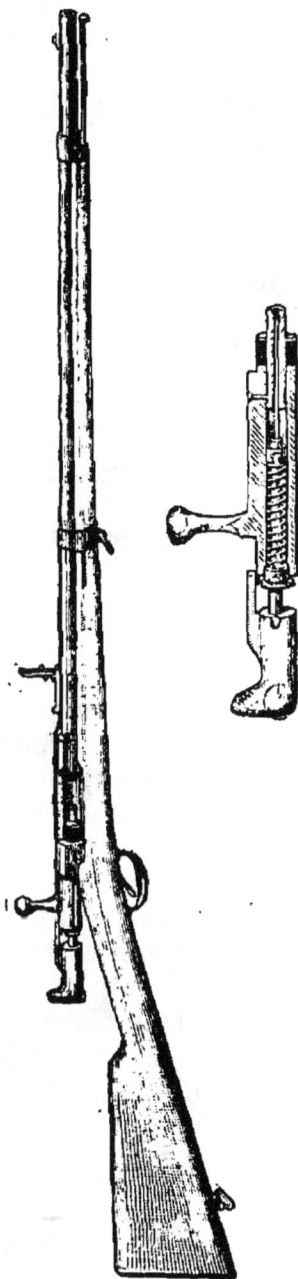

Fig. 62.
Fusil Chassepot,
et détail de la culasse mobile.

Fusils de chasse. — Les canons des fusils de chasse ne se fabriquent pas par les procédés que nous avons décrits plus haut. Il y a plusieurs méthodes. Dans la première, on prend une lame de fer très-doux, très-ductile et sans pailles ; on en fait sur l'enclume et au marteau un fourreau hémi-cylindrique ayant les dimensions du canon à fabriquer. On le chauffe au blanc soudant dans un feu de forge convenablement dirigé, puis on soude les deux bords de cette lame en les martelant sur un mandrin ou cylindre de fer représentant l'intérieur du canon. Le soudage terminé, on porte successivement toutes les parties du canon au rouge blanc, et on le martèle dans une rainure hémi-cylindrique pratiquée dans l'enclume ; mais, cette fois, on n'introduit plus le mandrin.

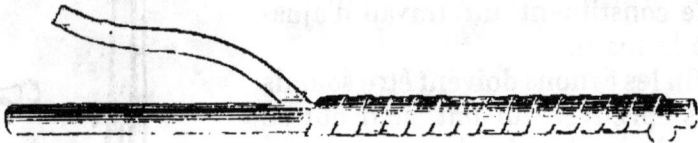

FIG. 63. — Canon de fusil à ruban.

La seconde méthode consiste à enrouler en spirale, sur un moule, une ou plusieurs bandes de fer ou d'acier de manière à avoir un tube formé par la juxtaposition des spires ainsi produites (fig. 63) ; on le chauffe au rouge blanc, et on le martèle ensuite pour souder ensemble les bords contigus des spires.

Les fusils d'*acier damassé* sont faits par un procédé analogue ; seulement le métal destiné à leur fabrication est préparé spécialement, et se compose de bandes alternées d'acier et de fer juxtaposées et soudées entre elles par le martelage à chaud.

Les canons forgés sont ensuite alésés, dressés, polis par des moyens semblables à ceux que l'on emploie pour les armes de guerre. La fabrication des armes de luxe est partagée entre Saint-Étienne et Paris.

CHAPITRE III

CONSTRUCTION DES MACHINES

La construction des différentes machines employées par l'industrie constitue la branche la plus importante des industries préparatoires. Il est évident que nous ne pouvons ici décrire la construction de toutes ces machines dont le nombre est très-grand; elle se fait, du reste, d'après les dessins des ingénieurs chargés de la diriger; mais elle suppose l'emploi de quelques procédés généraux qui s'approprient à chaque cas spécial et dont nous indiquerons les principaux traits.

Quelle que soit la complication d'une machine, les pièces qui la composent peuvent être ramenées à deux types spéciaux : les pièces *plates* et les pièces *rondes*. Les pièces plates sont fabriquées à la lime, au ciseau, au marteau ou à l'aide de machines qui en tiennent lieu. Parmi les pièces rondes, les unes sont cylindriques ou coniques, les autres ont des formes plus ou moins compliquées. Ces dernières sont généralement faites en fonte et obtenues par le coulage du métal fondu dans des moules reproduisant les détails de la forme cherchée; les pièces cylindriques ou coniques sont travaillées au tour.

Autrefois, toute cette fabrication se faisait exclusivement à la main; mais le développement de l'industrie a nécessité l'emploi de machines de dimensions telles, que le travail à la main est devenu insuffisant, et a dû être remplacé par l'emploi d'engins mécaniques, qui produisent avec plus d'économie, plus de force et plus de précision la mise en œuvre de la matière première.

Ces engins sont appelés *machines-outils*; leur forme est très-variée et doit dans chaque cas être appropriée au but poursuivi; mais elles ne sont toutes que des modifications plus ou moins profondes d'un petit nombre de machines types.

MACHINES-OUTILS

Les principales machines servant au travail des métaux et des bois sont les tours, les machines à raboter, les machines à mortaiser, les machines à aléser, les machines à percer, etc., etc.

Tours. — Le *tour* est sans contredit la plus importante des machines-outils; il sert à la fabrication des pièces qui sont dites de *révolution,* comme les cylindres, les cônes, les sphères, etc.

La figure 64 représente un tour à *pédale,* qui peut être considéré comme le point de départ de toutes les modifications qu'on a fait subir à cette machine. Il se compose du bâti, des poupées et du support. Le bâti est formé par deux pièces longues appelées *jumelles,* en bois ou en fonte, et supportées par des pieds. Sur là traverse qui réunit deux de ces pieds repose l'axe d'une roue que l'ouvrier met en mouvement à l'aide d'une pédale; sur cette roue passe une corde sans fin qui va s'enrouler sur une poulie fixée à un arbre pouvant tourner entre les coussinets de la poupée P placée sur les jumelles. La pièce à

Fig. 64. — Tour à pédale ou à pied.

tourner se monte à l'extrémité de l'arbre et on la soutient, si elle est longue, par la contre-pointe ou arbre pointu que porte la seconde poupée C.

Lorsque l'arbre est mis en mouvement à l'aide de la pédale, la pièce tourne et vient se présenter à l'action d'un outil tranchant que l'ouvrier tient à la main et qu'il appuie sur le support S. Le tranchant de l'outil enlève d'autant plus de matière que l'ouvrier le pousse davantage contre la pièce ; on comprend qu'en transportant son outil tout le long du morceau de fer ou de bois monté sur le tour, le tourneur pourra le transformer, soit en cylindre, soit en cône, soit en sphère, etc.

Le tour au pied a été transformé pour répondre aux besoins de l'industrie. La modification la plus importante que l'on ait

Fig. 65. — Tour parallèle à chariot.

faite est le *tour parallèle à chariot*. L'outil, au lieu d'être tenu par la main de l'ouvrier, est monté sur une pièce appelée *chariot*, qui repose sur les jumelles du tour. Ce chariot est relié à une vis que l'on aperçoit (fig. 65) dans toute la longueur du tour entre les jumelles, et, lorsque cette vis tourne, le chariot se déplace le long des jumelles et l'outil parcourt la longueur de la pièce à tourner. Pendant ce mouvement, l'ouvrier n'a qu'à agir sur une manivelle qui approche plus ou moins l'outil de la pièce et par conséquent le fait mordre plus ou moins sur elle.

Le même tour pourra servir à fabriquer des vis. En effet, supposons que nous voulions faire, sur une tige cylindrique montée sur le tour, une vis dont le pas soit d'un centimètre (1); il est évident qu'il suffira de munir le tour d'engrenages qui déplaceront le chariot d'un centimètre pendant que la tige fera un tour. C'est par ce procédé que s'exécutent la plupart des tiges filetées qui entrent dans la construction des machines.

Machines à raboter, à mortaiser, à percer. — Les *machines à raboter* servent à dresser les surfaces, c'est-à-dire à les

Fɪɢ. 66. — Machine à raboter.

rendre plates. Il y en a de deux sortes : 1° Celles dont l'outil est fixe et dans lesquelles la pièce à dresser, montée sur un plateau mobile, vient présenter les différents points de sa surface à l'outil qui l'entame. La figure 66 représente

(1) On dit qu'une vis a un pas de 1 centimètre quand deux spires consécutives sont distantes de 1 centimètre.

une de ces machines. 2° Celles dont l'outil est mobile et

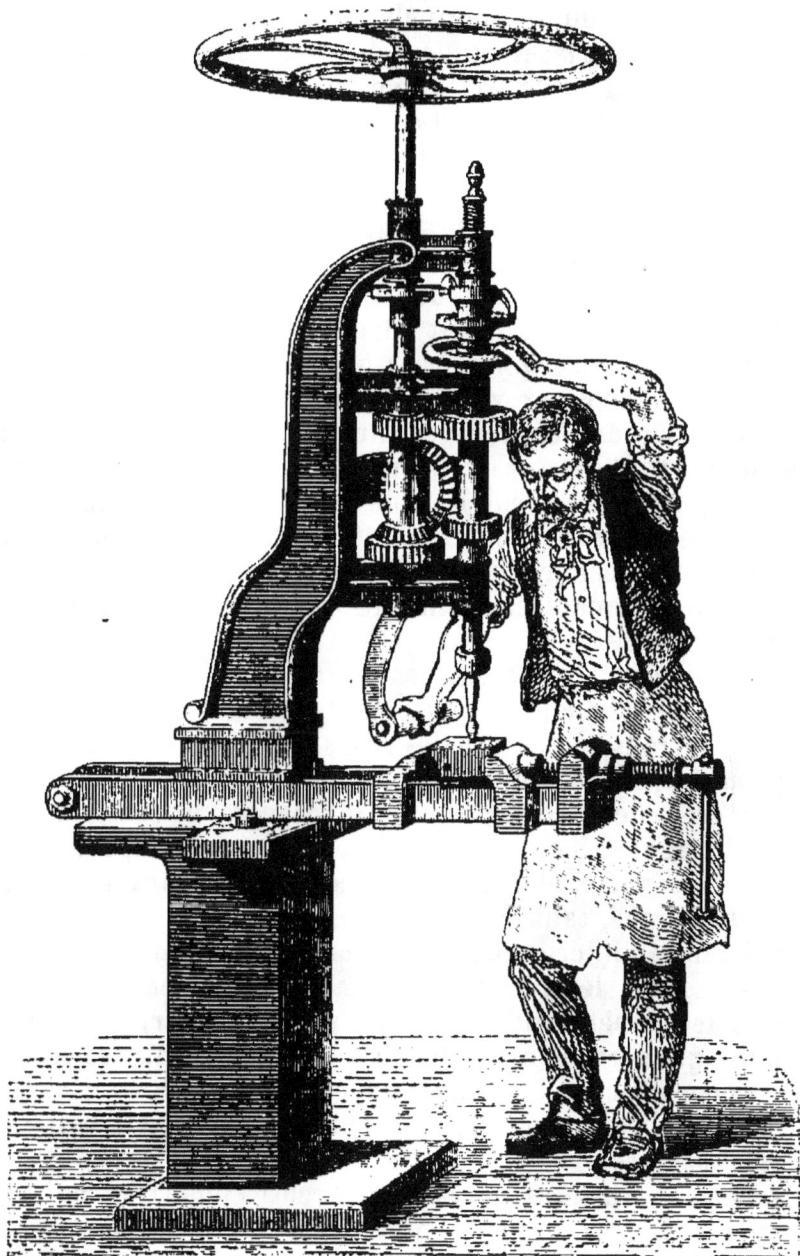

FIG. 67. — Machine à percer.

se déplace à la surface de la pièce à raboter qui est fixe.

Les *étaux-limeurs* sont de petites machines à raboter destinées à dresser des pièces de petite et de moyenne dimensions, ou des surfaces comme la tranche ou le bord d'une planche de fer dont les autres faces auraient été dressées par la machine à raboter. Ils rendent de très-grands services dans les ateliers.

La *machine à mortaiser* sert à pratiquer des entailles dans des pièces métalliques. C'est une espèce de machine à raboter dans laquelle le jeu de l'outil est vertical.

Machines à percer. — Les *machines à percer* servent, comme leur nom l'indique, à pratiquer des trous dans les métaux. La figure 67 représente une des nombreuses dispositions employées. L'outil, ou *foret*, est adapté à l'extrémité d'une tige cylindrique appelée *porte-foret*, qui peut tourner entre des guides et se déplacer verticalement. Le mouvement est communiqué par des engrenages mus à la vapeur ou à la main. Quand on veut percer un trou dans une pièce de fer, par exemple, on la place sur la table de la machine et, comme le représente la figure, l'ouvrier agit de la main gauche sur une vis qui fait descendre le foret à hauteur convenable, puis il le met en mouvement et, à mesure que le trou se perce, il fait descendre l'outil.

Pour percer dans les plaques de tôle qui servent à la construction des chaudières à vapeur les trous destinés, comme nous le verrons, à recevoir les rivets, on se sert des machines à *poinçonner*. L'outil est un *poinçon* ou cylindre d'acier aiguisé sur la circonférence de sa base inférieure; la pression d'un balancier auquel il est relié, et qui est mû par la vapeur, le fait entrer dans la tôle, et le trou est percé avec une parfaite netteté.

Nous citerons, sans les décrire, les *machines à aléser* qui servent à raboter intérieurement la surface concave de certaines pièces, comme les cylindres des machines à vapeur et à leur donner le diamètre intérieur qu'elles doivent avoir, les *machines à cintrer* qui servent à courber des pièces métalliques entrant dans la construction des machines, comme les tôles qui servent à construire les chaudières à vapeur, les *machines à tailler les roues d'engrenage.*

Scies mécaniques. — Les nombreuses industries qui font usage de bois dressés emploient maintenant des machines-outils qui remplacent par un travail mécanique celui que l'on faisait autrefois à la main.

Parmi ces machines nous signalerons celles qui servent à débiter les bois et à les raboter.

Le débitage des bois est l'opération qui consiste à les diviser en poutres, en madriers, en planches et en feuillets minces. Ce travail s'opère quelquefois à la main, mais le plus souvent il se fait à l'aide de scies mécaniques, que l'on peut répartir en deux grandes classes :

1° Les scies à mouvement rectiligne alternatif ;

2° Les scies à mouvement continu.

La première classe comprend les scies *verticales* et les scies *horizontales.*

FIG. 68. — Scie à châssis vertical

Les scies verticales sont celles qui sont le plus généralement

employées. Elles se composent essentiellement d'un châssis
(fig. 68) dans lequel se trouvent montées plusieurs lames de
scies, et qui est animé d'un mouvement de va-et-vient dans le
sens vertical. Il est évident que si l'on vient présenter aux lames
la pièce à débiter en la poussant contre elles, elles entreront
dans le bois et le sciage s'effectuera d'une manière continue.
Cette pièce est d'ailleurs amenée au contact des lames par un
chariot mobile dont le mécanisme moteur est relié à celui du
châssis; par suite, à chaque mouvement de la scie, le chariot et
la pièce de bois avancent d'une certaine quantité contre les
lames. Les lames sont en acier et la forme de leurs dents dépend de la nature des bois.

Les scies *horizontales* sont spécialement destinées au sciage
des *bois de placage*. On donne ce nom à des feuilles très-minces

Fig. 69. — Scie circulaire.

de bois souvent exotiques, avec lesquels les ébénistes recouvrent
les bois de pays. Les organes mécaniques dont elles se composent ne diffèrent pas sensiblement de ceux des scies verticales.
Le châssis porte-lame se meut horizontalement, et le chariot
sur lequel est placé le bois se meut verticalement.

La classe des scies à mouvement continu comprend les scies
circulaires et les scies *à ruban*.

La scie circulaire proprement dite est un simple disque de

tôle d'acier (fig. 69), dont la circonférence est garnie de dents.
Le disque est monté sur un arbre de fer auquel une machine à
vapeur communique un mouvement rapide de rotation. La scie
sort ordinairement à travers une fente pratiquée dans une
table dont elle dépasse le niveau; en faisant glisser le bois sur
cette table et en le poussant contre l'outil, on le scie avec une
grande régularité et en très-peu de temps. Souvent plusieurs
lames sont montées sur le même arbre et fonctionnent à la fois.
Le mouvement de la pièce de bois est produit à la main ou mécaniquement.

On appelle *scie à ruban* une scie formée par une lame d'acier

FIG. 70. — Scie à ruban.

très-flexible, dont les deux extrémités sont réunies et qui passe
sur deux poulies chargées de lui communiquer un mouvement

de rotation continue. La pièce de bois est déplacée, mécaniquement ou à la main, pendant que la lame qui se meut verticalement pénètre dans son intérieur.

La figure 70 représente une scie à ruban employée pour le débitage des bois en grume. La pièce à scier est portée sur un chariot qui est animé d'un mouvement lent, en vertu duquel elle se déplace à mesure que le travail avance. Pour que les scies à ruban fonctionnent bien et que les lames ne se brisent pas, il faut qu'elles aient une très-grande vitesse.

L'industrie emploie aussi des machines à raboter qui permettent de dresser les bois sur une, deux, trois ou quatre faces.

CHAUDRONNERIE

On comprend sous le nom de *chaudronnerie* le travail des métaux en feuilles, s'appliquant surtout à la confection de vases métalliques destinés à chauffer des liquides, soit dans l'économie domestique, soit dans la grande industrie. Nous distinguerons la petite et la grosse chaudronnerie.

Petite chaudronnerie. — La petite chaudronnerie a particulièrement en vue la confection des vases servant à la cuisson des aliments. Elle peut s'appliquer au fer (pour la fabrication des objets en fer battu, voyez plus haut, chapitre QUINCAILLERIE), ou bien au cuivre rouge, dont la malléabilité est assez grande pour que le chaudronnier puisse lui donner par le martelage les formes les plus diverses.

L'opération la plus difficile pour le chaudronnier est celle de la *retreinte* ou *retreint*. Elle a pour but de façonner une concavité avec le marteau sans avoir recours à la soudure. On *emboutit* d'abord une plaque de cuivre, c'est-à-dire qu'en la martelant sur une de ses faces avec un marteau à tête ronde on force les bords à se relever peu à peu et la pièce à prendre une forme concave. Cet emboutissage ne peut se faire sans enlever au métal une partie de son élasticité ; aussi est-on obligé de la lui rendre par le *recuit*, opération qui consiste à le faire rougir au feu et à le laisser ensuite refroidir. On recuit autant de fois que cela est nécessaire. Lorsque la plaque a été suffisamment emboutie, on la pose par sa surface intérieure sur la bigorne ronde d'une enclume, et l'on frappe sur la face extérieure en la faisant tourner après chaque coup de marteau, jusqu'à ce qu'on ait donné au vase la forme cherchée.

Au lieu d'opérer comme nous venons de le dire, on peut

assembler les diverses parties du vase et les souder ensemble. Par exemple, pour faire une marmite par cette méthode, on prend une bande de cuivre d'une longueur égale au contour de la marmite, on découpe ses extrémités de manière à leur donner une forme dentelée et on la replie cylindriquement en joignant les extrémités et en faisant pénétrer les dents de l'une d'elles dans les intervalles des dents de l'autre et réciproquement (fig. 71). Cela fait, à l'intérieur du cylindre et sur les

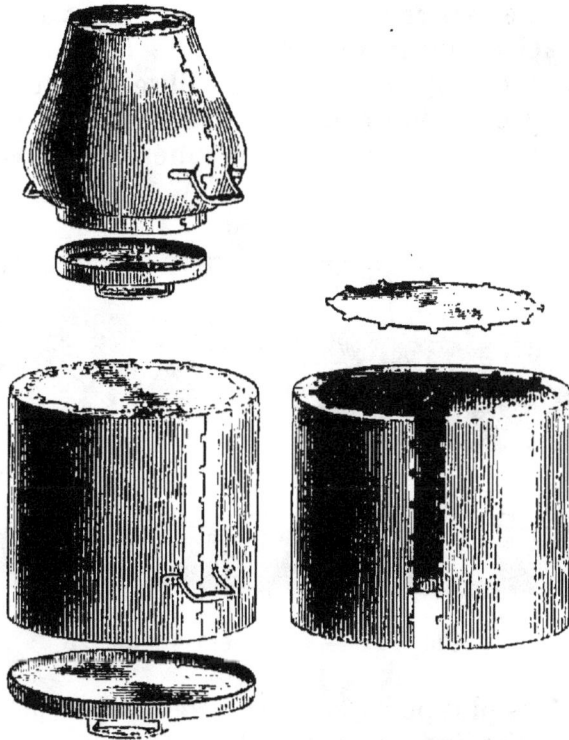

FIG. 71. — Fabrication d'une marmite.

joints, on met du borax mouillé et de la soudure formée d'un alliage de laiton et de zinc : on chauffe la pièce, la soudure fond, coule dans les interstices, et, en s'y solidifiant par le refroidissement, maintient unies les extrémités de la lame. On rapporte ensuite un fond circulaire par le même procédé.

. La petite chaudronnerie s'exerce à peu près partout en France; mais les principaux centres de fabrication sont Villedieu (Manche) et Aurillac, dans le Cantal. Paris fabrique, par des procédés mécaniques, certaines pièces de chaudronnerie,

comme les moules destinés à donner à la pâtisserie, aux
crêmes, etc., des formes plus ou moins régulières. Ces moules
se font par emboutissage mécanique à l'aide de machines analogues à celles que nous avons décrites à propos des vases en
fer battu.

Grosse chaudronnerie. — La grosse chaudronnerie s'occupe de la fabrication des cuves et des chaudières employées
dans les différentes industries. Nous dirons quelques mots de
la construction des chaudières à vapeur.

On désigne sous ce nom de vastes récipients de tôle de fer ou
de tôle d'acier dans lesquels ou chauffe l'eau de manière à la
transformer en vapeur, que l'on utilise ensuite comme force
motrice. Ces chaudières ont, en général, la forme de cylindres
(fig. 72) terminés par des calottes sphériques et réunis à d'au-

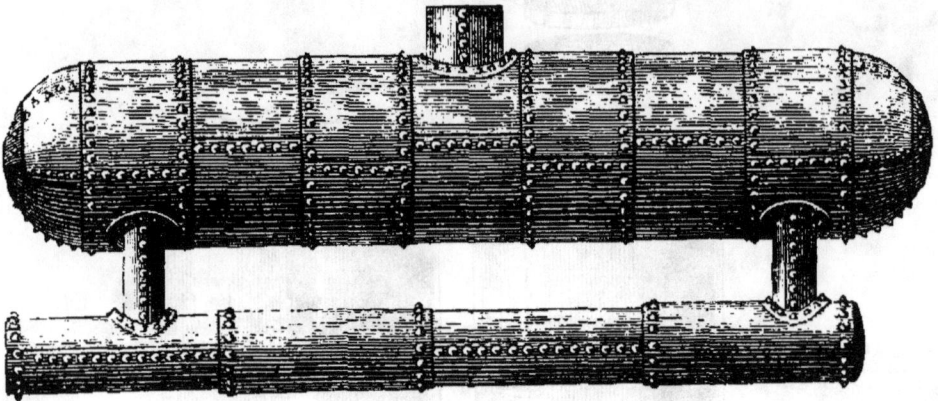

FIG. 72. — Chaudière à vapeur.

tres cylindres plus petits, appelés *bouilleurs*. La partie cylindrique n'est pas ordinairement faite avec une seule feuille de tôle,
mais avec plusieurs cylindres emboîtés les uns dans les autres
et réunis par des *rivets*. On obtient ainsi une résistance plus
considérable en se mettant à l'abri des inégalités de structure
que pourrait présenter une feuille de tôle aussi grande que celle
qui serait nécessaire à la construction d'une chaudière. De plus,
l'industrie métallurgique ne fournirait pas de feuilles de dimensions aussi considérables. Les plus grandes tôles sont de $3^m,80$
sur 2 mètres.

Le chaudronnier qui a reçu la commande d'une chaudière à
vapeur commence par en faire géométriquement le tracé et
par déterminer la véritable grandeur de toutes les pièces qui

doivent y figurer. Il fait ensuite découper, à l'aide de puissantes cisailles, les feuilles de tôle d'après les épreuves ou patrons qu'il a établis. Puis il *trace* les tôles, c'est-à-dire qu'il détermine les *clouures* ou lignes suivant lesquelles devront être percés les trous destinés à recevoir les rivets. En général, les trous sont percés par des machines à poinçonner, à un diamètre double de l'épaisseur de la tôle et séparés les uns des autres d'une quantité égale à trois fois leur diamètre.

Il faut ensuite donner aux feuilles de tôle la forme qu'elles doivent avoir. S'il s'agit des calottes sphériques qui terminent les chaudières, on peut les emboutir en plaçant la tôle à chaud sur des formes en fonte et en la battant au marteau jusqu'à ce qu'elle soit modelée sur ces formes. Cette opération s'exécute aussi mécaniquement à l'aide de machines à emboutir.

Quant aux parties cylindriques de la chaudière, elles sont faites avec des feuilles de tôle auxquelles on donne la forme hémi-cylindrique, que l'on juxtapose par leurs bords et qu'on réunit par des rivets, comme nous le verrons plus loin. La forme hémi-cylindrique est donnée par des machines à cintrer.

Lorsque les feuilles sont cintrées, on les assemble en faisant correspondre les trous de rivets; dans quelques-uns de ces trous, on place des boulons qui fixent provisoirement cet assemblage; puis on emboîte les cylindres l'un dans l'autre comme on le ferait pour assembler les tronçons d'un tuyau de poêle. Des lignes circulaires de rivets devront aussi réunir ces tronçons; on boulonne quelques-uns des trous percés sur ces lignes. Cet assemblage provisoire étant fait, on le rend définitif au moyen de rivets ou clous à deux têtes posés à chaud.

La figure 73 montre ce qu'on appelle un *rivet*. Veut-on réunir deux feuilles de tôle, on les place de manière que les trous percés à leur surface coïncident; puis on passe dans chacun d'eux un gros clou à une tête que l'on a

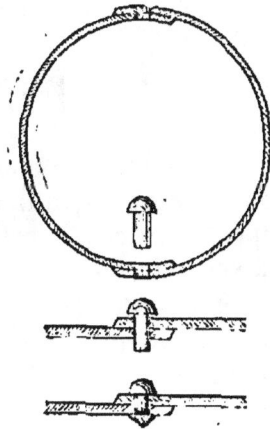

Fig. 73. — Rivet.

porté au rouge. Ce clou a une longueur supérieure à l'épaisseur des deux feuilles réunies, et lorsque sa tête repose sur l'une des surfaces, l'extrémité opposée dépasse de l'autre côté. Supposons maintenant que, pendant qu'un ouvrier appuie sur la tête, un autre martèle l'extrémité saillante, elle s'aplatira et l'on pourra la transformer en une tête semblable à la première; les feuilles de tôle seront donc prises entre les deux têtes du rivet. Nous remarquerons, de plus, que le refroidissement amenant la contraction du clou, il se produira un serrage très-énergique exercé par les deux têtes sur les feuilles de tôle.

Le rivage des chaudières peut s'exécuter de la manière suivante : Un ouvrier placé dans la chaudière reçoit du dehors un clou chauffé au rouge : il le fait passer à travers le trou à river en appliquant la tête du clou contre la feuille de tôle à l'aide d'un outil appelé *turc*, que l'on voit sur la figure 74 à une petite distance du rivet et au-dessous. Pendant qu'il appuie,

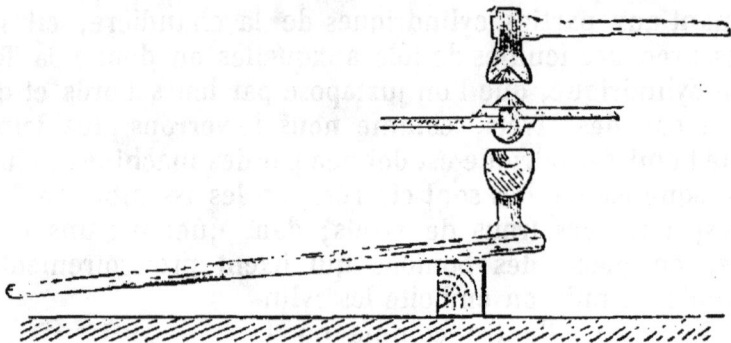

FIG. 74. — Rivage à la bouterolle.

un autre ouvrier placé en dehors de la chaudière pose sur la pointe du clou, qui sort au-dessus de la tôle, un outil en fer appelé *bouterolle*, présentant en creux la forme que doit avoir la seconde tête du rivet, puis des aides frappent sur la bouterolle à coups redoublés et forcent le fer chaud à se modeler dans la cavité qu'elle présente. Souvent aussi, au lieu d'employer la bouterolle, on façonne la tête à coups de marteau.

Le rivage peut aussi s'exécuter *mécaniquement* à l'aide d'une machine que nous ne décrirons pas.

La grande chaudronnerie s'exerce principalement dans tous les centres industriels et dans les grandes usines à fer. Paris, Lille, Rouen, Amiens, etc., ont d'importants ateliers de chaudronnerie.

La grosse chaudronnerie de cuivre présente beaucoup moins de difficultés que la chaudronnerie de fer, parce que le cuivre peut se travailler à la température ordinaire. Elle a pris une grande importance par suite des développements de l'industrie sucrière, nous n'insisterons pas sur ses procédés de fabrication, qui ont beaucoup d'analogie avec ceux que nous venons de décrire pour la chaudronnerie de fer.

CHAPITRE IV

PRODUITS CHIMIQUES

Fabrication des produits chimiques. — Soufre. — Acides commerciaux. — Soudes et potasses. — Amidon, fécule. — Extraction des huiles. — Savons.

L'industrie des produits chimiques comporte la fabrication d'un grand nombre de substances employées à des usages très-divers, comme les acides, les bases, les sels, la fécule, l'amidon, l'alcool, etc.

Elle est répartie dans un certain nombre de centres industriels, dont les principaux sont :

1° *Dans le Nord* : Saint-Gobain et Chauny, Paris, Ivry, Vaugirard, Aubervilliers, Saint-Ouen, Saint-Denis, Lille, Amiens, Rouen, Corbehem (Pas-de-Calais). Sur les bords de la mer, la présence de la soude dans les plantes marines appelées *varechs* a donné naissance aux usines de Cherbourg et du Conquet (Finistère).

2° *Dans le Midi* : Lyon, Marseille, Avignon, Bordeaux, Montpellier, Dijon et Dôle.

Nous ne donnerons que peu de détails sur ces industries qui, pour être bien comprises, nécessitent la connaissance des lois de la chimie.

SOUFRE

Le soufre est un corps d'une grande importance au point de vue industriel ; il sert, comme nous le verrons, à la fabrication de l'acide sulfurique et entre dans la composition de la poudre à canon, qui consite en un mélange de soufre, de charbon et de salpêtre. C'est avec le soufre qu'on prépare l'acide sulfureux destiné au blanchiment de la laine, de la soie, des chapeaux de paille ; il concourt à la fabrication des allumettes, sert à la volcanisation du caoutchouc, et l'industrie vinicole en

tire un très-grand profit pour combattre la maladie de la vigne;
il est employé dans ce cas à l'état de poudre très-fine que l'on
désigne sous le nom de *soufre en fleurs* ou *fleur de soufre*.

La France consomme annuellement 70 à 80 millions de
kilogrammes de soufre. Ce corps est très-répandu dans la
nature; on le rencontre combiné avec la plupart des métaux,
mais on l'extrait ordinairement des mélanges de terre et de
soufre que l'on trouve aux environs des volcans; l'Italie, et surtout la Sicile, sont les pays qui le fournissent à la France. Ce
minerai est soumis sur place à un premier traitement, qui a pour
effet d'isoler une grande partie des matières terreuses; le produit de l'opération est désigné sous le nom de *soufre brut*. A
son arrivée en France, une partie de ce soufre brut est employée à la fabrication de l'acide sulfurique; le reste est soumis
au raffinage.

Le raffinage s'exécute surtout à Marseille, qui, par sa position géographique, est très-bien située pour recevoir le soufre

Fig. 75. — Raffinage du soufre.

brut : il y constitue une industrie importante qui livre le corps
soit à l'état de poudre impalpable appelée *fleurs de soufre*, soit
à l'état de morceaux cylindriques désignés sous le nom de *soufre*

en canons. Le raffinage se fait en chauffant le soufre à une température suffisamment élevée pour qu'il se vaporise ; les
vapeurs se séparent des matières terreuses et vont se condenser
dans de vastes chambres en maçonnerie. L'appareil employé
est représenté par la figure 75.

Le soufre brut est d'abord fondu, par la chaleur perdue du
foyer, dans une chaudière supérieure qui communique par
un tube avec la cornue placée sur ce foyer. Cette première
fusion a pour but d'opérer la séparation des matières terreuses
qui, en vertu de leur poids, tombent au milieu de la masse
liquide et vont au fond de la chaudière. A l'aide du tube de
communication, on fait écouler le soufre fondu dans la cornue,
où il est vaporisé par l'action d'une forte chaleur ; sa vapeur
se rend dans une grande chambre en maçonnerie où elle se
condense.

Pour faire le soufre en fleurs, on dirige la distillation de
manière que la chambre ne s'échauffe pas au-dessus de 111 degrés. La vapeur, en y arrivant, s'y condense à l'état de soufre en
poudre que l'on enlève par la porte, lorsque la couche qu'il
forme sur le sol a atteint une hauteur de 50 à 60 centimètres.

Quand on veut, au contraire, avoir le soufre en canons, on
pousse la distillation plus activement de manière à échauffer
davantage la chambre ; la vapeur du soufre se liquéfie au lieu
de se solidifier et le liquide coule sur le sol de la chambre d'où
il est extrait de temps à autre par une ouverture latérale, pour
être coulé dans des moules en bois.

ACIDES SULFURIQUE, NITRIQUE ET CHLORHYDRIQUE

L'acide sulfurique, désigné aussi sous le nom d'*huile de
vitriol*, est sans contredit le plus important des produits chimiques : ses applications, ses usages sont tellement nombreux,
que M. Dumas a pu dire qu'il était possible de mesurer la pros-
périté industrielle des nations par les quantités d'acide sulfurique qu'elles consomment. Aussi les efforts des chimistes se
sont-ils constamment portés sur les améliorations à introduire
dans la préparation de ce corps que l'on obtient à un prix fort
peu élevé (16 francs les 100 kilogrammes).

Voici le principe de sa fabrication : produire un corps gazeux
appelé *acide sulfureux*, en grillant du soufre ou des composés
de soufre et de fer nommés *pyrites*, diriger ce corps dans de
vastes chambres en plomb et l'y transformer en acide sulfu-

rique en le combinant avec une certaine quantité d'oxygène, que lui fournit l'acide nitrique qui coule dans l'une des chambres. L'acide nitrique, en oxydant l'acide sulfureux perd une partie de son oxygène et se trouve lui-même transformé en d'autres corps que le fabricant ne laisse point perdre, et d'où il régénère l'acide nitrique par l'intervention de l'air et de la vapeur.

Les acides *chlorhydrique* et *nitrique*, dont les usages sont moins nombreux que celui de l'acide sulfurique, sont fabriqués, le premier par l'action de l'acide sulfurique sur le sel marin ou sur le sel gemme, le second en décomposant par l'acide sulfurique l'azotate de potasse (salpêtre) ou l'azotate de soude.

SOUDES ET POTASSES

Soudes. — La soude artificielle, ou carbonate de soude, a des usages très-nombreux et très-importants. Elle sert, à l'état brut, aux savonniers, aux blanchisseurs, aux fabricants de verres à bouteilles. Raffinée, elle est employée dans la fabrication des glaces, de la verrerie fine, des savons de toilette. La teinture, le blanchissage et l'impression des tissus en font aussi une consommation considérable.

La soude était autrefois extraite des cendres de certaines plantes croissant dans la mer ou sur ses bords : on la fabrique aujourd'hui en chauffant dans des fours un mélange de charbon, de craie et de sulfate de soude. Ce dernier corps est obtenu par l'action de l'acide sulfurique sur le sel marin ou sur le sel gemme, réaction qui donne lieu en même temps à l'acide chlorhydrique. La réaction de la craie, du sulfate de soude et de charbon produit une masse noirâtre formée de carbonate de soude et d'un produit insoluble. On soumet cette masse à un lessivage par l'eau qui dissout tout le carbonate de soude et laisse le résidu insoluble. Lorsque l'eau est saturée de carbonate, on l'envoie dans des bassines de fonte, où on l'évapore pour faire déposer le carbonate.

Potasses. — Les potasses du commerce servent dans la fabrication des verres de Bohême, dans la cristallerie, dans la confection des savons, dans le chamoisage des peaux, en agriculture, etc., etc.

Leur origine est très-variée. Les potasses d'Amérique et de Russie sont extraites des cendres provenant de la combustion des bois à l'air ; ces cendres constituent un mélange de substances diverses que l'on traite par l'eau, qui dissout la potasse qu'elles renferment ; l'évaporation des lessives ainsi obtenues laisse un résidu que l'on appelle *salin* et qui, par la calcination dans des fours, devient blanc et constitue la potasse d'Amérique ou de Russie.

On emploie souvent aussi, tantôt les potasses provenant de la décomposition, par la chaleur, du tartre renfermé dans les lies de vin, tantôt celles que l'on extrait des résidus que laisse la distillation des mélasses fermentées qui ont servi à la fabrication de l'eau-de-vie de betteraves. Ce dernier mode d'extraction est très-appliqué dans les départements du Nord et de l'Aisne. On évalue à 2485 tonnes de 1000 kilogrammes la production de la France en potasses de betteraves.

Les eaux provenant du lavage des laines brutes contiennent aussi de la potasse. Reims et Elbœuf, où se lavent des quantités considérables de laines, possèdent des usines qui font l'extraction de cette potasse ; leur production annuelle surpasse 250 tonnes.

FÉCULERIES ET AMIDONNERIES

On rencontre en abondance, dans les organes d'un grand nombre de végétaux, une substance que l'on désigne d'une manière générale sous le nom de *matière amylacée*.

Elle existe plus particulièrement dans les graines des céréales (blé, orge, seigle), dans celles des légumineuses (fèves, haricots, pois, lentilles), dans les tubercules de pommes de terre.

C'est du blé et de la pomme de terre que l'industrie extrait la matière amylacée, qui prend le nom d'*amidon* lorsqu'elle est extraite du blé, et celui de *fécule* quand elle provient de la pomme de terre. Cette double industrie est pratiquée sur différents points de la France : Paris, Saint-Denis, Nancy, Essonne, Poitiers, sont les principaux centres de production.

L'amidon du blé sert presque exclusivement à la confection de l'empois employé pour apprêter le linge blanchi. La fécule sert à la fabrication des sirops de fécule et à l'alimentation ; la teinture et l'impression des tissus l'emploient pour certains apprêts et pour épaissir les couleurs. Elle peut être transformée, par une température de 210 degrés environ, en une substance appelée *dextrine*, soluble dans l'eau, et qui est elle-même utilisée dans l'apprêt des tissus, pour parer les fils de chaîne destinés au tissage des étoffes, pour la fabrication des étiquettes gommées et celle des bandes agglutinatives employées par la chirurgie dans la réduction des fractures.

Extraction de l'amidon. — L'amidon se trouve uni dans le blé à une substance appelée *gluten* qui sert à la fabrication des pâtes alimentaires. On l'extrait par deux méthodes principales. La première consiste à abandonner à lui-même un mélange de blé concassé et d'eau; une fermentation s'établit dans la masse et, sous son influence, le gluten se transforme en matières solubles qui se dissolvent dans l'eau, tandis que les grains d'amidon restent intacts. Il n'y a plus alors qu'à effectuer la séparation d'une manière complète, en jetant le mélange sur des tamis de toile métallique où il est agité au milieu de l'eau. Ce liquide entraîne les grains d'amidon et laisse sur le tamis les matières grossières, comme le son. Cette opération ne donne pas un produit d'une pureté suffisante; aussi l'amidon est-il lavé plusieurs fois, égoutté d'abord sur une toile, puis sur une surface en plâtre. La dessiccation est achevée dans une étuve, et, par suite du retrait qu'occasionne la chaleur, l'amidon se divise en aiguilles prismatiques assez régulières; cette forme est une garantie de la pureté de ce produit, car on ne peut l'obtenir avec la fécule. Le procédé que nous venons de décrire est insalubre à cause des gaz qui se dégagent pendant la fermentation; il a de plus l'inconvénient de détruire le gluten du blé, mais peut être employé pour les farines avariées d'où il n'est pas possible d'extraire cette substance.

La seconde méthode par laquelle on extrait l'amidon du blé consiste à pétrir, sous un filet d'eau, une pâte de farine. Sous l'action de ce pétrissage et du courant d'eau, l'amidon est entraîné et le gluten reste sur le pétrisseur. L'appareil employé est dû à M. Martin (de Grenelle) et s'appelle *amidonnière*.

Ce procédé a l'avantage d'être plus salubre que le précédent, d'isoler et de conserver intact le gluten, qui trouve aujourd'hui un débouché important dans la fabrication des pâtes alimentaires; mais il exige l'emploi de farines de bonne qualité et ne permet pas d'opérer avec des farines avariées, dont le gluten ne pourrait se rassembler.

Extraction de la fécule. — L'extraction de la fécule contenue dans la pomme de terre se compose d'opérations purement mécaniques ayant pour effet d'isoler ce principe du tissu cellulaire qui le retient dans ses mailles. La proportion de fécule

existant dans les pommes de terre varie suivant les circonstances. L'espèce de pomme de terre, la nature du climat,
l'époque même où s'exécute le travail, sont autant de causes
qui amènent des variations dans le rendement. Une pomme de
terre qui a commencé à germer contient moins de fécule
qu'avant la germination, attendu qu'une partie de la fécule
insoluble s'est transformée en dextrine soluble qui se dissout
dans les eaux de lavage.

L'extraction de la fécule comporte les opérations suivantes :

Il faut d'abord débarrasser les pommes de terre de la terre
et des pierres qui les accompagnent ordinairement. On les
laisse à cet effet tremper dans l'eau pendant plusieurs jours ;
mais ce trempage étant insuffisant, on les soumet à un courant
d'eau dans des appareils où elles sont mises en mouvement et
frottées les unes contre les autres et contre les parois de la machine. En quittant celle-ci elles sont déchirées par un cylindre armé de lames de scies qui les réduit en pulpe ou *gâchis*.
Cette pulpe constitue un mélange formé par les grains de
fécule et par le tissu même de la pomme de terre.

Pour séparer la fécule, on soumet ce mélange à un tamisage. Autrefois cette opération se faisait à la main, mais aujourd'hui on l'exécute avec des appareils mécaniques qui produisent beaucoup plus. La fécule passe avec l'eau à travers les
mailles des tamis et le tissu cellulaire de la pomme de terre
reste sur les tamis ; on laisse déposer le liquide et la fécule
se rend au fond des bassins de dépôt. Elle y forme des couches
de qualités différentes.

HUILES

On trouve, dans certaines plantes et dans les animaux, des matières grasses dont les usages sont très-variés : les unes servent
à l'éclairage, les autres à l'alimentation, d'autres au graissage
des machines, à la fabrication des savons, etc. Le commerce et
l'économie domestique en distinguent plusieurs espèces : les
huiles, qui sont liquides à la température ordinaire ; les *beurres,*
les *graisses* et les *suifs,* qui sont solides, mous et fondent entre
35 et 38 degrés ; les *cires,* qui sont dures et cassantes et ne
fondent qu'à partir de 60 degrés.

Nous ne nous occuperons en ce moment que des huiles.

Les huiles végétales que l'on rencontre dans le commerce
sont extraites des graines ou des fruits des plantes oléagineuses.

Cette industrie a pris en France un très-grand développement. Aix et la Provence fabriquent l'huile d'olive employée dans l'alimentation; Marseille, Caen, les départements du Nord et de la Somme, Boulogne-sur-Mer, Bayonne, Eu, Arles, possèdent d'importantes usines, où se pratique l'extraction des huiles contenues dans les graines de colza, de lin, d'œillette, de sésame, dans le fruit de l'arachide, etc. Les usages de ces huiles sont très-variés; les huiles d'œillette, de sésame, d'arachide servent à l'alimentation, l'huile de colza à l'éclairage, l'huile de lin à la peinture; plusieurs d'entre elles servent aussi à la fabrication du savon. Les unes sont fournies par des graines récoltées en France, comme celles de colza, d'œillette, de lin; les autres par des substances importées : le sésame nous vient de Roumanie, des bords du Danube et de l'Inde; l'arachide est surtout produite par le Sénégal. Les différentes huiles sont exprimées des corps qui les renferment à l'aide d'une forte pression. On opère *à froid* pour les huiles très-fluides, qui sont employées comme aliments, *à chaud* pour celles qui ont moins de fluidité.

Extraction des huiles de graines. — L'extraction des huiles dites *huiles de graines* a une grande importance dans les départements du Nord. Autrefois cette fabrication se faisait, surtout aux environs de Lille, dans des moulins à vent qui mettaient en mouvement des pilons chargés de concasser les graines et des meules qui en exprimaient l'huile. Ce genre de fabrication tend à disparaître; il est remplacé par celui que nous allons décrire.

La première opération est le *concassage*, qui réduit les graines en petits fragments, afin d'éviter qu'elles ne roulent sous les meules à l'action desquelles elles seront soumises. Elle s'exécute dans une espèce de laminoir de fonte, ou *concasseur*, alimenté par une trémie de bois (fig. 76), au fond de laquelle tourne un petit cylindre cannelé dont la vitesse de rotation est réglée de manière à ne laisser passer qu'une quantité de graines proportionnée à l'action des grands cylindres. Ceux-ci tournent très-lentement et les graines, en passant dans l'intervalle qui existe entre eux, se trouvent concassées; de là elles sont portées sous des meules verticales de granite ou de grès.

Ces meules que représente la figure 77 roulent sur le fond d'une grande auge ordinairement en fonte. La paire pèse de 7000 à 8000 kilos; on peut se les figurer comme deux roues montées sur le même essieu fixé lui-même à un arbre vertical

qui reçoit le mouvement du moteur de l'usine. Il est évident
que si cet arbre se met à tourner, les meules tourneront autour
de lui en roulant elles-mêmes sur leur axe, et écraseront les
graines oléagineuses placées dans l'auge de fonte; mais elles
n'atteindraient certainement que celles qui sont placées sur
leur passage, si l'on ne prenait soin de ramener continuellement devant elles celles qui se trouvent en dehors. Pour cela
deux lames courbes, appelées *rabats* et fixées à l'arbre, tournent avec lui en glissant sur le fond de l'auge et remuent les
graines en les amenant sous les meules. De temps en temps

Fig. 76. — Concasseur de grains.

une trappe située vers la circonférence de l'auge s'ouvre pour
laisser tomber la graine écrasée, qui forme une pâte dont
l'huile est la partie liquide. Quelquefois on soumet immédiatement cette pâte à une forte pression pour en faire sortir l'huile,
qui est alors une huile *vierge*, d'un goût agréable et très-propre
à l'assaisonnement de nos aliments. Mais cette manière d'opérer donne un rendement trop faible, que l'on augmente en
soumettant les graines à l'action de la chaleur dans des appa
reils nommés *chauffoirs*.

A la sortie des chauffoirs la farine est mise dans des sacs S que l'ouvrier enveloppe dans une *étreindelle* EE', c'est-à-dire dans une pièce d'étoffe de crin doublée de cuir et formée de

FIG. 77. — Meules à écraser les graines oléagineuses.

trois parties pouvant se replier l'une sur l'autre (fig. 78). Toutes les étreindelles garnies de sacs sont soumises à l'action d'une presse qui peut exercer une force équivalente a celle d'un poids de 6000 kilogrammes. L'huile s'écoule au dehors et tombe dans des conduits qui la mènent aux réservoirs où elle doit plus tard être épurée. Après avoir subi cette première pression, la farine se trouve agglomérée et forme une espèce de plaque appelée *tourteau*. Comme elle contient encore de l'huile, on la soumet à des meules moins lourdes que les premières et que l'on appelle *meules à rebattre;* elles la réduisent en une pâte que l'on réchauffe de nouveau et qu'on envoie ensuite à

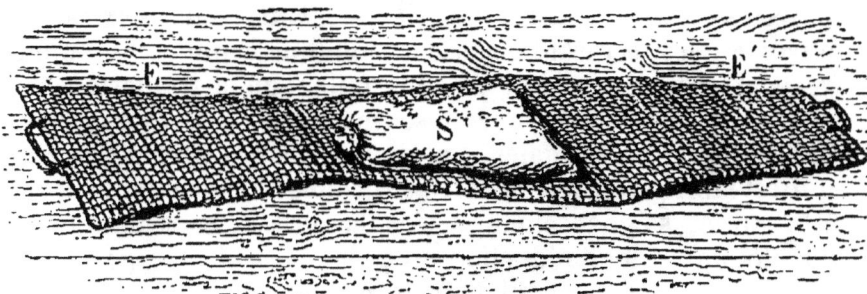

FIG 78. — Étreindelle

d'autres presses nommées *presses à rebattre.* Leur force est plus grande et va jusqu'à 150 000 kilogrammes. Les presses à rebattre sont souvent disposées de manière que l'extraction se fasse à chaud : elles sont formées de plateaux creux, chauffés à la vapeur, entre lesquels on place les sacs. L'huile extraite est de moins bonne qualité que le produit de la première pression, et ne doit point être mélangée avec lui. Quant aux tourteaux, ils sont livrés à l'agriculture, qui les emploie comme engrais et pour la nourriture des bestiaux.

En sortant des presses, les huiles entraînent avec elles des matières étrangères ; un repos prolongé les clarifie en partie, mais ne les sépare point de matières qui les rendent impropres à bien des usages et ne peuvent être enlevées que par un procédé chimique, consistant à agiter les huiles en présence de 1,50 à 1,75 pour 100 d'acide sulfurique, Cette opération dure trois quarts d'heure environ et se fait dans un réservoir où se meut, au milieu du mélange d'huile et d'acide, un arbre armé de palettes. Après quarante-cinq minutes de battage, on ajoute 3 à 4 pour 100 d'eau et l'on recommence à battre pendant cinq minutes ; l'eau s'empare de l'acide. On laisse reposer pendant un temps suffisant ; l'eau, l'acide et les matières qu'il a attaquées vont au fond du réservoir former une couche noire. L'huile surnage, on la décante et on la reçoit d'abord dans des caisses où on la laisse reposer pendant sept à huit jours; puis on la soumet à une filtration à travers de la sciure de bois placée entre deux planches percées de trous : ceux de la planche inférieure sont garnis de petits tampons de coton qui complètent la filtration. Ce premier filtre est appelé *dégraisseur;* son action est complétée par un second appareil nommé *filtre,* semblable au premier, mais dans lequel la planche supérieure est remplacée par une toile.

Extraction de l'huile d'olive. — L'*huile d'olive* s'extrait des olives en les écrasant sous des moulins à une seule meule verticale, qui les réduit en une pulpe qu'on renferme dans des cabas ou *scouffins* pour la soumettre à l'action de presses hydrauliques horizontales. On appelle *huile d'olive vierge* celle qui est fabriquée avec des olives récoltées à la cueillette et non à la gaule, soigneusement triées et portées sous une presse aussitôt après leur réduction en pulpe. L'huile vierge est verdâtre et, malgré son goût de fruit, elle est très-recherchée pour les aliments.

L'huile ordinaire de table s'obtient en arrosant d'eau bouillante la pulpe des olives qui ont fourni l'huile vierge, et en la soumettant à la pression. L'huile rendue plus fluide par l'action de l'eau chaude s'écoule plus facilement; elle est d'une belle couleur jaune et moins agréable au goût que l'huile vierge. Cette méthode économique et rationnelle n'est malheureusement pas suivie dans toutes les huileries; un certain nombre emploient encore un procédé plus long et plus imparfait.

L'huile de première pression est en général déposée dans de grands vases appelés *jarres* et placés dans des appartements exposés au midi, où l'on entretient une température d'environ 10 degrés. Lorsque l'huile est transparente, on transvase la partie claire et on laisse encore reposer la partie trouble. Quand on a de grandes quantités d'huile à conserver, on les met dans des fosses bien cimentées qu'on nomme *piles.*

SAVONS

On appelle *savons* des substances qui servent au blanchissage du linge, de la soie, de la laine, au dégraissage des laines brutes. Ces corps sont des combinaisons de certains acides gras (acides margarique, stéarique, oléique) avec une base alcaline, la potasse ou la soude. Ils ont la propriété de dissoudre les graisses, les huiles, etc., c'est pour cela qu'on les emploie au blanchissage du linge, au lessivage des laines, etc.

Les acides gras nous sont fournis par des corps d'origines différentes, les suifs de mouton, de bœuf, de chèvre, les huiles d'olive, de sésame, d'arachide, d'œillette, de colza, de palme, de palmiste, de coco, etc. Ces corps ne renferment pas l'acide gras à l'état libre, mais ordinairement combiné avec une substance que l'on désigne sous le nom de *glycérine* et qui forme avec eux des composés différents.

Le savon étant, comme nous venons de le dire, le résultat de la combinaison d'un ou de plusieurs acides gras avec une base alcaline, la potasse ou la soude, sa fabrication consiste à éliminer la glycérine de ses combinaisons avec les acides gras pour lui substituer la potasse ou la soude. Or, cette élimination se fait justement à l'aide de l'une de ces deux bases : lorsqu'on met un corps gras en présence de l'une d'elles, elle chasse la glycérine, prend sa place et se combine avec l'acide gras pour former avec lui un savon, qui est *dur* si la base est la soude, qui est *mou* si la base est la potasse.

Tels sont les principes chimiques sur lesquels repose la fabrication des savons. La science les doit à M. Chevreul, qui publia en 1813 un important travail sur les corps gras.

Marseille fut longtemps le centre presque unique de la production du savon, qui ne se faisait qu'avec de l'huile d'olive ; mais le jour où l'on employa à cette fabrication d'autres corps que l'huile d'olive, plusieurs villes du Nord et de l'Ouest de la France se livrèrent à cette industrie : Rouen, Nantes, Paris, Elbœuf, Reims, Dijon, Amiens et Tours sont à citer parmi celles où elle est le plus développée.

La fabrication du savon telle qu'elle se pratique à Marseille comprend deux phases principales : 1° la préparation des lessives de potasse ou de soude, ou caustification ; 2° la fabrication proprement dite du savon.

Préparation des lessives. — L'industrie des produits chimiques ne livre pas au savonnier la potasse et la soude à l'état où il doit les employer ; elles sont ordinairement combinées avec une proportion plus ou moins grande d'acide carbonique dont il faut les priver pour qu'elles puissent agir efficacement sur les corps gras. C'est là le but de la *caustification*, opération qui consiste à mettre la dissolution de potasse ou de soude en présence d'une certaine quantité de chaux ; celle-ci s'emparant de l'acide carbonique combiné avec l'alcali, forme avec lui un composé insoluble appelé *carbonate de chaux;* ce composé tombe au fond du récipient où se fait la caustification, tandis que le liquide surnageant constitue un liquide appelé *lessive,* contenant en dissolution la potasse ou la soude caustique.

Fabrication proprement dite du savon. — La fabrication proprement dite du savon comprend trois phases principales : l'*empâtage,* le *relargage* et la *coction.* La première opération a pour but de bien mélanger l'huile à la lessive de soude : elle consiste à faire bouillir cette lessive avec l'huile, pendant vingt-quatre ou quarante-huit heures, dans de grandes chaudières en maçonnerie dont le fond est en tôle. Au bout de ce temps, on procède au *relargage,* qui consiste à enlever au mélange la trop grande quantité d'eau qu'il renferme. Pour cela on ajoute en plusieurs fois une lessive chargée de sel marin; en même temps un ouvrier armé d'un *redable* (outil composé d'une planche de noyer traversée par un manche de 5 à 6 mètres de long) remue constamment la masse pour y répartir la lessive salée. Le savon qui s'est formé et qui est insoluble dans l'eau salée, se sépare sous forme de grumeaux qui vont à la surface former une pâte consistante et colorée, en abandonnant l'excès d'eau qu'elle retenait; cette eau entraîne avec elle la glycérine, l'huile en excès et la plus grande partie des sels contenus dans la lessive d'empâtage et dans celle qui a servi à relarguer. On laisse alors tomber le feu et, après quelques heures de repos, on soutire le liquide à l'aide d'un tuyau placé au fond de la chaudière, ouvrant au dehors et appelé *épine.* C'est ce qui s'appelle *épiner.*

Après le relargage on procède à la *coction,* qui consiste à faire bouillir le savon avec de nouvelles lessives salées. La transformation du corps gras en savon, ou *saponification,* s'achève, le sel marin contracte la pâte et la réduit en grumeaux. Lorsque la pâte comprimée entre le pouce et l'index résiste à la pression, forme une plaque solide et se dissout complétement dans l'eau sans laisser d'yeux à sa surface, le savon est fait, et on le met à sec en épinant de nouveau.

Il est d'un bleu foncé, tirant sur le noir et ne contient que 16 pour 100 d'eau. Sa couleur est due à des corps étrangers provenant de la soude employée. Ce savon est transformé ensuite en savon blanc par une opération spéciale appelée *liquidation,* qui détermine la séparation des corps noirs. Puis on le coule sur un lit de chaux ou sur des feuilles de papier gris : quand il est solidifié on le découpe.

Savon marbré. — Quand on veut faire du *savon marbré* on ajoute pendant l'empâtage une certaine quantité de sulfate de fer : ce corps produira une certaine quantité de savon ferrugineux et foncé que l'on dissémine dans la masse et qui y produit les veines que l'on trouve dans le savon marbré.

Nous ferons remarquer que le savon marbré est souvent préféré dans la consommation au savon blanc. Voici la cause de cette préférence : la marbrure ne peut se faire qu'à condition que la pâte ne soit pas trop fluide, et par conséquent ne contienne pas trop d'eau ; c'est une garantie que l'on n'a pas avec le savon blanc, qui peut contenir une proportion d'eau plus considérable, et qui est alors appelé savon d'*augmentation* ou *augmenté*.

Dans les autres parties de la France, où l'industrie de la savonnerie se sert de procédés qui diffèrent un peu des procédés marseillais, et qui ont sur eux, dans certains cas, des avantages incontestables, les savons sont faits avec les huiles de palme, de coco, de sésame, d'arachide, l'acide oléique, etc.

Savons mous. — Les *savons mous*, dits *savons noirs* ou *savons verts*, sont à base de potasse, et sont fabriqués avec les huiles les moins chères, huile de chènevis, d'œillette, de colza. Leur préparation est des plus simples : on fait bouillir les huiles, dans des chaudières de tôle à fond conique, avec des lessives de potasse que l'on introduit en trois fois, en commençant par les plus faibles ; on concentre le mélange pour chasser l'excès d'eau, puis on le coule dans des tonneaux lorsqu'il a atteint la consistance voulue. Ces savons sont verts quand on les fait avec des huiles jaunes et qu'on y ajoute vers la fin de la cuisson un peu d'indigo ; ils sont noirs quand on emploie l'huile de chènevis et qu'on colore par du sulfate de cuivre, du sulfate de fer, du tannin et du bois de campêche.

CHAPITRE V

Tannage. — Corroierie. — Mégisserie. — Chamoiserie. — Caoutchouc et gutta-percha.

TANNAGE

L'homme a de tout temps utilisé les peaux des animaux à un certain nombre d'usages : la fabrication des chaussures

constitue la plus importante de ces applications; nous citerons
aussi l'emploi qu'en font le sellier, le carrossier, les fabricants
d'articles de voyage, de maroquinerie, etc. Mais ces peaux ne
peuvent servir à l'état naturel; elles ne tarderaient pas à entrer
en putréfaction, si on ne les soumettait à un certain nombre
d'opérations dont l'ensemble constitue le tannage.

Le *tannage* consiste à combiner la peau avec une substance
capable de former avec elle un produit imputrescible et moins
perméable à l'eau. Le tannin, corps que l'on rencontre dans un
grand nombre de végétaux et surtout dans l'écorce du chêne,
jouit de cette propriété au plus haut degré; il sert exclusivement en France à l'usage que nous venons d'indiquer.

Les écorces propres à la tannerie sont celles de chêne, de
sapin, de hêtre, de châtaignier; mais la première est généralement préférée : dans certains pays, tels que l'Angleterre et les
États-Unis, on n'en emploie pas d'autre. Dans le nord de l'Europe, où les chênes sont plus rares, on utilise l'écorce des sa-
pins, qui sont plus abondants. En France, on récolte des écorces à tan dans les départements des Ardennes, de la Moselle, de
la Meuse, de la Meurthe, de la Nièvre, de l'Yonne, de Saône-et-
Loire, de la Côte-d'Or, d'Ille-et-Vilaine, des Deux-Sèvres, de la
Gironde, de la Haute-Garonne, de Vaucluse, de l'Hérault, des
Bouches-du-Rhône, du Var, de la Corse.

L'industrie du tannage est pratiquée dans toutes les parties
de la France, mais les villes où elle est le plus développée sont
Paris, Lyon, Bordeaux, Marseille et Nantes. Les peaux employées
sont principalement celles de taureau, de vache, de buffle, de
veau, de cheval, etc; elles proviennent des animaux tués dans
nos pays, ou sont importées en France des principaux ports de
l'Amérique méridionale. Les races bovine et chevaline se déve-
loppent avec une grande promptitude dans les plaines immenses
de l'Amérique du Sud et de l'Australie. Les bœufs et les chevaux errent en liberté par bandes innombrables dans les excellents pâturages de ces régions, et les troupeaux fournissent à
l'industrie des cuirs très-estimés; nous citerons ceux de Buenos-
Ayres et de Caracas.

Les peaux, avant le tannage, se divisent en trois catégories :
les *peaux fraiches*, comme celles qui sont vendues par les bou-
chers, les *peaux salées* et les *peaux desséchées*. C'est dans ces deux
derniers états que nous arrivent celles de l'Amérique du Sud;
on a dû les saler ou les dessécher pour les conserver jusqu'au
moment où elles subissent l'opération du tannage.

Les peaux de buffle et de bœuf servent à la fabrication des cuirs *forts* employés pour semelles ; les peaux de vache, de veau, de cheval, à la fabrication des cuirs *mous* employés pour l'empeigne des chaussures. Les procédés de tannage ne sont pas les mêmes suivant que l'on se propose d'obtenir les uns ou les autres.

Cuirs mous. — Quant il s'agit de faire des *cuirs mous*, on doit d'abord laver les peaux pour les ramollir et leur faire perdre le sang qu'elles contiennent. Ce lavage s'exécute autant que possible dans une eau courante ; il ne dure que deux ou trois jours pour les peaux fraîches, mais il est plus long pour les peaux sèches et pour les peaux salées. Il faut ensuite enlever à la peau les poils et les morceaux de chair qui y sont adhérents ; mais cela ne peut se faire qu'à condition d'attaquer sa surface par un agent chimique qui diminue l'adhérence des poils pour le cuir. Cette opération, que l'on appelle *pelanage*, consiste à passer successivement les peaux dans des cuves nommées *pelains*, contenant un lait de chaux, dont la concentration va en croissant d'une cuve à l'autre. Le pelanage dure de quinze jours à trois semaines et, chaque jour, les ouvriers doivent lever deux fois les peaux pour renouveler les surfaces.

Vient ensuite le *débourrage* ou *épilage* qui, comme son nom l'indique, consiste à enlever le poil, ce qui se fait en plaçant les peaux (fig. 79), sur un chevalet et en les raclant de haut en bas avec un couteau émoussé dit *couteau rond* ; ensuite on les lave et on les racle avec un couteau tranchant à lame circulaire pour enlever la chair et les impuretés qui restent attachées à la surface. Puis on doit adoucir le grain, du côté du poil, avec une pierre à affuter emmanchée comme le couteau rond et appelée *quœurce* ; enfin on nettoie parfaitement les deux faces de la peau avec un couteau à lame circulaire, jusqu'à ce que l'eau de lavage soit bien limpide. Dans ces différentes opérations, on n'a pas seulement pour but de nettoyer la surface de la peau, mais d'en faire sortir toute la chaux que le pelanage y a déposée et qui nuirait aux opérations suivantes.

Les peaux de vaches doivent avoir le plus de souplesse possible et exigent un travail supplémentaire, qui est le *foulage*. Après les opérations précédentes, qu'on appelle souvent *façons de rivière*, quatre hommes armés d'un pilon de bois dur frappent sur ces peaux placées dans un baquet contenant un peu d'eau. Ils rompent ainsi le nerf de la peau, ce qui lui donne de la douceur et de la souplesse.

Après avoir été ainsi nettoyées, les peaux sont soumises à

FIG. 79. — Travail des peaux sur le chevalet.

l'action du tan ou écorce de chêne hachée, séchée et pulvéri-
sée. Cette action ne doit pas être trop brusque, mais graduelle,

pour permettre au cuir de s'assouplir. Aussi, avant l'opération du tannage proprement dit, fait-on passer les cuirs dans une dissolution faible et légère d'écorce de chêne appelée *passement*. Ce passement est enfermé dans une cuve où l'on empile les peaux ; elles y restent un mois et, pendant ce temps, on renouvelle quatre fois l'écorce sans changer le liquide. Le séjour au milieu du passement assouplit le cuir et commence le tannage.

On procède alors au *tannage proprement dit* : on superpose les peaux dans des cuves de bois ou de maçonnerie, en les séparant par des couches de tan, puis on y fait arriver une quantité d'eau suffisante. L'eau est l'intermédiaire nécessaire entre la peau et le tannin ; elle dissout ce dernier, pénètre avec lui dans la peau et facilite la formation du composé imputrescible. Le séjour dans les fosses varie avec la nature des cuirs : les peaux de vaches *reçoivent trois poudres*, c'est-à-dire qu'on renouvelle trois fois la poudre, en ayant soin à chaque fois de détacher la tannée qui est adhérente ; la première poudre dure trois mois et les deux autres quatre mois.

Cuirs forts. — Les peaux destinées à faire des cuirs *forts* sont, comme nous l'avons dit, celles de bœuf, de buffle, etc. Leur préparation diffère un peu du traitement que nous venons de décrire. Le pelanage à la chaux est supprimé, parce qu'il rendrait le cuir trop poreux ; il est remplacé par une fermentation qui facilite l'épilage. Cette fermentation est produite de deux manières :

On peut opérer par *échauffe naturelle*, c'est-à-dire qu'après avoir empilé les peaux, on les abandonne à elles-mêmes jusqu'à ce qu'un commencement de fermentation s'établisse spontanément. Il faut avoir soin de visiter souvent la pile, afin de saisir le moment où la fermentation doit être arrêtée, et ne pas attendre que le poil tombe trop facilement. *Le poil doit crier en s'arrachant* ; si la fermentation continuait trop longtemps, le cuir se trouverait altéré. Cette méthode s'emploie surtout pour les peaux fraîches.

On peut aussi placer les peaux dans une chambre que l'on chauffe de manière à élever la température et faciliter la fermentation. Deux ou trois jours suffisent en été, huit jours en hiver ; on introduit dans les chambres à fermentation une certaine quantité de vapeur d'eau.

On procède ensuite à l'épilage comme pour les cuirs mous, et l'on fait gonfler les peaux en les soumettant à l'action de jus

de tan aigre ; les premiers bains doivent être peu concentrés :
au bout de huit jours, le cuir commence à *s'affamer*, comme
disent les tanneurs ; il faut alors le nourrir en lui donnant des
bains plus forts, sans quoi l'effet produit par les premiers se
détruirait, le cuir *retomberait*. Après douze jours on commence
le tannage. Les cuirs forts pour semelles doivent recevoir
quatre poudres : la première est de neuf semaines, les deux
suivantes de quatre mois et la dernière de cinq mois.

Le cuir pour semelles doit être battu pour acquérir de la compacité. C'est la seule opération qu'il subisse après le tannage :
dans les grands établissements, elle se fait avec de puissants
marteaux mus mécaniquement.

CORROIERIE

Les cuirs destinés à d'autres usages qu'à la fabrication des
semelles de chaussures subissent différentes préparations qui
les assouplissent et les mettent en état de servir aux besoins de
l'industrie. Ils passent pour cela, en sortant des mains du tan-
neur, dans celles du corroyeur, qui les met d'abord tremper
dans l'eau ; lorsque le séjour au milieu de ce liquide les a suffisamment amollis, il les *butte*, c'est-à-dire qu'à l'aide d'une
lame d'acier, appelée *étire*, il enlève les chairs encore adhérentes aux cuirs.

Cette opération est suivie d'un travail consistant à mettre la
peau à l'épaisseur voulue et à enlever les inégalités. Autrefois
cela se faisait à la main au moyen d'outils tranchants qui occa-
sionnaient des déchets considérables. Aujourd'hui les cuirs sont
refendus à l'épaisseur voulue par une *machine à refendre*, qui
refend la peau, suivant son épaisseur, en deux lames, dont
l'une a l'épaisseur uniforme que l'on a voulu lui donner ;
l'autre, d'épaisseur irrégulière, au lieu de passer dans les déchets, est employée comme peau de qualité inférieure.

Après la *refente* ou *tranchage*, on assouplit le cuir en l'étendant
sur une table et en le frottant avec une *marguerite* (fig. 80). Cet
instrument, en bois de poirier, a la forme d'un arc de cercle
cannelé ; il est muni d'une poignée qui permet de le tenir et
d'appuyer en frottant sur le cuir. Cette opération se fait d'abord
du côté de la *fleur* ou épiderme, ensuite du côté de la chair ;
dans le premier cas, on dit qu'on *corrompt le cuir*, dans le second, qu'on le *rebrousse*.

Puis on *met au vent*, c'est-à-dire qu'avec une étire on frotte

le cuir sur une table, de manière à faire sortir la chaux qu'il a
pu rapporter du tannage.

Ensuite on *met le cuir en huile*, afin de le nourrir et de l'empêcher de durcir à l'usage : pour cela, après l'avoir étalé sur
une table de marbre, on étend à sa surface, à l'aide d'une

FIG. 80. — Travail à la marguerite.

brosse, une couche d'huile ou de dégras. On laisse sécher, et
l'on enlève par le décrassage l'excès de dégras sur la chair et
sur la fleur.

Enfin vient le *blanchissage*, qui consiste à unir la peau étalée
sur une table en la raclant à l'aide d'une étire, et qui est suivi
du *tirage au liége*, opération par laquelle, au moyen d'une
marguerite de liége, on adoucit la surface de la peau.

Il n'y a plus maintenant qu'à cirer le cuir, ce qui se fait en
l'enduisant, avec une brosse, de cirage noir formé d'huile, de
noir de fumée et de suif, qu'on incorpore ensuite et qu'on ré-

partit également en frottant avec une lame de glace dont
l'épaisseur sert de racloir. Le brillant est donné par une couche
de colle étendue avec une éponge.

La corroierie comprend encore, dans certains cas, d'autres
opérations que nous laisserons de côté. Nous dirons seulement
quelques mots de la préparation des *cuirs vernis*.

Cuirs vernis. — Après avoir subi les opérations premières
que nous venons de décrire, les cuirs destinés à être vernis passent à l'*apprétage*. Ce travail a pour but de boucher les pores de
la peau en étendant à sa surface un mélange d'huile de lin,
d'oxyde de plomb et de terre d'ombre. On donne plusieurs couches de cet apprêt et on polit à la pierre ponce après chaque
couche ; puis on délaye le même apprêt dans l'essence de térébenthine et on l'étend au pinceau ; c'est ce qu'on appelle *donner
la couleur*. Les diverses couches d'apprêt et de teinture doivent
être séchées dans des étuves avant d'être poncées. Enfin, après
avoir nettoyé la surface de la peau, on y applique le vernis.
Chaque fabricant conserve secrète la composition de son vernis,
mais on peut dire qu'il est essentiellement formé d'huile de lin
siccative et colorée par du bleu de Prusse et du bitume de Judée.
La cuisson du vernis demande beaucoup d'expérience et d'habileté ; elle est ordinairement commencée à l'étuve et finie au
soleil.

MÉGISSERIE

Les mégissiers rendent les peaux imputrescibles par l'action
de l'alun et du sel ; ils traitent les peaux de mouton et de
chèvre destinées à la ganterie. L'épilage est préparé par l'action de la chaux et de l'orpin (sulfure d'arsenic). Ces deux
corps sont employés, soit à l'état de bouillie avec laquelle on
barbouille le côté de la chair, soit sous forme de dissolution
aqueuse qu'on fait arriver dans des cuviers où l'on a empilé
les peaux. Puis on soumet celles-ci à l'action de couteaux qui
les épilent, les écharnent, en brisent le nerf et les assouplissent. Cette opération s'exécute à l'aide de chevalets analogues
à ceux dont se servent les tanneurs. Les peaux sont aussi fou-
lonnées dans des baquets, afin d'en exprimer la chaux et le
suint ; puis on leur fait subir une fermentation dans un mélange de son et de froment, qu'on appelle *confit* ; cette fermentation, dont la durée varie suivant la saison, a pour but d'assouplir la peau, qui est ensuite imprégnée d'une pâte composée

de farine, d'œufs, d'alun et de sel, et mise à l'air libre où elle
se sèche. Certaines peaux, comme les fourrures, doivent conserver leurs poils; on les soumet aux mêmes opérations, moins
l'épilage.

CHAMOISERIE

Le chamoiseur emploie les mêmes peaux que le mégissier.
et les premières opérations qu'il leur fait subir sont les mêmes.
A la sortie du bain de son, il imprègne la peau d'huile de
poisson par des foulonnages répétés; cette huile remplace le
mélange d'œuf, de farine, d'alun et de sel. Elle est incorporée
par un grand nombre de foulonnages séparés les uns de autres
par une dessiccation à l'étuve.

On appelle *maroquin* des peaux de chèvre teintes de diverses
couleurs et grainées. On emploie aussi pour cette fabrication
les peaux de mouton, qu'on désigne alors sous le nom de *moutons maroquinés*, et qu'on travaille de la même manière que les
peaux de chèvre.

La peau de chèvre reçoit d'abord les *façons de rivière* qui,
à cause de sa nature sèche et aride, sont plus nombreuses que
pour les autres peaux. L'épilage peut s'exécuter par les procédés ordinaires, mais généralement on préfère étaler du côté
de la chair un mélange de chaux et d'orpin, replier la peau en
quatre et l'abandonner dans cet état pendant vingt-quatre
heures. Ce procédé a l'avantage de ne pas salir la laine, comme
le fait la chaux des pelains.

Quand il s'agit de faire du maroquin rouge, il faut teindre
avant de tanner. Les peaux sortant du travail de rivière sont
cousues deux à deux par leurs bords, la fleur en dehors, de
manière à former des sacs que l'on passe d'abord dans un bain
de chlorure d'étain, puis dans un bain de cochenille. Le chlorure d'étain sert de mordant et fixe sur la peau la matière
colorante rouge de la cochenille. Après rinçage, on tanne.
Pour cela, l'on découd le sac sur l'un des côtés, et l'on y
introduit du sumac (on appelle ainsi la poudre obtenue par la
trituration des tiges et des feuilles de certains arbrisseaux riches
en tannin). Après avoir insufflé de l'air dans les sacs et en
avoir ficelé l'ouverture, on les agite dans deux bains successifs
de sumac, et on laisse reposer. Au bout de quarante-huit
heures, le tannage est effectué.

Quand on veut faire des maroquins destinés à recevoir une

autre couleur que le rouge, les peaux sont d'abord tannées au sumac, puis séchées et mises en magasin. Avant de les teindre, on les fait *revenir* en les plongeant dans de l'eau à 30 degrés, puis en les soumettant à un foulonnage énergique. On les passe ensuite dans des bains colorants dont la nature varie avec la nuance que l'on veut obtenir. On comprime fortement les peaux de même couleur à l'aide de la presse hydraulique pour chasser l'excès d'eau et la couleur non fixée.

Avant que le maroquin soit complétement desséché, on l'amincit avec un couteau droit, puis on le lustre avec des cylindres lamineurs de cristal. S'il doit être lisse, le travail est terminé ; s'il doit présenter un grain à sa surface, on le roule, la fleur en l'air, sous des outils appelés *paumelles*, qui sont formés d'un morceau de bois plat, plus long que large et garni de peau de chien marin dont les rugosités déterminent la formation du grain.

Au lieu de se servir de la paumelle, on imprime souvent le grain sur la fleur de la peau en lui faisant subir la pression de cylindres cannelés ; mais le résultat obtenu est inférieur à celui que donne l'autre procédé.

On peut faire un grain en losanges en passant sur le cuir, dans deux directions obliques l'une par rapport à l'autre, un cylindre de bois dur taillé en vis très-fine.

CAOUTCHOUC ET GUTTA-PERCHA

L'industrie du caoutchouc est tout à fait moderne. Ce corps, qui était presque inconnu à la fin du dernier siècle, est devenu l'objet d'applications dont le nombre et l'importance vont chaque jour en croissant. Quoique employé depuis longtemps dans les régions tropicales de l'ancien et du nouveau monde, le caoutchouc n'a été connu en Europe qu'à la suite d'un voyage fait au Pérou par les académiciens français pour mesurer un arc du méridien, mesure qui devait servir à déterminer la forme de la terre. Ce fut en effet un membre de cette commission scientifique, de la Condamine, qui envoya en 1736 le premier échantillon de caoutchouc que l'on ait eu en Europe. Aujourd'hui cette substance a des applications variées, parmi lesquelles nous citerons la fabrication des vêtements et des chaussures imperméables, des tubes, des plaques et rondelles pour machines à vapeur, des tissus élastiques, des rouleaux d'impression, des ressorts pour tampons de locomotives, des courroies, la confection des nombreux objets faits en caoutchouc durci, etc., etc. La consommation annuelle de la France dépasse 1 250 000 kilogrammes.

Récolte du caoutchouc. — Le caoutchouc est le résultat de la dessiccation du suc laiteux de certaines plantes exotiques, comme le *Siphonia cautshu, Iatropha elastica, Ficus elastica*, que l'on rencontre aux Indes, l'*Hevaea guyanensis* qui est principalement exploité en Amérique, d'où nous proviennent les meilleures espèces. Dans le bassin des Amazones, et spécialement dans la province de *Para,* on rencontre d'immenses forêts d'*Hevaea.* Tous les ans, à l'époque de la récolte, des bandes d'émigrants appelés *seringarios* se livrent dans ces forêts à l'extraction du caoutchouc. Armés d'une hachette, ils font sur les arbres des incisions d'où s'écoulent immédiatement un suc laiteux; audessous de cette incision, ils fixent, avec de la terre glaise, un vase dans lequel le liquide se rassemble; au bout de trois heures le suc cesse de s'écouler et la plaie se cicatrise ensuite naturellement. Le seringario réunit dans un plus grand vase le produit des différentes incisions qu'il a faites et y plonge une planchette de bois qui se recouvre de suc laiteux; il la présente ensuite à la flamme fumeuse d'un feu de bois vert qui dessèche le liquide et le coagule sous forme d'une mince pellicule. De nouvelles immersions, alternées avec la dessiccation au feu, finissent par recouvrir et envelopper la planchette d'une plaque de caoutchouc; quand cette plaque a atteint une épaisseur suffisante, on la fend avec un couteau, on l'étend et on retire le moule. Le caoutchouc Para ainsi obtenu est certainement la meilleure espèce, parce que le mode d'extraction que nous venons de décrire a l'avantage de n'y introduire, comme substance étrangère, que le charbon provenant de la fumée avec laquelle il a été mis en contact. On le rencontre aussi quelquefois sous la forme de poires, forme qui est donnée par des moules de terre glaise que l'on trempe dans le suc laiteux; quand on les a recouverts de couches successives et que l'épaisseur produite est suffisante, on les trempe dans l'eau qui délaye peu à peu la terre et la sépare du caoutchouc.

Aux Indes et au Gabon, la récolte est faite avec beaucoup moins de soins : aussi ne livre-t-elle qu'un produit impur et mélangé à des substances terreuses et autres. Dans ces contrées le suc qui s'écoule soit de fentes naturelles, soit d'incisions faites à dessein, est recueilli dans des tranchées creusées dans le sol et s'y coagule. Ce mode tout primitif d'extraction ne donne qu'un produit assez impur, car le liquide ramasse et emprisonne toutes les matières étrangères qu'il rencontre sur son passage. Si l'on joint à cela que les naturels introduisent souvent dans le caoutchouc des substances destinées à en augmenter le poids, on comprendra facilement qu'avant d'être employé à la fabrication des différents objets qu'il constitue, le caoutchouc devra être soumis à un traitement de purification.

Préparation du caoutchouc. — Ce traitement, inventé par Nickel en 1837, est désigné sous le nom de *régénération*. Il s'exécute en soumettant le caoutchouc impur et ramolli par l'eau chaude à l'action de deux cylindres de fonte qui tournent avec des vitesses inégales et le laminent; on répète cinq ou six fois cette opération, en faisant couler sur lui un filet d'eau chaude qui rend le travail plus facile et entraîne toutes les matières étrangères. Le caoutchouc sort de cet appareil à l'état de lames minces, granuleuses, percées d'une infinité de petits trous. Les lames ainsi produites sont étendues sur des toiles, où elles sèchent très-facilement. Le caoutchouc est alors dans un état très-propre à la préparation des dissolutions qui servent, comme nous le verrons, à certaines branches de cette industrie.

Mais lorsqu'il doit être employé sans être préalablement dissous, on lui fait subir un véritable *pétrissage*, qui a pour effet de souder ensemble toutes ses parties. Ce pétrissage se fait à l'aide d'un appareil appelé *loup* ou *diable*, qui reçoit les lames après que, par une exposition à l'étuve, on les a rendues plus souples et plus adhérentes à leur surface : il les transforme en rouleaux que l'on réduit par le laminage et la pression à l'état de galettes ou de blocs cylindriques.

Le caoutchouc Para, extrait avec les soins que nous avons expliqués plus haut, n'a pas besoin d'être soumis à la régénération; il nous arrive en lames ou en poires. Dans le premier cas, on soude les lames entre elles par la pression afin d'obtenir des blocs; dans le second, on refend les poires pour en former des lames que l'on soude ensuite.

Les objets de caoutchouc se fabriquent par deux procédés principaux, avec le caoutchouc solide ou bien avec des dissolutions de ce corps.

Fils de caoutchouc. — Nous dirons d'abord comment on fait les fils servant à la confection des tissus imperméables. On emploie à cet effet soit des plaques de caoutchouc Para, soit des blocs de caoutchouc régénéré, que l'on découpe en rubans à l'aide d'une scie circulaire : ces rubans sont eux-mêmes découpés, par une autre machine, en fils que l'on emploie à la confection des tissus imperméables. On les enchevêtre pour cela avec des fils de soie ou de coton qui dissimulent les fils de caoutchouc formant ce que nous appellerons plus tard la *chaîne* des étoffes, la soie ou le coton en formant la *trame*.

Tubes en caoutchouc. — Les tubes en caoutchouc peuvent se faire par deux procédés différents. Dans le premier, on se sert d'une pâte composée de 59 parties de caoutchouc, 35 d'oxyde de zinc et 1 de chaux pulvérulente ; on en fait des feuilles que l'on recuit en les plaçant pendant une heure sur une table creuse chauffée à la vapeur ; puis on présente à des ciseaux la double épaisseur d'une feuille de caoutchouc, pliée sur une largeur convenable pour faire un tube du diamètre voulu. L'incision (fig. 81) se fait sous un angle de 45 degrés ; on applique ensuite les deux surfaces de section l'une sur l'autre en enroulant la feuille sur un mandrin qui donnera la forme cylindrique. Une pression exercée par quelques coups d'une règle plate suffira pour effectuer la soudure. Le second procédé consiste à faire passer sous

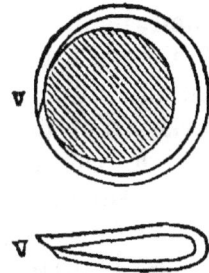

Fig. 81.
Fabrication des tubes
de caoutchouc.

l'effort d'une presse puissante le caoutchouc ramolli par la chaleur, dans une ouverture annulaire dont il conserve la forme en se refroidissant.

Vêtements et chaussures imperméables. — Certains objets se fabriquent aussi au moyen de dissolution de caoutchouc : tels sont les vêtements imperméables, les feuilles dites *relevées*, les fils à section ronde et les chaussures. Ces dissolutions se préparent en dissolvant le caoutchouc dans le sulfure de carbone, ou dans l'huile légère obtenue par la distillation de la houille, ou dans l'essence de térébenthine, puis en broyant, au moyen de cylindres, la pâte gluante ainsi produite.

Quand on veut faire des vêtements imperméables, on peut, à l'aide de ces dissolutions, recouvrir d'un enduit de caoutchouc les étoffes qui doivent servir à leur confection. L'évaporation du dissolvant laisse le caoutchouc à la surface de l'étoffe : lorsqu'elle est complète, ce qui exige dix minutes pour la dissolution au sulfure de carbone et deux à trois heures pour les essences légères, on étend à la surface une couche de vernis formé de gomme laque dissoute dans l'alcool. Ordinairement ces enduits ont une couleur noire, que l'on obtient en mélangeant du noir de fumée à la pâte avant de la broyer.

Les vêtements obtenus par enduits présentent des inconvénients sérieux : le soleil, la chaleur, les corps gras, les rendent poisseux ; ils se durcissent au froid. La volcanisation, qui consiste à combiner le caoutchouc à une certaine quantité de soufre, remédierait à ces inconvénients ; malheureusement la soie et la laine, employées à la confection des vêtements de luxe, ne peuvent supporter, lorsqu'elles sont en contact avec le soufre, la température nécessaire à cette opération. Le coton, le chanvre et le lin résistent au contraire très-bien. Aussi M. Gérard a-t-il mis à profit cette résistance pour faire des vêtements imperméables solides et à bon marché ; il étend à la surface d'étoffes faites avec ces textiles une couche de dissolution de caoutchouc mélangée au soufre, puis il enroule ces étoffes sur un cylindre de tôle, et les soumet à l'action de la vapeur à 140 degrés pour terminer la volcanisation.

Les chaussures de caoutchouc se font avec des étoffes recouvertes d'un enduit appliqué mécaniquement. Le caoutchouc est mélangé avec environ deux fois son poids de substances étrangères, telles que la craie, la litharge, le noir de fumée et le soufre en fleurs destiné à le volcaniser ; le mélange peut se laminer entre des cylindres chauffés par un courant de vapeur. Ces cylindres sont au nombre de trois : la lame obtenue par le passage entre les deux premiers s'engage entre le second et le troisième ; à la surface de celui-ci elle rencontre un tissu auquel elle se soude. Avec ces étoffes on fait les chaussures, dont les différentes parties (semelle, empeigne, renfort du talon) sont soudées au lieu d'être clouées et vissées. On recuit les souliers encore en forme en les plaçant dans des étuves chauffées à 130 degrés, où la chaleur détermine la volcanisation du caoutchouc.

Cette dernière opération a pour but d'empêcher le caoutchouc de durcir au froid et de se ramollir à une basse température, inconvénients qui restreignirent pendant longtemps le nombre des applications de cette substance. Elle consiste, comme nous l'avons déjà dit, à le combiner avec une certaine quantité de soufre. Plusieurs méthodes sont aujourd'hui employées pour produire cette volcanisation.

Caoutchouc durci. — Nous citerons encore comme application du caoutchouc la préparation du *caoutchouc durci*, qui sert à la fabrication d'un grand nombre d'objets, peignes, boutons, baleines et cannes, articles d'ébénisterie, plateaux de machines électriques, etc. Ce produit s'obtient en augmentant la proportion de soufre dans la volcanisation et en cuisant, à une haute température, le caoutchouc combiné au soufre. La cuisson le durcit et lui communique une très-belle couleur noire.

Le caoutchouc durci est ordinairement réduit en plaques que l'on travaille à la lime, au grattoir et à la scie. On peut aussi fabriquer certains objets par moulage de la pâte dans des moules de métal ; mais la cuisson qu'on leur fait subir pour durcir le caoutchouc a l'inconvénient de produire des déformations dues au retrait inégal que la pâte et le métal prennent pendant le refroidissement.

Gutta-percha. — La *gutta-percha* est une substance présentant beaucoup d'analogie avec le caoutchouc ; quoique d'aspect bien différent, elle a la même composition chimique que lui. Elle provient du suc laiteux qui s'écoule d'un arbre (*Isonandra percha*) croissant au midi de l'Asie. Elle fut envoyée en Europe en 1822 par le docteur Montgommerie. Les Malais la récoltent par un procédé barbare, qui consiste à couper l'arbre et à le placer dans une position inclinée pour faciliter l'écoulement de la séve, qu'ils reçoivent dans des vases placés au-dessous de lui. La gutta-percha diffère du caoutchouc en ce qu'elle se ramollit très-facilement sous l'action de la chaleur, et qu'à froid elle n'a pas l'élasticité qu'il présente : la volcanisation peut lui communiquer l'élasticité et l'empêcher de se ramollir à la chaleur.

Quand elle nous arrive sur les marchés de l'Europe, elle contient une grande quantité d'impuretés dont il faut d'abord la débarrasser. Cette purification se fait par un traitement dont nous ne décrirons pas les détails ; nous dirons seulement qu'il consiste à déchirer la gutta-percha, à laver la pulpe ainsi produite, puis à la transformer en lames par l'action de la chaleur et de laminoirs chauffés.

Beaucoup d'objets, comme les cadres, moulures ou sculptures diverses, s'obtiennent en comprimant, dans des moules solides et chauds, la gutta chaude et, par conséquent, capable d'en épouser la forme.

La gutta-percha peut être volcanisée comme le caoutchouc, mais il faut prendre quelques précautions indispensables à la réussite de l'opération : par exemple, chauffer la matière à 150 degrés environ pendant quelques heures avant d'y introduire le soufre, afin de chasser une huile essentielle qui produirait des soufflures dans le produit volcanisé. En augmentant les proportions de soufre on peut aussi la durcir comme le caoutchouc.

CHAPITRE VI

TABAC

La consommation du tabac en France devient chaque jour plus considérable, et sa fabrication fait l'objet d'une industrie importante dont l'État a pris le monopole depuis 1811, monopole qui constitue pour lui annuellement un bénéfice de plus de deux cents millions.

La plante qui fournit e tabac appartient à la même famille botanique que la pomme de terre : c'est une *solanée* et elle est aussi originaire de l'Amérique méridionale. Elle fut introduite en Europe par les Espagnols et les Portugais au commencement du xviiie siècle, et c'est Jean Nicot, ambassadeur de France à Lisbonne, qui l'importa en France en 1559. Catherine de Médicis adopta l'herbe nouvelle, qui passa pendant longtemps pour guérir tous les maux et porta les noms de *nicotiane*, *nicotiana tabacum*, *herbe à la reine*. Ce sont les sauvages de l'Amérique qui enseignèrent aux Européens à fumer et à mâcher le tabac; mais l'usage du tabac à priser a pris naissance sur notre continent.

Les tabacs étrangers ne suffisent pas à la consommation de la France; aussi seize départements cultivent-ils cette plante. Cette culture n'est pas libre; les quinze départements autorisés à la faire sont : ceux des Alpes-Maritimes, Var, Bouches-du-Rhône, Ille-et-Vilaine, Gironde, Lot, Lot-et-Garonne, Meurthe-et-Moselle, Nord, Pas-de-Calais, Hautes-Pyrénées, Landes, Haute-Saône, Haute-Savoie et Savoie; elle est soumise à une surveillance active de la part de l'administration. Les cultivateurs ne peuvent employer les graines de leur choix; chaque année ils reçoivent les espèces appropriées à la nature des terrains cultivés.

Quand la plante est arrivée à maturité, c'est-à-dire lorsque les feuilles se rident, deviennent plus rugueuses et plus cassantes, on la coupe et on la laisse sécher. On dépouille les tiges de leurs feuilles en séparant celles du sommet de celles d'en

bas en deux ou trois classes. Après une nouvelle dessication,
on les réunit au nombre de dix ou douze liées ensemble. Ces
petites bottes, appelées *manoques*, sont expédiées dans les
centres de fabrication. L'État possède actuellement seize manufactures, qui sont celles de Paris (Reuilly et Gros-Caillou),
Lille, le Havre, Dieppe, Lyon, Marseille, Nice, Toulouse, Châteauroux, Tonneins, Bordeaux, Morlaix, Nancy, Nantes et
Riom. Strasbourg et Metz étaient aussi le siége de manufactures importantes. Le tabac fabriqué dans ces établissements
est livré à des entrepôts chargés de le distribuer entre les
différents débits, qui sont au nombre de plus de quarante mille.
La remise faite par l'État aux débitants dépasse trente millions
de francs. Paris et le département de la Seine consomment
une quantité de tabac dont la valeur dépasse quarante millions
de francs.

A l'arrivée dans les manufactures, les caisses, tonneaux ou
ballots de tabac sont éventrés et l'on en extrait les manoques.
Après un mouillage à l'eau salée, destiné à diminuer la friabi-
lité des feuilles, celles-ci sont séparées les unes des autres ;
c'est ce qui constitue l'*époulardage*, opération qui est suivie
d'un triage fait avec soin pour séparer les qualités en vue des
différentes fabrications.

Le tabac est livré à la consommation sous quatre formes
principales : le *râpé*, ou tabac à priser ; les *rôles*, ou tabac à
mâcher ou à *chiquer* ; le *scaferlati*, ou tabac à fumer en pipes
ou en cigarettes ; les *cigares*.

RAPÉ OU TABAC A PRISER

On choisit pour la fabrication du râpé les espèces de tabac
qui renferment la plus grande proportion d'une substance appelée *nicotine*, car c'est elle qui communique au tabac le *montant* que recherchent les priseurs. On fait un mélange composé, pour 100 parties, de : Virginie, 25 ; Kentucky, 5 ; Nord, 8 ;
Ille-et-Vilaine, 5 ; Lot-et-Garonne, 12 ; Lot, 18 ; coupures de
Kentucky, 5 ; côtes et rejets d'autres fabrications, 22.

Quand le mélange est fait, il est entassé dans des compartiments dont le sol est dallé en pierres et il est arrosé avec de
l'eau salée : c'est l'opération qu'on appelle la *mouillade*. L'emploi de l'eau salée a un double but ; le sel agira comme substance antiseptique, c'est-à-dire qu'il empêchera la fermentation des matières animales contenues dans les feuilles, et, en

sa qualité de corps essentiellement hygrométrique, il main-
tiendra dans le tabac le degré d'humidité nécessaire à la fabrication. Le liquide pénètre les feuilles, prend une couleur
brunâtre et s'échappe par des rigoles qui le conduisent à un réservoir où il est repris par les ouvriers et versé une seconde fois
sur les feuilles. Il est ensuite vendu à raison de 30 centimes le
litre aux agriculteurs, qui s'en servent pour guérir la gale des
moutons. Après la mouillade, qui dure trois jours, on laisse
reposer la masse pour que l'humidité s'y répartisse bien également, et l'on transporte les feuilles dans l'atelier où elles doivent être hachées.

Le *hachage* a pour but de réduire les feuilles en lanières larges d'un centimètre environ. Il est fait à l'aide d'une machine
spéciale qui hache facilement 1200 kilogrammes de tabac en
une heure.

Ce tabac ainsi haché est ensuite porté dans de vastes salles
où l'on en fait des meules carrées appelées *masses*, contenant
chacune de 40 à 50 000 kilogrammes. La fermentation ne tarde
pas à s'y établir; elle a pour résultat de mettre en liberté de la
nicotine et de l'ammoniaque qui communiquent au tabac l'odeur
que recherchent les priseurs. La fermentation élève la température jusqu'à 75 et 89 degrés. On surveille attentivement, à l'aide
du thermomètre, cette élévation de température, car un excès
de chaleur pourrait amener la carbonisation et la combustion
du tabac. Quand le développement de chaleur est trop grand,
on fait à la pioche des tranchées dans les masses de manière à
permettre la circulation de l'air, qui les refroidit. Il ne faut
pas moins de six mois pour que le tabac ait acquis les qualités
nécessaires à l'usage auquel on le destine. Au bout de ce laps
de temps, les masses, qui sont installées au rez-de-chaussée
des manufactures, sont démolies; pendant la fermentation, les
lanières se sont agglutinées et forment des mottes que l'on
désagrége en frappant dessus, puis on monte le tabac au troisième étage, où il est versé dans des trous munis de manches
de toile qui le conduisent au second étage et le déversent dans
les appareils de *râpage*.

Ces appareils sont des moulins dont la construction ressemble
à celle des moulins à café. La poudre qu'ils fournissent est
formée de graines; elle est soumise à l'action de tamis animés
d'un mouvement de va-et-vient. Les grains qui sont à la grosseur voulue passent à travers les mailles du tamis et tombent
dans des sacs destinés à les recevoir; les autres sont de nou-

veau portés aux moulins. Ce travail est long : ainsi 45 000 kilogrammes de tabac livrés au moulin en une journée ne donnent dans le même temps que 500 kilogrammes de poudre. Après le tamisage, le tabac, qui est alors nommé *râpé sec*, est abandonné pendant deux mois, à l'abri de la lumière, dans des cases de bois de chêne ; puis il subit une seconde mouillade effectuée avec 18 pour 100 d'eau contenant 15 pour 100 de sel ; de sorte que la première et la seconde mouillade incorporent environ 5 kilogrammes de sel dans 100 kilogrammes de tabac. Il est alors appelé *râpé humide* et mis de nouveau dans des cases fermées, où il subit une seconde fermentation : la température s'y élève jusqu'à 45 degrés. Au bout de trois mois on le change de case, en le remuant avec soin, et, après un an de seconde fermentation, le râpé a acquis les qualités qu'il doit avoir. Il est ensuite porté dans la salle des mélanges, qui peut contenir 400 000 kilogrammes de tabac à priser. Le produit de toutes les cases est soigneusement mélangé, puis reporté aux tamis qui séparent les grumeaux formés pendant la fermentation. Après ce second tamisage, le râpé est mis dans des tonneaux où il est piétiné par un ouvrier qui le tasse avec un pilon de fer. Au bout de deux mois de séjour dans ces tonneaux, où son odeur et son parfum s'accroissent encore, il est livré à la consommation.

En résumé, si l'on compte, à partir du jour de la récolte, le temps pendant lequel le tabac doit rester dans les magasins, en masses, en cases et en tonneaux, on trouve qu'il ne faut pas moins de trois années et quatre mois pour amener à l'état de râpé la feuille de tabac récoltée par le cultivateur.

TABAC A MACHER

La consommation du tabac à mâcher croît chaque jour : en 1851, elle était de 533 918 kilogrammes ; en 1868, elle s'est élevée jusqu'à 718 519 kilogrammes. Ce sont surtout les matelots qui consomment cette espèce peu appétissante de tabac ; on a prétendu que l'usage qu'ils en faisaient les préservait du scorbut. Ce serait là la seule excuse à un goût aussi dépravé.

On distingue trois espèces de tabac à mâcher : les *carottes*, les *gros rôles*, les *menus filés*. Les *carottes* sont des cylindres faits avec des feuilles fortement pressées et qu'on entoure d'une ficelle. On les abandonne à une fermentation lente à basse température. Les *gros rôles* sont formés par des feuilles disposées

longitudinalement et tordues sur elles-mêmes à l'aide d'un roue
semblable à celui qui sert à faire les cordes. Les feuilles employées à cette fabrication doivent avoir été préalablement
mouillées et écôtées, c'est-à-dire privées de leurs côtes. Les
menus filés sont faits de la même manière avec des demi-feuilles
enroulées sur elles-mêmes.

Les uns et les autres sont ensuite plongés dans du jus de tabac concentré qu'on appelle *sauce*. Cette opération, qui est assez
répugnante, a pour but d'augmenter la saveur du tabac et de
le préserver d'une dessiccation trop rapide. Les produits de la
fabrication que nous venons de décrire sont enfin pelotonnés
par paquets qu'on soumet à l'action d'une presse hydraulique
pour n'y laisser que la quantité de jus qu'ils doivent conserver
et leur donner une forme régulière.

TABAC A FUMER OU SCAFERLATI

On distingue plusieurs sortes de scaferlati : l'*ordinaire* est un
mélange de tabacs indigènes, de Kentucky et de Maryland; les
étrangers sont composés uniquement soit de Maryland, soit de
Latakié, soit de tabac du Levant, etc. Les procédés de fabrication
sont les mêmes.

Lorsque toutes les manoques ont été secouées; elles sont
écabochées, c'est-à-dire qu'à l'aide d'un large couteau manœu-
vrant autour d'une charnière on en coupe le sommet au-dessus
du lien qui réunit les différentes feuilles. Ces *caboches*, ou têtes
de manoques, sont utilisées dans la fabrication du tabac à priser.

Après l'écabochage, les feuilles sont mouillées avec 28 pour
100 d'eau salée; au bout de vingt-quatre heures de mouillade,
on les soumet à l'*écôtage*, travail destiné à enlever à certaines
espèces les côtes qui ne doivent pas exister dans un scaferlati
bien préparé. A l'écôtage succède le *capsage*, opération qui consiste à superposer les feuilles dans le même sens et dans des
mannes qui sont portées à l'atelier de *hachage*.

Les hachoirs se composent essentiellement d'un couteau
oblique (fig. 82), monté dans un châssis animé d'un mouvement de va-et-vient vertical, et de deux toiles sans fin qui se
meuvent d'un mouvement horizontal très-lent et viennent présenter les feuilles à l'action de ce couteau.

Le tabac livré à la partie postérieure de la machine est saisi
par les deux toiles sans fin qui sont situées à une certaine distance l'une de l'autre. Serré entre elles, il s'avance lentement.

Les feuilles sont disposées en long et se présentent perpendi-

Fig. 82. — Machine à hâcher le tabac.

culairement à l'action du couteau, de manière que les côtes
soient hachées en tranches menues, dites *œils de perdrix*; on

évite ainsi la présence dans le scaferlati des fragments trop volumineux auxquels le consommateur a donné le nom de *bûches*.

Le tabac haché doit être soumis à une torréfaction qui enlèvera l'excédant d'humidité et le fera friser. Autrefois, cette opération était très-pénible pour les ouvriers et se faisait dans des bassines de cuivre, par un procédé analogue à celui que l'on pratique pour la cuisson des marrons : aujourd'hui elle s'exécute à l'aide d'un appareil appelé *torréfacteur* inventé par M. Rolland.

Du torréfacteur le scaferlati passe au *séchoir*, grand cylindre de bois dans lequel il est soumis à un courant d'air froid lancé par un ventilateur. Refroidi par cette opération, il est ensuite l'objet d'un *épluchage*, qui en extrait les parties les plus grossières ; enfin il est mis en masses pendant un mois.

Au bout de ce temps, on le livre aux paqueteurs qui le pèsent et le mettent dans des paquets que l'on scelle avec une étiquette longue sur laquelle sont désignés la nature du tabac, le poids du paquet, le degré d'humidité et la date de la fabrication. Le nombre 20, par exemple, placé sur l'étiquette indique qu'au moment de la mise en paquet le tabac contenait 20 pour 100 d'humidité.

Ce paquetage, qui était exécuté autrefois à la main, l'est maintenant par des machines, grâce auxquelles un ouvrier peut faire 600 paquets à l'heure. Les paquets sont ensuite emballés dans des tonneaux qui contiennent 200 kilogrammes et sont expédiés dans les entrepôts.

CIGARES

La consommation des cigares a pris aussi depuis quelques années un grand développement. En 1857, elle était devenue telle, qu'il était difficile de satisfaire aux demandes et que les fabricants de la Havane menaçaient d'élever leurs prix. A cette époque, l'administration résolut de ne plus borner sa fabrication à celle des cigares communs, mais d'acheter des tabacs en feuilles à l'étranger et de fabriquer en France les cigares, qui, comme les *millares*, les *trabucos* et les *londrés*, nous arrivaient tout faits de la Havane. Cet essai réussit parfaitement, et aujourd'hui la manufacture de Reuilly, à Paris, fabrique avec les tabacs achetés à la Havane des cigares de luxe, tels que les *londrés, trabucos, régalias de la reina*, vendus depuis 25 jusqu'à 50 centimes.

Un cigare est composé de trois parties : l'intérieur, ou *tripe*, présentant à peu près la forme du cigare ; la *sous-cape*, feuille de tabac plus grande qui enveloppe la tripe ; enfin la *robe*, qui s'enroule autour du cigare et en ferme hermétiquement la surface, afin que l'air aspiré par le fumeur soit obligé de passer par l'extrémité allumée et entretienne la combustion. La régularité de cette combustion dépend d'ailleurs de la fabrication du cigare et de la composition chimique des feuilles : plus elles contiennent de sels de potasse, plus elle est active et régulière.

Lorsque les feuilles destinées à la fabrication des cigares de luxe nous arrivent de la Havane, elles sont encore humides malgré le long voyage qu'elles ont fait. Cela tient à ce que les planteurs, avant d'emballer le tabac, l'aspergent avec un liquide appelé *betun*, obtenu en faisant macérer dans l'eau des détritus de feuilles, des côtes, etc. Cette aspersion a pour but de déterminer une fermentation utile à la qualité des cigares.

Les manoques, assemblées par paquets nommés *poupées*, sont dénouées avec soin, secouées, trempées dans l'eau et égouttées.

Lorsque les feuilles sont devenues flexibles, elles sont soumises à l'*époulardage*, opération exécutée par des ouvrières expérimentées qui les déplient avec précaution, les écôtent, les examinent attentivement, les classent suivant leurs qualités, et décident à quelle espèce de fabrication de cigares elles seront employées, si elles devront servir à former l'intérieur ou l'extérieur. Les feuilles de choix sont roulées ensemble les unes par-dessus les autres, à l'aide d'une machine spéciale, et réservées pour faire la *robe* des cigares.

Pour acquérir les qualités des cigares faits à la Havane, les feuilles doivent être mises autant que possible dans des conditions analogues à celles que présentent les climats chauds. On les enferme pour cela dans une salle où elles sont disposées sur des claies ; chaque tas est muni d'un thermomètre destiné à indiquer la température, que l'on maintient entre 25 et 30 degrés ; un jet de vapeur entretient la quantité d'humidité nécessaire. Sous l'influence de la chaleur et de l'humidité, le tabac subit une fermentation lente qui développe son parfum : ajoutons que la salle où se fait cette opération doit être privée de lumière.

Les feuilles sont ensuite séchées et livrées aux femmes chargées de faire les cigares : chacune d'elles en a à sa disposition une certaine quantité ; elle choisit celles qui doivent servir à former la tripe, les dispose sur une planche de caoutchouc vulcanisé, de manière qu'elles ne présentent ni pli, ni partie dure ; puis, avec la paume de la main, elles les roule dans une feuille de qualité moyenne appelée la *sous-cape*. Le cigare est presque achevé ; mais sa surface n'a pas encore la régularité désirable ; pour la lui donner, l'ouvrière l'enveloppe dans une feuille de choix nommée la *robe*, qui a été découpée avec un couteau dont la lame tranchante est constituée par une roulette d'acier : cette feuille est enroulée en spirale autour du cigare et l'extrémité correspondant à la pointe est fixée avec un peu de colle colorée par du jus de tabac.

Les cigares sont ensuite coupés à la longueur voulue. Ajoutons que la régularité du travail, au point de vue de la forme et de la grosseur, est facilitée par l'usage d'un outil appelé *calibre* ou *gabari*. C'est une plaque de zinc percée d'un trou dont la forme et la dimension sont celles que doit avoir le cigare. Une bonne ouvrière, par journée de dix heures de travail, peut faire 150 cigares.

Après la fabrication, les cigares sont mis à sécher dans une étuve où ils restent pendant six mois.

Le tabac qui entre dans la composition des cigares de 5 et 10 centimes est, en majeure partie, du tabac indigène auquel on ajoute pour les cigares de 5 centimes des feuilles du Mexique et pour ceux de 10 centimes des feuilles de Kentucky, d'Algérie et de Hongrie.

La fabrication des cigares de 5 et de 10 centimes n'exige pas autant de soin que celle des cigares de luxe : le travail est en général partagé entre trois classes d'ouvrières : les *pourpières*, les *rouleuses* et celles qui préparent les *robes*. Les pourpières fabriquent l'intérieur des cigares en disposant la quantité de tabac correspondant à chacun d'eux dans des rainures pratiquées dans une planche placée devant elles ; les rouleuses posent la robe, collent l'extrémité et confectionnent la pointe avec un couteau en V qui donne la forme conique. Les cigares sont ensuite coupés à la longueur prescrite, examinés par des employés spéciaux et, après admission, mis en paquets et expédiés dans les entrepôts.

INDUSTRIES DE L'ALIMENTATION

Nous rangerons dans cette classe toutes les industries qui concourent à l'alimentation de l'homme en transformant les matières premières que lui livre la nature. L'agriculture, la chasse et la pêche fournissent, moins l'eau et le sel, toutes les substances employées dans l'alimentation. Tantôt les produits qu'elles nous offrent n'ont besoin que de subir une manipulation domestique et une simple cuisson, comme les légumes et la viande ; tantôt, au contraire, ils réclament l'intervention de l'industrie pour être transformés en aliments : le blé, par exemple, pour être converti en pain, doit être livré successivement au meunier, qui le réduit en farine, et au boulanger, qui fabrique du pain avec cette farine.

Nous allons décrire les procédés employés pour la fabrication des principales substances alimentaires ; la meunerie, la boulangerie, la fabrication des pâtes alimentaires, du beurre, des fromages, des conserves, du sucre, du chocolat, des dragées, des bonbons, du vin, de la bière, du cidre, etc., fixeront particulièrement notre attention.

CHAPITRE PREMIER

FARINES, PAIN ET PATES ALIMENTAIRES

MEUNERIE

Les graines de froment et des céréales en général renferment des principes qui les rendent précieuses pour l'alimentation ; riche à la fois en amidon et en matières azotées, telles que le gluten, le froment forme presque partout le principal et

quelquefois le seul aliment de l'homme; mais il faut pour cela
qu'il soit réduit en une poudre appelée *farine*, que l'on obtient
en écrasant les grains de blé et en séparant les parties corti-
cales qui constituent ce qu'on nomme le *son*. C'est là le but de
l'industrie que l'on désigne sous le nom de *meunerie* dans le
nord de la France et sous celui de *minoterie* dans le Midi.

L'industrie de la meunerie s'exerce dans toute la France,
tantôt dans des usines plus ou moins importantes qui achètent
le blé pour le transformer en farine, tantôt dans des moulins
où chacun va porter son blé et où il est réduit en farine moyen-
nant une certaine redevance. Ce dernier mode devient chaque
jour moins important. Les villes où la meunerie est le plus développée sont : Corbeil (Seine-et-Oise), Gray (Haute-Saône),
Poitiers, Moissac (Tarn-et-Garonne), Montauban, enfin nos
grands ports où sont convertis en farine les grains venus de
l'étranger : Marseille en première ligne, le Havre en seconde,
puis Bordeaux.

Avant de décrire les opérations de la meunerie, étudions en
quelques mots la constitution du grain de blé, afin de mieux
comprendre ce qui va suivre.

Le grain de blé se compose d'une enveloppe externe, qui est
éliminée à l'état de son, et d'une partie interne ou noyau fari-
neux. La partie interne du noyau est la plus tendre ; elle donne
une farine très-blanche et très-fine (*fleur*), mais pauvre en gluten et par suite peu nourrissante. La zone qui enveloppe le
noyau est plus dure ; à la mouture elle donnera le gruau blanc.
La zone extérieure du noyau à farine est encore plus dure et
constitue le gruau gris.

La transformation du blé en farine comporte trois phases
principales : 1° le *nettoyage*, qui a pour but d'enlever au blé
toutes les matières étrangères, comme la terre, la poussière,
les débris de paille, etc.; 2° la *mouture*, qui écrase le grain ;
3° le *blutage*, qui est un tamisage destiné à séparer la farine du
son.

Le *nettoyage du blé* se fait dans des appareils spéciaux dont la
disposition varie d'une usine à l'autre. Le grain y est soumis à
l'action de surfaces rugueuses qui le frottent en tous sens, pendant qu'un courant d'air rapide lancé par un ventilateur sépare la poussière, les débris de paille, etc.

Le blé parfaitement nettoyé est ordinairement pris par des
chaînes à godets qui le transportent mécaniquement à l'étage
où se trouve le réservoir à grains appelé *engreneur*. De là il

tombe par son poids dans un entonnoir qui surmonte les meules où il doit être écrasé. Ajoutons toutefois que les blés durs subissent l'action de cylindres *comprimeurs* qui font l'office de laminoirs et qui, en écrasant le grain, le préparent à la mouture.

Une paire de meules se compose de deux cylindres de pierre dure MM' (fig. 83) formés généralement de morceaux réunis avec du plâtre très-fin et serrés par un cercle de fer. La meule inférieure M' est fixe, elle s'appelle le *gite* ou la *meule dormante ;* la meule supérieure M, placée à une très-petite distance au-dessus de la première, est mobile et se nomme la *meule cou-*

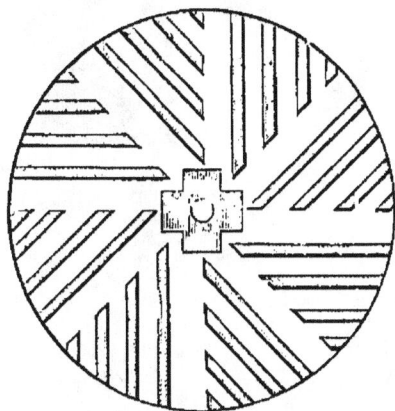

FIG. 83. — Meules de moulin.   IG. 84. — Plan de meule.

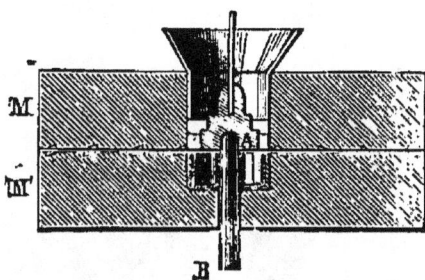

rante. Elle est fixée à un axe de rotation B qui traverse la meule dormante, et repose sur lui par l'intermédiaire d'une pièce de fer A, nommée *anille*, placée dans un trou pratiqué à son centre. L'anille n'intercepte qu'en partie l'ouverture centrale de la meule courante. L'intervalle compris entre l'axe B et les parois du trou central de la meule dormante M' se trouve rempli par des morceaux de drap. Les faces en regard des meules ne sont pas planes ; elles sont munies de rainures peu profondes dirigées du centre à la circonférence, comme l'indique la figure 84.

Le blé versé dans l'entonnoir qui surmonte la paire de meules tombe par le trou central de la meule courante ; comme les morceaux de drap l'empêchent de s'engager entre l'axe B et le trou de la meule dormante, il est entraîné entre les meules par la rotation de la meule courante. Dans ce mouvement les

grains de blé, se trouvant pris entre les rainures comme entre
les lames d'une paire de ciseaux, sont broyés, moulus et en
même temps portés vers la circonférence. La poudre résultant
de ce broyage tombe dans un intervalle annulaire compris
entre la meule et l'enveloppe de bois qui l'entoure. Entraînée

FIG. 85. — Blutoir.

par elle, elle va sortir par un orifice latéral; là elle est reprise
et transportée mécaniquement dans un *refroidisseur*, qui se
compose d'une grande cavité cylindrique au fond de laquelle
se meut circulairement un râteau. Voici le but de cet appareil :
le blé, en passant sous les meules, s'est échauffé par le frottement et il est bon de refroidir immédiatement le mélange de

farine et de son (appelé *boulange*) afin d'empêcher son altération. Remué dans l'intérieur du refroidisseur par le râteau, il
est bientôt refroidi et déversé dans les bluteries.

Le *blutage* n'est autre qu'un tamisage ayant pour effet de séparer les farines de grosseurs diverses qui constituent le mélange sortant des meules, depuis la farine la plus fine jusqu'aux
pellicules les plus grosses.

Les blutoirs le plus généralement employés sont des prismes
à six pans formés par une carcasse de bois sur laquelle est
tendue une gaze de soie. L'appareil est enfermé dans une
espèce de coffre, où il tourne autour d'un axe incliné. La boulange est introduite par l'ouverture supérieure, et, pendant que
l'appareil tourne, la farine assez fine pour traverser les mailles
de la gaze tombe dans le coffre. Cette première farine est appelée *farine de blé*; elle est composée des parties les plus ténues
qui proviennent de l'écrasement des portions les moins dures
des grains. Tout ce qui ne passe pas dans ce premier blutage
constitue le son, c'est-à-dire un mélange de pellicules et de
gruau ou grains plus gros que ceux qui forment la farine de
blé.

Ce mélange de gruau et de son est envoyé à un autre blutoir
qui est garni de gazes de finesses différentes T, T', T'' (fig. 85);
la grosseur des mailles va en augmentant depuis l'entrée du
blutoir jusqu'à la sortie. Le coffre dans lequel il se meut est
divisé en compartiments correspondants à chaque espèce de
gaze. On comprend qu'à travers la première gaze passera le
gruau le plus fin qui tombera dans le premier compartiment;
dans le second se trouvera un gruau un peu moins fin, et ainsi
de suite jusqu'au son le plus gros. On a, en général, trois
espèces de gruaux et trois qualités de son.

Les gruaux doivent être remoulus et le produit de cette
mouture est mélangé à la farine de blé en proportions variables
pour faire des farines de qualités diverses.

PAIN

Le pain est la substance qui joue le rôle le plus important
dans l'alimentation de l'homme; il est ordinairement préparé
avec la farine de blé. On le fabrique en délayant la farine dans
l'eau de manière à en faire une pâte; mais, comme cette pâte
serait trop compacte et trop lourde à digérer, on mélange à la
farine une certaine quantité d'une substance nommée *levain*

qui, déterminant dans la masse un phénomène de fermentation, décompose une partie de l'amidon que renferme le blé et la transforme en alcool et en un gaz appelé *ucide carbonique*. On met ensuite le pain dans un four chaud ; la chaleur arrête la fermentation commencée et fait dilater toutes les bulles de gaz. Celles-ci, en réagissant sur la pâte, la distendent et y produisent toutes ces petites cavités que nous remarquons dans le pain et qui rendent le pain moins compact et par suite plus facile à digérer. L'élasticité de la pâte est due à une substance que renferme la farine et qui est nommée *gluten*. Cette substance est un aliment précieux ; aussi plus une farine contient de gluten, plus le pain qu'elle donne est léger et nutritif.

Tels sont les principes sur lesquels repose la panification, que nous allons maintenant étudier dans ses détails.

La fabrication du pain se compose de trois opérations distinctes : 1° la *préparation des levains* ; 2° le *pétrissage de la pâte* ; 3° la *cuisson du pain*.

Préparation des levains. — On se sert de deux sortes de levain : la *levûre de bière* et le *levain de pâte*. La levûre de bière est une substance qui se produit dans la fabrication de la bière et qui a la propriété de déterminer dans la pâte de farine le phénomène de fermentation dont nous avons parlé. On l'emploie lorsqu'on n'a point de pâte provenant d'une panification précédente ; mais, en général, on préfère se servir du levain de pâte, que l'on prépare en prélevant à la fin de chaque opération une certaine quantité de la pâte et en l'abandonnant dans un endroit chaud. Elle y fermente et devient elle-même un véritable ferment, capable de provoquer la fermentation de la pâte dans laquelle on la mettra.

Pétrissage de la pâte. — Le boulanger verse d'abord dans le pétrin, espèce de coffre de bois de chêne, le levain gardé d'un précédent pétrissage et ajoute la quantité d'eau et de sel que l'habitude lui fait juger nécessaire. Il divise le levain avec les mains, puis introduit dans la masse liquide la quantité de farine destinée à la fabrication de la pâte. Cette opération s'appelle la *frase*. Elle est suivie de la *contrefrase*, qui consiste à retourner la pâte de droite à gauche et de gauche à droite, à la soulever et à la laisser retomber ensuite de manière à y introduire de l'air. Ce travail a pour effet de faire un mélange très-homogène ; il est très-pénible et provoque chez l'ouvrier une transpiration abondante.

Depuis une vingtaine d'années le pétrissage mécanique tend à se substituer au pétrissage à bras, sur lequel il présente des avantages incontestables sous le rapport de l'hygiène, de la propreté et de la régularité du travail. On a inventé plusieurs systèmes de pétrin mécanique ; nous ne parlerons que du pétrin Boland. Il se compose (fig. 86) d'un demi-cylindre dans lequel se meut, sous l'influence de la vapeur ou de tout autre moteur,

FIG. 86. — Pétrin Boland.

un système de lames de fer façonnées en spirale et disposées de telle sorte que leurs différentes parties en tournant soulèvent, allongent, élèvent la pâte et la déplacent avec lenteur, ce qui est préférable à un mouvement rapide qui la déchirerait.

Lorsque le pétrissage est terminé, soit à bras, soit mécaniquement, on *tourne* la pâte, c'est-à-dire qu'on la divise en *pâtons* qui sont pesés et placés dans des corbeilles garnies de toile saupoudrée de farine, ou même dans les replis d'une toile. On les abandonne pendant quelque temps à proximité du four : la fermentation se développe et les pâtons se gonflent sous l'influence des gaz. Il faut surveiller ce phénomène et ne pas laisser faire trop de progrès à la fermentation, sans quoi l'alcool produit se transformerait lui-même en vinaigre ; celui-ci, en liquéfiant le gluten, diminuerait la ténacité de la pâte, qui laisserait échapper les gaz et s'affaisserait ; la panification serait manquée.

Cuisson du pain. — Lorsque les pâtons sont convenablement levés, il n'y a plus qu'à les cuire. Pour cela ils sont intro-

FIG. 87. — Four ordinaire.

duits dans un four chauffé à l'avance et y restent environ trente-cinq à soixante minutes suivant leur grosseur. L'enfournement s'opère avec une pelle à long manche, saupoudrée de petit son. Les fours ordinaires ont une forme elliptique (fig. 87); la sole est plane ; la voûte très-surbaissée et percée de plusieurs ou-vertures qui communiquent avec la cheminée principale. On les chauffe en y brûlant du bois. Lorsque la température est de

290 à 300 degrés, on enlève la braise résultant de la combustion du bois, on balaye la sole et l'on enfourne.

Depuis quelques années on emploie dans les grandes villes des fours qui présentent sur les précédents de grands avantages au point de vue de la propreté, de l'économie du combustible et de la régularité de la cuisson.

Ces fours appelés *aérothermes* ne reçoivent ni le combustible, ni les gaz provenant de sa combustion. Dans le four Rolland,

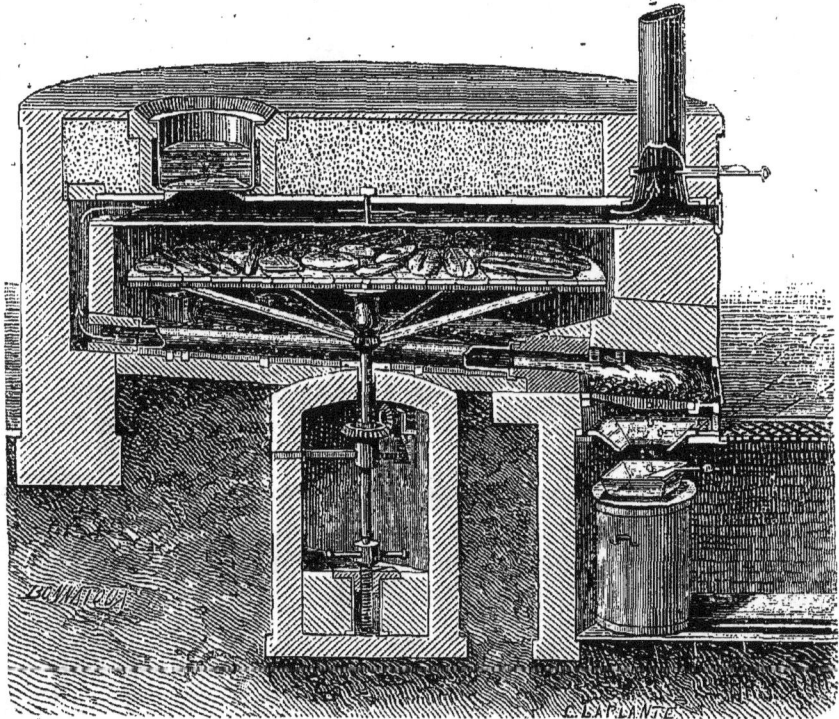

FIG. 88. — Four aérotherme.

qui est un des meilleurs, le combustible (bois, coke ou houille) est brûlé dans un foyer pratiqué dans un massif en maçonnerie situé sur le côté du four. Les gaz de la combustion (fig. 88) sont dirigés en sortant du foyer dans six tuyaux qui circulent sur un carrelage incliné formant la paroi inférieure du four; ils gagnent ensuite des conduits verticaux pratiqués dans les parois latérales, et de là passent dans une espèce de plafond creux formé par deux plates-formes de fonte situées à une certaine distance l'une de l'autre; enfin ils gagnent la cheminée

d'échappement. On conçoit que, par cette disposition, le four
se trouve chauffé dans toutes ses parties sans être sali par le
combustible ou par les produits de sa combustion. Quant à la
sole, elle présente l'avantage de faciliter l'enfournement et le
défournement : c'est une plate-forme horizontale en plaques
de tôle soutenues par une armature de fer et recouverte par
un carrelage. On peut, à l'aide d'une manivelle extérieure, la
faire tourner autour d'un axe vertical et présenter successivement ses différentes parties en face la porte du four.

Le pain bien cuit doit avoir les caractères suivants : être
ferme, avoir une couleur d'un jaune doré, une odeur agréable
et aromatique, et résonner quand on frappe le dessous avec
les doigts.

PATES ALIMENTAIRES

On désigne sous le nom de *pâtes alimentaires* diverses préparations qui sont devenues, surtout depuis quelques années, la
base d'une industrie et d'un commerce importants et qui occupent une place considérable dans l'alimentation. Tels sont les
semoules, vermicelles, macaronis, nouilles, pâtes de formes
diverses.

Cette industrie est développée dans un certain nombre de
villes. Clermont Ferrand est le centre le plus important ; Paris,
Marseille, Lyon, Nancy et Poitiers fabriquent aussi des quantités considérables de pâtes alimentaires.

Les matières premières employées sont : 1° les beaux blés
durs d'Auvergne ; 2° les blés durs d'Algérie, dont l'usage a été
introduit dans cette industrie par M. Brunet (de Marseille) ;
3° les farines de divers froments (durs, demi-durs et tendres)
que l'on améliore quelquefois, surtout à Paris, en y ajoutant
le gluten produit dans la préparation de l'amidon.

Semoule. — La *semoule* n'est autre que du blé réduit en granules fins par l'action de meules semblables à celles qui servent
à faire la farine. Marseille consomme annuellement pour cette
fabrication plus de 200 000 hectolitres de blés durs d'Algérie.

L'action des meules sur le blé donne un mélange de farine,
de granules et de son. A l'aide de blutoirs semblables à ceux
que nous avons décrits plus haut, on sépare le son, la farine et
la semoule. Le son est employé à la nourriture des bestiaux, la
farine sert à la fabrication du pain. Les farines de blés durs
traités à Marseille sont très-estimées dans les Cévennes, où on

les préfère à la farine de seigle. Elles donnent un pain très-nutritif et se vendent à moitié prix de la farine de première qualité. La semoule est recueillie à part pour être soumise à un triage qui sépare les granules de grosseurs différentes et les parcelles de son qui les accompagnent. Ce triage se fait à l'aide de tamis dont le fond est en peau de chèvre percée de trous. L'ouvrier imprime au tamis un mouvement spécial qui ramène à la surface toutes les parties légères, qu'il enlève de temps en temps avec une manille métallique. Le résidu est renvoyé aux meules. Quant aux granules de semoule, ils passent à travers le tamis. Par trois tamisages on arrive à avoir la *semoule en grains* destinée aux potages ; celle qui doit servir à la préparation des pâtes alimentaires est beaucoup plus fine.

Vermicelle. — Le *vermicelle* se fait avec de la farine ou mieux encore avec de la semoule ; on peut y ajouter une certaine quantité de gluten, ce qui le rend plus nourrissant et capable de mieux supporter la cuisson. Quelquefois, pour avoir une pâte plus blanche, on substitue au quart de la farine ou de la semoule une égale quantité de fécule de pommes de terre, mais le produit est moins nutritif et offre l'inconvénient de se délayer pendant la cuisson. ·

Quel que soit le dosage adopté, on pétrit la farine, la semoule et le gluten avec de l'eau bouillante. Comme la quantité d'eau ajoutée est très-petite (25 pour 100 environ du poids de la substance employée), le pétrissage ne se fait pas par les procédés ordinaires. Autrefois on se servait d'un outil appelé *broie du vermicellier* ; aujourd'hui, dans les usines bien installées, on parvient plus économiquement au même résultat à l'aide d'une meule qui se meut circulairement dans une auge où est placée la pâte. Cette meule rappelle celles que nous avons vues employées pour écraser les graines oléagineuses.

Quand la pâte est pétrie, on lui donne la forme de filaments en l'introduisant toute chaude dans un cylindre de bronze dont le fond est percé de trous d'un diamètre égal à celui que doivent avoir les brins de vermicelle. La partie inférieure du cylindre est chauffée par une double enveloppe dans laquelle circule de l'eau chaude ou de la vapeur. On fait descendre dans ce cylindre un piston qui, poussé par une forte pression hydraulique, comprime la pâte et la force à passer à travers les trous du fond.

La pâte sort à l'état de fils qui sont refroidis à leur sortie par un ventilateur ou par une palette flexible de cuir avec laquelle le vermicellier les évente; puis il coupe les fils de pâte à la longueur de 75 centimètres à 1 mètre, les contourne et les porte à l'atelier d'étendage, où des femmes dévident ces gros écheveaux en petits nouets qu'elles répartissent sur des claies couvertes de papier, pour les faire sécher dans une étuve à courant d'air.

Le macaroni se fabrique d'une manière analogue; il suffit d'adapter au cylindre un autre fond présentant des ouvertures annulaires par lesquelles sort la pâte en prenant la forme de tubes creux.

CHAPITRE II

BEURRE ET FROMAGES

Le *lait* est un liquide sécrété par les glandes mammaires des femelles des animaux connus sous le nom de *mammifères*. Il sert à la nourriture de leurs petits et constitue un aliment précieux et *complet*, c'est-à-dire contenant tous les principes nécessaires à la nutrition. Le lait de vache, le plus généralement employé dans l'alimentation, sert à la fabrication du beurre et du fromage.

Le lait est composé d'une proportion d'eau considérable tenant en dissolution des principes appelés *caséine* et *sucre de lait*; au milieu de ce liquide on trouve en suspension des globules formés par une matière grasse. Lorsqu'on abandonne le lait à lui-même, il se sépare en deux couches distinctes : la couche supérieure, que l'on nomme la *crème*, est jannâtre, onctueuse et épaisse; elle se compose des globules qui sont montés à la surface, entraînant avec eux une certaine quantité du liquide au milieu duquel ils étaient en suspension; la couche inférieure est bleuâtre, plus dense, moins consistante : elle est désignée sous le nom de *lait écrémé*.

Le beurre est formé par les globules gras qui se trouvent dans le lait et qui constituent la crème. Pour les transformer en beurre, il suffit de les souder entre eux, ce qui se fait en agitant la crème ou le lait non écrémé dans des appareils appelés *barattes*.

Quant au fromage, on le produit en déterminant la coagulation du principe qui se trouve dissous dans l'eau du lait et que nous avons appelé caséine : on se sert pour cela soit de lait écrémé, soit de lait ordinaire, auxquels on ajoute de la *présure*. La présure est une membrane interne de l'estomac du veau ; elle a la propriété, lorsqu'elle se trouve en présence du lait, de déterminer la coagulation de la caséine.

Fabrication du beurre. — La fabrication du *beurre* constitue une industrie très-importante et très-répandue en France. Les départements du Calvados (Bayeux, Isigny, Trévières, etc.), de l'Orne, de la Manche, de la Seine-Inférieure, d'Indre-et-Loire, du Loiret, du Nord, du Pas-de-Calais, et la Bretagne, sont les lieux principaux de production du beurre. Aucune substance alimentaire grasse ne donne lieu en France à un commerce aussi considérable ; la quantité de ce produit exportée par nos agriculteurs était représentée, il y a quelques années, par une valeur de 28 968 142 francs.

Nous avons dit déjà qu'on préparait le beurre en battant soit la crème du lait, soit le lait non écrémé. Le battage de la crème, méthode généralement employée, fournit, avec la même quan-tité de lait, un produit plus abon-dant, mais moins délicat. Par le battage du lait non écrémé, on fabrique le beurre si renommé de la Prévalaye.

Écrémage. — Pour séparer la crème du lait, après avoir filtré celui-ci sur un tamis garni d'un linge très-propre, on l'abandonne dans des vases en poterie de grès qui doivent être tenus dans un état de propreté parfaite. On a proposé de les remplacer par des vases de zinc, mais il est préfé-rable de rejeter l'emploi de ce métal, qui peut produire des sels nuisibles à la santé. La laiterie, où l'on abandonne le lait, doit être à une température de 14 à 16 degrés ; on la chauffe en hiver, et en été on la refroidit par des arrosages. Au bout de vingt-quatre heures en été, et qua-rante-huit en hiver, la séparation est faite et l'on peut écré-mer. Dans quelques laiteries, on enlève la crème, à mesure qu'elle se sépare, pour la battre immédiatement, car on a

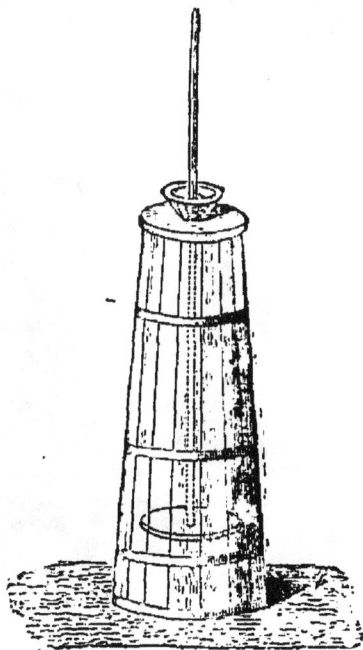

FIG. 88. — Baratte.

reconnu que plus elle est fraîche, plus le beurre est délicat et estimé.

Barattage. — Le battage de la crème ou du lait se fait dans des appareils auxquels on donne généralement le nom de *barattes*; aussi est-il souvent désigné sous le nom de *barattage*. Leur forme varie d'une contrée à l'autre. La baratte qui est le plus généralement employée se compose d'un vase conique de bois (fig. 88) que l'on peut fermer avec une rondelle plate, percée d'un trou assez grand pour permettre à un bâton d'y glisser avec facilité. Ce bâton, qu'on appelle *batte-beurre*, *baraton* ou *piston*, porte à sa partie inférieure un disque de bois percé de trous. La personne chargée de battre la crème l'introduit dans l'appareil et, en donnant un mouvement de va-et-vient vertical au baraton, elle force le liquide à se diviser, en passant à travers les trous du disque, et les globules graisseux à se souder entre eux.

En Normandie, la baratte employée, appelée *seréne*, a la forme d'un baril qui peut tourner sur un chevalet (fig. 89). Dans

Fɪɢ. 89. — Baratte normande.

l'intérieur sont disposées des planchettes fixées à des douves opposées du baril. Une déchirure faite dans la figure laisse voir l'une des planchettes.

La baratte Girard se compose d'une boîte dans laquelle on

met le lait qui se trouve battu par des ailettes mises en mouvement rapide de rotation à l'aide d'une roue extérieure.

Délaitage. — Après le barattage, il faut procéder au *délaitage*. Cette opération, très-importante pour la conservation du beurre, consiste à séparer entièrement du beurre le petit-lait et la caséine. On y parvient en le pétrissant avec de l'eau après l'avoir lavé dans la baratte. Lorsque les lavages sont terminés, le beurre disposé en mottes est couvert avec un linge très-propre, puis placé dans un panier et entouré de paille fraîche.

Le rendement de la crème en beurre varie suivant la qualité et la composition du lait. On admet qu'en moyenne 28 litres de lait produisent 1 kilogramme de beurre.

Lorsqu'on expose le beurre au contact de l'air, surtout pendant l'été, il s'altère, devient rance et acquiert un goût prononcé. Pour retarder son altération, on doit le placer dans un endroit très-frais, au milieu d'eau fraîche que l'on renouvelle fréquemment, ou bien le couvrir d'un linge mouillé. Mais si on veut le conserver longtemps, il faut le saler ou le fondre dans une chaudière de fonte afin d'évaporer l'eau qu'il contient, et enlever ensuite les écumes formées, en grande partie, de caséine coagulée. Les beurres d'Isigny expédiés en Angleterre et en Allemagne sont salés avec le plus grand soin. On pétrit 500 grammes de sel avec 10 kilogrammes de beurre et l'on introduit le beurre salé dans des pots ou dans des barils, puis on recouvre la surface avec une couche de sel.

L'usage le plus productif du lait pour l'agriculteur est la vente en nature. Ainsi M. Heuzé a établi que le lait est vendu à raison de 15 à 20 centimes le litre ; que, transformé en fromage, il produit environ 10 centimes, et que, si l'on en extrait le beurre, il rapporte moins de 8 centimes. Mais, comme le lait est une substance très-altérable, il ne peut sans inconvénient être transporté à une grande distance ; c'est ce qui fait que, lorsqu'une région ne peut consommer tout le lait qu'elle produit, l'excédant est ordinairement employé à la fabrication des fromages.

FABRICATION DU FROMAGE

La fabrication du fromage remonte à la plus haute antiquité ; elle constitue pour certaines contrées une industrie très-importante et une source de richesses. Outre les fromages frais que l'on prépare partout, il existe un grand nombre d'espèces

diverses qui sont surtout produites par les départements de
► l'Aveyron, de la Seine-Inférieure, du Calvados, de la Marne,
de Seine-et-Marne, de la Creuse, du Cantal, des Vosges, de
l'Isère, etc. La production annuelle de la France est de plus
de 130 millions de kilogrammes.

Les fromages peuvent, d'après la nature du lait employé à
leur fabrication, se diviser en quatre classes : 1° les fromages
préparés avec du lait de vache ; 2° ceux qui sont préparés avec
du lait de chèvre ; 3° les fromages au lait de brebis ; 4° les fromages faits avec des laits mélangés. Chacune de ces classes
peut elle-même se subdiviser en deux catégories comprenant
les fromages *mous* (frais ou salés), et les fromages *à pâte ferme*.
On distingue aussi les fromages *maigres* et les fromages *gras*.
Les premiers sont obtenus en faisant cailler le lait écrémé ; les
seconds sont préparés avec du lait non écrémé et quelquefois
additionné d'une certaine quantité de crème.

Fromages frais. — Les fromages *frais*, destinés à être
mangés immédiatement, se font avec le lait écrémé, avec le
lait non écrémé, ou bien encore avec du lait auquel on ajoute
de la crème provenant de la traite précédente. Dans ce dernier cas, on les appelle *fromages à la crème*.

Fromage blanc. — Le fromage *blanc* ou fromage *à la pie*,
qui est connu partout, se fabrique avec du lait écrémé chaud
additionné d'une certaine quantité de crème. On détermine la
coagulation au moyen de présure, puis on met le caillé dans
des moules, et on le fait égoutter en le chargeant d'une rondelle de bois. Quand il est égoutté, on le sort des moules et on
le pose sur un lit de feuilles ou de paille. Ce fromage peut se
conserver huit à quinze jours.

Fromages de Neufchâtel. — Les fromages que l'on vend
à Paris sous le nom de *fromages de Neufchâtel* ont la forme de
petits cylindres d'une longueur de 7 centimètres sur 4 centimètres de diamètre. Chaque fromage est enveloppé dans du
papier joseph qu'on mouille pour le tenir frais. Il y en a de
plusieurs espèces : le fromage *à la crème*, pour lequel on ajoute
de la crème au lait doux ; le *fromage à tout bien*, fait avec le
lait naturel ; le *fromage maigre*, fait avec du lait écrémé. Le
second est celui dont on consomme le plus ; voici comment on
le fabrique :

Après chaque traite, le lait est transporté dans une pièce dite
pièce de l'apprêt; on le coule, à travers une passoire, dans des
cruches où il est mis en présure. Ces cruches sont placées dans

des caisses que l'on recouvre de couvertures de laine et vidées le surlendemain dans des paniers de bois, dont le fond est formé par une toile attachée sur les bords. On place ces paniers sur des éviers; le fromage s'égoutte jusqu'au soir; on le retire avec la toile que l'on replie sur lui, et pendant qu'il est ainsi enveloppé on le met sous presse jusqu'au lendemain matin. Puis on pétrit cette pâte dans un linge blanc, comme de la pâtisserie, jusqu'à ce que les parties caséeuses et butyreuses soient bien agglomérées. Cela fait, on procède au moulage en introduisant dans des moules de bois des pâtons un peu plus forts que le moule, puis on les y comprime en les posant sur la table et en appuyant sur leur face supérieure avec la paume de la main. A l'aide d'un couteau de bois on enlève sur chaque base ce qui sort du moule et l'on démoule en frappant légèrement. Ces fromages sont ensuite salés sur leurs bases et roulés dans du sel fin. Après les avoir fait égoutter pendant vingt-quatre heures, on les transporte au magasin, où on les pose sur un lit de paille. C'est là que par un séjour de trois mois environ ils se raffinent; pendant ce temps on les retourne souvent, on les change de place et l'on renouvelle la paille. On est renseigné sur la marche de l'opération par l'apparition de boutons rouges qui ne doivent être ni trop secs ni trop coulants, et suivant leur nature on modifie l'humidité de l'apprêt.

Fromages de Brie. — Les *fromages de Brie* que l'on trouve dans le commerce sont faits avec du lait non écrémé. Le lait chaud de la vache est versé dans un baquet où il reçoit la présure. Au bout d'une heure, lorsque le caillé est formé, on en remplit des moules placés sur une clayette d'osier nommée *cagereau*; quand le caillé s'est bien égoutté, c'est-à-dire au bout de vingt-quatre heures, on retourne les fromages et on les sale sur une de leurs bases; le lendemain, on les sale sur l'autre. Puis on les place sur des tablettes à claire-voie, où on les retourne tous les jours en surveillant l'état de la pâte. S'ils sont trop mous, on les porte dans un lieu plus sec et plus aéré; s'ils sont trop durs, dans un endroit frais et moins aéré. Au bout de quinze jours ou trois semaines, ils sont livrés au commerce.

Pour affiner les fromages, on superpose, dans un endroit frais, des couches alternatives de fromage et de paille : en quelques mois ils sont affinés; si on les laisse trop longtemps, il se produit une fermentation et la pâte coule. A Meaux, à mesure que la pâte des fromages s'écoule, on la ramasse soigneusement sur des planches tenues très-proprement et on la renferme dans de petits pots : cette pâte en pots se vend sous le nom de *fromages de Meaux*.

La production annuelle du département de Seine-et-Marne est évaluée à 12 000 000 de francs.

Fromages d'Auvergne. — En Auvergne, les vaches sont traites deux fois par jour : le lait, transporté à la fromagerie dans de grands seaux de bois, appelés *gerbes*, est passé dans des tamis de crin et immédiatement mis en présure. Le *vacher* qui dirige la fromagerie doit savoir apprécier la consistance du caillé. Au bout de cinq quarts d'heure en été, il divise et rompt le caillé dans tous les sens avec une spatule de bois. Cette opération a pour effet de déterminer la séparation du petit-lait que l'on décante. Le petit-lait est consommé dans le ménage, ou bien on en extrait par le repos le peu de crème qu'il contient encore. Cette crème sert à faire le beurre connu sous le nom de *beurre de montagne*. La pâte, qui reste après la décantation du petit-lait, est mise dans une auge percée de trous que l'on place sur la table à fromage. Le vacher, les bras nus et le pantalon retroussé jusqu'au-dessus du genou, monte sur la table et comprime cette pâte avec ses bras et ses jambes de manière à en faire sortir le reste du petit-lait. Cette opération ne dure pas moins d'une heure et demie. La pâte bien pétrie porte le nom de *tôme*. On la met dans une grande gerbe et on la laisse fermenter durant quarante-huit heures. Pendant cette fermentation la tôme devient spongieuse; on l'émiette avec soin, on la sale et on la place dans un moule, puis on soumet le fromage à la presse. Au bout de vingt-quatre heures, il peut être mis à la cave, où on doit le surveiller avec atten tion : pendant l'été surtout, il faut le frotter avec un linge blanc trempé dans l'eau fraîche.

Fromage de Gruyère. — Le *fromage de Gruyère* est d'origine suisse, mais sa fabrication s'est répandue en France, et particulièrement dans les départements du Jura, du Doubs et de l'Ain. Il est fait avec du lait de vache et l'on en fabrique trois espèces : le fromage *gras*, dans lequel on laisse toute la crème ; le *mi-gras*, qui se fait avec la traite du matin et celle de la veille que l'on a écrémée; le *maigre*, qui se fabrique avec le lait écrémé. Le mi-gras est l'espèce la plus répandue dans le commerce.

Dans les trois départements de la Franche-Comté, la fabrication du fromage de Gruyère s'effectue, comme en Suisse, par associations connues sous le nom de *fruitières*. Les culti-

vateurs d'une commune nomment une commission de plusieurs
membres chargée de faire exécuter le règlement de l'associa-
tion, et cette commission choisit un *fruitier*, c'est-à-dire
l'homme chargé de fabriquer le fromage. C'est chez lui que les
femmes portent le lait qu'il doit transformer. Voici comment il
opère :

Il verse le lait dans une chaudière suspendue dans la cheminée à une potence qui permet de la mettre facilement au-
dessus du feu et de l'en éloigner. Aussitôt que le lait est versé
dans la chaudière, on la place sur le feu de manière à élever la
température à 25 degrés centigrades ; puis on l'éloigne du feu
et l'on y verse la présure, qu'on mêle en agitant le liquide en
tous sens ; après un repos de vingt minutes environ, le lait est
caillé. Quand la coagulation est complète, le fruitier brasse la
masse, d'abord avec un couteau de bois, puis avec un instrument appelé *brassoir*; il la réduit ainsi en morceaux gros
comme des pois ; ensuite il replace la chaudière sur le feu et,
sans cesser de brasser, il élève la température jusqu'à 33 degrés ;
puis il retire la chaudière et continue le brassage jusqu'à ce
que le caillé se change en grains d'un blanc jaune qui, lorsqu'on les presse dans la main, se collent et forment une pâte
élastique et croquant sous la dent. Après le brassage, la matière caséeuse tombe au fond de la chaudière en gâteau d'une
consistance assez ferme. Pour l'en retirer et la séparer du
petit-lait, le fruitier prend une baguette flexible et y fixe par
un enroulement de deux ou trois tours une toile très-propre ;
il plie la baguette, la passe entre le fond de la chaudière et le
caillé, et tire à lui la toile pendant qu'un aide placé de l'autre
côté de la chaudière tient l'autre extrémité de cette toile.
Quand la toile se trouve bien arrangée sous le pain, il la prend
par ses quatre coins, et en la soulevant sort le fromage du
petit-lait ; il laisse égoutter pendant quelque temps et met le
caillé avec la toile dans un moule qui n'est autre qu'un cercle
de bois de sapin ou de hêtre que l'on peut rétrécir à volonté.
Le fromage ne doit pas dépasser le moule de plus de 3 centimètres. On pose une planche dessus et l'on soumet à la presse.
Au bout d'une demi-heure, on retourne le fromage, on change
la toile, on rétrécit le moule, et, après y avoir replacé le fromage, on soumet de nouveau à la presse. On répète l'opération
jusqu'à ce que tout le petit-lait soit écoulé. Les fromages sont
ensuite marqués du nom de celui qui a fourni le lait et portés
au magasin. On les dépose sur des tablettes et on les saupoudre

de sel toutes les vingt-quatre heures pendant soixante à quatre-vingts jours. Les bons fromages de Gruyère doivent rester dix-huit mois ou deux ans en magasin, et pendant ce temps on doit les frotter souvent avec un linge mouillé d'eau ou mieux de vin blanc.

Fromage de Géromé. — On fabrique dans les Vosges un fromage très-estimé qu'on vend sous le nom de *Gérardmer* ou de *Géromé*; il est fait avec du lait de vache. Le lait arrivant de l'étable est transvasé dans un baquet où on le mêle à la présure. Après quinze minutes la coagulation est faite et, à l'aide d'une grande cuiller de cuivre, on extrait tout ce qu'on peut enlever de petit-lait. Puis on sort le caillé avec cette même cuiller et on le met dans des moules dont le fond est percé de trous; il s'égoutte et, à mesure qu'il se durcit, on le change de moule un certain nombre de fois. Au bout de deux jours, on procède à la salaison : le fromage est extrait du moule, roulé dans le sel, remis en forme et salé sur sa base supérieure; on répète plusieurs fois l'opération en le retournant à chaque fois. Il est ensuite sorti du moule et porté à la cave, où il suffit de le laisser pendant un temps qui varie de quinze jours à deux mois.

Fromage de Camembert. — A Livarot et à Pont-l'Évêque dans le Calvados, à Camembert dans l'Orne, on fabrique avec du lait de vache des fromages très-estimés. On fait bouillir le lait non écrémé de la traite du soir et l'on y ajoute le lait écrémé provenant de deux ou trois traites précédentes. Le mélange est agité et mis en présure pendant qu'il est encore chaud. Au bout d'une heure, on rompt le caillé et on le met dans des moules cylindriques de fer-blanc. Au bout de deux jours on sale, et quatre jours après on porte les fromages dans des séchoirs appelés *haloirs*, sur des râteliers couverts de paille ou même sur des claies de bois menu. On les retourne souvent et, lorsqu'ils laissent exsuder un peu de liquide, on les transporte à la cave, où ils séjournent environ vingt-cinq jours. La production annuelle du Camembert peut être évaluée à environ 600 000 pains, et celle du Livarot à 2 000 000.

Fromage de Roquefort. — Dans quelques pays, notamment à Roquefort (Aveyron), à Sassenage (Isère), au Mont-Cenis (Savoie), on fait des fromages avec des laits mélangés. Le plus estimé de tous est celui de Roquefort. On évalue à 100 000 le nombre des brebis qui vivent sur les plateaux du Larzac et concourent à la fabrication du fromage de Roquefort. On les trait deux fois par jour et on mêle leur lait à une quantité plus ou moins grande de lait de chèvre. On verse le mélange, à travers une étamine, dans une chaudière de cuivre, et on le fait quelquefois chauffer un peu pour l'empêcher de s'aigrir; puis il est mis en présure : quand le caillé est formé, on le pétrit comme de la pâte et l'on extrait le petit-lait par la décantation. La pâte est placée ensuite dans des moules percés de trous où on la comprime avec les mains ; quand les moules sont pleins, on pose une planche par-dessus et l'on charge avec des poids. Au bout de douze heures, pendant lesquelles on a eu soin de retourner plusieurs fois les fromages, on les porte au séchoir, après les avoir entourés d'une sangle de toile pour les empêcher de se fendiller. Après quinze à vingt jours d'exposition, on peut les porter dans les caves. Ces caves, adossées contre un rocher qui entoure le village de Roquefort, sont naturellement à une température qui varie entre 4 degrés et 6 degrés, et c'est à cette basse température que l'on doit les qualités que le fromage y acquiert. On range les fromages par piles sur lesquelles on projette du sel, on répète l'opération plusieurs fois ; puis on les met sur des tablettes où ils se couvrent de duvets que des ouvrières raclent avec soin de quinze en quinze jours.

Les fromages du Mont-Dore sont faits avec du lait de chèvre et ceux de Montpellier avec du lait de brebis. Leur fabrication n'offre rien de particulier.

CHAPITRE III

CONSERVES ALIMENTAIRES

Le nom de *conserves alimentaires* s'applique principalement aux viandes et aux légumes préparés de telle façon qu'on retrouve en eux, au bout de plusieurs années, les qualités qu'ils avaient à l'état frais. La préparation de ces conserves est devenue l'objet d'une industrie dont les centres principaux sont Nantes, Bordeaux, le Mans et Paris. Pour comprendre les procédés, très-simples d'ailleurs, qui sont employés dans la préparation des conserves alimentaires, il est nécessaire de connaître les causes de la putréfaction que subissent les matières organiques. Elle est produite par le développement, au milieu de ces substances, d'êtres microscopiques dont les germes

se trouvent dans l'atmosphère. Il suffit donc de détruire ces
germes, ou de mêler aux matières à conserver des substances
antiseptiques, c'est-à-dire capables d'empêcher leur développement.

Conservation par le procédé Appert. — Le principe de la
première méthode est dû à Appert, et c'est encore ce procédé
qui est le plus généralement suivi aujourd'hui. Il consiste à
introduire dans des boîtes de fer-blanc fabriquées avec soin les
viandes ou les légumes, après les avoir fait cuire et leur avoir
donné l'assaisonnement qui leur convient. On soude le couvercle des boîtes et on les place ensuite, pendant un temps
qui varie avec la nature de la conserve, dans un bain-marie
d'eau bouillante, ou mieux dans de l'eau salée dont on élève la
température jusqu'à 105 ou 106 degrés. Les viandes et les
légumes ainsi préparés sont préservés de la putréfaction, parce
que la coction a d'abord détruit les germes qu'ils renfer-
maient, et que la température du bain-marie a tué ceux que
contenait l'air de la boîte. Les viandes ainsi conservées sont
encore bonnes après quinze ou vingt ans.

Les boîtes, en sortant du bain-marie, doivent avoir leur fond
bombé par suite de la dilatation des gaz et des vapeurs qui sont
à leur intérieur ; plus tard le refroidissement change cette
forme convexe en une forme concave ; mais si la conserve n'est
pas réussie, elle ne tarde pas à fermenter et les gaz produits par
la fermentation font reprendre au fond de la boîte sa forme
bombée.

Conservation par dessiccation. — Un des moyens de
conservation les plus efficaces consiste à dessécher les substances alimentaires et, par suite, à rendre impossible le développement des germes. Ce procédé appliqué à la viande
laisse beaucoup à désirer sous le rapport des produits obtenus, mais il donne de bons résultats pour les pruneaux,
figues, poires tapées et pour les légumes. Voici la méthode
suivie pour la conservation des légumes. Après les avoir éplu-
chés avec soin, les avoir lavés et coupés, on les cuit complétement par la vapeur dans des appareils à haute pression où
ils subissent une température de 112 à 115 degrés. Au bout
de quelques minutes, la cuisson est faite et les légumes sont
rangés, sur des châssis en canevas, dans des séchoirs où circule un courant d'air sec et chaud (45 degrés à l'entrée, 30 degrés environ à la sortie). Sous l'action de ce courant d'air, les
légumes se dessèchent bientôt et en sortant du séchoir ils sont

secs et cassants. On les expose à l'air pendant quelque temps pour qu'ils reprennent un peu de vapeur d'eau qui les rend flexibles et maniables. Lorsqu'ils sont destinés à l'approvisionnement des navires et de l'armée, on les comprime avec des presses hydrauliques de manière à les rendre d'un transport plus facile. Trempés dans l'eau pendant une demi-heure, ils reprendront leur volume primitif et pourront être cuits comme des légumes frais.

Conservation par fumage ou par salaison. — On sait depuis longtemps que certaines substances appelées *antiseptiques* ont la propriété de préserver les viandes de la putréfaction. La viande fumée, par exemple, se conserve parce que l'acide phénique et la créosote qui se dégagent pendant la combustion du bois et imprègnent la viande fumée, sont de très-bons antiseptiques.

Le sel jouit aussi de cette propriété, et la salaison est très-souvent employée pour la conservation des viandes; elle fait même l'objet d'une importante industrie.

Le système d'abatage des animaux dont la chair doit être salée n'est pas indifférent; on a reconnu que l'assommage donnait les meilleurs résultats. Les animaux destinés à la salaison doivent être dépecés et vidés avec beaucoup de soin et de propreté. Le saleur saupoudre la viande avec du sel, et, pour le faire pénétrer dans les tissus, il frotte chaque pièce pendant une minute. Les morceaux de viande passent ainsi par les mains de trois ou quatre ouvriers : le dernier les examine attentivement, écarte les gros muscles et fait pénétrer le sel dans les parties qui n'en ont pas encore reçu; puis ils sont rangés dans des cuves, où on les abandonne pendant quinze jours, en ayant soin de les arroser tous les matins avec de la saumure que l'on extrait du fond des cuves à l'aide d'une pompe. Enfin on embarille en disposant dans des tonneaux la viande et le sel par rangées alternatives.

Pour compléter ces notions sur la fabrication des conserves alimentaires, nous donnerons quelques détails sur la pêche et la préparation de la sardine, de la morue et du hareng, ces trois poissons donnant lieu, sur nos côtes, à une industrie considérable.

Sardines. — La *sardine* est, comme le hareng, un poisson voyageur et, comme lui, voyage par bancs très-nombreux; il est très-difficile de tracer la marche suivie par ces migrations, qui sont cependant régulières. On trouve la sardine dans toutes les mers du globe, mais la pêche n'est organisée que dans les mers d'Europe. En France, elle s'exécute surtout sur les côtes de Bretagne ; elle occupe plus de deux mille bateaux, depuis le 1er mai jusqu'au mois de novembre, et se fait au filet. Chaque embarcation, montée par six hommes qui rament vent de bout, traîne le filet attaché à l'arrière. A droite et à gauche de ce filet, on jette des œufs de maquereau : la sardine, attirée par cet appât qu'on appelle *rogue*, se lève du fond par bancs très-nombreux ; lorsque le patron aperçoit le poisson, il jette une nouvelle quantité de rogue ; la sardine se précipite dessus et en voulant traverser le filet se prend par les ouïes dans les mailles. Après la pêche, qui se fait au lever de l'aurore et au coucher du soleil, on rentre au port pour y vendre le poisson, soit à l'amiable, soit aux enchères. Le produit de la vente est partagé entre l'armateur, le patron et les matelots en proportions déterminées à l'avance. Le poisson, une fois vendu, est porté au lieu de salaison à l'aide de paniers où on le saupoudre de sel en même temps qu'on le remue. Enfin il reçoit une dernière préparation qu'on appelle l'*arrimage*, et qui consiste à l'arranger par couches avec du sel dans des paniers ou bachots, ou bien dans des *bailles*. (La baille est une barrique coupée par son milieu.) Quand la sardine doit être expédiée à l'état de sardine salée, elle est arrangée avec soin dans des tonneaux où on la mélange au sel. Lorsqu'elle est destinée à faire de la sardine à l'huile, on la vide ; pour cela on enlève la tête et *la tripe suit*. Les sardines sont ensuite lavées, rangées sur des grils de fils de fer ou dans des paniers, et mises à sécher à l'air, à l'étuve ou au four. Puis on les cuit dans des bassines remplies d'huile chaude et on les égoutte sur des paniers. Quand elles sont froides, on les dispose dans des boîtes, on les couvre d'huile et, après avoir soudé le couvercle, on chauffe de nouveau la boîte.

Morue. — La *morue* est un poisson qui joue un grand rôle dans l'alimentation et qui fait l'objet d'un commerce considérable. Elle prend naissance dans les glaces du pôle Nord et descend chaque année dans les mers septentrionales de l'Europe et de l'Amérique. Nos navires français vont la pêcher sur les côtes de Terre-Neuve et des îles Saint-Pierre et Miquelon. Cette pêche a occupé, en 1868, 471 bateaux (de 60 293 tonnes) et un personnel de 11 354 hommes : elle a produit 14 975 160 francs.

La morue est livrée au commerce sous deux états : 1° à l'état de morue salée, séchée et mise en balles : c'est la *morue sèche ;* 2° à l'état de *morue verte*, qui est simplement salée et mise en barils.

Nos pêcheurs partent du 10 au 30 mars et ont une traversée qui varie de dix à trente jours suivant le temps et la direction des vents. Arrivés dans les mers où doit se faire la pêche, ils opèrent de plusieurs manières. Certains bateaux se mettent au mouillage et débarquent leurs hommes, qui construisent à terre les cabanes qu'ils doivent habiter et le *chaufaud* ou établissement nécessaire pour la préparation du poisson; ils nettoient la place où la morue doit être séchée, puis chaque jour les embarcations vont à la pêche. Cette pêche se fait *à la ligne*, c'est-à-dire avec une corde grosse comme le doigt et qui porte à son extrémité un plomb de 4 kilogrammes; au plomb se trouve attachée la *pèle*, qui est une corde de même grosseur servant à suspendre l'*hameçon*. Les pêcheurs emploient, comme appât, de petits poissons appelés *lançons* et *capelans*. Au lieu de ligne, on se sert souvent d'une *arbalète*, qui n'est autre chose qu'une ligne à trois hameçons. Chaque jour les embarcations rapportent le poisson, qui est préparé par les hommes restés à terre. Il est d'abord *flaqué* : cette opération consiste à enlever les intestins et une partie de l'arête; puis il est lavé, salé et séché. Certains pêcheurs ne font pas sécher à terre, mais donnent à bord une salaison provisoire et le poisson n'est séché qu'à son retour en France.

Quant à la morue verte, voici comment on la prépare : quand le marin la sort de l'eau, il lui ôte la langue, lui fait une saignée au cou et la jette dans un bac sur le pont. Lorsqu'il y en a une certaine quantité, le patron crie : *pêche et démaque*, ce qui veut dire qu'une partie des hommes doivent arriver sur le pont pendant que les autres continuent à pêcher. La morue est d'abord flaquée, les œufs et les foies sont mis de côté. Puis on la passe à un matelot qui la lave de manière à la rendre bien blanche; celui-ci la livre au saleur qui prend l'aileron, y fait un pli dans lequel il jette une poignée de sel et place la morue dans un tonneau en la contournant et en la recouvrant de sel. Le tonneau est rempli entièrement, et, au bout de quarante-huit à soixante-douze heures, on sort les morues pour les laver dans la saumure et les resaler *au sec* dans une autre tonne. En peu de temps une partie du sel a fondu; le tonnelier doit alors faire écouler le liquide salé, sans quoi la morue jaunirait; c'est ce qu'on appelle *étancher*. On bouche le trou qui a servi à étancher, et l'on descend le tonneau à fond de cale. Arrivées en France, les morues sont lavées à l'eau douce par des femmes armées de brosses et sont placées sur une table où on les exa-

mine, afin de couper les morceaux qui ne sont pas propres.
Enfin on les trie suivant leur longueur en *extra-grosses, grosses,
moyennes* et *petites*, puis on les sale en les mettant en tonneau.
La veille de leur expédition, on étanche et on sale de nouveau,
ce qni s'appelle *repagner*.

Harengs. — Le *hareng* est aussi un poisson voyageur qui
nous arrive des mers polaires. La pêche se fait sur les côtes de
France depuis le commencement d'octobre jusqu'à la fin de
décembre ; en été sur les côtes d'Écosse, des Orcades, de l'île de
Man, à trois milles au moins de la laisse de basse mer. Elle a
occupé, en 1868, 534 bateaux (de 13 752 tonnes), un personnel
de 6845 hommes, et a produit 9 640 821 francs.

Cette pêche a lieu la nuit, en général, et au filet, à peu de
distance des côtes. Quand la mer est trouble, elle peut se faire
pendant le jour, mais elle est moins abondante. Le long du
bord du filet sont attachées de distance en distance des cordes
fixées à de petits barils que l'on jette à la mer en même temps
que lui : les barils flottent à la surface de l'eau et soutiennent
le filet qui est amarré au bateau. Le hareng, qui voyage par
bandes excessivement nombreuses, se prend par les ouïes dans
les mailles du filet qu'on lève de temps en temps pour en extraire
le poisson. La pêche est quelquefois tellement abondante, que
les petits canots ne peuvent pas rapporter tout ce qu'ils prennent.

Arrivé à terre, le hareng est vendu, puis mis immédiatement
en préparation. Il y a deux procédés différents, suivant que
l'on veut en faire du *hareng salé* ou du *hareng saur*.

Dans le premier cas, on commence par lui enlever les intestins : c'est ce qu'on appelle *caquer*. On caque dans des mannes,
et, à mesure qu'elles sont pleines, on les vide dans une auge,
ou *mée*, longue de 3 à 4 mètres et qui est portée sur des pieds
peu élevés (fig. 90).

Le hareng est versé à l'une des extrémités, et tandis qu'à
l'aide d'une pelle un ouvrier le retourne en tous sens et le fait
avancer jusqu'à l'autre extrémité de la mée, un autre ouvrier
le saupoudre de sel. De là on le fait tomber dans de grandes
fosses en maçonnerie sur les bords desquelles on avait installé
les *mées ;* de temps en temps on jette du sel dans la fosse, et
quand elle est pleine, *on fait le couvercle* en terminant par une
couche épaisse de sel. Au bout de dix jours, on le sort des fosses
pour le laver dans des cuviers où se trouve une saumure faite
avec du sel fondu dans le sang provenant de la caque. De ce

cuvier il repasse dans la mée, où des femmes le prennent pour le trier et le mettre en tonneaux.

Quand le hareng doit être sauri, il n'est pas caqué, mais *brayé* à la mer, ce qui consiste à le saler sur le pont dans de petites mées que l'on pose sur deux tonneaux. Les matelots, munis de gants de drap commun et sans doigts, le retournent dans la mée en le salant. Arrivés à terre, ils vendent séparément les harengs brayés et les harengs caqués. Avant le saurissage, on les met dans l'eau afin de les dessaler, parce qu'on leur a donné un excès de sel pour les mieux conserver. Après les avoir lavés

Fig. 90. — Mée pour les harengs.

dans plusieurs eaux, des femmes les enfilent par la tête avec des baguettes appelées *hénets*, et les suspendent dans des cheminées où l'on fait du feu avec du bois de hêtre, et qui sont nommées *bouffisseries*. Quand la fumée les a empreints de corps antiseptiques, c'est-à-dire au bout d'une semaine environ, le saurissage est terminé; on les trie et on les met en tonneaux.

Indépendamment des pêches précédentes, la population maritime de nos côtes se livre à la pêche du poisson frais destiné à approvisionner nos marchés. Cette pêche a occupé, en 1868, 17 271 bateaux (de 148 167 tonnes), un personnel de 6 866 hommes et a produit 40 251 760 francs. Elle se fait tantôt à la ligne (merlans), tantôt avec un filet appelé *chalus*, que le bateau traine derrière lui (sole, turbot, barbue, rougets, vives, etc.).

Le merlan se pêche à la ligne de fond, depuis le mois de novembre jusqu'à la fin de l'hiver.

La pêche des huîtres, qui est l'une de nos plus importantes industries maritimes, se pratique sur presque toutes nos côtes, mais principalement sur celles de Normandie et de Bretagne. L'administration la réglemente en indiquant les bancs sur lesquels elle peut être faite, afin de laisser à ceux qui sont appauvris le temps de se repeupler. Les travaux de M. Coste ont apporté à l'état de nos huîtrières d'heureuses modifications.

Cette pêche est ouverte depuis le 1er septembre jusqu'au 30 avril, du lever au coucher du soleil. Elle se fait à la *drague*, sorte de rateau ou de pelle de fer pourvue d'un filet et attachée par un long câble à l'arrière du bateau. Celui-ci, voguant à pleines voiles, traîne la drague qui racle le fond de la mer : les huîtres se détachent et tombent dans le filet. Arrivées à terre, elles sont mises dans les bassins appelés *parcs*, qui communiquent avec la mer : elles s'y engraissent et y deviennent plus tendres et plus savoureuses.

CHAPITRE IV

SUCRE, CONFISERIE, DRAGÉES, CHOCOLAT

Le sucre, qui joue maintenant un si grand rôle dans notre alimentation, est très-répandu dans le règne végétal. Il se rencontre surtout dans la canne à sucre, qui, dans les pays chauds, croît généralement à l'état sauvage, dans la séve des palmiers, des érables, des bouleaux, dans les racines de betteraves, de carottes, de navets, etc. .

La canne et la betterave sont les plantes d'où l'on extrait le sucre.

Ce corps a été connu de toute antiquité, et l'Inde fut probablement le berceau de sa fabrication ; aussi les premiers auteurs qui en font mention le désignent-ils sous le nom de *sel indien*. La canne à sucre fut importée d'Asie en Europe, soit par les Sarrazins lors de leurs nombreuses incursions au commencement du xiie siècle, soit par les Européens eux-mêmes au retour des croisades. Cultivée d'abord avec succès dans l'île de Chypre et en Sicile, elle fut transportée vers 1520 à Madère ; la culture y réussit parfaitement ainsi qu'aux îles Canaries, et, jusqu'à l'époque de la découverte de l'Amérique, ce furent ces îles qui approvisionnèrent l'Europe de la majeure partie du sucre qui s'y consommait. Après la découverte du nouveau monde, les Espagnols et les Portugais développèrent dans leurs nouvelles colonies la culture de la canne.

Le sucre n'a été employé pendant plusieurs siècles qu'à l'état de médicament. Sous le règne de Henri IV, cette substance était encore si rare, qu'on la vendait à l'once chez les pharmaciens. Sa rareté eut pendant longtemps une double cause : non-seulement les procédés de fabrication étaient encore très-imparfaits, mais la canne était à peu près la seule plante exploitée pour son extraction. Ce fut vers l'année 1605 qu'Olivier de Serres, célèbre agronome français, signala le premier la présence du sucre dans la betterave ; plus tard, en 1747, Margraff, chimiste allemand, reprit et continua les expériences d'Olivier de Serres ; et plus tard, en 1799, Achard, chimiste de Berlin, présenta au roi de Prusse des échantillons de sucre indigène et un mémoire qui provoqua un avis favorable de la commission nommée pour examiner ses procédés.

Vers cette époque, en l'an VIII de la République, parvint en France la nouvelle des résultats obtenus par Achard, et l'Institut soumit la question à l'examen d'une commission dans laquelle figuraient les plus grands chimistes de l'époque, Chaptal, Fourcroy, Guyton de Morveau et Vauquelin. Le rapport qu'elle fit fut favorable, mais le cours du sucre était encore trop bas pour permettre à l'industrie nouvelle de s'établir dans des conditions avantageuses. Les essais, interrompus de nouveau jusqu'en 1810, furent repris sous l'impulsion de Napoléon Ier.

La guerre avec l'Angleterre et le blocus continental, qui en était la suite, avaient élevé le prix du sucre jusqu'à 6 francs la livre ; il y avait dès lors espoir de bénéfices assez larges pour permettre à l'industrie nouvelle de prendre naissance et de courir les chances des insuccès qui devaient inévitablement se produire dans les débuts. Barruel, Aimard furent chargés des expériences officielles, et Benjamin Delessert arriva bientôt, dans son usine de Passy, à obtenir en grand le sucre de betterave.

Depuis Margraff, depuis Achard jusqu'à Delessert, depuis Delessert jusqu'à nous, l'art d'extraire le sucre de la betterave a fait des progrès continus ; il en fait chaque jour encore, et plus on étudie cette belle découverte sous le rapport du commerce, de l'industrie et de l'agriculture, plus elle paraît grande.

Après bien des vicissitudes, l'extraction du sucre indigène est devenue chez nous une industrie de premier ordre, qui produit annuellement plus de 400 millions de kilogrammes de sucre.

DE LA BETTERAVE. SES VARIÉTÉS. — CULTURE DE CETTE PLANTE, SES AVANTAGES POUR L'AMÉLIORATION DU SOL

L'espèce de betterave qu'on exploite de préférence pour l'extraction du sucre est la betterave blanche de Silésie, variété à collet rose (fig. 91). On connaît encore la betterave de la disette ou betterave à vaches, la betterave rouge et la betterave jaune. La récolte de la betterave blanche de Silésie est d'un rendement plus faible que celle des autres variétés, mais cette espèce donne beaucoup plus de sucre ; cultivée dans de bonnes conditions, elle peut contenir jusqu'à 12, 13, 14, et même 15 pour 100 de sucre : en moyenne, 10, 5.

Elle a une composition très-complexe ; on peut la considérer comme composée en moyenne de :

Eau.............................	83,5
Sucre.............................	10,5
Sels acides et matières diverses.......	6,0
	100,0

La culture de la betterave présente pour l'agriculteur de nombreux avantages. Elle améliore le sol de différentes manières : à cause de la grande profondeur à laquelle pénètrent ses racines, la betterave remue et rend perméable le terrain où elle est cultivée ; de plus, cette culture n'épuise pas la terre, car les sucres bruts et raffinés qu'on extrait de la plante sont presque absolument dépourvus des principes qui font la fertilité du sol ; et, si la betterave a pris à celui-ci pendant sa végétation une certaine quantité de ces principes, ils lui sont bientôt rendus après la fabrication du sucre, soit sous forme d'engrais directement fabriqués, soit sous forme de pulpe donnée comme aliment aux bestiaux et transformée par eux en engrais fécondants.

Nous ajouterons enfin que la betterave, puisant sa nourriture à une grande profondeur dans le sol, amène ainsi à la surface des principes qui sans elle auraient été perdus pour les années suivantes. Malgré les avantages de cette culture, il ne faudrait pas qu'elle devînt exclusive dans une localité, car les insectes et les plantes parasites vivant aux dépens de la betterave se développeraient outre mesure et compromettraient gravement les récoltes; mais, lorsqu'elle ne revient dans l'assolement qu'au bout de trois ou quatre années seulement, elle a pour le sol de grands avantages, le prépare pour d'autres cultures, et peut accroître la production des prairies artificielles et des céréales.

La betterave peut être semée à la main ou avec un semoir et en lignes, ce qui facilite toutes les façons ultérieures. On doit choisir de préférence les terrains profonds, argilo-sableux, un peu calcaires.

Pour éviter les ravages considérables que les insectes exercent sur les betteraves, il est bon de faire développer les graines rapidement; on y parvient en les laissant tremper dans l'eau pendant vingt-quatre heures et en les mettant ensuite en tas jusqu'à ce que la germination commence. Avant de les semer, on les roule encore humides dans du noir animal fin; cette espèce de polissage facilite la distribution au semoir et active la végétation, puisqu'elle fournit de l'engrais à la jeune plante.

Fig. 91. — Betterave.

Lorsque les betteraves ont acquis un diamètre de 1 ou 2 centimètres, on les espace dans les lignes en en arrachant une partie que l'on repique à la place des graines avortées ou détruites. On doit sarcler le sol plusieurs fois pendant la végétation pour le débarrasser des plantes parasites, qui absorberaient une partie de la nourriture destinée à l'accroissement de la betterave.

Quand la plupart des feuilles bien développées se fanent ou jaunissent, la plante est arrivée à un degré de maturité convenable et l'on procède à l'arrachage. Il faut éviter de blesser les racines, ce qui produirait une altération rapide de la plante. On se sert avec avantage, pour cette opération, d'une petite fourche à deux dents et à manche court que l'ouvrier manœuvre facilement : il l'enfonce dans le sol et, tandis que d'une main il pèse sur elle pour soulever la motte de terre qui entoure la racine, il saisit de l'autre main les feuilles de la plante et l'arrache facilement. Il procède ensuite à l'*étêtage*, opération qui consiste à couper la tête ou tige conique portant les feuilles soit avec un couteau, soit à l'aide d'une petite bêche que l'on appuie sur les betteraves couchées à terre.

Les betteraves arrachées sont mises en tas dans les champs et couvertes de feuilles jusqu'au moment de leur enlèvement. Si l'on veut les conserver plus longtemps, on les jette dans des silos creusés dans des terrains un peu plus élevés que les champs contigus ; on les recouvre ensuite de terre pour les préserver de la gelée et on les retire de ces silos au fur et à mesure des besoins de la fabrication.

EXTRACTION DU SUCRE DE BETTERAVE

La première opération que doivent subir les betteraves, quand elles arrivent dans la fabrique de sucre, est le *lavage*, qui les débarrasse de la terre et des petites pierres qu'elles ont emportées du sol au moment de l'arrachage. Ce lavage s'effectue mécaniquement dans des appareils où les betteraves sont remuées au contact de l'eau.

Râpage des betteraves. — Au lavage succède le *râpage* qui a pour but de réduire les betteraves en une sorte de bouillie semi-liquide. La râpe se compose d'un cylindre AA (fig. 92), armé de dents très-fines que l'on voit sur sa surface extérieure, et animé d'une vitesse de rotation de mille tours par minute. Les betteraves jetées sur le fond incliné C d'une trémie, tombent sur la râpe A ; elles sont poussées par une pièce B, que l'on appelle le *pousseur*, écrasées entre lui et la râpe, et réduites en une bouillie rendue plus liquide par l'arrivée de minces filets d'eau que lance un tube T. Ces filets d'eau facilitent l'action des dents et en dégagent de la pulpe qui s'écoule dans un réservoir G, d'où elle passe ensuite dans des auges.

Des pelles mues mécaniquement la prennent dans ces auges et la versent dans des sacs de laine que présentent des ouvriers. Ces sacs sont ensuite superposés horizontalement et séparés l'un de l'autre par des claies métalliques de tôle de fer. Lorsqu'on en a superposé un certain nombre, on soumet la pile ainsi formée à l'action de presses hydrauliques mises en mouvement par la machine à vapeur de l'usine. La pression exer-

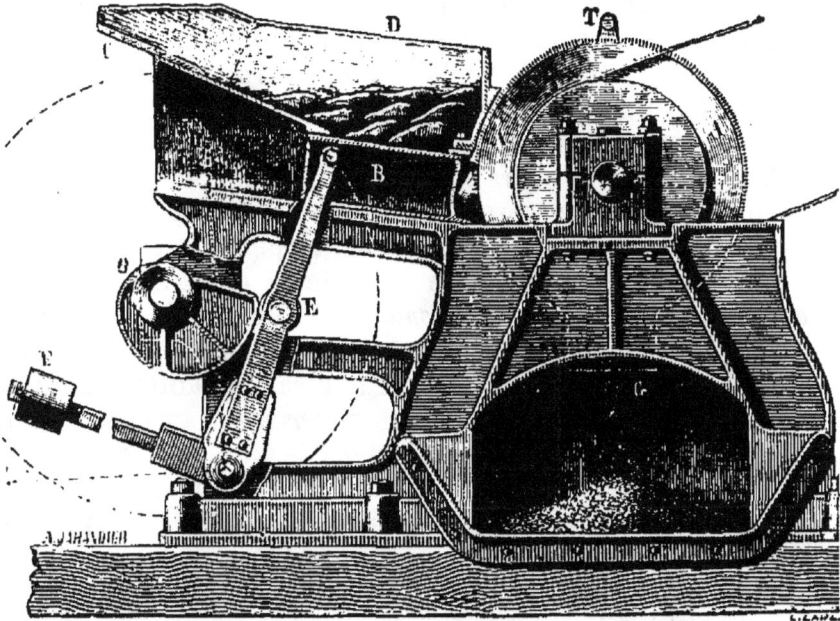

Fig. 92. — Machine à râper les betteraves.

cée est considérable : elle est de 800 000 kilogrammes. Sous l'influence de cette pression, le jus de la betterave passe à travers les sacs et s'écoule dans des rigoles qui le conduisent dans de vastes chaudières. Quant aux matières solides et insolubles qui composaient en quelque sorte la charpente de la betterave, elles restent dans les sacs à l'état de pulpe très-compacte, qui est vendue à l'agriculture et sert à la nourriture des bestiaux. Ordinairement les agriculteurs qui ont vendu la betterave au fabricant de sucre se réservent le droit de lui racheter la pulpe.

Défécation et carbonatation. — C'est du liquide obtenu par l'action des presses que s'extrait le sucre. Mais, comme la betterave est d'une composition très-complexe, le jus renferme

aussi un grand nombre de substances étrangères qu'il faut d'a-
bord séparer. Ces substances sont des acides, des matières gommeuses, de l'albumine ou blanc d'œuf, des matières grasses et
des matières colorantes. Pour opérer la séparation de ces substances, on procède à une opération appelée *défécation*, qui
consiste à mélanger le jus à 2 ou 3 pour 100 de chaux délayée
dans l'eau et à le chauffer dans de grands bacs à l'aide de
vapeur d'eau amenée au milieu du liquide par un tuyau correspondant avec une des chaudières de l'usine. La chaux s'unit
avec un certain nombre des principes à éliminer et produit des
corps solides et insolubles. Parmi ces corps se trouve l'albumine; elle forme avec la chaux une espèce de réseau qui, dans
sa chute, entraîne les autres matières solides et clarifie le liquide.

Mais, comme le sucre lui-même s'est uni à la chaux et a
produit avec elle un corps qui s'est dissous et que l'on nomme
saccharate de chaux, il faut maintenant opérer la décomposition
de ce saccharate et séparer le sucre de la chaux. Pour cela, à
l'aide d'un appareil appelé *monte-jus*, le liquide des chaudières
où s'est fait le mélange avec la chaux est monté dans de grands
bacs; il y est chauffé par la vapeur d'eau qu'amène un tube
serpentant au milieu de lui et nommé *serpentin*; en même temps
une machine soufflante injecte dans le liquide sucré un gaz
appelé *acide carbonique*. Ce gaz est celui qui se dégage des
fours à chaux quand on chauffe la craie pour faire de la chaux.
C'est de cette manière qu'il est fabriqué dans les sucreries où
la chaux que l'on obtient comme résidu est utilisée pour la
défécation. L'acide carbonique, en arrivant dans les chaudières,
décompose le saccharate dissous, sépare la chaux du sucre,
reforme avec elle de la craie en poudre fine qui est insoluble;
quant au sucre, il reste dissous. Pendant cette opération qu'on
appelle la *carbonatation*, la dissolution est continuellement
remuée à l'aide de pelles que manœuvrent les ouvriers.

Après la carbonatation, on lève une soupape de fond et le jus
passe dans des bacs de dépôt; lorsqu'il est clair, il est soutiré
et monté dans des chaudières où il subit une seconde carbonatation. Cette seconde carbonatation a pour but de détruire les
parties de saccharate de chaux qui auraient pu échapper à la
première. Le liquide est très-coloré en brun; il est ensuite
envoyé dans de grandes tonnes verticales remplies de noir animal à travers lequel il est filtré et sort de ces tonnes à l'état de
sirop clair et en partie décoloré; c'est de ce sirop qu'il faut
maintenant extraire le sucre.

Évaporation des sirops. — Pour faire comprendre le traitement qui va suivre, nous devons préalablement exposer quelques principes très-simples de physique expérimentale.

Lorsque l'eau contenue dans un vase ouvert est soumise à l'action de la chaleur, on ne tarde pas à voir s'élever au-dessus d'elle un brouillard formé par la vapeur à laquelle elle donne naissance ; cette vapeur se dissipe dans l'air environnant et peu à peu la quantité de liquide diminue dans le vase et finit même par disparaître tout à fait. Si le liquide employé était une dissolution de sucre, le phénomène se produirait aussi ; mais on retrouverait dans le vase le sucre que l'eau maintenait dissous, ce dernier n'étant pas susceptible de se transformer en vapeur.

On voit donc que, si l'on chauffe le sirop lorsqu'il sort des filtres à noir, on évaporera l'eau et il ne restera dans les chaudières, où on l'aura chauffé, que le sucre qu'il renfermait. Mais, pour que celui-ci ne s'altère pas dans cette opération, il est important de vaporiser l'eau en élevant le moins possible la température. C'est ce à quoi on arrive en enlevant du vase, où se fait l'évaporation, l'air qu'il renferme et la vapeur à mesure qu'elle s'y produit. L'eau peut alors bouillir à une plus basse température que si on laissait l'air et la vapeur s'accumuler au-dessus d'elle.

C'est en appliquant ces principes que les fabricants de sucre parviennent à produire l'évaporation de leurs sirops, à séparer l'eau du sucre, sans que la chaleur ait altéré celui-ci. Ils se servent pour cela d'appareils dont les meilleurs sont certainement les appareils à triple effet de MM. Cail et Cie.

Cuisson des sirops. — Lorsque le liquide sucré est arrivé à un degré de concentration suffisante, il est filtré de nouveau sur du noir et envoyé à l'appareil à cuire. Cet appareil se compose d'une grande chaudière dans laquelle on peut faire le vide et où le sirop est chauffé à l'aide d'un courant de vapeur qui circule dans un serpentin. Lorsque le sirop est assez cuit, ce que l'on voit à travers une fenêtre vitrée que porte la chaudière, on laisse rentrer l'air et l'on fait écouler la masse sucrée, qui est pâteuse, dans de grandes cuves de refroidissement, où elle se solidifie.

Le sucre se présente alors sous forme de petits grains ou cristaux d'un jaune brun assez foncé. Cette couleur est due au mélange du sucre blanc avec des mélasses et des produits de qualité inférieure. Pour opérer la séparation du sucre blanc, on se sert d'appareils appelés *toupies* ou *turbines* que nous ne décrirons pas.

Les produits impurs extraits par les turbines sont traités à nouveau et donnent des sucres de qualités inférieures. Il en est de même des écumes et du dépôt qu'ont fournis les sirops à la sortie des cuves de défécation ; le sirop contenu dans ce dépôt est extrait à l'aide de filtres spéciaux appelés *filtres-presses*.

Raffinage du sucre. — Le sucre brut indigène ou *cassonade* et le sucre de canne qui nous arrive des colonies ont besoin d'être soumis au *raffinage* avant d'être livrés à la consommation à l'état de sucre blanc. On commence par délayer la cassonade avec un peu de sirop et on la soumet à l'action de turbines. Puis elle est dissoute dans le moins d'eau possible avec du noir animal et du sang de bœuf ; le liquide est monté dans de grandes chaudières à double fond et chauffé par la vapeur qui circule entre les deux fonds. L'ébullition coagule l'albumine contenue dans le sang de bœuf. Celle-ci monte à la surface comme une espèce de réseau emprisonnant entre ses mailles les matières solides en suspension dans la liqueur et produit une clarification de bas en haut. On sépare les écumes et l'on fait passer le sirop dans des filtres de toile d'une nature particulière ; il s'y clarifie et passe de là dans de grandes tonnes remplies de noir animal qui, par sa propriété d'absorber les matières colorantes, le décolore. Il est ensuite envoyé dans les appareils à cuire dans le vide et il y est amené à un état de concentration suffisante. A sa sortie, il est réchauffé à nouveau et versé dans des vases coniques ou *formes*. Les formes sont placées le sommet en bas et portent à ce sommet un petit trou qui est bouché par un tampon et par un clou appelé *tapette*. Le sirop se refroidit lentement et le sucre prend l'état solide en cristallisant. Il a dû être réchauffé avant d'être coulé dans les formes, sans quoi la cristallisation serait trop brusque, le sucre n'aurait pas de grain et serait trop compact. Pour ralentir encore le refroidissement, on place les formes dans des greniers chauffés.

Le sucre ainsi cristallisé contient encore quelques impuretés ; pour les lui enlever, on procède à l'opération du *clairçage*, qui consiste à verser sur la base du pain de sucre un sirop de plus en plus pur appelé *claire*. Celle-ci s'infiltre dans le pain, entraîne avec elle les impuretés et s'écoule par le trou inférieur que l'on a débouché ; puis on laisse égoutter. Autrefois l'égouttage des dernières parties de claire durait cinq ou six jours ;

aujourd'hui il se fait rapidement à l'aide d'un appareil appelé *sucette,* qui aspire toute la clairce que contiennent les pains. Quand ils sont complétement égouttés, on les fait sortir de la forme en la frappant sur un billot de bois et l'on reçoit le pain sur la main. Cette opération, appelée *lochage,* est suivie d'un travail qui rend la base parfaitement plane et régularise le sommet du cône.

Le sucre est encore humide et friable : pour le rendre solide et sonore on le met à l'étuve ; la température ne doit pas dépasser 50 à 55 degrés. L'étuvage dure de six à huit jours. Au sortir de l'étuve, les pains sont placés dans un magasin chauffé, où ils sont mis en papier. Cette dernière opération s'appelle l'*habillage.*

CONFISERIE

La confiserie est une industrie qui consiste dans la fabrication de produits dont la forme et la composition sont très-variables. Elle est répandue dans toutes les grandes villes : Paris se place en première ligne ; après Paris viennent Marseille, Bordeaux, Lyon, Rouen, Montpellier, etc. Quelques villes de moindre importance fabriquent des articles spéciaux qui font leur réputation. C'est ainsi que Verdun est renommé pour ses dragées, Bar-le-Duc pour ses confitures de groseilles, Orléans pour sa gelée de coings, Clermont pour ses pâtes d'abricots, Montélimart pour ses nougats. Nous ne pouvons évidemment donner la description des différents procédés employés par les confiseurs pour la fabrication de produits aussi variés. Nous dirons seulement quelques mots de ceux qui peuvent être considérés comme rentrant dans la grande industrie, par exemple les dragées.

Les *dragées* proprement dites sont formées d'un noyau entouré de sucre. Ce noyau est tantôt naturel comme les amandes, les avelines, les anis, etc. ; tantôt il est fait avec un fondant ou avec de la liqueur.

Les dragées à noyau naturel se fabriquent par le procédé suivant : les noyaux sont placés dans des bassines (fig. 93), dont les parois sont formées par un tube de cuivre enroulé en spirale, dans lequel circule de la vapeur ; elles sont animées d'un mouvement de rotation autour d'un axe incliné passant par leur sommet. Par suite de ce mouvement, les noyaux sont constamment remués et roulent l'un sur l'autre ; on les arrose

de temps en temps avec du sirop de sucre cuit à un degré convenable; des tuyaux verticaux en communication avec un ventilateur, amènent dans chaque bassine un courant d'air chaud
ou froid, qui facilite l'évaporation ; le sucre se solidifie et enveloppe les noyaux de couches successives qui finissent par
former autour d'eux l'épaisseur voulue. Pour les qualités communes, on ajoute de temps en temps de la farine au lieu de
sirop.

Pour les dragées à liqueur, on commence par fabriquer le
noyau. Après avoir tassé de l'amidon en poudre dans un cadre
de bois, on applique à la surface de cet amidon une planche
en plâtre présentant des aspérités qui ont la forme du noyau
et qui, faisant leur empreinte dans l'amidon, y produisent autant de cavités dans lesquelles on coule un mélange, en proportions convenables, de sirop et de la liqueur à employer
(kirsch, marasquin, etc.). Par un phénomène très-curieux, le
sucre se solidifie sur les parois des cavités en emprisonnant la
liqueur. Quand le noyau est fait, on le recouvre de sucre
comme, les dragées à noyau naturel.

CHOCOLAT

Le chocolat est un mélange de cacao broyé et le sucre, auquel on ajoute un aromate qui varie d'un pays à l'autre et qui,
en France, est ordinairement la vanille. Le cacao, ou fruit du
cacaoyer, nous vient ordinairement de l'Amérique; les meilleurs, les Caracas et les Maragnan, nous arrivent de l'Amérique
méridionale. L'usage alimentaire du cacao en Europe remonte
à la conquête du Mexique (1520) : les indigènes l'enseignèrent
aux Espagnols qui d'abord en firent un mystère et le révélèrent
plus tard au reste de l'Europe. L'industrie du chocolat a pris
de grands développements ; la consommation annuelle de la
France dépasse douze millions et demi de kilogrammes, représentant une valeur de plus de trente et un millions de francs
En 1856, elle n'était que de six millions de kilogrammes.

La fabrication du chocolat est une opération très-simple. Le
cacao subit d'abord, dans des appareils analogues à ceux qui
servent à griller le café, une torréfaction dont l'effet est de développer son arome, de lui enlever de l'âcreté en volatilisant
les principes amers, et de rendre les coques plus fragiles. La
coque ainsi préparée est triée et livrée à un appareil décorti-
queur qui enlève la pellicule. Puis le cacao est broyé dans un

Fig 93. — Fabrication des dragées.

mélangeur, qui se compose d'une auge où tournent des meules verticales de granit ; le fruit s'écrase et les huiles qu'il renferme forment avec la partie solide une pâte qui devient de plus en plus liquide à mesure que le broyage avance. On ajoute à cette pâte une certaine quantité de sucre, en moyenne les deux tiers, et le mouvement des meules incorpore le sucre dans la masse. Le mélange étant opéré, la pâte est livrée à d'autres appareils qui ont pour but de la rendre plus homogène et d'écraser d'une manière plus parfaite les grains de sucre. Ce sont des cylindres de granit roulant l'un sur l'autre et faisant l'office de laminoirs. Mais pendant ce broyage la pâte est devenue moins liquide : on lui rend sa liquidité par un séjour à l'étuve et on la livre de nouveau au mélangeur. Ensuite elle passe dans un appareil nommé *boudineuse*, qui a pour but d'extraire les bulles d'air et d'où il sort à l'état de boudin, que l'on divise en portions de poids déterminé.

Chacun des morceaux obtenus par le pesage est placé dans des moules de fer-blanc appelés *formes*. On dispose un certain nombre de ces moules sur une planche que l'on place sur un appareil à secousses nommé *tapoteuse*. Les secousses imprimées à la planche forcent la pâte à se répartir dans le moule, pendant que l'ouvrier, à l'aide des mains et de l'avant-bras, achève de la tasser et lui donne le poli extérieur. Cette opération est désignée sous le nom de *dressage*. Il faut ensuite refroidir le chocolat brusquement pour le solidifier et pouvoir le démouler : on y parvient en portant les moules dans une pièce où circule un courant d'air lancé par un ventilateur. Enfin le chocolat en tablettes est livré aux ateliers de pliage, où il est mis en papier par des femmes. Dans certaines usines, le pliage se fait mécaniquement.

CHAPITRE V

BOISSONS

VINS

Le vin est une liqueur obtenue par la fermentation du jus de raisin ; ce liquide contient du sucre qui, sous l'influence de la fermentation, se transforme partiellement en alcool et en un gaz appelé *acide carbonique*.

La fabrication du vin constitue en France l'objet d'une industrie considérable : il n'y a que douze départements qui ne produisent pas de vin, leur climat n'étant pas assez chaud pour que le raisin y atteigne le degré de maturité nécessaire à la vinification. La production de la France en 1866 a été de 63 837 633 hectolitres ; elle n'était en 1861 que de 29 738 243 hectolitres. La superficie des terres cultivées en vignes est de 2 millions d'hectares environ.

Les différents vins que produit la France peuvent se diviser en six classes principales :

1° Les vins de Bordeaux et leurs similaires, dont la production s'étend dans dix-neuf départements. Le département de la Gironde fournit les meilleurs vins de cette classe : les Château-Laffite, Château-Margaux, Château-la-Tour, Château-Haut-Brion, Sauterne, Saint-Émilion, sont connus par leur fraîcheur et leur bouquet, aussi les nations étrangères viennent-elles y faire des achats considérables. En 1866, la Gironde a produit 3 245 000 hectolitres.

2° Les vins de Bourgogne et leurs similaires, dont la production s'étend dans douze départements. La Côte-d'Or tient le premier rang par ses crûs si fameux de Chambertin, Romanée, Vougeot, Corton, Beaune ; elle fabrique environ un million d'hectolitres.

3° Les vins du Midi, qui ont en général un goût moins délicat que les précédents, mais sont très-abondants ; on y trouve quelques crus très-estimés, celui de l'Ermitage, par exemple, dans la Drôme, le département de l'Hérault fait à lui seul de 6 à 9 millions d'hectolitres. Les vins de cette classe proviennent de dix-sept départements.

4° Les vins de l'Est sont produits dans douze départements. Le Jura est celui qui donne les plus remarquables ; ceux d'Arbois sont très-estimés.

5° Les vins mousseux, qui reçoivent des soins et des préparations spéciales, modifiant leur nature primitive. Nous citerons ceux de Champagne, qui tiennent toujours le premier rang, ceux de la Basse-Bourgogne et notamment ceux de Châblis, Tonnerre, Épineuil ; ceux de Tours, Vouvray et Rochecorbon.

6° Les vins de liqueur, que fournissent quelques départements méridionaux, parmi lesquels on distingue les vins muscats de Frontignan, de Rivesaltes et d'Alicante. A Cette, on fabrique de remarquables imitations de vins d'Espagne.

La fabrication du vin est une opération assez simple, dont les détails varient d'une région à l'autre, mais qui peut être ramenée à quelques principes généraux que nous exposerons seulement, en commençant par le vin rouge qui fait l'objet de la plus grande consommation.

La fabrication du *vin rouge* comprend quatre phases principales : 1° la *vendange*, ou récolte du raisin ; 2° le *foulage*, ou expression du jus, opération qui est quelquefois précédée de l'*égrappage ;* 3° la *fermentation du moût*, qui doit développer l'alcool du vin ; 4° le *décuvage*, le *pressurage*, la *mise en tonneau*, etc.

Vendanges. — La vendange a lieu à des époques variables suivant les années et les régions, mais en général du commencement de septembre au 15 octobre. On doit attendre pour la faire que les raisins soient bien mûrs. Lorsqu'on juge qu'il en est ainsi, les vendangeurs (femmes, vieillards, enfants) sont répartis dans les vignes et, armés de ciseaux ou de sécateurs dont l'usage est préférable à celui des couteaux ou des serpettes, ils coupent les grappes de raisin qu'ils placent dans des paniers, qui sont ensuite vidés dans des hottes de bois ou d'osier.

Égrappage. — La récolte étant achevée, il faut maintenant extraire le jus du raisin pour le faire fermenter ; car, tant qu'il reste protégé par son enveloppe contre le contact de l'air, il n'éprouve que des modifications à peine appréciables. Pour cela les grappes sont soumises au foulage, qui est souvent précédé de l'*égrappage*. L'égrappage consiste à séparer les grains de la queue qui les porte ou *rafle*. La rafle ne peut céder au vin qu'un principe astringent, surtout formé de tannin ; ce principe est utile à certains vins, mais pour ceux qui sont déjà astringents par eux-mêmes, il est bon de les en débarrasser par l'égrappage. Cette opération se pratique de plusieurs manières : la plus simple consiste à se servir d'une fourche (fig. 94) à trois dents que l'on agite dans un cuvier contenant les grappes : les grains se détachent de la rafle que l'on sépare à la main.

Foulage. — Le foulage se fait ordinairement par des hommes qui, les jambes et les pieds nus, piétinent le raisin placé sur un sol en dalles légèrement incliné et entouré d'un rebord de 10 à 15 centimètres de hauteur (fig. 95). L'écrasement par les pieds nus a l'avantage de faire sortir le jus du grain sans écraser les pépins qui communiqueraient au vin une saveur désagréable. A mesure que le jus sort du grain, il s'écoule dans un baquet en bois de chêne appelé *barlong* ou *douil ;* on l'y puise nour le verser dans des vases de bois nommés *tines* ou *comportes*, à l'aide desquels on le porte aux cuves de fermentation, qui sont ordinairement de grandes cuves en chêne de 40 à 50 hectolitres de capacité, de forme conique ou carrée. Le raisin foulé et encavé ne tarde pas à entrer en fermentation, si toutefois la température n'est pas inférieure à 20 degrés. Les celliers où sont les cuves doivent être disposés de telle sorte qu'on puisse élever leur température au degré voulu.

Fermentation du moût. — Il y a deux méthodes générales pour opérer la fermentation : d'après l'une, la plus ancienne

FIG. 94. — Egrappage au trident.

et la plus employée quoique la moins bonne, on fait fermenter au libre contact de l'air atmosphérique, tandis que dans la seconde on interdit plus ou moins le contact de l'air.

Dans la première méthode, au deuxième jour d'encuvage, la fermentation commence ; la température s'élève et le sucre se transforme en alcool et en acide carbonique. Les matières solides soulevées par le dégagement du gaz s'accumulent à la surface et forment une croûte d'écume, qu'on appelle le *chapeau*. Au bout de quelques jours la fermentation devient moins tumultueuse, puis s'arrête : on brasse alors le mélange de ma-

nière à immerger entièrement le chapeau et remettre de nouveau en contact le jus sucré et les matières solides ; la fermentation recommence, moins tumultueuse que la première fois,
et, lorsqu'elle est arrêtée, on procède au *décuvage*. Il est im-

Fig. 95. — Piétinage du raisin. Cellier de fermentation

portant, lorsque la fermentation a lieu à l'air libre, de bien
saisir le moment où doit se faire le décuvage ; si l'on at-
tend trop tard, le vin peut s'aigrir ou au moins s'appauvrir
par l'évaporation de son alcool. Ces inconvénients sont évités

par la seconde méthode, qui consiste à recouvrir la cuve avec un couvercle qu'on lute sur elle et qui porte un tube destiné à mener l'acide carbonique au dehors.

Décuvage, pressurage. — Le décuvage peut se faire en enfonçant dans la cuve un panier d'osier, qui se remplit du liquide et lui sert de filtre en le séparant des matières solides. On y puise le vin et on le verse dans des tonneaux munis d'un large entonnoir. Mais ce procédé est défectueux : il expose trop le vin à l'action acidifiante de l'air ; il est préférable d'adapter une grosse cannelle près du fond de la cuve, et, à l'aide d'un tuyau, de diriger dans des tonneaux le liquide soutiré.

Lorsqu'on a soutiré tout le vin qui peut s'écouler spontanément, les matières solides restant dans la cuve et formant le *marc* sont enlevées dans des hottes et portées au pressoir. On en extrait par la pression le vin qu'elles renferment encore et qui est d'une qualité inférieure au premier. On traite aussi le marc par l'eau pour faire la *piquette*, qui est la boisson ordinaire du vigneron.

Dans les tonneaux où l'on a mis le vin et que l'on a transportés dans les celliers, le liquide continue à fermenter lentement et à dégager de l'acide carbonique. Dans certaines localités, on remplit chaque jour le tonneau de manière que, par la fermentation, l'écume et les impuretés qui se trouvent à la surface du liquide soient expulsées et rejetées au dehors par l'ouverture de la bonde : c'est ce qu'on appelle *ouiller*. Dans d'autres régions, on ne remplit pas entièrement le tonneau : on laisse un espace vide capable de contenir l'écume, qui se dépose à la longue et tombe au fond lorsque la fermentation se ralentit ; c'est alors qu'on doit fermer la *bonde*. Quel que soit le procédé d'*ouillage* employé, il est important de soigner le vin dans les celliers, de le séparer par plusieurs soutirages de la *lie* qui s'est déposée au fond des tonneaux.

Enfin on le rend tout à fait limpide par le *collage*. Cette opération s'effectue en y versant de la gélatine ou du blanc d'œuf. Ces substances forment avec le tannin du vin des flocons insolubles qui entraînent avec eux, au fond du tonneau, les matières en suspension.

Vins blancs. — La fabrication du *vin blanc* diffère sur quelques points de celle du vin rouge. D'abord le pressurage doit précéder la fermentation. Voici pourquoi : la matière colorante du raisin se trouve dans la pellicule du grain et ne peut se dissoudre qu'à l'aide de l'alcool produit dans la fermen-

tation ; si donc, avant la fermentation, c'est-à-dire avant la
formation de l'alcool, on sépare par le pressurage, la pellicule
et le jus, il ne pourra y avoir de coloration, puisque la matière
colorante sera restée dans la pellicule. Pour atteindre ce résultat, après le foulage qui écrase les grains sans en écraser les
pepins, on livre le raisin au pressoir. Le premier moût obtenu
par le piétinage produira le meilleur vin blanc. Le moût est
ensuite mis dans des tonneaux où il subit la fermentation,
qui pour les vins rouges se fait dans les cuves. Ces tonneaux
ont une capacité de 200 à 250 litres. Dans certains cas, le
moût, avant d'y être introduit, est mis dans une cuve, où il
dépose quelque temps et qu'on appelle *cuve de débourbage*. Dans
la Gironde, le vin blanc est toujours fait avec du raisin blanc ;
les raisins rouges ne donneraient pas de bon vin blanc.

Vins de Champagne. — Quant aux vins blancs *mousseux*, ils
doivent la propriété de mousser à la grande quantité d'acide carbonique qu'ils tiennent en dissolution et qui provient de ce que le
vin est mis en bouteilles avant que la fermentation soit achevée.

La plupart des vins de Champagne se préparent avec du raisin rouge, dont le jus est généralement plus sucré que celui du
raisin blanc. Le marc foulé et soumis à une pression donne le
vin rosé. Les vins de différents crûs sont mélangés ensemble
d'après les proportions qui ont été reconnues avantageuses.
Le mélange est versé ensuite dans des tonneaux de 2 hectolitres, que l'on place dans des locaux à 15 ou 20 degrés de chaleur. La fermentation s'effectue lentement en huit ou quinze
jours suivant la température, puis on le descend dans des caves
fraîches à 10 ou 12 degrés ; la fermentation active s'arrête et
se transforme par le refroidissement en fermentation lente.
C'est là une opération à laquelle se prêtent parfaitement les
vins de Champagne et qui rencontrent de sérieuses difficultés
pour des vins récoltés dans des régions plus méridionales. Les
vins de Champagne ont pour caractère de garder leur sucre
avec opiniâtreté. On soutire et l'on colle trois fois et, vers le
mois d'avril, on met en bouteilles. Les grands vins de Champagne contiennent encore à cette époque assez de sucre pour
qu'on ne soit pas obligé d'en ajouter et pour que la fermentation lente de ce sucre donne dans la bouteille l'acide carbonique qui doit rendre le vin mousseux. Pour les vins moins
riches, on verse dans chaque bouteille une certaine quantité
de *liqueur à sucre*, c'est-à-dire d'une dissolution de sucre de
canne dans le vin blanc.

La mise en bouteilles et la conservation des vins mousseux exigent des soins très-nombreux. Les bouteilles doivent être neuves ; si elles avaient déjà servi à renfermer du champagne, leur solidité, altérée par la pression intérieure qu'elles auraient supportée une première fois, ne pourrait résister à une seconde épreuve. Le tirage du vin doit se faire dans un local chaud ou chauffé à 20 degrés. Les bouteilles sont présentées au boucheur qui, à l'aide d'une machine spéciale, y fait pénétrer un bouchon bien choisi et beaucoup plus gros que le goulot.

Lorsque la bouteille est bouchée, elle passe successivement dans les mains du *ficeleur* et du *metteur en fil,* qui serrent le bouchon dans le goulot, le premier avec deux nœuds de ficelle huilée, le second avec deux fils de fer. Ainsi bouchées, les bouteilles sont *entreillées,* c'est-à-dire disposées horizontalement par lits réguliers. La fermentation du sucre continue et produit la mousse. Lorsque, par la formation des dépôts ou par la rupture de quelques bouteilles, on est averti que le travail de la mousse est commencé, on descend les bouteilles en cave ou dans un local à température constante de 10 degrés; on les entreille de nouveau et on les y laisse au moins dix-huit mois, pendant lesquels un grand nombre sont cassées par la pression du gaz, surtout aux mois de mai, juin et août. Quand le dépôt est bien formé et que le vin est limpide, on désentreille et l'on *met sur pointe,* c'est-à-dire qu'on place les bouteilles, le goulot en bas, sur des planches trouées disposées le long des murs des caves. Le dépôt, grâce au remuage des bouteilles qu'effectue de temps en temps un ouvrier appelé *remueur,* descend et se réunit sur le bouchon.

Il faut alors procéder au *dégorgeage :* les bouteilles prises avec soin, le fond en l'air et le goulot en bas, sont portées au dégorgeur, qui, les tenant dans la même position, tire prestement le bouchon ; la pression intérieure fait sortir le dépôt, et le dégorgeur retournant rapidement la bouteille en essuie le goulot, y met un bouchon provisoire et la passe à l'*égaliseur,* qui est chargé de vérifier si le dégorgeage n'a pas fait sortir des quantités inégales de vin et de ramener au même volume le liquide de chaque bouteille. Enfin on ajoute dans chacune d'elles une certaine quantité d'une liqueur sucrée nommée *liqueur d'expedition,* et la composition varie suivant le goût des habitants des contrées auxquelles le vin est destiné ; c'est ce qu'on appelle *opérer* le vin. Pendant ces différentes manipula-

tions, il s'est perdu moins de gaz qu'on ne serait porté à le
croire, attendu que le vin de Champagne, surtout celui des
bons crûs, retient ces gaz avec une certaine force. Le vin une
fois opéré est de nouveau bouché et ficelé. Enfin des femmes
sont chargées d'essuyer les bouteilles, d'envelopper le bouchon
et le goulot d'une feuille d'étain et de coller l'étiquette.

BIÈRE

Dans les contrées du Nord où la vigne ne peut être cultivée
avec avantage, on prépare des boissons qui remplacent le
vin. La bière est celle que l'on consomme le plus. La production en est considérable dans les départements du Nord et en
Alsace, où Strasbourg a acquis une réputation méritée par l'excellente qualité de ses produits. Lyon fabrique aussi une bière
estimée, mais l'importance de cette industrie tend à y diminuer
par suite de la facilité avec laquelle on se procure les bières de
l'Est et de l'Allemagne.

La bière est une boisson légèrement alcoolique, résultant de
la *transformation en sucre* de l'amidon que renferment les graines de certaines céréales, surtout l'orge, et de la *transformation
du sucre en alcool* après une addition des principes aromatiques
et amers du houblon.

Nous allons exposer les principales opérations de la fabrication de la bière.

Mouillage et germination de l'orge. — L'orge est d'abord
soumise à un *mouillage,* qui a pour but d'introduire dans les
graines une quantité d'eau suffisante pour la germination. Il
s'effectue dans des cuves de fer ou à parois garnies de ciment
et dure de cinquante à quatre-vingts heures, pendant lesquelles
on renouvelle l'eau deux fois par jour pour l'empêcher de
prendre une mauvaise odeur. Quand le grain est devenu assez
souple pour qu'on puisse le plier sur l'ongle sans le briser, le
mouillage est achevé.

Il faut alors procéder à la *germination,* dont l'effet sera de
développer dans les grains un principe appelé *diastase* qui
doit ultérieurement transformer l'amidon en matière sucrée.
On transporte pour cela le grain dans des caves où on l'étale
par terre en couche de 50 centimètres environ : la température
des caves doit être de 12 à 15 degrés. Sous l'influence de cette
température, l'orge entre en germination : les organes appelés
gemmule et *radicelle,* qui deviendraient plus tard la tige et la

racine de l'orge si la végétation devait continuer, sortent de chaque grain : la couche s'échauffe et l'on doit la remuer assez souvent pour l'empêcher de s'échauffer trop. On diminue progressivement son épaisseur, et lorsque la gemmule a atteint une longueur à peu près égale à une fois et demie ou deux fois celle du grain, ce qui arrive au bout de cinq à huit jours, on porte l'orge dans des greniers très-aérés où elle se dessèche. Pour achever cette dessiccation, qui a pour but d'arrêter la germination, le grain est placé dans des appareils nommés *touailles*, où il est graduellement porté à une température de 115 à 120 degrés par un courant d'air chaud.

Quand le grain est sec, on le sépare des radicelles qui communiqueraient de l'amertume à la bière. On se sert pour cela d'appareils appelés *dégreneurs*. Puis on moud le grain soit à l'aide de meules, soit en le faisant passer par des cylindres cannelés qui l'écrasent, et il constitue alors ce qu'on désigne sous le nom de *malt*.

Brassage et houblonnage. — Le malt est soumis à la *saccharification* ou *brassage*. Cette opération a pour but de faire agir la diastase sur l'amidon du grain, de le transformer en matières sucrées et de dissoudre le sucre dans l'eau. Elle est faite dans des cuves appelées *cuves-matières*, par deux procédés différents dont nous ne donnerons pas les détails, mais qui tous deux consistent à faire agir l'eau chaude sur le grain.

Le liquide provenant du brassage est appelé *moût ;* il est envoyé dans des chaudières où on le porte à l'ébullition en y mélangeant une certaine quantité de fleurs de *houblon*. Ces fleurs communiquent à la bière un peu d'amertume, lui donnent un parfum agréable, et le tannin qu'elles renferment détermine la précipitation des matières albumineuses et par suite la clarification du liquide. La cuisson dure de quatre à cinq heures; elle se fait dans des chaudières de cuivre munies d'un agitateur qui, par l'agitation qu'elle entretient dans le liquide, s'oppose à ce que le malt puisse adhérer au fond de la chaudière, où il s'altérerait sous l'influence de la chaleur et prendrait une saveur désagréable.

Lorsque la cuisson du moût est terminée, on le dirige au moyen de tuyaux de cuivre dans de grands bacs très-peu profonds, appelés *refroidissoirs* et placés dans des greniers parfaitement aérés. Il s'y refroidit rapidement et laisse déposer diverses substances qu'il tenait en suspension ou en dissolution. Quand le refroidissement n'est pas assez rapide, on fait

passer le mout dans des appareils *réfrigérants* où il circule
dans des tubes refroidis par une circulation d'eau froide.

Fermentation de la bière. — Après le refroidissement, le
liquide est envoyé dans des cuves nommées *guilloires*, où il su-
bira la fermentation qui doit transformer le sucre en alcool, et
conséquemment le moût en bière. On provoque cette fermentation par l'addition d'une certaine quantité de levûre de bière
provenant d'une opération précédente. La levûre se multiplie
dans l'intérieur du liquide et cette multiplication est accompagnée de la transformation du sucre en alcool.

La fermentation peut se faire de deux manières, *superfi-
ciellement* ou *par dépôt*. Dans le premier cas, la levûre produite
monte à la surface, entraînée qu'elle est par un dégagement
assez tumultueux d'acide carbonique ; dans le second, elle va
au fond de la cuve, où elle se dépose. Ces deux formes diverses dépendent du mode de brassage, de la nature de la
levûre et de la température à laquelle se fait la fermentation.

La fermentation par dépôt s'obtient à une température qui
varie de 4 à 15 degrés, elle se fait lentement, avec calme, et
dure de dix à vingt jours. C'est ainsi qu'on opère pour les bières
de Bavière et d'Alsace. Après la fermentation, on soutire le
liquide, en ayant soin de le prendre aussi clair que possible et
en laissant dans la cuve la levûre, qui doit être recueillie, bien
lavée et conservée pour la vente ou pour une opération ulté-
rieure. La bière ainsi produite peut être mise en tonneaux et
vendue en cet état, à condition d'être promptement consom-
mée, car elle ne se conserverait pas au delà de quelques mois.

Quand on veut faire de la *bière de conserve*, on dirige le produit
de la première fermentation dans de grandes cuves disposées
dans des caves entourées d'une glacière constamment remplie
et où règne, par conséquent, une température glaciale et constante. La bière y est abandonnée en moyenne durant cinq à
six mois ; pendant ce temps se produit une fermentation lente
qui a pour effet de faire déposer les substances nuisibles à la
conservation du liquide.

La fermentation superficielle se pratique dans les villes du
Nord ; elle se fait à une température qui varie entre 15 et 30 degrés ; elle est tumultueuse et dure de quatre à dix jours. On
la fait commencer dans des guilloires et on l'achève dans des
tonneaux où l'on transvase le liquide ; la levûre produite s'écoule
par la bonde restée ouverte.

CIDRE

Le cidre est une boisson alcoolique obtenue par la fermentation du jus sucré extrait des pommes. Son usage est très-répandu en Normandie et en Picardie. Le procédé de fabrication est très-simple.

Les pommes sont écrasées, soit sous une meule de bois qui se meut dans une auge circulaire, soit entre les deux cylindres cannelés d'un appareil appelé *grugeoir*. La pulpe est abandonnée pendant vingt-quatre heures dans de grandes cuves de bois, où elle prend une couleur rougeâtre qui communique au cidre la teinte jaune ambrée que l'on recherche. Elle est ensuite soumise à l'action du *pressoir* et produit un jus que l'on filtre sur des tamis de crin pour arrêter les impuretés. Ce liquide est mis à fermenter, et une partie du sucre se transforme en alcool et en acide carbonique. Suivant les contrées, cette première fermentation a lieu en cuve ou en tonneaux ; lorsqu'elle est achevée, on soutire le liquide, et si l'on veut faire une boisson d'agrément, sucrée et mousseuse, on le met en bouteilles. Mais dans les pays où l'on boit le cidre pendant les repas, on laisse la fermentation s'achever dans de grandes tonnes, ce qui donne au liquide une saveur légèrement aigre.

EAUX-DE-VIE ET ALCOOLS

L'eau-de-vie est un mélange d'eau et d'alcool, dont la fabrication repose sur les principes suivants : Lorsqu'on chauffe du vin, qui peut être considéré comme un mélange d'eau et d'alcool, l'alcool se vaporise le premier, et, si l'on reçoit sa vapeur dans un récipient entouré d'eau froide, cette vapeur redeviendra liquide par le refroidissement et l'on aura ainsi séparé l'alcool de l'eau, qui ne bout qu'à une température plus élevée. Toutefois cette séparation ne se fait pas par une seule distillation, attendu qu'à la température de 78 degrés, à laquelle bout l'alcool, l'eau émet aussi des vapeurs qui se mélangent aux vapeurs alcooliques ; mais en répétant l'opération on arrive à avoir un liquide de plus en plus riche en alcool.

L'eau-de-vie est le résultat d'une seule distillation. Elle se fabrique surtout dans l'Angoumois, la Saintonge, le Languedoc et la Provence ; les qualités les plus estimées sont fournies par l'Angoumois, où la distillation se fait en général dans les campagnes et à l'aide d'un appareil distillatoire excessivement simple. Il se compose d'une chaudière de cuivre communiquant avec un tube de cuivre étamé qui serpente dans un récipient rempli d'eau froide. Le vin est placé dans la chaudière, puis chauffé avec précaution ; il faut que le feu soit très-régulier et qu'il marche jour et nuit. Les vingt premiers litres qui passent à la distillation sont mis de côté ainsi que les dernières portions ; ils fournissent une eau-de-vie moins estimée que l'on appelle *seconde* et qui a un goût amer et métallique. La distillation est conduite de manière à avoir un liquide qui renferme de 63 à 67 pour 100 d'alcool. Ce liquide est blanc, et c'est seulement dans les fûts de chêne où on le met qu'il acquiert à la longue la couleur ambrée qu'a ordinairement l'eau-de-vie.

On fait dans le midi de la France des quantités considérables d'eau-de-vie. Beaucoup de propriétaires distillent eux-mêmes : c'est ce qu'on appelle *brûler le vin* ; mais la distillation se pratique aussi dans d'importantes usines où l'on emploie des appareils perfectionnés que nous ne décrirons pas.

L'eau-de-vie de vin, qui est la meilleure et la plus estimée, n'est pas la seule qui entre dans la consommation. On fabrique maintenant des quantités considérables d'eau-de-vie de qualité inférieure en mélangeant à l'eau des alcools de provenances diverses.

L'*alcool de betteraves* provient de la distillation d'un liquide alcoolique que l'on obtient en faisant macérer dans l'eau les betteraves râpées ; l'eau dissout le sucre, et le produit de cette macération est mis à fermenter ; le liquide alcoolique résultant de cette fermentation est distillé.

Les mélasses des sucreries servent aussi, après fermentation, à la fabrication de l'alcool par distillation.

Les *alcools de grain* sont produits par la distillation de liqueurs alcooliques provenant de la fermentation des liquides sucrés que l'on obtient en faisant fermenter des grains ou en faisant agir sur eux des acides comme l'acide sulfurique.

L'*alcool de pommes de terre* a une origine toute semblable. La fécule que renferme la pomme de terre est transformée en sucre par l'action des acides ; le liquide sucré est mis en fermentation, puis distillé.

Les alcools et les eaux-de-vie, dont nous venons de parler en dernier lieu, contiennent toujours des principes étrangers qui en font des alcools dits de *mauvais goût*. On les purifie ou par des distillations répétées et bien dirigées, ou par l'emploi de désinfectants, comme le charbon de bois granulé, les alcalis, le chlorure de chaux, etc. Il convient toutefois d'ajouter que le moyen le plus efficace est la distillation.

VINAIGRE

Le vinaigre est un liquide acide qui sert à l'assaisonnement de nos aliments et provient de l'altération d'un liquide alcoolique, comme le vin, la bière, le cidre, etc. Cette altération se produit par l'action de l'oxygène de l'air sur l'alcool qui, en s'emparant de cet oxygène, se transforme en acide acétique. Le vinaigre peut être considéré comme un mélange d'eau et d'acide acétique. On a reconnu que la présence d'un ferment appelé *mère du vinaigre* accélère l'acétification ; ce ferment est le plus souvent fourni par des copeaux de hêtre mis en contact avec l'eau, qui se charge des principes solubles de ce bois. Orléans a été longtemps renommé pour la fabrication du vinaigre ; voici comment on y opère :

Dans des ateliers chauffés à la température de 35 degrés, on place de vieux tonneaux à demi remplis de vinaigre. Tous les huit jours, on verse dans chacun d'eux 10 litres de vin que l'on fait couler préalablement sur des copeaux de hêtre ; en même temps, on retire du tonneau par un robinet inférieur 8 ou 10 litres de vinaigre, c'est-à-dire un volume égal à celui du vin qui a été ajouté. Ce procédé est lent et ne donne, une fois mis en train, que 10 litres de vinaigre tous les huit jours. M. Pasteur a étudié, il y a quelques années, les conditions dans lesquelles se fait l'acétification du vin et a proposé d'heureuses modifications.

INDUSTRIES

DU VÊTEMENT ET DE LA TOILETTE

L'homme se sert, pour la confection de ses vêtements, d'étoffes diverses constituées par l'enchevêtrement de fils, qui sont ou d'origine animale comme ceux de soie ou de laine, ou d'origine végétale comme ceux de lin, de chanvre et de coton. La matière première de ces fils nous étant livrée par la nature dans un état plus ou moins éloigné de celui qu'exige la confection des tissus, l'homme lui fait subir des modifications plus ou moins complètes qui constituent l'objet de l'industrie de la filature. La soie est la matière textile que la nature nous offre à l'état le plus parfait, celle par conséquent dont les transformations sont le moins compliquées; c'est par elle que nous commencerons l'étude de la filature. Après avoir décrit la fabrication des tissus, nous étudierons un certain nombre d'articles concourant à la toilette : les gants, les chapeaux, les boutons, les épingles, les aiguilles, les brosses, etc.

CHAPITRE PREMIER

DE LA SOIE

La soie nous est fournie par le bombyx du mûrier, que l'on désigne ordinairement sous le nom de *ver à soie*. Cet animal, dont on élève des quantités considérables dans les départements du Midi, et particulièrement dans les Cévennes, est nourri avec des feuilles de mûrier dans des établissements agricoles appelés *magnaneries*.

C'est à Olivier de Serres que la France doit son industrie séricicole; ce fut, en effet, ce grand agriculteur qui engagea les

Ardéchois à cultiver le mûrier, dont les feuilles devaient servir à la nourriture des vers à soie. Il publia en 1599 un ouvrage intitulé : *De la cueillette de la soye par la nourriture des vers qui la forment.* Cet ouvrage fit une profonde impression sur le roi Henri IV, qui, malgré la résistance de Sully, fit faire par Olivier, dans le jardin des Tuileries, des essais dont le succès fut complet.

C'est à la Voulte, près des rives du Rhône, qu'on commence, dans le bas Vivarais, à voir se développer la culture du mûrier ; c'est dans la plaine du Pousin (Ardèche) qu'on admire les plus beaux types de cet arbre, qui, comme on l'a dit souvent, est l'arbre d'or des Cévennes et du bas Dauphiné.

Le mûrier commence à végéter vers les premiers jours d'avril ; les vers à soie éclosent dans le courant de mai. A cette époque, les filatures du Vivarais et de la haute Provence suspendent leurs travaux pour permettre aux ouvrières d'aller cueillir la *feuillée* ou de travailler comme *magnanières* dans les *chambrées.* Elles partent à la pointe du jour pour la *mûreraie*, détachent les feuilles des pousses et les déposent dans de grands sacs de toile blanche maintenus ouverts à l'aide d'un cerceau. Quand la feuillée arrive dans les magnaneries, on la met sous des hangars pour la soustraire à l'action de la pluie et aux ardeurs du soleil.

Éducation des vers à soie. — Les *magnaneries* ou *chambrées* sont des chambres dans lesquelles on a installé, par étages superposés, des claies (*levadous*, *canis*) formées de roseaux réunis par des écorces de châtaignier ; ces chambres doivent être disposées de manière à pouvoir être chauffées et ventilées.

Quand le cultivateur juge, d'après l'état de végétation des mûriers, qu'il est temps de faire éclore les œufs pondus l'année précédente, il met ceux qu'il croit bons dans des boîtes qu'il porte dans une petite chambre ou *étuve*, dont la température devra, d'après Dandolo, être, le premier jour, de 14 degrés environ, puis portée successivement à 22 degrés, pendant les douze jours que durera cette incubation artificielle. Lorsque les œufs prennent une couleur blanche, ce qui indique une éclosion prochaine, on les recouvre avec des feuilles de papier percées de trous ; les vers, à mesure qu'ils naissent, traversent ces trous, et on les recueille en leur présentant de jeunes rameaux de mûrier sur lesquels ils montent. On les porte alors à la chambrée, on les met sur du papier, et on leur donne un peu de feuille tendre coupée très-menu.

C'est là que va s'accomplir la vie du ver à soie, qui sera partagée en cinq âges : le premier âge dure environ cinq jours, au bout desquels le ver cesse de manger, s'endort et change de peau, c'est la *mue*; le second âge est de quatre jours : la couleur des vers, qui était noire à la fin du premier âge, est devenue d'un gris clair; sur leur dos ont paru deux lignes courbes, semblables à des parenthèses et placées en face l'une de l'autre. Durant les deux premiers âges, la température de la chambrée a dû être de 18 à 19 degrés. Un nouveau sommeil et une nouvelle mue séparent cet âge du troisième, pendant lequel la température sera maintenue de 17 à 18 degrés : les vers ont grandi beaucoup, leur corps est plus ridé, particulièrement la tête; leur couleur est d'un blanc jaunâtre; ils paraissent n'avoir plus de poils. Le quatrième âge, précédé aussi d'une mue, dure sept jours. Jusqu'ici les magnanières ont distribué plusieurs fois par jour de la feuille coupée plus ou moins menu; à partir du milieu du quatrième âge, on peut se dispenser de hâcher les feuilles. Après le réveil qui suit chaque mue, les ouvrières *lèvent* les vers en leur présentant des rameaux de mûrier et les répartissent dans des espaces de plus en plus grands à mesure que leur âge avance; il est évident que sur une surface déterminée peut vivre, au premier âge, un nombre de vers à soie plus grand qu'au quatrième. Enfin, après une quatrième mue arrive le cinquième âge, qui est le plus long et le plus décisif : il dure dix jours, et pendant ce temps les magnanières doivent redoubler d'activité pour surveiller les vers, les nourrir et maintenir les chambrées dans un état hygiénique parfait; la température ne doit plus être que de 16 degrés. Jusqu'au sixième jour, qui est le vingt-huitième de la vie du ver, son appétit va croissant, puis il décroît et l'on diminue chaque jour la quantité des feuilles. Au dixième jour apparaissent des caractères qui indiquent que la *montée* est proche, que les vers à soie vont filer : lorsqu'on met les feuilles sur les claies, ils montent dessus sans en manger, ils lèvent le cou ayant l'air de chercher quelque autre chose, la transparence de leur corps augmente, la peau du cou est très-ridée, etc.; enfin, ils paraissent avoir pris leur volume maximum. Dandolo a remarqué qu'au bout du trentième jour ils pèsent neuf mille fois plus qu'au moment de leur naissance et qu'ils sont devenus quarante fois plus grands.

Les magnanières disposent alors entre les claies des tiges de bruyère ou de genêt; le ver monte sur ces branches et fabrique son cocon. Pour cela, deux glandes placées sur les flancs de l'animal et aboutissant près de la bouche laissent suinter un liquide visqueux qui sort par deux trous très-rapprochés appelés *filières* et situés près de la lèvre inférieure. Ce liquide a la propriété de se solidifier au contact de l'air. Si le ver appuie en un point fixe la goutte qui sort de ces deux trous, elle s'y attache, et, si alors il éloigne la tête, le liquide sort des filières sous forme de deux fils qui se soudent en se solidifiant. C'est par un mouvement continuel de la tête que le ver à soie, après avoir fixé le bout du fil aux branches de bruyère, fabrique un réseau dont il s'enveloppe et qui se compose de couches superposées et agglutinées; ce réseau, appelé *cocon*, constitue une prison dans laquelle l'animal s'est enfermé lui-même. Quand le cocon est achevé, ce qui a lieu au bout de quatre jours environ, le ver à soie se transforme en un être nouveau de forme ovoïde et nommé *chrysalide*. Celle-ci, après quinze à vingt jours, se transforme elle-même en un papillon qui, pour sortir de sa prison, est obligé de percer les parois du cocon en frappant de la tête contre une portion qu'il a mouillée. A leur sortie, les papillons pondent les œufs qui doivent servir à la propagation de l'espèce.

Mais on comprend que la sortie de l'animal a pour effet de briser les fils qui forment les parois du cocon, et la soie des cocons percés ne peut plus être utilisée; aussi ne laisse-t-on arriver à l'état de papillon que le nombre de chrysalides nécessaire à l'entretien de l'espèce. Quant aux autres, on les fait mourir dans les cocons eux-mêmes, que l'on place sur des tablettes disposées dans une armoire où l'on injecte de la vapeur d'eau bouillante; en moins de trois minutes, les chrysalides sont tuées par l'élévation de la température. Les cocons dans lesquels on a tué les chrysalides sont ensuite portés dans des appartements très-hauts appelés *coconnières*, où on les laisse sécher pendant trois mois en les abandonnant sur des claies à l'action de l'air. Au bout de ce temps, ils sont secs et sont livrés à des femmes chargées d'en faire le triage.

Maladies des vers à soie. — Nous avons supposé dans ce qui précède que tout se passait sans accident et marchait au gré des désirs du magnanier; malheureusement il n'en est pas toujours ainsi: il voit de terribles maladies se déclarer au milieu de ses chambrées, les vers meurent et en quelques jours s'évanouissent toutes les espérances qu'il avait conçues sur le produit de sa récolte. Depuis 1849 surtout, ce terrible fléau a fait de bien tristes progrès et a porté la ruine au milieu de contrées jadis si florissantes.

En 1865, M. Pasteur fut chargé par le gouvernement d'aller étudier sur place les conditions, les causes du fléau dévastateur et de chercher le remède si désiré. De 1865 à 1869, il poursuivit sans relâche ses études et en publia les résultats en 1870. Nous ne pouvons ici reproduire les détails des travaux de M. Pasteur, nous nous contenterons d'en exposer les principaux traits.

M. Pasteur affirme que toutes les misères de l'industrie séricicole doivent être attribuées à deux maladies distinctes, tantôt associées, tantôt isolées : la *pébrine* et la *flacherie.*

La pébrine, qui doit son nom à M. de Quatrefages, consistait surtout, suivant ce naturaliste, en une espèce de gangrène intérieure qui se révélait par l'apparition de taches à la surface de la peau. M. Pasteur a prou é que l'existence de ces taches n'était qu'un des côtés accessoires de la maladie, qu'un ver malade était toujours taché, mais que les taches pouvaient exister sans qu'il y eût maladie. Le signe caractéristique de la pébrine est, d'après M. Pasteur, l'existence dans le corps de l'animal de corpuscules qu'on avait trouvés avant lui, mais dont il a défini la nature et le rôle.

La pébrine est excessivement contagieuse ; elle se propage d'un ver à l'autre, soit par les feuilles, soit par les piqûres que se font les vers en montant les uns sur les autres, soit par les poussières fraîches des magnaneries. M. Pasteur a fait à ce sujet les expériences les plus concluantes. Beaucoup de personnes avaient craint que cette contagion ne fût un obstacle insurmontable à la guérison du mal, puisque, selon elles, des vers provenant d'œufs parfaitement sains pourraient être atteints par la maladie et mourir avant d'avoir pu faire leur cocon. C'est là qu'est peut-être le plus important résultat des travaux de M. Pasteur : il a démontré d'une manière péremptoire qu'un œuf sain et exempt de corpuscules donnerait toujours un ver capable de filer son cocon ; ce ver pourrait, dans le cours de son existence, être atteint par la pébrine, mais cette maladie ne ferait pas chez lui de progrès suffisants pour l'empêcher de filer sa soie. Tout revient donc à employer une *graine* saine, c'est-à-dire des œufs dépourvus de corpuscules. Cette induction à laquelle il avait été conduit dès le début de ses travaux fut vérifiée par les expériences les plus formelles. Il préleva, en 1866, quatorze échantillons de graines de diverses races faits à Saint-Hyppolite (Gard), et, après les avoir étudiés, il envoyait, en février 1867, à M. Jeanjean, maire de cette ville, un pli cacheté renfermant ses pronostics sur les résultats que l'on devrait obtenir avec ces quatorze graines. Ce pli ne fut ouvert qu'après l'éducation de 1867, et les prévisions de l'illustre chimiste se réalisèrent dans 12 cas sur 14; encore avait-il fait quelques réserves au sujet de ces deux cas exceptionnels.

Voici la méthode proposée par M. Pasteur pour l'étude des graines que l'on veut employer à la reproduction des vers à soie :

Quand on a une chambrée qui n'a pas été atteinte par la pébrine et qu'on juge que les cocons sont bien formés, ce qui a lieu environ six jours après le commencement de la *montée,* on prélève sans choix sur les tables un demi à un kilogramme de cocons que l'on place dans une chambre chauffée, nuit et jour, à 25 ou 30 degrés Réaumur et entretenue à un certain degré d'humidité par un large vase plein d'eau placé sur le poêle, on hâte ainsi le développement des papillons. Dès qu'ils commencent à sortir, on les broie, un à un, dans un mortier avec quelques gouttes d'eau; on examine au microscope une goutte de la bouillie, et l'on note l'absence ou la présence des corpuscules, en indiquant, dans ce dernier cas, le nombre approximatif des corpuscules aperçus dans le champ de l'instrument. Si la proportion des papillons corpusculeux ne dépasse pas 10 pour 100 dans les races indigènes, on peut livrer au grainage toute la chambrée d'où proviennent les papillons, c'est-à-dire laisser les chrysalides se transformer en papillons qui produiront eux-mêmes des œufs destinés à donner l'année suivante des vers à soie.

M. Pasteur préfère l'examen des papillons à celui des œufs; il le trouve plus sûr et plus facile pour l'expérimentateur.

Ajoutons que le savant chimiste, frappé de ce fait que les ravages de la pébrine étaient bien moins terribles dans les départements de petite culture que dans ceux où l'éducation se faisait dans de plus grandes proportions, a pu attribuer le développement de la maladie à l'agglomération des vers à soie. Il conseille aux départements du Lot, de la Corrèze, du Tarn-et-Garonne, de l'Aude, des Pyrénées-Orientales, des Hautes et Basses-Alpes, de se livrer au grainage en opérant sur des œufs primitivement sains. Il pense que ces départements pourraient suffire à approvisionner toute la France. Il indique, du reste, une méthode d'éducation cellulaire qui consisterait, pour les

départements de grande culture, à élever dans des compartiments séparés les vers destinés à l'entretien de l'espèce.

Quant à la flacherie, ou maladie des *morts-flats*, M. Pasteur
la considère comme tout à fait distincte de la pébrine ; lorsque
les vers en sont atteints, ils ne mangent plus ou très-peu,
restent étendus sur le bord des claies et meurent bientôt. Leur
corps noircit, se pourrit bien vite, exhale une odeur fétide et a
l'aspect d'un boyau vide et plissé.

La flacherie est une maladie des organes digestifs provoquée
par le développement d'êtres organisés. Elle peut être acciden-
telle et provenir, ou bien d'une trop grande accumulation des
vers aux divers âges de l'insecte, ou d'une trop grande élévation de température au moment des mues ; elle peut être héré-
ditaire et avoir pour cause un affaiblissement général de l'espèce
produit par la pébrine. L'examen de la poche stomacale des
chrysalides permettra de reconnaître, par la présence des êtres
organisés qui sont la cause de la maladie, celles dont les papillons donneront des œufs qui produiront plus tard des vers susceptibles d'être atteints de flacherie. M. Pasteur ajoute d'ailleurs que l'examen des vers au moment de la montée, leur
agilité, leur état général, fourniront des données suffisamment
sûres au point de vue de la flacherie et indiqueront si l'on doit
ou non les employer au grainage. Il affirme qu'il est toujours
possible de combattre la prédisposition d'une race à la maladie
par des précautions hygiéniques bien comprises, et qu'enfin,
par l'éducation cellulaire, on pourra régénérer facilement une
race quelconque, à l'aide de la plus mauvaise graine, que celle-
ci soit atteinte de flacherie ou de pébrine.

FILATURE DE LA SOIE

Le travail exercé dans les filatures se divise en deux parties
principales : le *tirage* de la soie et le *moulinage*.

Tirage de la soie. — Le tirage consiste à dévider les cocons
en réunissant plusieurs fils ensemble.

Les appareils employés pour cette opération sont excessivement simples ; ils se composent d'une bassine en cuivre C
placée sur une table devant laquelle l'ouvrière est assise. Cette
bassine renferme de l'eau chauffée à 90 degrés environ par
un jet de vapeur que l'on peut interrompre à volonté. En
face de l'ouvrière et en avant de la bassine est une ige verticale T recourbée et bifurqué après la courbure ; chaque

branche porte un petit anneau d'agate ou *barbin b*. Derrière l'ouvrière est une espèce de dévidoir D nommé *tour*, qui est mû mécaniquement et sur lequel s'enroulera la soie; devant lui se déplace un appareil appelé *trembleur*, RR, qui se compose d'une tige horizontale soutenant des barbins et animée d'un mouvement de va-et-vient parallèle à l'axe de rotation du tour.

Ceci posé, voyons quelles sont les opérations exécutées par la fileuse. Il faut d'abord qu'elle trouve le bout du fil de soie ; or, les couches extérieures du cocon sont irrégulières, de qualité inférieure, et constituent ce qu'on appelle le *frizon*; l'ouvrière doit commencer par s'en débarrasser. A cet effet, elle jette dans sa bassine une certaine quantité de cocons. les couches extérieures, soumises à l'action de l'eau chaude (température de 85 à 90 degrés) se désagrégent : c'est l'*ébouillantage*. Au bout de quelques instants, à l'aide d'un petit balai de

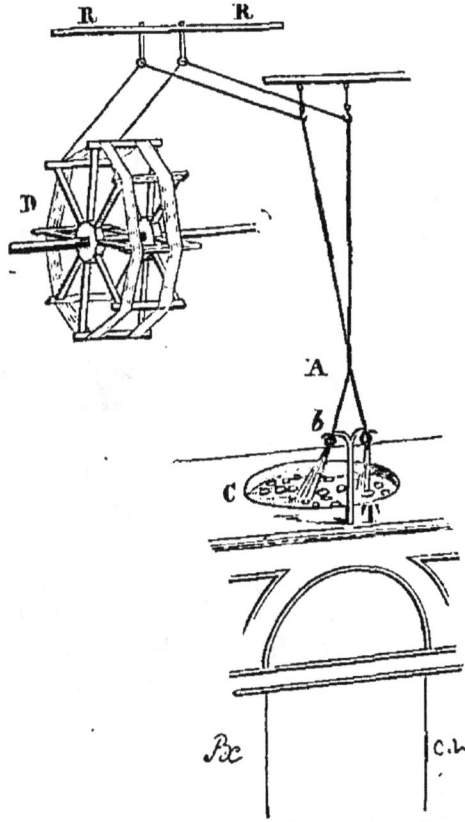

FIG. 97. — Tirage de la soie.

bruyère nommé *escoubette*, elle bat les cocons au milieu du liquide : c'est l'opération du *battage*. Les fils de soie s'attachent aux brins du balai et l'ouvrière tient bientôt tous les cocons suspendus à l'extrémité de son *escoubette*. Prenant alors d'une main le faisceau de fils, elle tire de l'autre jusqu'à ce que chaque fil sorte parfaitement net ; à côté d'elle se trouve un vase rempli d'eau froide où elle trempe les doigts de temps en temps pour pouvoir supporter le contact de l'eau chaude dans laquelle plongent les cocons. Le frizon étant un déchet que l'on vend comme soie de qualité inférieure, il importe d'en faire le moins possible ; c'est en cela que consiste le talent de l'ouvrière dans cette dernière opération, que l'on appelle *débavage*. Lorsque le frizon est enlevé et que le fil sort bien net, on procède au *dévidage* à l'aide d'un dévidoir D (fig. 97) ; mais comme la soie est trop fine pour servir au tissage, l'ouvrière prend cinq ou six cocons dont elle passe les fils dans un des anneaux *b* appelés *barbins*, celui de droite par exemple ; elle en fait autant pour celui de gauche. Dans le passage à travers le *barbin*, les fils se refroidissent et la matière gélatineuse en se solidifiant soude les six brins ensemble.

On comprend qu'il suffirait d'attacher chacun des deux fils ainsi formés sur un dévidoir pour que les douze cocons se dévidant ensemble donnassent lieu à deux écheveaux composés chacun d'un fil à six brins. Mais la soie ainsi obtenue ne serait pas régulière ; elle ne serait ni lisse ni arrondie. L'ouvrière obvie à cet inconvénient par une opération appelée *croisure*, qui consiste à prendre les deux faisceaux sortant du barbin et à les tordre sur eux-mêmes avec les doigts. Après la croisure que l'on voit en A (fig. 97), les deux fils sont écartés l'un de l'autre et passés chacun dans un des barbins d'une pièce R R appelée *trembleur* et qui est animée d'un mouvement de va-et-vient. La croisure a pour effet, par la friction des deux faisceaux l'un sur l'autre, de donner de l'adhérence aux divers brins d'un même faisceau et d'arrondir les deux fils en même temps. Le mouvement du trembleur empêche que le fil ne s'enroule toujours au même endroit du dévidoir ou *tour* et le répartit sur une largeur égale à celle dont il se déplace latéralement.

La soie d'un même cocon n'ayant pas la même grosseur et la même ténuité dans toute sa longueur, et devenant moins forte et moins nerveuse quand on arrive à la fin du dévidage, il est évident que le fil serait lui-même moins fort et moins nerveux à certains moments ; pour éviter cette irrégularité, on a soin de ne réunir que les fils de cocons n'étant pas au même degré de dévidage, de manière que les fils plus fins provenant des cocons avancés soient renforcés par les fils des cocons dont le dévidage ne fait que commencer.

Moulinage de la soie. — La soie obtenue par les opérations que nous venons de décrire est appelée *soie grège ;* elle n'est pas encore propre au tissage ; il faut en régulariser la surface et lui donner de la solidité par la torsion. C'est là le but du *moulinage*, qui comprend plusieurs opérations.

On commence par mettre la soie dans des cuves en marbre où, après l'avoir arrosée avec de l'eau de savon, on l'abandonne pendant vingt-quatre heures. Ce mouillage a pour effet de lui donner une souplesse qui lui est nécessaire pour ne pas casser dans les opérations suivantes. Elle va ensuite au *dévidage*. Pour cela, les flottes ou écheveaux sont placés sur un dévidoir très-léger appelé *tavelle*, d'où l'on dévide la soie pour l'enrouler sur une bobine nommée *roquet*. Dans l'intervalle qui sépare le roquet de la tavelle, le fil passe à travers une espèce de pince garnie intérieurement de drap sur lequel sa surface s'égalise et se polit, cette pince arrête les aspérités, les *bouchons*. Comme l'ouvrière qui a tiré la soie des cocons n'a pas lié ensemble les bouts des fils provenant des différents groupes de cocons, celle qui préside au dévidage est surtout occupée à les réunir par des nœuds qu'elle fait avec une grande dextérité. Du dévidage les roquets vont au *purgeage*, où l'on fait passer le fil dans une série de pinces qui sont garnies de drap et enlèvent toutes les défectuosités. La soie se déroule du roquet pour s'enrouler sur une bobine et, dans l'intervalle qui les sépare, passe à travers les pinces. Ce mouvement, comme tous ceux qui vont suivre, est produit mécaniquement.

On procède ensuite au *doublage*, qui consiste à réunir sur une même bobine deux, trois ou quatre brins (Lyon emploie ordinairement des fils formés de deux brins : c'est ce qu'on appelle les *deux bouts*). Après le doublage vient la *torsion*, qui tord sur eux-mêmes les fils ainsi obtenus pour leur donner de la résistance.

Pour comprendre comment s'exécute cette torsion, il faut se reporter à ce que l'on doit faire pour tordre deux fils ensemble. Il suffit évidemment de les placer à côté l'un de l'autre, de fixer l'une des extrémités du faisceau ainsi formé, de saisir l'autre extrémité dans une pince et de faire tourner celle-ci sur elle-même.

Nous ne décrirons pas ce métier dans tous ses détails; nous dirons seulement qu'on voit en R (fig. 98) la bobine venant du doublage, en A la bobine qui recevra la soie tordue : il est évident que si le métier se réduisait à ces deux bobines, quand la bobine A tournerait, elle ferait tourner la bobine R, déviderait le fil sans qu'il y eût torsion. Mais dans l'intervalle des deux bobines, le fil traverse des anneaux *b b* qui tournent rapidement autour de R; ces anneaux font l'effet de la pince tournante dont nous avons parlé, et le fil se tord depuis ces anneaux jusqu'à la bobine A. Nous ajouterons que la torsion que l'on donne à la soie varie avec les usages auxquels on la destine.

La torsion terminée, il ne reste plus à faire que le *flottage*, qui consiste à disposer la soie en écheveaux ou *flottes ;* cette opération s'exécute sur un appareil nommé *flotteur,* composé de dévidoirs ou *guindres.* Les flottes sont ensuite examinées, triées et placées par petites masses appelées *matteaux.* On doit avoir

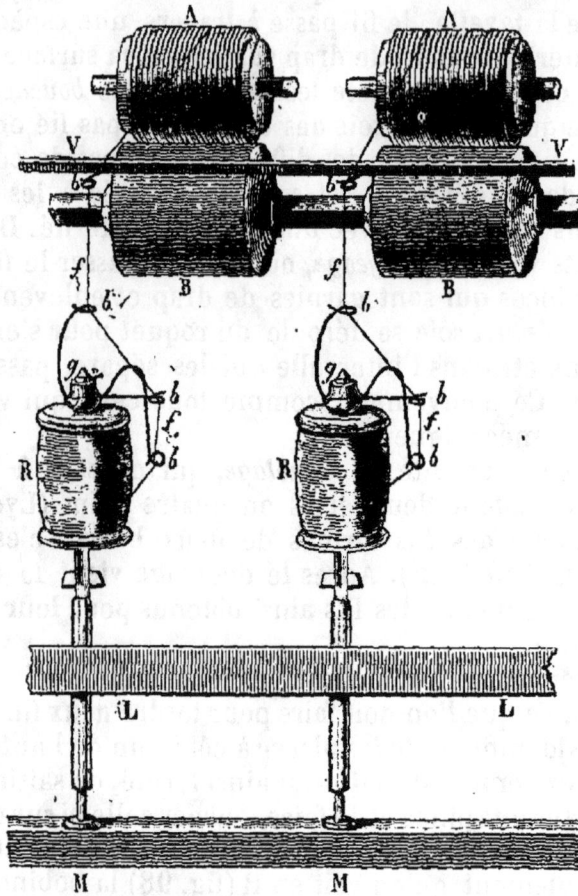

FIG. 98. — Torsion de la soie.

soin de réunir solidement entre elles les extrémités du fil qui forme l'écheveau, afin qu'elles puissent être facilement retrouvées après les opérations de la teinture.

Cuite et teinture de la soie. — La soie fabriquée dans les Cévennes et dans tout le Midi par les procédés que nous venons d'indiquer est vendue aux fabricants d'étoffe, à Lyon spécialement. Ceux-ci, avant de la livrer au tisserand, la font teindre, car toutes les étoffes de soie pure sont tissées en fil de soie teinte. Nous ne pouvons décrire les opérations de la teinture pour chaque genre de nuances, mais nous allons exposer les principaux points du traitement auquel le teinturier soumet la soie.

La première opération qu'elle subit est la *cuite*, qui a pour but de dissoudre la matière gélatineuse qu'elle renferme. Pour cela, on la met en matteaux dans des sacs de toile que l'on place ensuite dans des cuves remplies d'eau de savon bouillante. Le poids de savon employé est de 25 à 30 pour 100 du poids de la soie. La mise en sacs a pour effet d'éviter les *coups de bouillon*, c'est-à-dire d'empêcher que l'agitation du liquide en ébullition tumultueuse ne froisse les fils et surtout ne les mêle. La cuite donne à la soie cette raideur qui la rend croquante et cette rigidité qu'on recherche dans les étoffes.

Après la cuite, la soie est renvoyée au lavoir et de là passe à la teinture si elle est destinée à des couleurs foncées. Quand elle doit rester blanche ou recevoir des couleurs claires et délicates, elle subit d'abord l'opération du blanchiment dans des chambres de plomb où on la suspend pendant deux ou trois jours et où l'on fait brûler du soufre. Le gaz acide sulfureux produit par la combustion du soufre détruit la matière colorante naturelle du textile.

Lorsque la soie doit être amenée à l'état de soie dite *souple*, on la savonne pour la nettoyer et on l'assouplit dans un bain d'eau bouillante contenant de l'acide sulfureux.

La soie ainsi préparée est passée dans des bains colorés qui lui donnent la couleur qu'elle doit recevoir.

Chevillage de la soie. — Lorsque la soie est teinte, on lui donne le brillant désirable par l'opération du *chevillage*, qui consiste à exercer sur les matteaux une traction accompagnée d'une torsion.

CHAPITRE II

DU LIN ET DU CHANVRE

LIN

Le lin, plante originaire de l'Asie, est cultivé depuis la plus haute antiquité pour fournir à l'homme des fibres capables d'être transformées en fils destinés à la fabrication des tissus. Il peut être considéré comme formé d'un tube ligneux enve-

loppé par une écorce dont les parties constituent la fibre textile : les fibres qui les forment sont soudées entre elles et au
tube central par une matière gommeuse. La hauteur du lin va
jusqu'à 80 centimètres. La culture de cette plante est très-
développée en Europe ; la Russie est le pays qui en produit le
plus, la Belgique celui qui fournit les qualités les plus belles.
En France, les départements du Nord et de l'Ouest livrent à
l'industrie une quantité considérable de lins estimés, mais inférieurs aux belles qualités des lins belges. L'Algérie a fait depuis quelques années de grands progrès dans la production du
lin, qu'elle cultive surtout pour recueillir la graine dont on extrait une huile souvent employée dans l'industrie. Il est à espé-
rer que cette culture se perfectionnera et que notre colonie
pourra bientôt contribuer pour une large part à l'approvisionnement du marché français. Nous citerons aussi les lins d'Ir-
lande, qui sont très-recherchés.

Lorsque le lin est mûr, il est arraché par des femmes qui
saisissent une poignée de tiges, tirent obliquement sur elles et
les enlèvent avec leurs racines. Quand la plante est arrachée
du sol, on la laisse sécher. Ce séchage, ou *fenaison*, se fait à
l'air : ou bien on étend les bottes sur le sol, en ayant soin de
les retourner de temps en temps ; ou, ce qui vaut mieux,
on dispose les tiges obliquement l'une contre l'autre de manière à former une espèce de toit au-dessous duquel l'air peut
circuler : c'est ce qui s'appelle *cahoter* le lin.

Quand le lin est sec, on l'égrène en le battant ou en passant
l'extrémité des bottes dans une espèce de peigne nommé *dré-
geoir*, qui fait tomber la graine. Il faut ensuite séparer la partie
textile ou *filasse*, qui se compose de fibres réunies par la matière gommeuse et soudées par elle au tube ligneux que l'on
désigne sous le nom de *chènevotte*. Cette séparation de la chènevotte et de la filasse est, en général, exécutée dans les campagnes et comporte trois opérations : le *rouissage*, le *macquage*
ou *maillage* et le *teillage* ou *écanguage*.

Rouissage du lin. — Le rouissage a pour but de débarrasser le lin de la matière gommeuse dont nous avons parlé. Il
se pratique par deux procédés principaux : le *rouissage à la rosée*
ou *rosage* et le *rouissage à l'eau*. La première méthode consiste
à étaler le lin sur le sol et à le laisser exposé à l'action de la
pluie ou de la rosée ; peu à peu s'établit une fermentation qui
a pour effet de transformer les parties gommeuses et de détruire l'adhérence qu'elles établissent entre les fibres. Ce pro-

cédé est long : il dure en moyenne de trente à quarante jours, pendant lesquels on doit retourner le lin de temps en temps avec des gaules ; il a de plus l'inconvénient de dépendre de l'état de l'atmosphère et d'exiger des arrosages quand il ne pleut pas. Il fournit les *lins gris.*

Le rouissage à l'eau est préférable et plus généralement pratiqué ; il consiste à immerger dans l'eau d'un ruisseau, d'un étang ou de fosses appelées *routoirs*, le lin que l'on veut rouir. On emploie souvent des caisses à claire-voie, que l'on immerge après y avoir enfermé les tiges. La fermentation s'établit et produit des gaz qui rendent l'eau fétide. Le rouissage à l'eau courante donne des lins jaunâtres, et à l'eau stagnante des lins grisâtres. Quand les fibres peuvent se détacher d'un bout à l'autre, ce qui a lieu en moyenne au bout de quinze jours, on retire la plante de l'eau et on la fait sécher à l'air soit en la cahotant, ce qui donne les lins verts, soit en l'étalant sur le sol, ce qui fournit les lins blancs ; elle subit alors une espèce de rosage qui la blanchit. Quelquefois le lin est séché dans un *haloir*, c'est-à-dire dans une pièce où l'on élève la température d'abord à 30, puis à 45 degrés.

Lorsqu'on veut avoir des produits de qualité supérieure, on rouit en plusieurs fois, c'est-à-dire qu'on interrompt le rouissage par des séchages ; on empêche ainsi la fermentation de donner naissance à des substances qui attaqueraient la filasse et la rendraient plus ou moins cotonneuse.

On a essayé des procédés plus expéditifs en employant, soit de l'eau chaude, soit des agents chimiques différents ; ils n'ont pas encore donné des résultats assez satisfaisants pour passer dans la pratique d'une manière générale.

Macquage du lin. — Après le rouissage, il faut réduire la partie ligneuse intérieure, ou *chénevotte*, en fragments plus ou moins petits capables d'être séparés plus facilement de la filasse : c'est le but du *macquage* ou *maillage*, qui s'exécute de plusieurs manières. Les outils le plus généralement employés sont la broie et les machines à cylindres cannelés.

La broie se compose d'une pièce de bois fixe, à l'extrémité de laquelle s'articule une planche mobile et munie d'un manche ; l'ensemble peut être comparé à une grande paire de ciseaux dont l'une des branches serait fixe. Le lin est placé sur le bord de la branche fixe et battue par la branche mobile, à laquelle l'ouvrier donne un mouvement de va-et-vient. La figure 9° représente une broie perfectionnée, où le lin est

broyé entre plusieurs planches à la fois. Cet appareil très-rudi-
mentaire est avantageusement remplacé par une machine à
trois cylindres cannelés, entre lesquels on engage le lin; la

FIG. 99. — Broie.

chénevotte est broyée par le passage des tiges entre les cannelures.

Teillage du lin. — Le *teillage* succède au macquage; il a
pour but de commencer la séparation des fibres textiles et de
dégager les fragments de chénevotte produits par le broyage;
il se fait à la main ou mécaniquement. Dans le premier cas,
l'ouvrier, tenant de la main gauche une poignée de lin, la

passe en partie à travers une fente pratiquée dans une planche verticale, et de la main droite armée d'un outil en forme de palette (*écangue*), il bat la partie des tiges qui dépasse la fente. Quand il les a réduites en filasse, il retourne la botte et recommence l'opération sur l'extrémité qu'il tenait tout à l'heure de

Fig. 100. — Machine à teiller le lin.

la main gauche. Ce travail s'exécute plus rapidement avec la machine à teiller que représente la figure 100, et qui se compose d'écangues montées à l'extrémité des rayons d'une grande roue mise en mouvement rapide de rotation.

Telles sont les opérations qui se font en général dans les campagnes, sur les lieux de production ; on peut admettre qu'approximativement 100 kilogrammes de lin donnent 75 à 80 kilogrammes de lin roui sec et que ceux-ci fournissent 16 à 18 kilogrammes de lin teillé. L'importance du déchet que subit la matière première explique qu'il y a intérêt à effectuer ce travail dans les campagnes pour diminuer les frais de transport.

Le lin teillé est mis en bottes et expédié aux filatures.

Filature du lin. — Le lin est de toutes les fibres textiles celle qui a été le plus longtemps filée par les anciens procédés de la quenouille et du rouet : plus de trente années s'étaient écoulées depuis l'invention, en Angleterre, du filage mécanique du coton ; la laine se filait aussi mécaniquement depuis longtemps ; le lin seul avait résisté à toute innovation. Napoléon Ier, frappé du développement de l'industrie cotonnière en Angleterre, voulut créer en France une industrie rivale et décréta, le 7 mai 1810, « qu'un prix d'un million de francs serait accordé à l'inventeur, de quelque nation qu'il puisse être, de la meilleure machine propre à filer le lin ».

Ce fut un Français, Philippe de Girard, qui répondit le premier à cet appel : le 18 juillet 1810, il prenait des brevets d'invention à ce sujet et, les années suivantes, des brevets de perfectionnement. Les événements politiques de 1814 et de 1815 détournèrent l'attention publique de cette importante découverte, et Philippe de Girard découragé transporta, en 1816, ses procédés et ses machines dans la filature impériale d'Histenberg, en Autriche, puis, en 1819, à Chemnitz en Saxe. Plus tard, son invention était, à son insu, appliquée en Angleterre, où la filature mécanique s'établissait en grand de 1820 à 1824. Aussi les Anglais s'attribuèrent-ils le mérite de cette nouvelle industrie. Mais justice a été rendue à Philippe de Girard : dès 1840, le ministre du commerce de France établissait à la tribune les droits de priorité de Philippe de Girard, et, le 7 janvier 1853, une loi, qui accordait à ses héritiers des pensions à titre de récompense nationale, consacrait solennellement les titres de notre illustre compatriote à l'invention de la filature mécanique du lin.

Peignage du lin. — La première opération que le lin subit en arrivant dans les filatures est le *peignage*. Le lin teillé est formé de bandelettes composées de fibres juxtaposées. Le peignage a pour but de refendre ces bandes et de les diviser en filaments de plus en plus fins qu'il dresse et parallélise ; cette opération se fait à la main ou mécaniquement.

Dans le premier cas, on se sert de peignes formés d'une pièce de bois rectangulaire sur laquelle sont implantées perpendiculairement des aiguilles pointues en acier trempé, plus ou moins fines et plus ou moins éloignées l'une de l'autre. Le peigne étant fixe, l'ouvrier prend par l'une de ses extrémités une poignée de lin qu'il engage sur les pointes du peigne, puis il la tire à lui ; dans ce mouvement, les pointes des aiguilles entrent dans les bandelettes et les refendent. Quand l'ouvrier a peigné une extrémité de la poignée, il soumet l'autre au même traitement. L'opération est répétée deux fois sur d'autres peignes plus fins. On comprend que cela ne puisse se faire sans un déchet constitué par les fibres qui s'enchevêtrent et restent dans le peigne. Ce déchet, appelé *étoupe*, est mis à part dans des compartiments placés en face de l'ouvrier : puis il est passé dans des machines, nommées *cardes*, qui mêlent les fibres, les redressent, les parallélisent et permettent de les employer en filature.

Les peigneuses mécaniques varient beaucoup dans leur construction : nous ne les décrirons pas.

Principes de la filature du lin. — Il s'agit maintenant de faire des fils plus ou moins longs avec ces fibres de longueur relativement petite. Ici se présente une difficulté que nous n'avons pas rencontrée pour le travail de la soie, puisque le fil de cocon est lui-même indéfini et qu'il suffit d'en réunir et tordre plusieurs ensemble. Voici le principe des opérations qui triomphent de cette difficulté. Supposons une poignée de lin peigné qu'il s'agit de transformer en fil ; étalons ces fibres sur une table et faisons-les glisser parallèlement à elles-mêmes l'une contre l'autre et suivant leur longueur, mais *sans les mettre bout à bout*, et de telle sorte que les extrémités des unes correspondent au milieu, au tiers, au quart, etc., des autres. On comprend qu'on pourra ainsi obtenir un ruban moins large, mais plus long que la poignée de lin d'où il provient. Supposons, en outre, que la répartition ait été faite de manière que ce ruban soit parfaitement régulier comme largeur et comme résistance. Pour le transformer en fil, lui-même régulier, il n'y aura plus évidemment qu'à le saisir par l'une des extrémités et à le tordre par l'autre. Cette torsion pourra déterminer entre les fibres une adhérence suffisante pour que le fil qu'elles constitueront se rompe plutôt que de laisser séparer ses fibres l'une de l'autre. C'est à ces principes simples, mais dont l'application exige des précautions infinies et l'emploi d'admirables machines, que se réduit la filature du lin.

Etalage et doublage. — La première opération est l'*étalage*, qui se fait à l'aide d'une *machine à étaler* (fig. 101). Elle se compose essentiellement d'une toile se déplaçant d'un mouvement continu sur laquelle l'ouvrière étale les poignées de lin avec une grande régularité, de manière que les bouts de la deuxième poignée correspondent à peu près au milieu de la

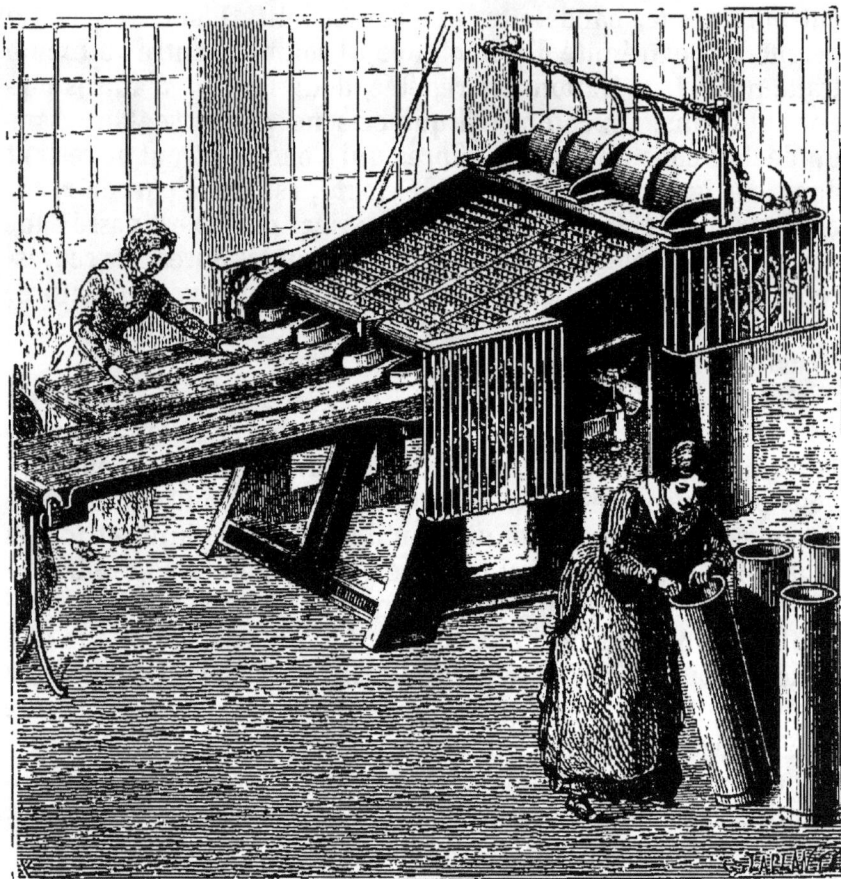

Fig. 101. — Machine à étaler.

première, et ainsi de suite. C'est dans la régularité de l'étalage que consiste le talent de l'ouvrière. La toile, dans son mouvement, vient présenter le lin à deux cylindres qui, tournant l'un sur l'autre et faisant l'office de laminoirs, l'entraînent. Aussitôt qu'il arrive de l'autre côté de ces cylindres, des peignes mobiles appelés *guils*, interposent leurs dents entre ses fibres, maintiennent leur parallélisme, et, se déplaçant avec elles, vont les présenter à l'action d'une seconde paire de cylindres. Il est évident que, si ces cylindres tournaient avec la même rapidité que les deux premiers, les fibres n'éprouveraient aucun changement dans leur position respective et ne subiraient qu'un simple laminage. Mais la seconde paire de cylindres tourne plus vite que la première : aussi fait-elle glisser les

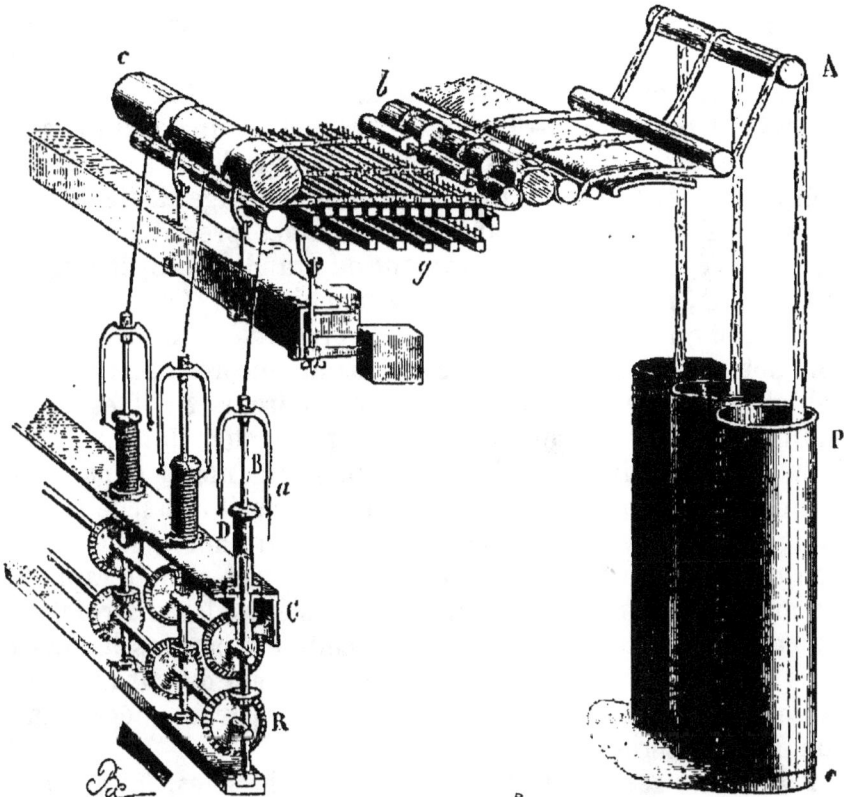

Fig. 102. — Banc à broches.

fibres les unes contre les autres et transforme-t-elle le ruban en un ruban plus long.

Chaque machine à étaler fournit quatre rubans qui, à la sortie, se fondent en un seul que l'on reçoit dans un grand pot cylindrique placé à l'extrémité de la machine.

On comprend que le ruban ainsi obtenu doit encore présenter des inégalités qui se produiraient dans le fil auquel il doit donner naissance (inégalités de largeur, de résistance, etc.). Pour corriger ces irrégularités, il suffit de superposer deux rubans l'un à

l'autre, c'est-à-dire les doubler, de les laminer et de les soumettre
à l'étirage. Il est évident qu'il y a toute chance dans ce doublage
pour que les parties faibles d'un des rubans soient recouvertes
par les parties fortes de l'autre, et réciproquement. L'étirage,
en répartissant ensuite sur une plus grande longueur les fibres
de ce double ruban, produira une nouvelle régularisation.

Le doublage et l'étirage se font dans des machines munies,
comme la machine à étaler, de guils et de cylindres lamineurs
et étireurs. Quand le nombre des doublages est reconnu suffisant, on commence la torsion sur un *banc à broches*.

Banc à broches. — Le banc à broches est un appareil assez
compliqué, dans lequel les rubans sortis de la dernière machine
à étirer subissent encore un étirage sans doublage. Cette étirage
est suivi d'une torsion. Dans les machines précédentes, nous
obtenions des *rubans* que recevaient de grands pots cylindriques
de tôle; ici, par le jeu même de la machine, le *fil* que donne la
torsion, et que l'on appelle *mèche de préparation*, s'enroule sur
une bobine. Le banc à broches présente encore (fig. 102) des
cylindres lamineurs *b* et des cylindres étireurs *c*; il est aussi
muni de guils *g*, qui sont le caractère particulier des machines
à lin, parce qu'ils sont nécessaires pour maintenir le parallélisme de ses fibres. En sortant des cylindres étireurs, le ruban
s'engage dans des ailettes en fer *a* qui, entraînées par la rotation d'une broche B, tournent avec une très-grande rapidité
autour de la bobine D sur laquelle il doit s'enrouler. La rotation
de ces ailettes tord le fil, comme celle des barbins le faisait
dans le métier à tordre la soie. L'enroulement du ruban tordu
sur la bobine se fait d'une manière régulière par un mécanisme
que nous passerons sous silence.

Métier à filer. — A la sortie du banc à broches, les bobines
formées sont portées sur les *métiers à filer*, qui ont pour but
d'achever le fil en lui faisant subir un nouvel étirage et une
nouvelle torsion. Le métier à filer n'a pas de guils; ces organes
sont devenus inutiles depuis que les fibres sont déjà tordues
l'une sur l'autre. Il se compose essentiellement de cylindres
lamineurs et étireurs qui livrent le fil à une broche et à une
dernière bobine. La filature se fait soit au *sec*, soit au *mouillé*.

Dans le premier cas, on se sert du métier représenté par la
figure 103. On y voit sur le haut des bobines venant du banc à
broches, les cylindres lamineurs et étireurs, enfin la broche et
la bobine.

Dans le second cas, le fil, en quittant les bobines, passe dans l'eau chaude avant d'arriver aux cylindres lamineurs et étireurs;

FIG. 103. — Métier à filer le lin à sec.

l'eau, en mouillant le fil, lui donne une élasticité plus grande et facilite le glissement des fibres. Il en résulte que la filature se fait plus régulièrement et qu'on peut filer des lins plus durs qui casseraient sur le métier à sec.

Après la filature, les bobines sont portées sur des appareils qui sont de véritables dévidoirs et qui mettent le fil en écheveaux. Après le dévidage, on doit sécher les fils qui ont été filés à l'eau, pour éviter qu'il ne se déclare une fermentation capable d'altérer la matière. On suspend pour cela les écheveaux sur des perches disposées dans des appartements appelés *étentes*, où l'air se renouvelle facilement.

Il n'y a plus maintenant qu'à blanchir les fils, ce qui se fait par l'action alternative de bains de carbonate de soude et de chlorure de chaux.

La filature mécanique du lin a pris en France de très-grands développements ; en 1866, elle employait 600 000 broches.

Les centres principaux où s'exerce cette industrie sont : Lille, Armentières (Nord), Amiens (usine Maberly), Ailly-sur-Somme, Pont-Remy et Saleux (Somme), Saint-Jacques-de-Lisieux (Calvados, Angers, Pont-Audemer, Alençon, Nantes, Saint-Pierre-ez-Calais, etc.

CHANVRE

Le chanvre est une plante présentant avec le lin de très-grandes analogies, tant au point de vue de ses propriétés qu'à celui de ses applications. Ses tiges, plus hautes et plus grosses, produisent des filasses moins souples et moins fines. C'est en France, en Italie et en Russie que sa culture est surtout développée. En France, les contrées qui en cultivent le plus sont la Picardie, la Champagne et l'Anjou.

Il subit, pour être amené à l'état de fil, les mêmes opérations que le lin ; mais, avant de le peigner, on l'assouplit en le battant dans des auges avec des pilons ou en le soumettant à l'action de meules verticales ; puis les tiges sont coupées à la longueur convenable pour le peignage.

Le chanvre filé sert au tissage de certaines étoffes. A l'état de chanvre peigné, il est employé à la fabrication des cordes et des câbles.

CHAPITRE III

FILATURE DU COTON ET DE LA LAINE. LAINES PEIGNÉES. LAINES CARDÉES

COTON

Le coton est un filament court, un duvet végétal qui enveloppe les graines d'une plante appelée *cotonnier*, dont la hauteur varie de 50 centimètres à 4 mètres, et que l'on cultive en Amérique, dans l'Inde, en Égypte et en Chine. La longueur des brins de coton varie en général entre 1 et 3 centimètres. Cette dernière longueur est celle qu'ont le plus souvent les filaments de coton d'Amérique; celui des Indes est plus court. La récolte a lieu à des époques qui diffèrent d'un pays à l'autre. Quand les graines sont mûres, les capsules qui les renferment s'ouvrent et laissent échapper le coton, que l'on cueille et que l'on sépare des graines, soit à la main, soit plutôt avec des machines spéciales. Les filaments sont ensuite mis en balles et fortement comprimés; ces balles sont expédiées dans les différentes régions où l'industrie doit les transformer en fils destinés au tissage des étoffes.

L'industrie du coton a pris naissance dans l'Inde et date de bien longtemps avant l'ère chrétienne; elle ne s'introduisit que lentement en Europe. Depuis le commencement de ce siècle, elle s'est largement développée en France, grâce aux efforts de Richard et de Lenoir-Dufresne, qui introduisirent en France les machines employées en Angleterre pour la filature du coton. Aujourd'hui c'est peut-être la plus considérable de nos industries. Elle est répandue en Normandie, en Flandre et en Picardie; les départements où elle est le plus développée sont ceux de la Seine-Inférieure, de l'Eure, du Calvados, de l'Orne, du Nord, de l'Aisne, de la Somme. La France possédait, avant la perte de l'Alsace, 6 800 000 broches réparties ainsi : région de l'Ouest 3 200 000, de l'Est 3 400 000, du Nord 1 200 000. L'Angleterre a 34 000 000 de broches et les États-Unis plus de 8 millions.

FILATURE DU COTON

La filature du coton repose sur des principes analogues à ceux que nous avons exposés pour la filature du lin ; mais on comprendra facilement que l'état des fibres, qui sont courtes et enchevêtrées, doit exiger des opérations différentes de celles qui ont été décrites pour le lin.

Le premier soin du filateur est de mélanger les cotons, ce qu'il fait en vue des qualités que doit avoir le fil et de manière à corriger les défauts de certaines espèces par les qualités d'autres espèces.

On procède ensuite à l'*ouvrage*, c'est-à-dire qu'on imprime mécaniquement aux fibres une agitation violente pour faire foisonner la masse comprimée par l'emballage et pour la débarrasser, en partie du moins, des corps étrangers. Cette opération, qui ne se pratique que sur les cotons très-sales, se fait à l'aide d'une machine appelée *ouvreuse*.

Le *battage*, qui est souvent la première opération que subit le coton, a pour but de restituer aux filaments leur élasticité naturelle que la compression dans les balles a momentanément détruite, et en même temps de les débarrasser des matières étrangères. Le battage se fait dans des machines nommées *batteur éplucheur* et *batteur étaleur*, où il reçoit le choc de lames d'acier tournant avec rapidité et d'où il sort à l'état de nappe formée par la juxtaposition et l'entrecroisement des fibres.

Cardage du coton. — Mais les fibres provenant des opérations précédentes restent plus ou moins vrillées ou tordues, et l'on y remarque des inégalités, des boutons et des nœuds : le *cardage*, auquel on soumet la nappe sortant du batteur étaleur, a pour but de développer les fibres, de les redresser complétement, de les paralléliser et de les échelonner par une première action de glissement ; en même temps, il nettoie et épure le coton. Nous allons essayer de faire comprendre le principe des machines appelées *cardes*, à l'aide desquelles s'exécute le cardage.

Une carde se compose essentiellement d'un tambour horizontal A (fig. 104) ($1^m,20$ de diamètre), pouvant tourner autour de son axe avec une grande vitesse. Autour du tambour et à une petite distance de sa surface sont disposés des cylindres, de plus petit diamètre, qui tournent moins vite que lui. Le tambour et les cylindres sont garnis sur leur surface extérieure

de lames de cuir armées de dents formées par de petites aiguilles pointues et recourbées : c'est ce qu'on appelle *garniture
de carde*.

Supposons maintenant que la nappe qui provient du batteur
étaleur et que l'on voit disposée en rouleau sur la gauche de

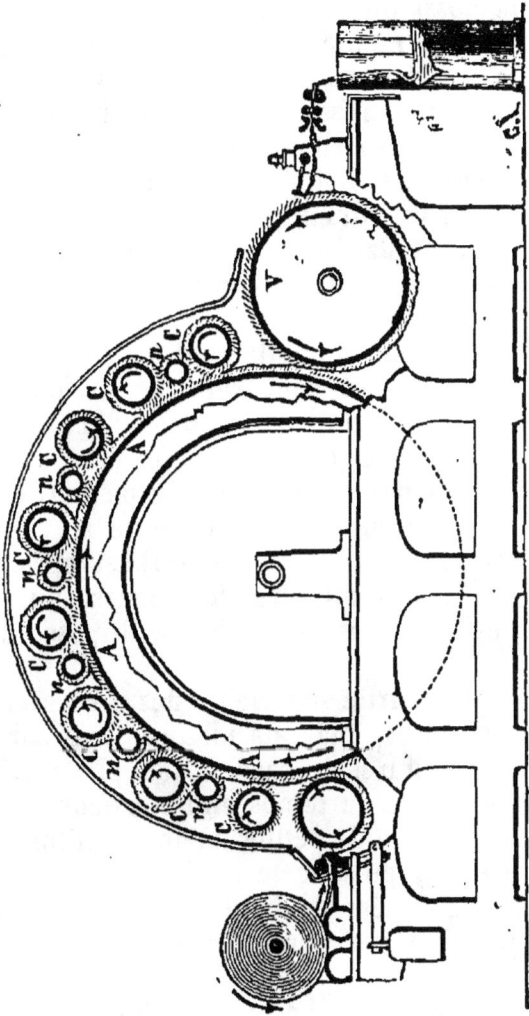

FIG. 104. — Carde à coton.

la figure, soit livrée à des cylindres alimentaires chargés de
la présenter à la circonférence du tambour A. Celui-ci, en passant devant la nappe avec une grande vitesse, en entraînera
une certaine quantité qui sera prise entre les dents de sa garniture. Ces filaments, rencontrant plus tard un des cylindres C,

dont les dents sont à une très-petite distance de celles du tambour, vont se trouver pris entre les deux systèmes de dents qui sont disposées en sens contraire, et le grand tambour marchant plus vite que le cylindre, celui-ci tendra à retenir à lui les filaments que le tambour tendra au contraire à entraîner ; de là un redressement des fibres pliées et entrecroisées, de là aussi un commencement de parallélisation. On comprend que la même opération se répétant autant de fois qu'il y a de cylindres sur la surface du grand tambour, les fibres vont subir des redressements successifs, se paralléliser et se débarrasser des aspérités, des nœuds et des impuretés qu'elles renferment. Les cylindres sont nettoyés des fibres et des impuretés qu'ils retiennent par d'autres cylindres n, à dents plus longues, qui sont placés au-dessous d'eux.

Du côté opposé à celui où le coton est livré, on voit un dernier cylindre V, appelé *volant*, chargé de reprendre au tambour le coton cardé ; tangentiellement à ce volant se meut, d'un mouvement de va-et-vient vertical, un peigne battant formé d'aiguilles droites, qui prennent les fibres sur le volant et les sortent à l'état de nappe très-fine formée par leur juxtaposition ; cette nappe passe, à la sortie du peigne, dans un entonnoir au milieu duquel elle est obligée de se comprimer et et de se transformer en un ruban. Celui-ci, est repris, à la sortie de l'entonnoir, par des cylindres lamineurs, qui le versent dans des pots cylindriques de fer-blanc disposés derrière la machine.

Le plus souvent la partie supérieure des cardes à coton n'est pas munie de cylindres, mais de plaques fixes sur lesquelles on a monté des garnitures de cardes. Ces plaques, nommées *chapeaux*, sont enlevées de temps en temps pour qu'on puisse les nettoyer. La question de nettoyage des garnitures est excessivement importante, puisque le cardage devient défectueux dès qu'elles sont chargées de bourre et de corps étrangers. Aussi a-t-on imaginé des cardes qui se débourrent elles-mêmes.

Doublage et étirage. — Les rubans fournis par la carde doivent être doublés et étirés pour que les défauts de l'un soient corrigés par les qualités de l'autre. Cette opération se fait sur des machines appelées *doubleuses étireuses*, et dans lesquelles six rubans, en général, se fondent en un seul qui est ensuite soumis à l'étirage. Le plus souvent, au bout de trois opérations semblables, les rubans doivent subir un commencement de torsion dans des bancs à broches analogues à ceux que nous avons décrits pour le lin, mais ne présentant pas de guils. Sur ces bancs, le coton est encore doublé, quoique dans une moindre proportion, étiré et tordu. Après avoir passé dans deux ou trois bancs à broches, il arrive au métier à filer.

Métier à filer. — Il y en a de deux sortes : le métier à *filature continue* et la *mule-jenny*.

Le jeu du métier continu repose sur les mêmes principes que

Fig. 105. — Mule-jenny ou métier à filer.

le métier à filer employé pour le lin. Il sert à la filature des fils qui doivent avoir une grande tension, comme ceux que l'on destine à faire les chaînes des tissus.

Quant à la mule-jenny, elle produit la torsion du fil par un mécanisme tout différent de celui du métier continu. Les bobines venant des bancs à broches sont placées sur un ratelier situé à l'arrière de la mule-jenny (fig. 105). Les rubans F F qu'elles livrent au métier sont étirés par des cylindres étireurs

A ; leur extrémité est attachée sur des bobines B, que porte un chariot C capable de glisser sur des rails. A mesure que le ruban se dévide des bobines du ratelier, le chariot s'éloigne en l'entraînant : mais, pendant ce mouvement de recul, toutes les bobines B tournent rapidement et tordent le fil. Quand le chariot est arrivé à l'extrémité de sa course, l'ouvrier le repousse vers le métier et pendant le retour du chariot, la longueur de fil qui vient d'être tordue est enroulée sur la bobine B par un mécanisme spécial que dirige l'ouvrier.

On fait maintenant des métiers renvideurs mécaniques appelés *self-acting*, dans lesquels tout se fait automatiquement : l'ouvrier n'a qu'à régler son métier et à s'occuper de rattacher les fils cassés.

Les fils destinés à constituer la chaîne ou à être doublés sont ensuite transformés en écheveaux par un dévidage.

La grosseur des fils de coton est indiquée par un numérotage.

LAINE

La laine est une matière textile qui nous est fournie par la toison du mouton ; elle a été employée de tout temps à la confection des vêtements de l'homme. Le brin de laine n'est pas une fibre lisse comme la soie, le lin et le coton. Lorsqu'il a été débarrassé des corps gras qui le recouvrent et que l'on appelle *suint*, il paraît, au microscope (fig. 106), formé d'une série de calottes coniques qui s'emboîtent l'une dans l'autre et présentent l'aspect qu'offriraient des dés à coudre emboîtés. Le brin de laine n'est pas en général rectiligne, il est plus ou moins contourné ou vrillé ; c'est encore là un de ses caractères distinctifs, quoique toutes les laines ne le possèdent pas au même degré. Celles qui sont à peine ondulées sur leur longueur sont désignées sous le nom de *laines lisses*. La longueur du brin de laine est très-variable d'une espèce à l'autre : elle varie de 2 à 30 centimètres. Certaines laines d'Australie donnent des brins de 2 centimètres, tandis qu'on rencontre dans les laines de la Gallicie des brins de 30 centimètres.

La finesse, la résistance ou nerf, la souplesse et la douceur de la laine sont encore des qualités de la plus haute importance quant à ses applications.

On peut classer les laines à bien des points de vue ; nous donnerons la division généralement adoptée qui comprend

trois classes : 1°.les *laines mérinos*, qui sont les plus estimées ;
2° les *laines communes*, qui représentent les qualités inférieures ; 3° les *laines métis*, qui ont des qualités intermédiaires,
mais qui souvent se rapprochent beaucoup des laines mérinos.

Nous ajouterons aussi que, sous le rapport de l'usage qu'on
peut en faire, les laines se divisent en *laines courtes*, dont la longueur ne dépasse pas 8 à 10 centimètres, et en *laines longues*,
dont la longueur est supérieure.

La France fait un commerce considérable de laines ; la
Beauce, la Champagne, la Brie, la Picardie, fournissent des qualités estimées, mais l'importation entre pour une proportion

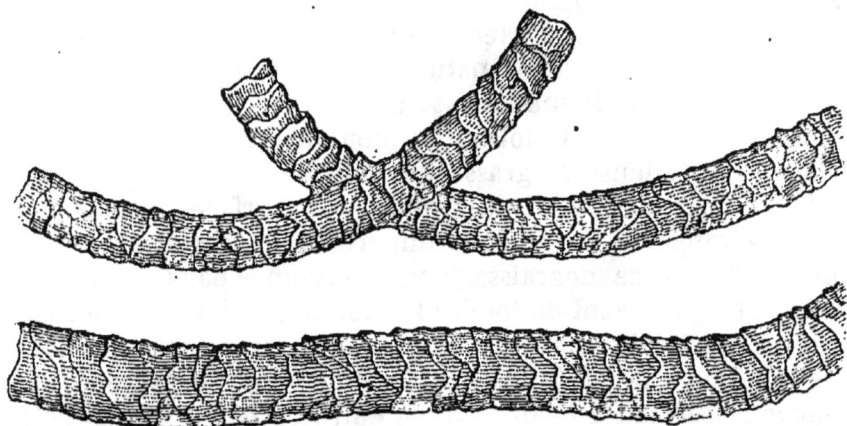

FIG. 106. — Brins de laine vus au microscope.

considérable dans la consommation. L'Australie, l'Allemagne, etc., nous expédient de grandes quantités de ce textile ; l'importation des laines brutes en France a été, en 1866,
de 86 263 400 kilogrammes.

Les opérations que la laine doit subir pour être transformée
en fils varient avec sa nature. Nous distinguerons la filature
des laines *longues,* ou laines destinées à être *peignées*, et la filature des laines *courtes,* ou destinées à être *cardées*. Cette différence dans les opérations provient des qualités différentes
que doivent avoir les tissus fabriqués avec ces deux espèces de
fils, les laines longues étant employées à la fabrication des lainages ras, les laines courtes devant servir à celles des étoffes
feutrées ou à surface velue. On comprend, en effet, que lorsque
les filaments ont été tordus en fils, les extrémités de ces fila-

ments sortent toujours en plus ou en moins grand nombre de la surface du fil ; plus les laines sont longues, moins, sur une longueur déterminée de fil, il sort d'extrémités filamenteuses, plus le fil est lisse et plus l'étoffe qu'il fournit est rase. Le contraire a lieu avec les laines courtes.

LAINES PEIGNÉES

L'industrie de la laine peignée est très-développée en France. Nous possédons actuellement environ 1 800 000 broches concourant à sa fabrication ; les départements qui figurent au premier rang sont les suivants : Nord, 900 000 ; Marne 137 000 ; Somme, 115 000 ; Ardennes, 112 000 ; Aisne, 70 000.

La laine est d'abord triée à la main : car ses qualités varient non-seulement suivant la nature de la toison, mais aussi d'un point à l'autre de la même toison.

A l'état naturel, la toison du mouton est recouverte d'une substance huileuse et grasse qu'on appelle *suint*, qui salit la laine et qui maintient adhérents à sa surface beaucoup de corps étrangers : il est donc important de dégraisser les filaments. Tantôt ce dégraissage est commencé par le marchand de laines qui, avant de tondre le mouton, le lave dans un courant d'eau froide : c'est le *lavage à dos ;* tantôt aussi le lavage de la toison a lieu à froid après la tonte : c'est le *lavage à froid.* Souvent il se fait à l'eau chaude entre 60 et 70 degrés : c'est le *lavage marchand.* Enfin la laine, arrivée dans les usines, est lavée à l'eau pure, puis dans plusieurs bains de soude ou de potasse et de savon qui la dégraissent parfaitement : c'est le *lavage à fond.*

Cardage et peignage de la laine. — La laine, après avoir reçu une certaine quantité d'huile d'olive qui a pour but de la lubrifier et de faciliter son glissement dans les machines, subit un cardage destiné à l'épurer des matières étrangères et des filaments courts. La carde à laine peignée, quoique présentant des différences avec la carde à coton, a cependant avec elle de grandes analogies. La laine sort de cette machine sous forme d'une nappe qui se transforme en ruban comme dans les cardes à coton. Ce ruban se compose de filaments ayant subi un commencement de parallélisation, mais renfermant encore des nœuds, des boutons et des filaments courts qu'il faut en extraire : c'est l'opération du *peignage* qui atteindra ce but. Elle est précédée d'une préparation destinée à diminuer le déchet qu'occasionne le peignage : cette préparation se fait à l'aide de machines dans lesquelles la laine subit à la fois des doublages et des étirages. La première machine est le *défeutreur*. Elle est analogue aux machines d'étirage employées pour le coton, mais elle a subi des modifications nécessitées par la nature des filaments. A la sortie du défeutreur, la laine est soumise à un dégraissage à l'eau de savon ; ce dégraissage s'exécute dans des machines appelées *lisseuses*, qui font en même temps subir à la laine une espèce de repassage. En sortant des lisseuses, la laine passe dans plusieurs machines à doubler et à étirer, puis elle va au peignage qui a pour but d'isoler les boutons et les filaments courts des longs brins.

Le peignage se pratiquait autrefois à l'aide de peignes manœuvrés à la main par des ouvriers, qui peignaient environ 1 kilogramme de laine par jour. Aujourd'hui il est exécuté par des machines qui ont l'avantage de faire un travail beaucoup plus parfait et plus productif. L'invention de la peigneuse, qui est due à Heilmann, a produit une véritable révolution dans l'industrie de la laine. Nous ne pouvons aborder ici l'étude des différentes peigneuses. Nous citerons seulement la peigneuse Schlumberger, qui est une modification de la machine inventée par Heilmann en 1849 : elle est avec les peigneuses Holden et Noble une de celles que l'on emploie le plus.

Les filaments courts provenant du peignage sont appelés *blouse* et sont vendus aux filateurs de laine cardée.

Filature de la laine. — Après le peignage, la laine entre en filature. S'il s'agit de laines longues, comme les laines anglaises, les laines de Hollande, etc., il faut, avant la filature proprement dite, leur communiquer une légère torsion qui, donnant plus de consistance au ruban, permettra de le travailler plus facilement. Cette torsion lui est donnée sur des bancs à broches où il est soumis à un étirage ; après plusieurs passages au banc à broches, le ruban est livré au métier continu, sur lequel il est filé.

Quand il s'agit, au contraire, de laines plus courtes, comme les laines dites *mérinos*, on se contente de faire passer le ruban sur des doubleuses étireuses, où il subit en même temps une friction qui le roule sur lui-même, et lui donne plus de consistance. Après huit ou neuf passages sur les étireuses, il est filé sur la mule-jenny ou sur le self-acting.

Pour les chaînes des tissus et pour un assez grand nombre

d'articles, les fils obtenus en filature subissent l'opération du *retordage*, qui fait souvent l'objet d'une industrie spéciale et consiste à assembler plusieurs fils sur une première machine, puis à les retordre ensemble sur un appareil analogue au métier continu, mais ne présentant pas d'étirage.

LAINES CARDÉES

Nous avons vu que, pour les tissus à surface plus ou moins velue, il y avait intérêt à employer des laines courtes. Ces laines sont en général travaillées à la carde, qui les prédispose au feutrage.

Avant d'étudier la filature de la laine cardée, nous expliquerons ce que c'est que le feutrage. Si l'on prend un certain nombre de filaments de laine, qu'on les presse dans tous les sens par l'action de pilons qui les remuent constamment, on verra peu à peu ces filaments s'enchevêtrer et constituer par leur entrecroisement une véritable étoffe, appelée *feutre*. Cet enchevêtrement ne se fait et n'acquiert de solidité que parce que les brins s'accrochent l'un à l'autre par les stries et aspérités qui résultent de l'emboîtement des cônes formant la fibre, et il est évident qu'il se produira d'autant mieux que les fibres seront mieux disposées en sens contraire (tête à pied, s'il est permis d'employer cette expression). Supposons maintenant que l'action de foulage dont nous venons de parler soit subie par une étoffe dont les fils seront formés à l'aide de fibres placées en sens contraire ; ces fils vont se feutrer, se condenser, et l'étoffe acquerra un moelleux, une épaisseur qui font le caractère des draps et de toutes les étoffes foulées. Pour obtenir ces effets, on emploie des laines courtes que l'on ne peigne pas, mais que l'on carde, cette opération ayant pour effet, comme nous le verrons, de placer les filaments dans les conditions requises.

Les détails donnés précédemment pour la laine peignée et le coton vont nous permettre d'exposer rapidement le travail subi par les laines cardées.

Les opérations successives sont le *triage*, le *désuintage*, le *séchage*, qui ont le même but que pour la laine peignée. La matière textile est ensuite ouverte et débarrassée des pailles, brins de bois et saletés qu'elle contient, par une machine nommée *batteuse*. Quand les laines renferment des chardons, elles sont livrées à des machines appelées *échardonneuses*, dans lesquelles elles subissent d'abord un battage, puis sont soumises à l'action de brosses et de peignes cylindriques dentés qui les débarrassent des chardons.

Après un second triage, les laines passent à une machine nommée *loup*, qui a pour effet de mélanger les filaments de natures diverses, de donner de l'homogénéité à la masse et d'achever le travail du battage qui doit ouvrir et assouplir la laine. Puis on la mélange à une certaine quantité d'huile qui facilitera son glissement dans les cardes : c'est l'opération de l'*ensimage*.

Ces préparations faites, on procède au cardage qui s'exécute dans trois cardes successives.

On comprend facilement que le jeu de la carde, tout en peignant légèrement les fibres et en les séparant des impuretés, les place, l'une par rapport à l'autre, dans les positions favorables au feutrage.

A la sortie de la dernière carde, la laine est à l'état de rubans qu'on livre aux appareils à filer, qui sont le *métier continu* pour les fils destinés à faire la chaîne des tissus, la *mule jenny* pour les fils de trame.

CHAPITRE IV

FABRICATION DES TISSUS

Les différents tissus qui servent, soit à la confection de nos vêtements, soit à d'autres usages, sont formés par l'entrelacement régulier de fils de soie, de lin, de chanvre, de laine ou de coton. Le mode d'entrelacement constitue la nature du tissu, et comme ce mode peut varier à l'infini, les espèces de tissus sont elles-mêmes très-nombreuses.

La plupart des tissus ont un caractère commun, celui d'être composés de fils de deux espèces: les fils de chaîne, qui sont disposés parallèlement à eux-mêmes suivant la longueur de l'étoffe, et les fils de trame, qui sont au contraire placés suivant la largeur. La chaîne, devant supporter une tension assez forte sur le métier à tisser, est en général plus résistante que la trame.

Les fils destinés à la fabrication des tissus doivent avant le tissage subir des préparations que nous allons d'abord indiquer.

La première opération pour les fils de chaîne est l'*ourdissage*, qui a pour but de disposer parallèlement à eux-mêmes autant

de fils qu'il doit y avoir dans la largeur de l'étoffe. Cette opération se fait sur une machine nommée *ourdissoire*, dont la
forme varie, mais que l'on peut comparer à un grand dévidoir
sur lequel s'enroulent les fils des bobines venant de la filature.
Les fils en quittant les bobines passent à travers les dents d'un
peigne (fig. 107) qui, se déplaçant verticalement, les distribue
sur un grand dévidoir animé d'un mouvement de rotation autour d'un axe vertical. Par un artifice particulier que nous ne

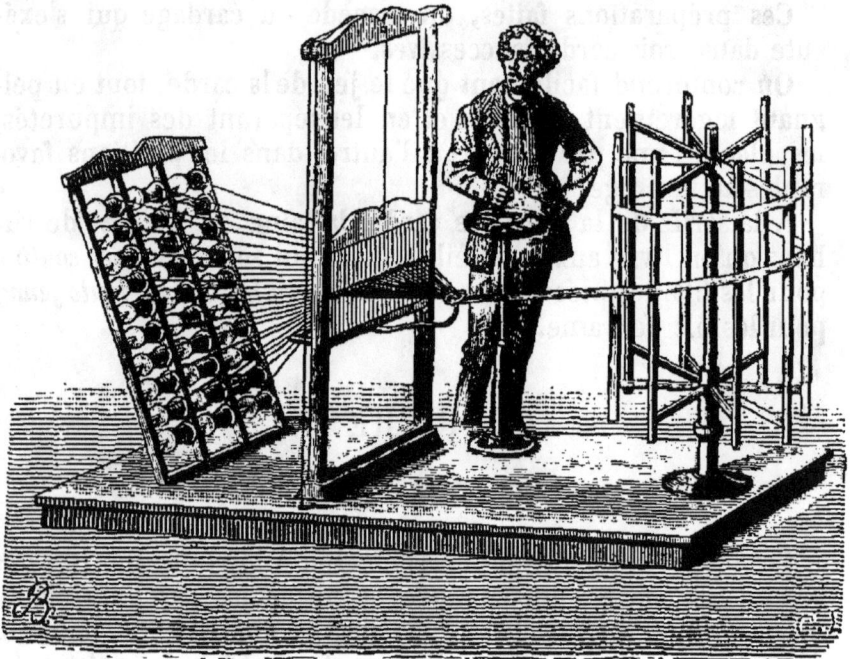

FIG. 107. — Ourdissoire.

décrirons pas, non-seulement l'ourdissage range les fils parallèlement à eux-mêmes, mais il les dispose de manière qu'ils
ne puissent pas se mêler en montant les uns sur les autres.

La résistance des fils de chaîne est augmentée par une opération qu'on appelle *encollage* ou *parage*, et qui consiste à les
tremper dans une pâte de farine et d'amidon nommée *parement* ou *paré*. Cette préparation a aussi pour effet de rendre leur
surface plus lisse et de l'empêcher de s'érailler au contact de
la navette du tisserand. L'encollage se fait à la main, ou mieux
à l'aide de machines dont le fonctionnement, malgré leur variété, consiste toujours à faire passer les fils dans un bain d'en-

collage, à la sortie duquel ils vont s'enrouler sur un cylindre, appelé *ensouple*, après avoir été séchés dans l'intervalle par l'action d'un ventilateur ou de tubes chauffés à la vapeur. La résistance et l'élasticité des fils de soie dispensent de les encoller.

Quant aux fils de trame, ils doivent être enroulés sur de petites bobines de papier nommées *canettes*, et ensuite sur des tiges de bois cylindriques, creuses ou demi-creuses, qui seront placées dans la navette du tisserand. Cette opération est exécutée par des machines appelées *canetières*. Leur construction est très-variée.

Tout est prêt maintenant pour le tissage, et il n'y a plus qu'à monter l'ensouple sur le métier du tisserand.

ÉTOFFES UNIES OU A ARMURES FONDAMENTALES

Tissage. — Les étoffes dites à armures fondamentales rentrent dans quatre types principaux: la *toile*, qui est le plus simple, le *batavia*, le *sergé* et le *satin*.

Nous ne décrirons pas ici les différents modes d'entrelacement des fils de chaîne et de trame, ni les moyens employés pour les réaliser : nous expliquerons seulement le fonctionnement d'un métier de tisserand dans le cas le plus simple, c'est-à-dire celui de la fabrication de la toile.

A l'arrière d'un bâtis en bois (fig. 108) est placé un cylindre horizontal E nommé *ensouple*, sur lequel sont enroulés les fils de chaîne ourdis. Vers le milieu du métier, dans sa longueur, sont suspendus deux organes $L^1 L^2$, appelés *lames*. Chacune d'elles se compose de deux barres de bois reliées par des fils verticaux ou *lisses ;* au milieu de ces lisses se trouvent des anneaux ou *maillons*. Si l'on suppose que l'on numérote les fils de la chaîne en allant d'une lisière à l'autre, les uns seront pairs et les autres impairs. Chaque fil impair de la chaîne est passé dans un maillon de la lame n° 1, et chaque fil pair dans un maillon de la lame n° 2. A la sortie des lames, ces fils sont engagés entre les dents d'un peigne P, suspendu à un battant B, qui peut basculer autour d'un axe placé, soit en haut, soit en bas du métier. Sur le devant du bâti est un rouleau R, sur lequel s'enroulera l'étoffe au fur et à mesure de sa fabrication.

L'ouvrier, assis sur le devant du métier, pose les pieds sur deux pédales ou marches M, N, qui sont reliées aux lames par

des fils et des leviers de différents noms, et disposés de telle
sorte qu'en appuyant sur la pédale M avec le pied gauche, on
lève la lame n° 1 et l'on abaisse la lame n° 2 ; qu'en appuyant
sur la pédale N, on fasse l'inverse. L'ouvrier a à sa disposition

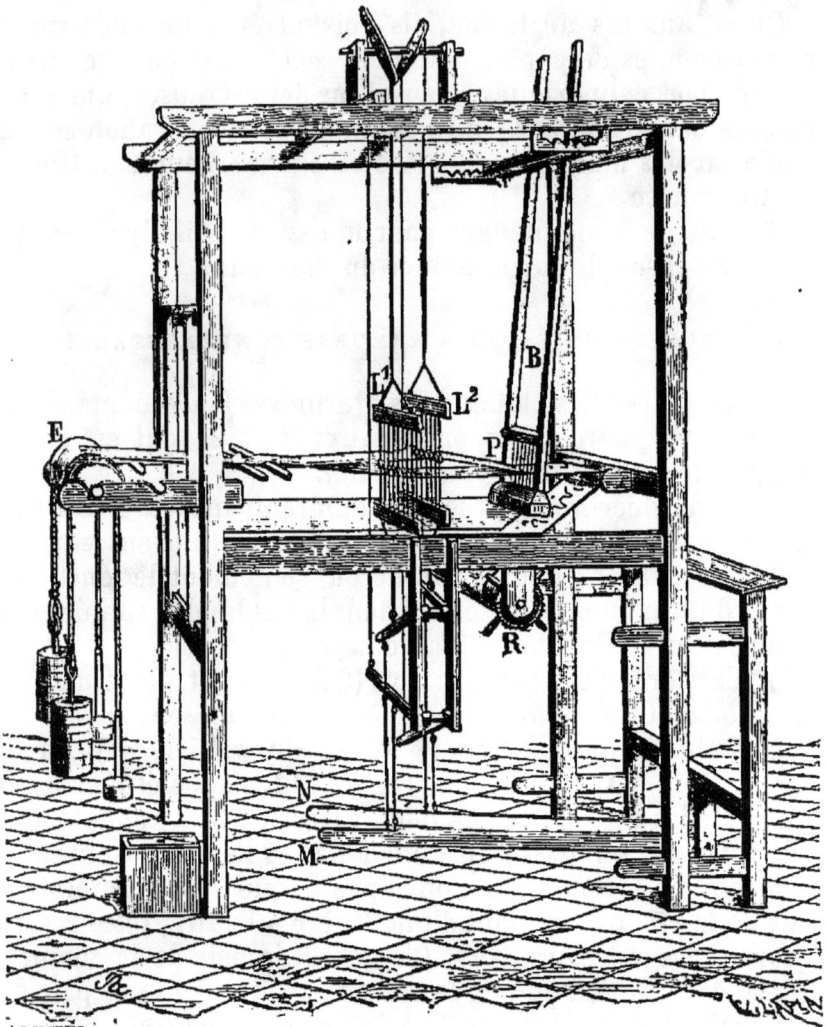

FIG. 108. — Métier à tisser.

une navette, c'est-à-dire un outil de bois qui a la forme d'une
nacelle ; cette navette est creuse vers son milieu, et l'on y
place une canette ou bobine sur laquelle est enroulé le fil de
trame, qui sort par un trou ou par une fente latérale (fig. 109).

Le métier étant préparé, supposons que l'ouvrier appuie
sur la marche M : tous les fils de rang impair vont se lever et
ceux de rang pair s'abaisser ; il y aura ainsi deux nappes de
fils de chaîne faisant entre elles un certain angle. Tenant la
navette de la main gauche, par exemple, il la fera glisser dans
l'intervalle des deux nappes, perpendiculairement à la direction de la chaîne ; la trame se déroulera de la canette, et
quand la navette aura parcouru toute la largeur des deux
nappes, elle aura inséré entre elles une longueur de fil appelée *duite*. L'ouvrier cessant d'appuyer sur la marche M, les
fils vont revenir à leur position primitive et la duite se trou-

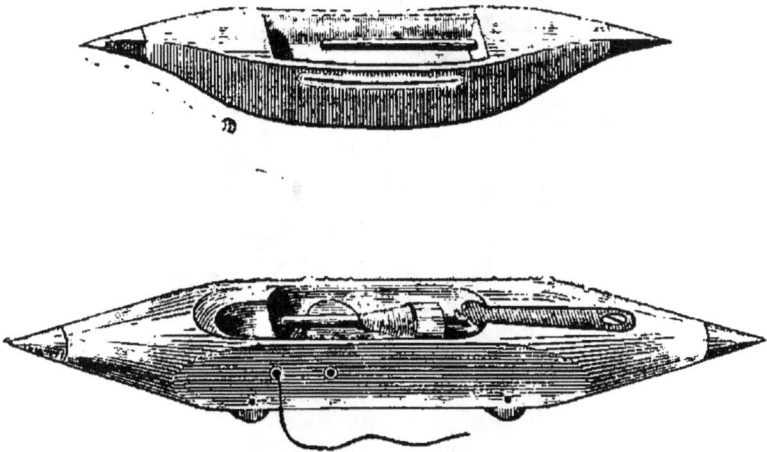

FIG. 109. — Navettes.

vera prise entre les fils pairs et impairs, mais sa direction sera
plus ou moins régulière. Pour la bien fixer perpendiculairement à la chaîne, l'ouvrier amène à lui le peigne battant,
dont les dents rencontrent la duite et la disposent perpendiculairement aux fils de chaîne. Cela fait, il appuie avec le pied
droit sur la marche N qui lève à son tour les fils pairs et abaisse
les impairs ; dans le nouvel angle formé, le tisserand passe une
nouvelle duite et ainsi de suite, de manière à produire un entrelacement de fils de chaîne et de trame tel qu'un même fil
de chaîne passera successivement au-dessus et au-dessous des
duites successives. On voit cet enlacement sur la figure théo-
rique 110, où les fils de trames sont représentés par de petites
baguettes L.

Le plus souvent l'ouvrier ne manœuvre pas la navette à la

main : elle se trouve dans une boîte placée sur le côté du
peigne battant, et en tirant une corde convenablement disposée, il met en mouvement dans la boîte un taquet qui,
frappant sur la navette, la lance de droite à gauche; elle

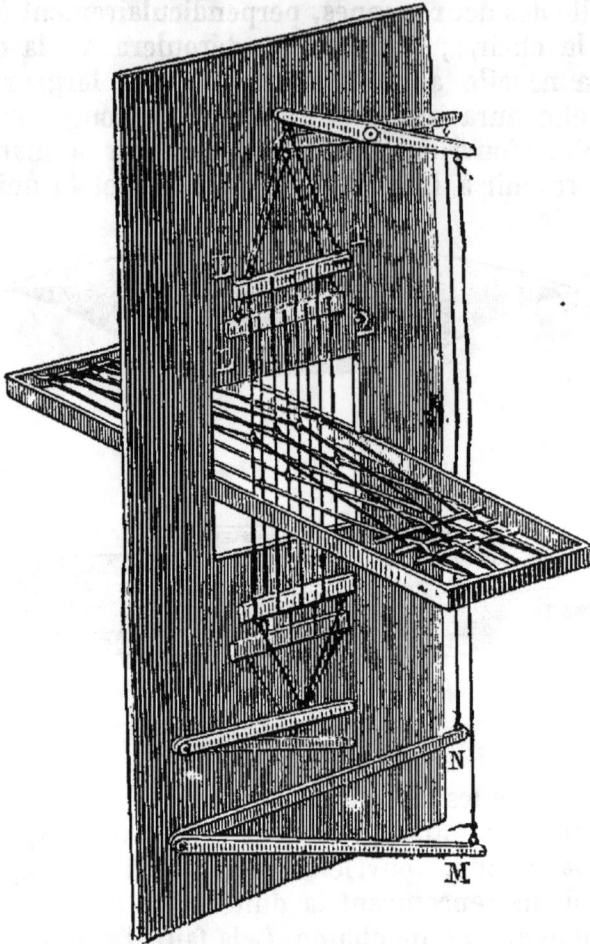

Fig. 110. — Figure explicative du métier à tisser.

arrive dans une boîte symétrique située à gauche, et il l'en fait
sortir, à la duite suivante, par le même moyen.

On s'explique très-bien que les différents mouvements que
nous venons de décrire puissent se faire mécaniquement ; c'est
là l'objet du tissage mécanique, dont les applications se déve-
loppent chaque jour.

Les principales étoffes où l'entrelacement des fils est le même que dans la toile sont désignées sous le nom de *taffetas, gros de Naples, marceline, foulard,* etc., mais d'une étoffe à l'autre on fait varier l'aspect en employant des fils de trame ou de chaîne de grosseur différente. — Pour les autres étoffes, comme les ana-costes, les mérinos, les serges, les satins, etc.; le mode d'entre-lacement est différent, et la fabrication de ces tissus exige un plus grand nombre de lames qui varie de trois à cinq. Pour les tissus à dessin, le nombre des lames augmente encore : quand le nombre n'excède pas vingt, on peut se servir du métier à lames que nous avons décrit. Au delà, l'usage de ce métier deviendrait très-difficile.

ÉTOFFES A ARMURE DESSIN ET ÉTOFFES ARTISTIQUES

Pour éviter l'inconvénient résultant de la multiplicité des lames, on employait autrefois des ouvriers spéciaux, qui étaient chargés de soulever chacun des groupes de la chaîne en tirant sur des cordes convenablement disposées : ils étaient appelés *tireurs de lats.* Leur travail était fort pénible, leur santé s'alté-rait bientôt par suite de la nécessité de rester souvent courbés, de prendre dans l'intérieur du métier des positions excessive-ment fatigantes. Jacquard, fils d'un maître ouvrier en soie de Lyon, inventa la machine dite *Jacquard,* par laquelle l'emploi de tireurs de lats se trouva supprimé. Cette admirable machine a accompli dans l'industrie des tissus une véritable révolution. Sa description détaillée ne saurait trouver place ici.

Il est des tissus qui ont une composition différente de ceux dont nous avons déjà parlé, ce sont les étoffes à fils sinueux, parmi lesquelles nous trouvons les gazes, le barége, les tissus à rideaux, les balzorines, les gazes pour bluterie; ils ont deux fils de chaîne : l'un est rectiligne, l'autre fait des sinuosités à gauche et à droite du premier; ces replis et sinuosités sont rendus fixes par la trame qui vient s'entrelacer dans les fils de chaîne. Nous citerons les articles de bonneterie ou tricot, le tulle, les articles à rideaux.

La fabrication des tissus à mailles exige des métiers spéciaux et assez compliqués.

NOMENCLATURE DES PRINCIPAUX TISSUS — LIEUX DE FABRICATION

Tissus de coton. — La fabrication française des tissus de coton se divise en quatre groupes principaux :

1° *Le groupe de l'Est.* — Ce groupe, qui comprenait autre-fois le Haut-Rhin et les Vosges, a diminué beaucoup d'impor-tance depuis que nous avons perdu l'Alsace. Il occupait environ 85 000 ouvriers à la fabrication des tissus de coton ; 47 000 mé-tiers (dont 9000 à la main) produisent annuellement 300 mil-lions de tissus différents, parmi lesquels on distingue les cali-cots pour impressions, les calicots pour blancs ou madapolams, les croisés, les piqués, les brillantés, les basins, etc. Mulhouse, Wesserling, Sainte-Marie-aux-Mines, qui appartiennent aujour-d'hui à la Prusse, étaient les principaux centres de fabrication.

2° *Le groupe de Normandie.* — Il comprend la Seine-Inférieure, l'Eure, le Calvados et l'Orne. La Seine-Inférieure seule emploie 132 000 ouvriers au tissage du coton ; 100 000 travaillent à la main et 32 000 sont occupés au tissage mécanique. La fabrica-tion des étoffes connues sous le nom de *rouenneries* comprend des articles à couleurs variées faits sur des métiers à plusieurs navettes avec des fils teints avant le tissage. Ces articles sont les mouchoirs à carreaux, les étoffes pour robes et pour jupons. Rouen, Condé-sur-Noireau, la Ferté, fabriquent des toiles de coton, Bolbec des velours de coton. Flers est le centre d'une fabrication des plus intéressantes. Cette ville fait des coutils pour stores, pour corsets, pour doublures de bottines, des étoffes damassées (Jacquard) pour literie et stores, des étoffes de coton pour chemises. Le tissage à la main domine encore à Flers. Mayenne et Laval fabriquent aussi des tissus de coton.

3° *Le groupe de la Somme, de l'Aisne et du Nord.* — Amiens produit annuellement pour 18 millions de velours tissés à la main ou mécaniquement. Saint-Quentin fabrique des toiles de coton, cretonnes, percales, jaconas, organdis, nansouks, mous-selines brochées pour meubles et rideaux (métier Jacquard), des gazes brochées, des basins, des devants de chemises dont les plis sont faits sur le métier à tisser, des piqués, etc. Ourscamps, dans le département de l'Oise, possède une importante usine qui comprend la filature du coton et le tissage mécanique des velours de coton. Le tissage du coton n'est pas extrêmement développé dans le département du Nord ; cependant Armen-tières tisse mécaniquement des toiles de gros coton. Roubaix fabrique des articles façonnés en pur coton et un grand nombre d'articles mélangés dans lesquels le coton s'allie, soit à la laine, soit au lin.

4° *Le groupe de Tarare (Rhône), Roanne (Loire) et Thisy (Rhône).* — Cette région est le siége d'une importante fabrication de mousse-

line unie, claire ou garnie, tarlatane unie, mousseline façonnée, gaze, rideaux brodés, etc. Le tissage et la broderie des
articles de Tarare occupent plus de 50 000 ouvriers, disséminés
dans les départements du Rhône, de la Loire, du Puy-de-Dôme
et même de la Haute-Saône. Ces ouvriers ne se livrent au tissage que pendant l'hiver ; la plupart d'entre eux travaillent à
la terre pendant la belle saison.

Tissus de lin et de chanvre. — Les tissus de lin et de
chanvre comprennent les toiles fines et mi-fines, les batistes et
mouchoirs, les coutils, le linge de table, les grosses toiles destinées à la confection des voiles, des sacs et des torchons.

Les toiles fines et mi-fines qui servent principalement à faire
les chemises, les blouses et les draps de lit, etc., se fabriquent
surtout dans les départements du Nord, de la Somme et dans
la Normandie : Lille, Pont-Remy, Abbeville, Armentières,
Lisieux et Bernay sont les centres principaux de cette industrie.
La Sarthe, la Mayenne et l'Orne produisent de grandes quantités de toile de qualité moyenne ou commune. Citons aussi les
toiles de l'Aisne et des Vosges.

Le tissage mécanique a pris une extension considérable pour
la fabrication des toiles.

Les *batistes*, tissu de lin beaucoup plus fin que la toile, se
fabriquent dans les arrondissements de Cambrai et Valenciennes.
Elles servent à la confection d'objets de lingerie, et sont aussi
employées à faire des mouchoirs de poche. Chollet produit aussi
sur une grande échelle des toiles légères pour mouchoirs.

Les coutils de lin ont pour centres principaux de fabrication
Lille et Tourcoing.

Le linge de table se fait principalement à Armentières (Nord),
à Abbeville (Somme), à Saint-Quentin (Aisne). Le linge uni ou
à liteaux et le linge ouvré ou à damiers et œils sont tissés sur
le métier à marches ou sur la petite Jacquard, dite *mécanique
d'armure*; le linge damassé ou à dessin artistique est tissé à la
Jacquard.

La fabrication des toiles à voiles est répartie dans un petit
nombre de localités : Dunkerque en est le siége principal. Les
toiles à sacs et à torchons se font avec du lin, du chanvre et du
jute (le jute nous vient des Indes et se file par des procédés
analogues à ceux que nous avons décrits pour le lin et pour le
coton); le département de la Somme en produit de grandes
quantités.

Tissus de laine. — Les principaux centres de fabrication pour les tissus de laines *peignées* pures, mélangées de soie ou de coton, sont Reims, Roubaix, Amiens, Saint-Quentin, le Cateau, Guise, Rouen et enfin Paris. Parmi les articles qui se fabriquent dans ces différentes villes, on distingue : le *mérinos*, la *mousseline-laine*, le *cachemire d'Écosse*, le *stoff*, le *reps*, le *satin de Chine*, les articles pour gilets et ameublements qui se font surtout à Roubaix, les *velours d'Utrecht*, étoffes formées de deux tissus dont l'un sert de soubassement et est en lin pour les belles qualités, en laine pour les qualités inférieures; le tissu supérieur est en poil de chèvre ; les *peluches* (ces deux derniers articles sont la spécialité de la fabrication amiénoise); les *satins français*, les *satins-laine* et les *lastings* pour chaussures et boutons. Citons encore les *orléans*, les *alpagas*, etc. Les cachemires français se font sur des métiers à la Jacquard, à Bohain (Aisne), à Paris et à Lyon.

Parmi les tissus de *laine cardée,* on distingue les draps, les couvertures de laine, les flanelles.

L'industrie drapière est très-développée en France ; elle occupait, en 1867, de 80 à 90 000 ouvriers, produisant pour 250 millions de draps. Le centre principal de fabrication est en Normandie, à Elbeuf, à Louviers et à Lisieux. Sedan, dans les Ardennes, livre au commerce des draps très-estimés. Beauvais et Mouy dans l'Oise, Vire (Calvados), Vienne, Lodève, Château-roux, Carcassonne, Castres, concourent aussi à la production des draps. Ces tissus doivent la plupart de leurs qualités aux apprêts qu'ils subissent ; nous décrirons leur fabrication dans le chapitre consacré aux apprêts des étoffes.

Les couvertures de laine se font principalement à Beauvais, Paris, Orléans et Reims. Cette dernière ville produit aussi des quantités considérables de flanelles.

Tissus de soie. — Lyon est le siége principal de la fabrication des tissus de soie. Cette industrie occupe environ 120 000 métiers, dont 30 000 à Lyon ; le surplus est disséminé dans les départements de l'Ain, de la Loire, de l'Isère et du Rhône. La production peut atteindre une valeur de 490 millions de francs. A côté des étoffes les plus luxueuses, Lyon fabrique des tissus de consommation plus courante et qui sont recherchés par toutes les nations : les *satins*, les *fayes*, les *taffetas*, les *poults de soie*, les *moires*, les *velours*. Le tissage à la main, soit au métier à lames, soit au métier Jacquard, est beaucoup plus employé dans l'industrie lyonnaise que le tissage mécanique; cependant celui-ci s'est très-développé depuis quelques années dans le

Rhône et les départements voisins pour la fabrication des étoffes unies noires et de quelques tissus de couleur. Citons encore, parmi les produits de l'industrie lyonnaise, les *serges*, les *satins de Chine*, les *velours légers* (trame coton), les *gazes de soie*, les *gazes dites de Chambéry*, les *grenadines*, les *fichus et châles crêpe de Chine*, les *popelines de soie*, les *velours et tissus mélangés pour gilets*, les *étoffes en soie pour ameublement, tenture et ornements d'église*, etc., etc.

La fabrication des rubans de soie est l'objet d'une industrie importante à Saint-Étienne et à Saint-Chamond ; le tissage des rubans se fait en général à la main et chez l'ouvrier, sur des métiers appelés métiers *à la barre*, qui permettent de fabriquer plusieurs pièces à la fois. A cet effet on dispose dans la largeur du métier autant de groupes de fils de chaîne que l'on veut fabriquer de pièces ; à chaque groupe correspond une navette de forme particulière et, par un mécanisme spécial, toutes ces navettes fonctionnent à la fois dans le groupe de fils où chacune doit insérer la trame. C'est par un artifice analogue que se font à Bernay les rubans de coton.

Les peluches de soie, employées à la confection des chapeaux de soie, sont fabriquées à Sarreguemines et à Tarare.

Dentelles. — Sous le nom générique de *dentelles*, on désigne un tissu à réseau qui sert surtout à l'ornementation des vêtements de femme. La dentelle se fait généralement à la main, soit aux fuseaux, soit à l'aiguille. Sa fabrication, qui occupe en France plus de 200 000 ouvrières, est répartie dans six groupes principaux : 1° Caen, Bayeux et Chantilly ; 2° Mirecourt et les Vosges ; 3° le Puy et ses environs ; 4° Lille et Arras ; 5° Bailleul (Nord) ; 6° Alençon.

Dans les cinq premiers groupes la dentelle se fabrique avec des fuseaux.

Les dentelles de Caen, Bayeux et Chantilly, dont la réputation est très-grande, sont en soie. Elles se présentent sous la forme de bandes, à dessins variés, employées à l'ornementation des robes et des chapeaux de femmes, ou bien sous la forme de morceaux plus grands appelés *pointes* et servant de châles.

La dentelle se fait sur un petit métier portatif (fig. 111), appelé *carreau*, qui se compose d'un coussin au milieu duquel se trouve un cylindre appelé *roue*, où l'on a fixé un carton présentant une série de trous ou piqûres, dont la succession simule les linéaments du dessin ; il y a des trous qui correspondent au fond du tissu ou *champ*, et d'autres qui correspondent aux fleurs ou *ornements*. Les fils sont enroulés sur un grand nombre de petites bobines, nommées *fuseaux*, que l'on voit représentées à part en FF. La dentellière entrecroise ces nombreux fils, et, à mesure qu'elle avance, elle fixe l'entrecroisement des fils par des épingles qu'elle place dans les trous du dessin. Les dentellières manient le fuseau avec une dextérité surprenante : c'est à peine si l'on peut suivre leurs doigts dans ce charmant travail.

Fig. 111. — Dentellière.

Quand elles ont fabriqué une certaine quantité de tissu, elles enlèvent les épingles, et, en tournant la roue, font tomber la dentelle fabriquée dans un petit tiroir situé au-dessous du métier, et continuent l'opération en replaçant les épingles sur d'autres points.

Il nous reste à dire comment s'exécute le piquage des cartons qui sont remis aux dentellières. Le dessin livré par le dessinateur est reporté sur du papier pelure d'oignon, qui est donné au *piqueur*. Celui-ci le place sur un carton et fait dans celui-ci des piqûres correspondant aux traits du dessin.

Lorsqu'il s'agit de faire des pièces un peu grandes, comme les châles et pointes, on les décompose en morceaux qui sont fabriqués chacun par une ouvrière, et qui sont ensuite recousus par d'autres ouvrières appelées *raboutisseuses*, exécutant un point dit de *raccroc*.

Le travail que nous venons de décrire est à peu près le même pour toutes les dentelles aux fuseaux se faisant, dans les régions que nous avons indiquées, avec du lin, du coton ou de la soie.

La dentelle dite *point d'Alençon* est la seule qui soit fabriquée entièrement à l'aiguille. C'est la plus estimée et la plus chère ; elle est faite en fil de lin. Son prix élevé s'explique par le temps très-long qu'exige sa fabrication. La matière première employée est le fil de lin de différents numéros. Le fil de lin se travaille plus difficilement que le fil de coton; c'est à cause de cela que les autres centres de fabrication de dentelles (la Belgique, le Nord, etc.) se servent de coton. Alençon continue à employer quand même le fil de lin, et cela constitue un des avantages de sa fabrication sur celle des villes rivales ; le point d'Alençon l'emporte aussi sur les autres genres de dentelles par sa finesse, sa solidité et son relief.

Le dessin arrive de Paris, où il est exécuté par des dessinateurs au courant des caprices de la mode. Il est nécessaire que la plupart des dessins viennent de Paris ; des artistes d'un égal mérite, dessinant à Alençon, ne réussiraient pas à faire des compositions aussi bien en rapport avec les exigences de la mode et de la consommation. Le dessin est souvent retouché à Alençon par le fabricant pour être rendu propre à la fabrication. Il est ensuite décalqué sur papier pelure et repiqué sur parchemin vert. Ce parchemin est donné tout piqué aux ouvrières qui s'en servent, comme de guide, pour exécuter les différents points dont l'ensemble constituera la dentelle. Ces différents points sont faits chacun par des ouvrières spéciales.

Tulles de soie et de coton. — Les tulles sont tissés maintenant sur des métiers mécaniques trop compliqués pour que nous les décrivions ici et dans lesquels les fils de chaîne sont verticaux, les uns fixes, les autres mobiles qui vont s'entrelacer successivement avec les premiers. La fabrication du tulle est concentrée à Lyon, à Calais, à Saint-Pierre-lez-Calais, et à Grand-Couronne près Rouen. Lyon et Grand-Couronne fabriquent exclusivement les tulles de soie et les blondes ou dentelles blanches de soie. Calais, Saint-Pierre-lez-Calais et Saint-Quentin fabriquent aussi une quantité considérable de tulles de coton.

Broderie. — La broderie se compose d'un tissu uni en coton ou en lin sur lequel des ouvrières, appelées *brodeuses,* tracent à l'aiguille des dessins plus ou moins riches.

Nancy, Saint-Quentin et les Vosges ont été pendant longtemps les centres les plus importants de cette industrie, qui produit un grand nombre d'articles servant à la toilette des dames : bonnets, cols, manchettes, etc. La mousseline de Tarare, le nansouk de Saint-Quentin, les toiles du Nord, sont les principaux articles sur lesquels s'effectue la broderie.

Le dessin, tracé sur un papier par le dessinateur, est piqué à l'aide d'une machine spéciale. Cette opération consiste à suivre les linéaments du dessin avec une pointe qui y fait de petits trous; puis on place le papier piqué sur l'étoffe que l'on doit broder et l'on étend à la surface de ce papier une composition appelée *noir léger* et contenant du noir animal, de la sandaraque et de la colophane. Cette composition, en passant à travers les trous du papier piqué, reproduit le dessin sur l'étoffe : on l'y fixe, soit avec un fer chaud, soit par la chaleur d'une étuve chauffée à la vapeur. Le tissu est ensuite livré à la brodeuse, qui reproduit à l'aiguille et avec un fil de coton les détails du dessin. Au travail de la brodeuse succède celui de la blanchisseuse, qui non-seulement blanchit le tissu, mais exécute les opérations du *poinçonnage* et du *déraillage* : la première a pour but de *relever* la broderie en passant un poinçon dans les œillets que le blanchissage a fermés; la seconde consiste à refaire les fils éraillés.

Par suite des caprices de la mode et de l'importation de broderies étrangères auxquelles les traités de commerce donnèrent entrée, cette industrie a subi de tristes vicissitudes dans ces dernières années. En 1869, à l'époque de notre visite à Nancy, l'un des premiers fabricants de cette ville, en nous communiquant les détails qui précèdent, nous représentait la broderie comme une industrie condamnée à ne pas se relever des coups qui lui avaient été portés. Depuis cette époque une reprise s'est manifestée, et un industriel de Saint-Quentin, M. Hector Basquin, a importé en France les machines qui faisaient à nos articles de broderie une si terrrible concurrence. Les premiers essais datent de 1868 et, grâce à son initiative aussi persévérante qu'intelligente, une nouvelle industrie est maintenant créée pour la France.

Bonneterie. — L'industrie de la bonneterie embrasse la fabrication d'un grand nombre d'objets de consommation usuelle, tels que bas et chaussettes, caleçons, jupons, camisoles, gilets de tricot, et d'articles de fantaisie, tels que coiffures, capelines, châles, fichus, châtelaines, cache-nez.

Les matières premières employées pour cette industrie sont le coton, le lin, la laine pure ou mélangée de coton et de soie.

Le tissu de bonneterie, ou *tricot*, se fait de trois manières :

1° *A la main*, avec l'aiguille à tricoter. Ce mode de travail n'est guère plus appliqué industriellement que pour les articles de fantaisie, comme les capelines et les vêtements d'enfants, etc.

2° *Avec le métier rectiligne automatique*, dont le mécanisme est assez compliqué et qui donne des surfaces planes que des ouvrières, appelées *remailleuses*, réunissent ensuite pour confectionner des vêtements (bas, camisoles, etc.). Ces métiers fabriquent des pièces *élargies* et *rétrécies* suivant les endroits, et tissées comme si elles l'avaient été par l'ouvrier le plus habile.

3° *Avec le métier circulaire*, qui est devenu d'un emploi général pour les marchandises à bas prix : il produit des pièces de tricot cylindriques dans lesquelles on taille aux ciseaux des bas, gilets, caleçons, dont les coutures sont faites, soit à la main, soit à la machine à coudre.

La bonneterie de coton se fabrique surtout à Troyes, Romilly, Moreuil, Falaise, Saint-Just, etc. La bonneterie de laine a son centre le plus important dans le Santerre (Picardie), où elle occupe un grand nombre d'ouvriers à Villers-Bretonneux, Roye, Hangest et Harbonnières. Troyes livre au commerce des articles en laine douce et des articles de fantaisie. L'Eure, la Haute-Garonne, le Bas-Rhin et les Pyrénées font la grosse bonneterie pour les marins et la classe ouvrière. La bonneterie de soie a beaucoup perdu de son importance : elle est surtout fabriquée dans le Midi, à Gayac, au Vigan, à Nîmes, à Lyon; Paris, Troyes, Saint-Just, concourent aussi à cette industrie. Enfin la bonneterie de lin est fabriquée dans le Pas-de-Calais.

CHAPITRE V

TEINTURE, BLANCHIMENT, IMPRESSION ET APPRÊTS
DES TISSUS, FABRICATION DES DRAPS

Lorsque les étoffes quittent le métier du tisserand, elles ne sont pas en état de servir à la confection de nos vêtements : la plupart ont encore la couleur naturelle des fils employés à leur fabrication ; nous excepterons cependant quelques étoffes qui sont fabriquées avec des fils teints avant le tissage : tels sont les draps dont la laine est teinte avant l'opération de la filature, excepté pour les noirs et les rouges ; les étoffes désignées sous le nom de *mélangés,* où l'entrecroisement de fils de diverses couleurs produit des effets plus ou moins variés, les soieries de Lyon, la bonneterie, etc. Pour colorer les étoffes d'une manière durable, il y a deux méthodes principales, qui font l'objet de deux industries distinctes : celle du teinturier et celle de l'imprimeur sur étoffes. Le teinturier colore les tissus non-seulement sur les deux faces, mais dans toute leur masse : une étoffe bien teinte doit être colorée jusqu'au centre de tous ses fils ; l'imprimeur, au contraire, ne colore que l'une des faces du tissu et y dispose les matières colorantes de manière à y former des dessins. Ce sont des industries essentiellement chimiques, dont nous n'exposerons que les principes.

Premiers apprêts des tissus. — Les tissus, en sortant de l'atelier de tissage, ne sont pas dans des conditions telles qu'ils puissent recevoir immédiatement la teinture : ils renferment des substances qui gêneraient l'action des matières colorantes ou empêcheraient cette action de s'exercer d'une manière uniforme. Parmi ces substances, les unes existent naturellement dans la fibre textile, les autres ont été introduites à la filature ou au tissage, tels sont les corps gras et le paré. Il faut donc soumettre les tissus à un traitement dont l'effet sera d'éliminer toutes ces substances étrangères et nuisibles ; ce traitement, qui varie avec la nature de l'étoffe, est désigné sous le nom de *premiers apprêts.* Nous ne les décrirons pas dans tous leurs détails, nous dirons seulement que la matière gommeuse du paré est ordinairement enlevée par des bains d'eau froide ou chaude, et que les matières grasses sont dissoutes par des bains de carbonate de soude. Ajoutons encore que les tissus

de coton et de laine sont débarrassés du duvet qui existe à leur
surface par l'opération du *grillage*. Ce duvet est constitué
par les extrémités des fibres courtes du coton et de la laine
qui sortent des fils ayant servi au tissage. Le grillage s'effectue en passant l'étoffe sur un cylindre métallique chauffé

Fig. 112. — Grillage des étoffes.

au rouge. La figure 112 représente l'appareil employé dans les
ateliers : la pièce, enroulée sur un rouleau horizontal, est fixée
de l'autre côté sur un autre rouleau que l'ouvrier met en mouvement à l'aide d'une manivelle, de manière à dérouler l'étoffe
venant du premier rouleau, et à l'enrouler sur le second. Des

cadres à bascule TCC′, T L L permettent de soulever ou d'abattre la pièce sur le cylindre. Cette opération demande une grande habileté de la part de l'ouvrier, dont la moindre négligence pourrait compromettre la solidité du tissu et même le brûler complétement. Le nombre de passages sur le cylindre chauffé dépend de la nature de l'étoffe.

Le grillage se fait maintenant dans beaucoup d'ateliers à l'aide d'appareils à gaz dont les flammes viennent lécher le tissu ; le plus connu est celui de M. Tulpin (de Rouen).

Blanchiment. — Les étoffes qui doivent rester blanches ou recevoir des couleurs claires sont soumises au blanchiment. Pour les tissus de lin et de coton, le blanchiment s'exécute par l'action de bains alcalins (chaux ou soude) et de bains de chlorure de chaux. Il est souvent complété en exposant les tissus sur le pré à l'action de l'air.

Les tissus de laine qui doivent rester blancs, ou recevoir des couleurs excessivement claires et tendres, sont blanchis dans des *soufroirs* : ce sont des chambres en maçonnerie, d'une hauteur de 6 à 7 mètres, et voûtées, pour que la vapeur qui pourrait se condenser ne retombe pas sur les étoffes que l'on suspend à des barres horizontales qui traversent la chambre. On allume du soufre aux quatre coins du soufroir et l'on ferme toutes les issues. Le lendemain on ouvre une trappe située à la partie supérieure de la chambre, on donne un peu d'air par la porte, le gaz sulfureux s'échappe et l'on peut entrer dans le soufroir pour dépendre les étoffes, qui sont envoyées à la teinture, ou au bain d'azurage si elles doivent rester blanches.

Teinture. — On emploie à la coloration des étoffes les substances les plus variées, comme la cochenille, les racines de garance, les bois de Campêche, de Brésil, le bois jaune, la gaude, l'indigo, etc. Depuis quelques années ces produits sont souvent remplacés par des matières colorantes artificielles extraites du goudron de houille et de ses dérivés. L'application de ces couleurs nouvelles est, en général, plus simple, leur éclat est beaucoup plus vif, mais leur solidité laisse encore à désirer.

La teinture des étoffes comprend une infinité de détails qui varient avec la nature du tissu, avec la nuance à obtenir et dans la description desquels nous ne pouvons entrer ici. C'est une industrie essentiellement chimique et qui ne peut progresser qu'en s'appuyant sur les données de la science.

On peut combiner directement la matière colorante avec le

tissu en le plongeant dans une solution portée à une température suffisante. Tels sont, par exemple, le sprocédés de teinture

FIG. 113. — Cuve de teinture.

sur laine et sur soie avec l'acide picrique qui colore en jaune, avec la fuchsine pour les rouges, etc., etc.

Dans la plupart des cas, la matière colorante n'a pas assez de tendance naturelle à s'unir à l'étoffe pour qu'on puisse opérer comme précédemment ; il faut alors procéder par *mor-dançage*, c'est-à-dire faire servir à la coloration du tissu non-seulement une substance colorante, mais aussi un ou plusieurs corps, appelés *mordants*, qui devront être choisis de manière à avoir de l'affinité pour l'étoffe et pour la matière colorante, entre lesquelles ils serviront d'intermédiaire pour fixer la seconde sur la première. Il faut aussi que le résultat de cette triple combinaison de l'étoffe, du mordant et de la matière colorante soit insoluble dans l'eau. Dans la teinture des laines et des soies, les mordants le plus souvent employés sont le tartre, l'alun et les sels d'étain. Dans la teinture des cotons, le mordant par excellence est le tannin, que l'on emprunte soit à la noix de galle, soit aux feuilles d'un arbuste appelé *sumac*.

Les mordants ne fonctionnent pas seulement comme fixateurs ; ils agissent souvent aussi pour modifier la nuance et l'intensité des couleurs.

Les tissus sont ordinairement manœuvrés dans les bains de teinture ou de mordant à l'aide de tourniquets comme celui que représente la figure 113. Les pièces sont jetées sur le tourniquet et l'on attache ensuite leurs deux bouts ensemble : le tourniquet en tournant sort l'étoffe du liquide pour la replonger ensuite. L'action de l'air à laquelle on soumet ainsi le tissu est le plus souvent très-efficace pour développer l'action de la matière colorante : ce mouvement est, du reste, nécessaire pour bien répartir la matière colorante à la surface du tissu. Par des tuyaux qui amènent la vapeur, on porte les bains de teinture à des températures qui varient suivant les cas.

Impression des tissus. — Avant de décrire les procédés d'impression, nous indiquerons quelques-uns des principes sur lesquels ils reposent.

1° On imprime des mordants convenables sur des points déterminés de la surface des étoffes ; on plonge ensuite ces étoffes dans des bains de matière colorante. Celle-ci se fixe aux parties mordancées et donne des couleurs qui varient avec la nature du mordant, de sorte que si l'on a imprimé plusieurs mordants à la surface d'un tissu, on aura plusieurs couleurs avec le même bain colorant. Quant aux parties qui ne sont pas mordancées, elles ne retiennent la matière colorante que faiblement, et un simple lavage suffit pour les en débarrasser. Ce procédé ne s'applique qu'aux étoffes de lin et de coton : quand il s'agit de tissus de laine et de soie qui, par suite de

leur plus grande affinité pour les matières colorantes, se com
bineraient avec elles, même dans les parties non mordancées,
on imprime à la fois le mordant et la couleur mélangés ; puis
on les fixe par l'action de la vapeur d'eau.

2° On peut aussi teindre l'étoffe comme à l'ordinaire, après
avoir eu soin d'imprimer aux endroits que l'on veut conserver
blancs des matières qui les préservent de l'action du bain colorant. C'est le procédé dit par *réserve*.

3° Souvent, après avoir *mordancé* ou *teint* l'étoffe d'une manière uniforme, on imprime en certains points des substances
appelées *rongeants*. Dans le cas où l'étoffe a été seulement mor-
dancée, les rongeants détruisent le mordant ; par suite, le bain
colorant dans lequel on passera le tissu respectera les parties
rongées. Dans le cas où l'étoffe a été teinte avant impression,
le rongeant détruira la couleur produite sur les parties où il
sera imprimé.

4° Enfin, on peut imprimer à la surface du tissu une matière
colorante épaissie avec de l'albùmine ou de l'amidon, puis le
soumettre à l'action d'un courant de vapeur d'eau, qui fixe la
couleur à sa surface.

Quant à l'impression, elle s'exécute de deux manières : *à la
main* ou *à la machine*.

L'impression à la main se fait au moyen de planches qui
présentent en relief les dessins que l'on doit reproduire sur
l'étoffe. Les tissus sont tendus à la surface de tables quelquefois
très-longues (fig. 114) et recouvertes de draps qui forment ma-
telas. Un enfant, qui sert d'aide à l'imprimeur, enduit de couleur un tampon de drap renfermé dans un châssis monté sur
une table à roulettes ; l'imprimeur vient prendre la couleur
sur ce drap en y appuyant plus ou moins la planche, qu'il applique ensuite sur l'étoffe à l'endroit où l'impression doit être
faite ; puis, à l'aide d'un marteau, il frappe, sur le dos de la
planche, un coup sec qui détermine l'adhérence et assure une
impression régulière. Pour imprimer les dessins à leur place
exacte, l'imprimeur se repère au moyen de picots que porte la
planche et qu'il applique aux endroits convenables.

Les planches employées dans l'impression des tissus sont
faites par des méthodes différentes, que nous ne décrirons
pas.

L'impression mécanique se fait soit au rouleau, soit avec
une machine appelée *perrotine*. Nous ne décrirons pas la machine à rouleaux, qui fut importée d'Angleterre au commen-

cement de ce siècle; nous en donnerons seulement le principe. Supposons qu'on grave en creux les détails du dessin à la surface d'un rouleau en bronze, et qu'après l'avoir recouverte de couleur, on racle cette surface avec un couteau de manière à ne laisser de matière colorante que dans les parties creuses. Il

FIG. 114. — Impression des tissus à la main.

est évident que si l'on fait ensuite rouler ce rouleau sur une étoffe tendue, il y imprimera le dessin gravé en creux à sa surface.

L'impression est faite à l'aide d'une machine très-délicate et très-précise dans laquelle les rouleaux tournent sur eux-mêmes, se chargent de couleur, se nettoient et impriment sur l'étoffe qui suit leur mouvement de rotation.

La machine présente ordinairement différents rouleaux

fonctionnant en même temps et pouvant imprimer jusqu'à seize couleurs à la fois. Supposons que l'on veuille imprimer des fleurs dont une partie serait jaune et l'autre rouge : un rouleau imprimera le jaune et l'autre le rouge.

L'industrie de l'impression sur étoffe est très-importante ; Rouen et Saint-Denis sont les villes où elle est le plus développée. Elle est parvenue à une grande perfection et reproduit des dessins d'une extrême délicatesse à la surface des toiles de coton, dites *perses*, destinées à l'ameublement, des mousselines pour robes, des foulards, etc. On fait aussi par impression des châles imitant les cachemires tissés.

Derniers apprêts des tissus. — Après teinture, blanchiment ou impression, les tissus ont encore à subir les derniers apprêts. Ces opérations, qui varient avec la nature des étoffes, n'ont le plus souvent pour but que de les soumettre à une espèce de *repassage* et de lustrer leur surface ; c'est ce qui arrive pour les toiles de lin et de coton, pour les coutils, etc. On fait passer ces tissus dans des bains d'amidon et de fécule, qui produisent un véritable amidonnage ; à leur sortie on les fait circuler avec tension sur des cylindres chauffés à la vapeur, tournant d'un mouvement continu et dont l'action peut être assimilée à celle d'un fer à repasser.

Les tissus légers et délicats, comme les étoffes blanches de Saint-Quentin, ne pourraient subir la tension dont nous venons de parler. Après l'amidonnage, on les tend avec précaution sur de vastes cadres, ou *tables d'apprêt*, sous lesquelles circulent des tuyaux chauffés à la vapeur.

Les étoffes de laine reçoivent aussi les derniers apprêts en sortant de teinture : ils consistent en un tondage exécuté par une machine que nous décrirons bientôt à propos de la fabrication des draps ; ce tondage, qui ne se fait pas sur tous les tissus de laine, a pour effet de compléter l'action du grillage. Certaines étoffes sont soumises à une pression considérable entre des plateaux creux chauffés à la vapeur. Enfin, après avoir été humectés avec de l'eau, les tissus sont passés sur des cylindres de cuivre rouge, chauffés à la vapeur, et y subissent un véritable repassage.

Les velours de coton et les velours d'Utrecht reçoivent à l'envers un gommage plus ou moins fort, que l'on sèche en les faisant circuler sur une série de cylindres chauffés à la vapeur.

FABRICATION DES DRAPS

Dégraissage des draps. — Le drap est une étoffe qui tire toutes ses qualités des apprêts qu'il reçoit; lorsque le tissu destiné à être transformé en drap arrive du tissage, il présente l'aspect d'une toile grossière. Il doit d'abord être *dégraissé*. Cette opération, qui lui enlève le corps gras de l'ensimage, est exécutée par une machine appelée *dégraisseuse,* qui consiste en deux gros cylindres faisant fonction de laminoir et situés au-dessus d'une auge où se trouve de l'eau et de l'argile à foulon. Le tissu, dont les deux bouts sont cousus ensemble, passe entre les cylindres qui, l'entraînant dans leur mouvement, le sortent du bain pour l'y replonger ensuite. L'argile s'unit aux corps gras qu'elle absorbe et un passage à l'eau débarrasse l'étoffe de l'argile chargée d'huile. Après un séchage pratiqué à l'air libre ou dans des séchoirs chauds, les pièces sont remises aux *épinceteuses*, qui, armées d'une petite pince nommée *épince*, les nettoient de toutes les impuretés, comme pailles, boutons, etc. Ce travail est en général exécuté par des femmes, ainsi que l'opération du *rentrayage*, qui vient immédiatement après et qui a pour but de réparer à la main les défectuosités du tissage. Il faut tendre les fils qui, s'étant cassés pendant le tissage, ne sont pas droits : cela se fait en saisissant l'extrémité du fil avec l'épince et en le tirant ensuite pour le tendre; il faut réparer les *faux pas*, c'est-à-dire passer des fils là où il manque une duite par suite d'une rupture de la trame, etc., etc.

Foulage des draps. — Le drap va ensuite au *foulage*. Cette opération, la plus importante de toute la fabrication, a pour but de transformer l'étoffe, qui est lâche, relativement mince et molle, en un tissu serré et ferme, quoique moelleux ; elle s'exécute à l'aide de machines appelées *foulons*. Nous décrirons l'une de celles qui sont le plus employées. La partie essentielle de l'appareil se compose de deux joues de bronze *a, a* (fig. 115), que l'on peut rapprocher plus ou moins. Le tissu est engagé entre ces deux joues, puis saisi par deux cylindres situés derrière elles et animés d'un mouvement de rotation. Ces cylindres, appelant l'étoffe, la forcent à passer dans un intervalle qui est très-petit si on le compare à la largeur qu'elle a. Dans ce passage les fibres se rapprochent, se feutrent et le tissu, se trouvant condensé, diminue de largeur. C'est le foulage en *largeur*. Il doit être ac-

compagné d'un foulage en *longueur* : pour cela le drap, en
sortant des cylindres, s'accumule dans un espace, ou *chambre*,
d'où il ne pourra sortir qu'à condition de soulever une porte
s'ouvrant de bas en haut et appuyée par un ressort très-fort
contre l'ouverture d'issue. Le tissu s'accumulant dans cette
chambre, va y être soumis à une pression suivant sa longueur

FIG. 115. — Foulage des draps.

et se foulera en *longueur*. Quand cette pression, qui augmente
à mesure que l'étoffe est fournie par les cylindres, sera devenue
suffisante, la porte se soulèvera et le drap sortira ; mais, comme
elle se refermera bientôt, l'opération recommencera pour les
parties qui suivent. Les deux bouts de la pièce ayant été cousus
ensemble, le mouvement se continuera aussi longtemps qu'il
sera nécessaire. Si le foulage se faisait à sec, les fils s'altére-

raient : pour éviter cet inconvénient, la partie inférieure de la
machine est munie d'une auge c c' dans laquelle se trouve de
l'eau de savon. Le tissu, en passant dans ce liquide, s'y imprègne
de la dissolution, qui facilite le glissement et le ramollissement
des fibres. L'opération du foulage diminue considérablement
les dimensions de l'étoffe : pour les draps lisses cette dimi-
nution est un tiers en longueur et en largeur. Le foulage est
appliqué à toutes les étoffes feutrées, comme les couvertures
de laine, les molletons, les flanelles, etc. A Sedan, il se fait avant
le dégraissage.

Lainage des draps. — A la sortie des foulons, le drap est
débarrassé du savon par un lavage ; puis il passe au *lainage*, qui
a pour but de relever les filaments froissés par le foulage, de les
coucher tous dans le même sens, de manière qu'ils forment à la
surface une couche de duvet homogène recouvrant autant que
possible les intervalles laissés par le croisement des fils. Pour
atteindre ce but, on se servait autrefois d'une espèce de brosse
formée de chardons que l'on passait sur les draps suspendus
verticalement. Aujourd'hui on emploie une machine appelée
laineuse. La partie principale de cette machine est un cylindre
tournant dont la surface est formée par des cadres garnis de
chardons. L'étoffe passe sur lui et les aspérités des chardons
font l'effet d'une brosse qui coucherait les filaments.

Quand on veut obtenir des étoffes à poil droit comme les
draps-velours, l'opération du lainage est suivie du *battage*, qui
consiste à tendre horizontalement le drap mouillé et à le battre
avec des baguettes flexibles qui redressent le poil.

Le lainage et le battage exigent que le drap soit mouillé ; on
le sèche ensuite à l'air ou dans des étuves à air chaud. Pendant ce séchage il est tendu sur des appareils appelés *rames*.

Tondage des draps. — Les filaments qu'a couchés la *laineuse*
ne sont pas tous d'égale longueur : il en résulte une irrégularité
d'aspect dans le tissu. Pour la faire disparaître, on tond le drap.
Cette opération, qui autrefois se pratiquait à la main avec des
ciseaux, s'exécute aujourd'hui sur des machines spéciales. Celle
qui est le plus généralement employée se compose essentiellement d'un cylindre C (fig. 116) armé de lames d'acier H, très-
aiguisées et disposées sur lui en spirale ; il est animé d'un mouvement rapide de rotation. A une petite distance de ce cylindre
se trouve une lame aiguë et rectiligne L. Par le mouvement de
la machine, le drap D vient passer au contact et au-dessous de
cette lame fixe, et ses fibres, relevées par une traverse A A

située au-dessous de lui, se trouvent prises comme dans une
paire de ciseaux dont l'une des lames (la lame rectiligne) serait
fixe et l'autre (les lames spirales) mobile.

Après le tondage, le drap retourne au lainage : c'est ce
qu'on appelle lui donner une *seconde eau,* parce qu'à chaque

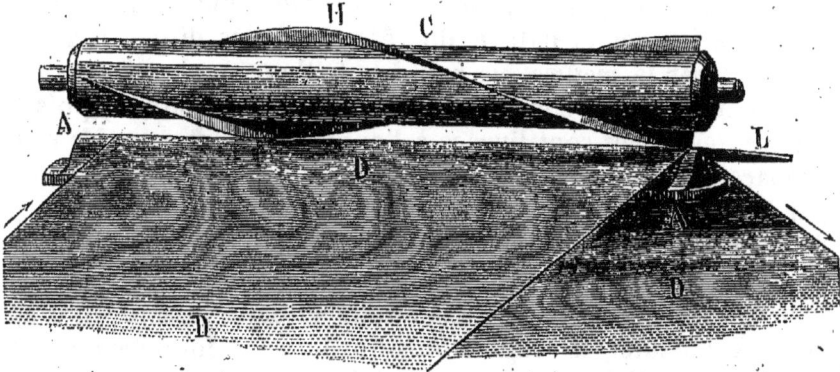

Fig. 116. — Machine à tondre les draps.

lainage il doit être mouillé ; les opérations de lainage et de tondage sont répétées d'autant plus de fois que le drap doit être
plus fin. Certains draps subissent jusqu'à vingt-quatre lainages
et vingt-quatre tondages.

Lustrage et décatissage. — Quand le drap est fini, on
l'expose simultanément à une forte pression et à l'action de la
chaleur ; le duvet se couche et l'étoffe prend le brillant re-
cherché : c'est le *lustrage.* L'excès de brillant donné au lustrage
est corrigé par le *décatissage,* opération qui consiste à exposer
le tissu à l'action de la vapeur d'eau.

On voit combien est longue la fabrication du drap ; on peut
l'estimer à deux mois et demi depuis l'entrée de la laine en filature jusqu'à l'achèvement de l'étoffe.

CHAPITRE VI

CONFECTION DES VÊTEMENTS, DES CHAPEAUX, DES CHAUSSURES ET DES GANTS

CONFECTION DES VÊTEMENTS

Les industries que nous avons étudiées dans les chapitres
précédents avaient toutes pour but de fournir à l'homme les

tissus destinés à la fabrication de ses vêtements; cette fabrication fait l'objet d'industries diverses, comme celles du tailleur,
de la couturière, de la lingère, etc. Tout le monde connaît les
principaux détails de ces industries, qui s'exercent à la main et
qui, malgré leur importance, n'offrent rien de particulier à
décrire. Nous dirons seulement que les étoffes sont d'abord
coupées sur des *patrons*, ou morceaux de papier épais, dont la
forme varie avec la nature du vêtement; les dimensions sont
données par la *mesure que prend* le tailleur sur le corps même
de la personne qui commande l'objet à confectionner; puis les
différentes pièces sont livrées à l'ouvrier qui les *assemble* et les
prépare pour l'essayage. Les retouches à faire sont indiquées
par le maître tailleur à l'aide de traits faits avec un morceau
de savon taillé et le vêtement, rendu à l'ouvrier, est définitivement confectionné. Le talent d'un bon ouvrier tailleur ne consiste pas seulement dans l'exactitude et dans le soin qu'il apporte à exécuter les indications qui lui sont données au point
de vue des dimensions et de l'ajustement des pièces, mais
aussi et surtout à donner au vêtement du cachet, de l'élégance et de la résistance à la déformation, etc. Toutes ces
qualités dépendent des garnitures intérieures que l'ouvrier
doit savoir placer et ajuster, de son habileté à manier le fer
à repasser qui, par son poids et par sa chaleur, cambrera certaines parties du vêtement pour leur faire prendre la forme du
corps, etc.

L'industrie du tailleur comprend deux classes distinctes :
celle des tailleurs à façon et celle des confectionneurs. Les premiers essayent le vêtement lorsqu'il est ajusté, les autres le
font sans essayage. Il en résulte évidemment qu'un habit de
confection est toujours moins soigné et moins bien ajusté que
celui qui est fait à façon. Mais nous devons ajouter que les confectionneurs produisent à meilleur marché, tant à cause des
capitaux considérables dont certaines maisons disposent, que
par suite de la facilité qu'elles ont d'entretenir constamment
le travail de leurs ouvriers, même pendant la *morte saison*.
Sous ce rapport, les confectionneurs rendent chaque jour de
grands services : le bon marché auquel ils arrivent permet de
répandre dans la classe ouvrière un confortable auquel elle ne
pouvait prétendre autrefois, et sous ce rapport on ne saurait
trop encourager les progrès de cette intéressante industrie.

L'invention de la *machine à coudre* a beaucoup contribué au
résultat que nous signalons.

L'industrie de la confection des vêtements est répandue dans toute la France : Paris en est le centre principal.

CHAPELLERIE

Coiffures d'hommes. — La chapellerie comprend la fabrication des coiffures d'hommes et de femmes; nous ne nous occuperons que des premières : les coiffures de femmes se font exclusivement à la main et ne comportent pas une description détaillée, le talent de la modiste consistant surtout dans le bon goût et dans l'élégance des produits fabriqués.

La chapellerie pour hommes est une industrie très-importante, qui embrasse la fabrication des chapeaux de feutre, de soie, de paille, et celle des casquettes.

Chapeaux de feutre. — Les chapeaux de *feutre* entrent aujourd'hui pour les neuf dixièmes dans la consommation annuelle, et la France en fabrique pour près de 80 millions de francs, somme dans laquelle la consommation intérieure est représentée par 60 millions environ. Les principaux centres de fabrication sont Paris, Lyon, Aix, Bordeaux, Roman, Bourg-du-Péage, Tarascon, Chazelles, Esperaza, Fontenay-le-Comte.

L'usage des chapeaux de feutre remonte au règne de Charles VI. Les premiers feutres furent faits en laine d'agneau, ensuite en poil de castor; plus tard on mélangea à la laine le poil de chevreau et de veau; aujourd'hui le feutre qui sert à la confection des chapeaux est fait avec des poils de chèvre, de lapin, de loutre, de rat gondin, auquel on mélange quelquefois une certaine quantité de laine.

La laine possède naturellement la propriété feutrante, c'est-à-dire que, si on la foule, les différents brins s'entrecroiseront, se fixeront l'un à l'autre par les aspérités qu'ils présentent et finiront par constituer un tissu appelé *feutre*. Les poils dont nous avons parlé tout à l'heure ne possèdent pas naturellement la propriété feutrante, et l'on doit la développer chez eux par l'opération du *sécrétage*, qui consiste à les imprégner d'une dissolution de nitrate de mercure, avant de les détacher de la peau de l'animal : cela se fait en frottant cette peau du côté du poil avec une brosse préalablement trempée dans la dissolution. Après avoir séché les peaux, on arrache le poil et on le coupe avec un outil très-tranchant. Dans les usines bien montées, cette opération est exécutée mécaniquement par un couteau à

lames hélicoïdales qui est animé d'un mouvement rapide de
rotation et qui rappelle les *tondeuses* employées pour les apprêts des étoffes. Le cuir sort de ces machines à l'état de copeaux.

Après ces opérations préliminaires commence la fabrication
proprement dite du chapeau ; nous la décrirons d'abord telle
qu'elle a été pratiquée jusqu'à ces dernières années, telle
qu'elle l'est encore dans beaucoup de localités, et nous indiquerons ensuite les modifications que la grande industrie y a
apportées.

Fabrication à la main. — Les poils de diverse nature
sont d'abord mélangés suivant la qualité du feutre que l'on
veut faire ; après ce mélange, il faut *ouvrir les poils*, c'est-à-dire
raréfier la masse par l'agitation et la faire foisonner : c'est le
but de l'*arçonnage*, opération qui tire son nom de l'outil dont
on se sert. L'*arçon* est un arc de 2^m,50 environ, suspendu à
une petite distance d'une table sur laquelle on met les poils.
L'ouvrier, en faisant vibrer la corde au milieu d'eux, les agite
et les projette à une certaine hauteur ; ils retombent peu à peu,
s'enchevêtrent et forment une masse que l'on divise en plusieurs lots ou *capades*, pour la transformer par l'opération du
bastissage en un tissu ayant la forme d'une cloche. Pour cela,
on place une première capade sur une toile mouillée, appelée
feutrière ; au-dessus on applique une feuille de papier mouillée,
puis la seconde capade, et l'on replie la feutrière. En la pressant avec les mains, en la pliant et la repliant en tous sens,
on commence le feutrage et l'on obtient deux lames de poils
feutrés qui ont déjà une certaine consistance. On les réunit
par leurs bords et on les remet en feutrière pour opérer la
soudure par un nouveau feutrage. Il faut avoir soin de séparer
les deux lames par une feuille de papier pour les empêcher de
se réunir sur toute leur surface.

Le tissu qui constitue la cloche n'ayant pas encore assez de
consistance, on le porte au foulage. L'appareil sur lequel
s'exécute le foulage se compose d'une chaudière remplie d'eau
acidulée par l'acide sulfurique. Sur les bords sont disposés des
plans inclinés ou bancs. L'ouvrier trempe son feutre dans
l'eau de la chaudière, puis il le place sur son banc, où il s'é-
goutte, le presse avec un rouleau de bois, l'arrose d'eau froide
et, pendant quatre heures, continue à le fouler en tous sens,
d'abord avec les mains nues, puis avec les mains garnies de
manicles ou semelles de cuir.

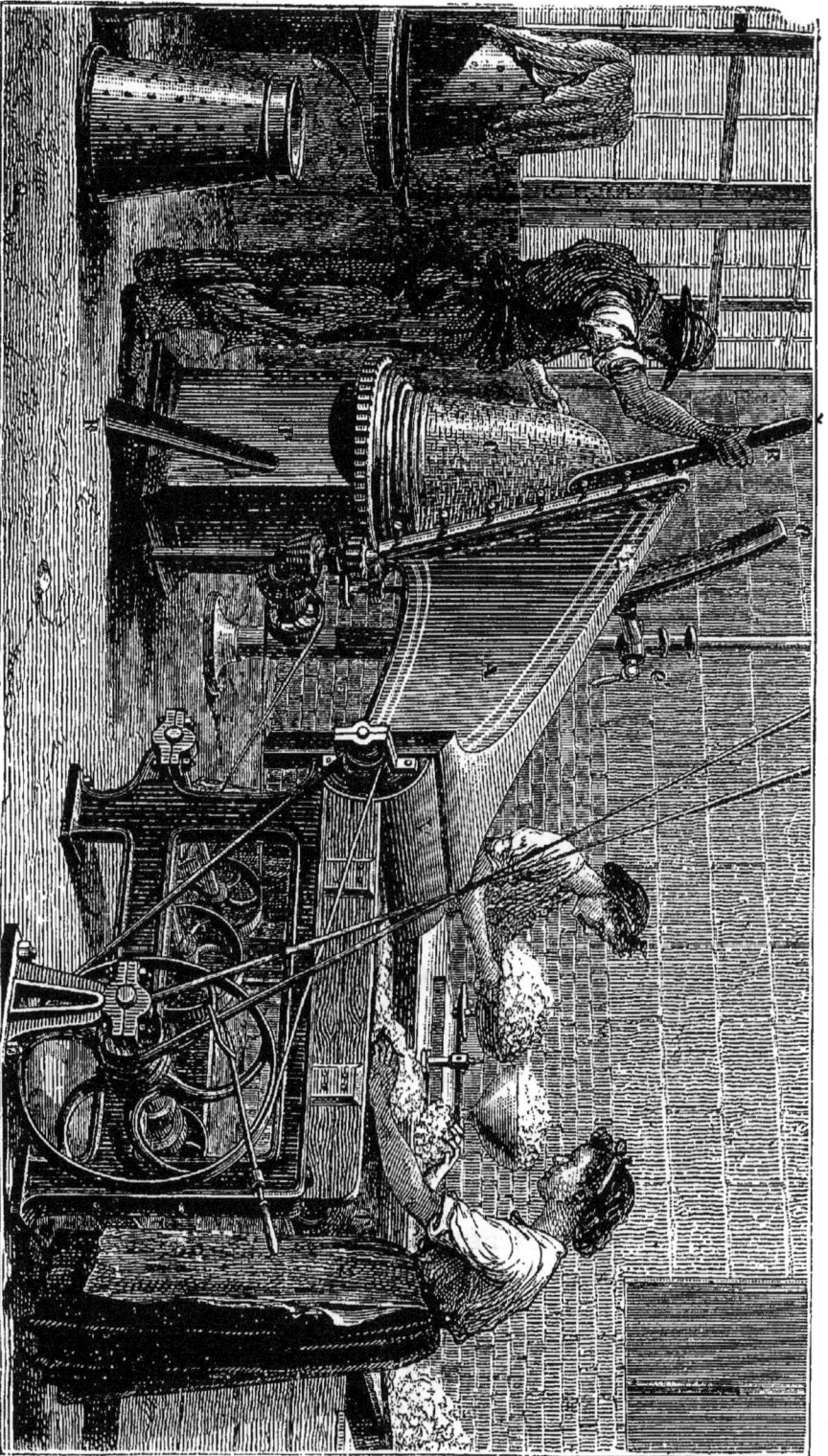

FIG. 117. — Batissage mécanique.

Le feutre, après foulage, est placé sur une forme dont on le force à prendre les contours en le pressant fortement avec les mains. Pour faire les bords, l'ouvrier attache l'étoffe sur le bas de la forme avec une forte ficelle et relève, en tirant en long et en large, la partie du tissu qui se trouve au-dessous de cette ficelle et qui constituera le bord du chapeau. On laisse sécher, on polit à la pierre ponce et à la peau de chamois; puis on teint dans un bain composé suivant la nuance que l'on veut obtenir. Après teinture, le tissu, lavé et séché à l'étuve, est livré à l'apprêteur, qui l'imprègne d'une dissolution de gomme laque; on fait ensuite sécher à l'air et la gomme laque, qui est entrée dans les pores du chapeau, lui donne de la fermeté. Telles sont les principales opérations que comporte la fabrication d'un chapeau de feutre.

Fabrication mécanique. — Le travail à la main, que nous venons de décrire, est assez long, et le plus habile ouvrier ne peut guère *bastir* et *fouler* plus de trois chapeaux dans sa journée; la substitution du travail mécanique a fait une véritable révolution dans la chapellerie : en augmentant la production et en abaissant le prix de revient, elle a mis le chapeau de feutre à la portée de toutes les bourses; c'est ce qui explique le développement important que cette industrie a pris dans ces dernières années.

Le mélange des poils se fait dans une série d'armoires communiquant entre elles, les poils y sont lancés et mélangés par un courant d'air violent que produit un ventilateur : le poil de qualité inférieure appelé *jarre* se dépose dans des tiroirs situés à la partie inférieure de l'appareil.

Le mélange ainsi produit est livré à une machine appelée *bastisseuse*, chargée d'exécuter l'*arçonnage* et le *bastissage*. Les poils sont placés sur la toile sans fin T (fig. 117), et y sont pris par des cylindres alimentaires qui viennent les présenter à un cylindre garni de brosses disposées suivant sa longueur : la rotation de ce cylindre les lance dans un conduit A, où ils sont agités en tous sens par un courant d'air actif qui les fait progresser dans ce conduit. Arrivés à l'extrémité, ils sortent par une large fente et vont se fixer sur une cloche de cuivre C percée de trous et recouverte d'un linge mouillé. Elle tourne lentement autour d'un axe vertical et repose sur un pied P, dans lequel se fait le vide; la pompe à air qui communique avec l'appareil aspire les poils et les fixe sur la cloche; par un artifice particulier l'ouvrier assure une égale répartition des poils sur toute la hauteur de la cloche. On recouvre ensuite la cloche d'une toile mouillée, et on l'enlève pour la plonger dans un bain d'eau acidulée qui augmente la consistance du tissu et permet de le détacher plus facilement de la cloche.

Le tissu très-léger ainsi obtenu est ensuite *assuré*, c'est-à-dire qu'on augmente sa solidité en le plaçant dans une feutrière et en lui faisant subir le feutrage à la main que nous avons décrit. Le feutrage est achevé dans une machine *à feutrer*, où l'étoffe est soumise à une pression et à une friction simultanées. Le feutre passe ensuite à la foule, au dressage et aux apprêts. Ces opérations se font de la manière que nous avons décrite ; le ponçage seul s'exécute mécaniquement.

Chapeaux de soie. — Le chapeau de soie fut inventé à Florence vers 1760 ; en 1770, il y en avait déjà deux fabriques à Paris : cependant cette industrie sommeilla jusqu'en 1828, époque à laquelle elle a pris un grand essor ; aujourd'hui elle a diminué beaucoup d'importance, par suite du développement de l'usage des chapeaux de feutre. Les principaux centres de fabrication sont Paris, Lyon, Bordeaux, Douai, Rouen, Marseille, Arras, Nantes, Yvetot, Essonne.

Un chapeau de soie se compose d'une carcasse, ou *galette*, à la surface de laquelle on colle un tissu de soie appelé *peluche*, qui se fabrique à Sarreguemines età Tarare. La galette était faite autrefois en poils de lapin feutrés et apprêtés ; aujourd'hui elle est en toile recouverte de couches de gomme laque destinées à lui donner de la roideur. Pour recouvrir cette galette on prend une espèce de coiffe en peluche de soie, représentant la forme du chapeau et fendue suivant une ligne oblique ; on l'applique sur la galette placée sur la forme et on la force à en épouser les contours par la pression d'un fer chaud ; la chaleur du fer fond la gomme laque qui se trouve sur la galette et qui devient par le refroidissement un véritable ciment entre la peluche et cette galette. Les bords de la fente oblique, qui avaient été garnis de gomme laque, sont réunis de la même manière. Pour donner au chapeau les contours voulus, on le repasse à chaud sur une forme et l'on rend la peluche brillante en la mouillant, en la repassant plusieurs fois et en appliquant sur elle un morceau d'étoffe de laine pendant que le chapeau, placé sur un tour, tourne avec rapidité. Il n'y a plus maintenant qu'à garnir le chapeau, c'est-à-dire à y mettre la coiffe, y coudre le cuir et le galon qui le borde.

Chapeaux de paille. — Nous comprendrons sous la déno-

mination de *chapeaux de paille* : les chapeaux de paille pro-
prements dits, les chapeaux de panama et les chapeaux de
latanier ou palmier. Nancy et Lyon sont les deux principaux
centres de fabrication. La paille employée pour la fabrication
des chapeaux est, en général, celle de blé ou de seigle ; la meilleure nous vient d'Italie et particulièrement de Toscane. Florence nous expédie des pailles à l'état de petits rubans tressés,
qui sont livrés en France à des ouvrières chargées de les coudre
ensemble et d'en faire des chapeaux de formes différentes.
Toulouse, Grenoble et l'Angleterre livrent aussi à l'industrie
des quantités considérables de tresses de paille. Les chapeaux
dits *chapeaux de paille d'Italie* ne se composent pas de tresses
cousues, mais de tresses *remmaillées*, qui sont réunies par un
fil imperceptible que l'ouvrière dissimule sous un brin de paille.
Ces chapeaux nous arrivent tout faits d'Italie et nos fabricants les *dressent* comme ceux que l'on confectionne en France.

Le *dressage* a pour effet de donner au chapeau la forme qu'il
doit avoir. Après avoir imprégné la paille de colle ou de gélatine destinée à lui donner une certaine roideur, le chapelier
place le chapeau sur une forme et le soumet à des repassages à
chaud qui dressent successivement le fond, les côtés et les bords :
c'est là le *dressage à la main*. Il se fait maintenant d'une manière
beaucoup plus rapide et plus parfaite à l'aide de l'*apprêteuse* ou
dresseuse mécanique de MM. Mathias et Legat. Un ouvrier ne
peut dresser à la main que dix chapeaux par jour ; la machine
Mathias et Legat en dresse quatre cents.

Les chapeaux dits *panamas* sont fabriqués avec les feuilles
d'un arbuste qui croît en Amérique ; ces feuilles s'enroulent
naturellement sous forme de filaments assez fins et ressemblant
à de petits joncs. Cette fabrication, qui ne se faisait autrefois
qu'en Amérique, est maintenant très-importante en France :
Nancy reçoit des quantités considérables des feuilles dont nous
parlons et les fabricants les livrent aux ouvriers des campagnes,
qui se chargent de les tresser. Ces chapeaux diffèrent de ceux
de paille en ce qu'ils ne sont pas cousus ; ils sont constitués par
une tresse unique que l'ouvrier confectionne en partant du sommet de la forme et en allant en élargissant par l'addition de
brins de plus en plus nombreux.

Les chapeaux de latanier ou palmier sont fabriqués avec les
feuilles plates d'un arbre originaire d'Afrique et d'Amérique.
Ces feuilles étant trop larges doivent être refendues en brins plus
étroits ; ce refendage s'opère en faisant glisser la feuille, suivant

sa longueur, sur un outil formé de plusieurs lames coupantes juxtaposées. Les brins ainsi obtenus sont livrés aux tresseurs, qui opèrent comme pour le panama ; celui-ci constitue cependant un article plus soigné et plus fin. Les chapeaux de panama ou de latanier doivent, après le dressage, être soumis à un *flambage*, qui grille l'espèce de duvet formé par les brins sortant du tissu. Ils sont ensuite lavés avec une brosse mue mécaniquement dans une chaudière renfermant une dissolution de carbonate de soude ; puis ils sont blanchis par l'action du soufre. Après le blanchiment, ils sont apprêtés et dressés comme les chapeaux de paille.

La casquette est l'objet d'une industrie très-importante qui se fait à la main ou à la machine à coudre.

CORDONNERIE

La cordonnerie a réalisé depuis quelques années des progrès importants qui, en abaissant le prix de revient des chaussures de cuir, en ont répandu l'emploi et ont diminué celui des chaussures de bois ou sabots, dont l'usage, autrefois général dans les campagnes, devient chaque jour moins considérable. Elle s'exerce partout dans les villes et dans les campagnes, mais on rencontre cette industrie plus développée dans certaines villes où se sont élevées d'importantes maisons, auxquelles on doit surtout les progrès accomplis. Nous citerons Paris, Boulogne-sur-mer, Bordeaux, Nancy, Liancourt (Oise), Limoges, Marseille et Amiens. La cordonnerie emploie aujourd'hui trois procédés principaux de fabrication, qui produisent trois catégories distinctes de chaussures : le *cousu*, le *cloué*, le *vissé*.

Chaussure cousue. — La chaussure cousue est encore la plus répandue et la meilleure, mais c'est aussi celle qui coûte le plus cher.

Pour expliquer la fabrication des chaussures cousues, nous prendrons le cas le plus simple, c'est-à-dire celui d'un soulier ordinaire, qui se compose de trois parties essentielles : l'*empeigne*, ou dessus de la chaussure, la *semelle* et le *talon*.

L'empeigne se fait ordinairement avec un cuir souple et peu épais, comme le veau ciré ou verni, la vache vernie, le maroquin, le chevreau ; elle est coupée sur un patron en zinc, ainsi que la doublure en toile ou en peau de mouton dont on la revêt intérieurement. La coupe est exécutée par le maître cordonnier ou par des contre-maîtres.

La semelle et les talons sont faits avec des cuirs plus épais de
bœuf et de vache. Autrefois l'ouvrier cordonnier était toujours
chargé de découper la semelle, avec un outil appelé *tranchet*,
dans un morceau de cuir épais livré par le patron. Aujourd'hui
encore cela a lieu quelquefois ainsi, mais le plus souvent les
semelles sont découpées à l'aide d'emporte-pièce et livrées à
l'ouvrier avec les dimensions qu'elles doivent avoir. Il en est de

Fig. 118. — Cordonnier ajustant l'empeigne.

même des rondelles qui, par leur superposition, doivent constituer le talon.

L'ouvrier cordonnier se sert d'une *forme* de bois, qui doit
avoir la forme et les dimensions du pied de la personne à laquelle
la chaussure est destinée. Il commence par fixer sur la face
inférieure de cette forme une semelle, appelée *première*, qu'il
bat pour l'assouplir et la forcer à prendre la courbure inférieure

lu pied. Il y fait la *gravure*, c'est-à-dire qu'avec son tranchet il y pratique des entailles à travers lesquelles devra passer l'alène qui coudra l'empeigne à la semelle ; puis appliquant son empeigne sur le dessus de la forme, il la tend avec des pinces aussi fort que possible (fig. 118), en rabat les bords sur la *première*, et les fixe provisoirement avec quelques pointes. Il prend alors une bande de cuir, nommée *trépointe*, qu'il applique sur les bords rabattus de l'empeigne, tout autour de la forme jusqu'au talon inclusivement, et, à l'aide de fil enduit de poix et d'une alène lui servant d'aiguille, il coud ensemble la première, la trépointe et l'empeigne, qui se trouve ainsi saisie entre la première et la trépointe. Puis il applique sur la trépointe une seconde semelle, qui sera cousue à la *première*. Remarquons toutefois que le fond de la chaussure ainsi faite serait plat et que le pied, dans sa cambrure inférieure, ne serait pas soutenu par elle ; d'où résulterait une fatigue très-grande pendant la marche. Afin d'éviter cet inconvénient, il faut *cambrer* la semelle. Pour cela, l'ouvrier dispose, sur la première et à l'endroit correspondant à la cambrure du pied, un morceau de cuir assez épais appelé *cambrion* et destiné à remplir le vide de cette cambrure et à soutenir le pied. Il applique la seconde semelle par-dessus le tout, fixe la forme sur son genou avec une courroie appelée *tire-pied*, qui passe sous son pied, et, battant alors la seconde semelle avec son marteau, l'assouplit et la force à se modeler sur la forme ; puis il coud avec son alène. Quant au talon, il est fait à l'aide de rondelles de cuir superposées, réunies entre elles par des chevilles et de la colle, les premières rondelles ayant été d'abord cousues à l'empeigne et à la *première*.

Ajoutons que, pour soutenir le derrière du pied, l'ouvrier a placé, entre le cuir et la doublure, des morceaux de cuir assez épais appelés *renforts*. La semelle est ensuite finie au tranchet et à la râpe ; ses bords sont rendus brillants et lisses à l'aide d'un fer chaud qui les cornifie.

Le plus souvent les semelles sont cambrées avant d'être livrées à l'ouvrier ; on se sert pour cela de presses qui les compriment dans des moules ayant la forme et la cambrure voulues.

La chaussure *clouée* diffère de la chaussure cousue en ce que la *première*, l'*empeigne* et la *semelle*, au lieu d'être cousues, sont réunies entre elles par des clous. L'ouvrier se sert pour clouer d'une forme sur la face inférieure de laquelle se trouve incrustée une bande de fer contre laquelle viendra s'aplatir et se river la pointe des clous. La chaussure clouée revient bien meilleur marché que celle qui est cousue, mais elle est plus dure au pied et plus lourde, car ce mode de réunion des pièces exige des semelles plus fortes.

La chaussure *à vis*, sans être exempte de ces inconvénients, est cependant meilleure ; les clous sont remplacés par des vis. La fabrication de cette espèce de chaussures est devenue l'objet d'une grande industrie, qui se pratique dans des usines où le travail manuel est remplacé par celui de machines diverses que nous ne décrirons pas.

GANTERIE

La confection des gants fait l'objet d'une industrie considérable ; nous nous occuperons seulement des gants de peau, ceux de laine, de soie et de coton étant faits, soit en étoffes, soit en articles de bonneterie. La fabrication des gants de peau en France occupe 70 000 ouvriers, employés tant à la préparation des peaux qu'à la confection même des gants. La production annuelle est environ 24 000 000 de paires, d'une valeur moyenne de 80 millions de francs. Les principaux centres de fabrication sont Annonay, Paris, Milhau, Saint-Junien, pour la mégisserie ; Paris, Grenoble, Saint-Junien, Chaumont, pour la ganterie ; Niort, pour les gants de daim, de castor, et de chamois pour militaires. Les peaux servant à la ganterie sont des peaux d'agneau, de chevreau et de mouton ; elles subissent d'abord les opérations de la mégisserie, quand elles sont destinées à faire des gants glacés et des gants de Suède ; celles de la chamoiserie, quand elles doivent être employées à la confection des gants de daim ou de castor.

En sortant de la mégisserie, la peau est d'abord *ouverte*, c'est-à-dire étirée, en tous sens et du côté de la chair, sur un outil appelé *palisson*, qui est une lame à tranchant demi-circulaire fixée verticalement sur le sol ; puis elle est plongée dans un bain d'eau additionnée de jaunes d'œufs battus, où un ouvrier, jambes nues, la piétine pendant deux heures. Elle est ensuite portée à l'atelier de la teinture. Pour les couleurs tendres, la teinture se fait dans un bain colorant ; s'il s'agit de nuances foncées, la peau n'est teinte que sur une face : on l'étend sur une table de plomb cintrée et on la frotte avec une brosse préalablement trempée dans les matières tinctoriales. Après teinture la peau est séchée, puis ouverte une seconde fois sur le palisson.

Les peaux sont ensuite *notisées*, c'est-à-dire choisies par le contre-maître, qui les destine, suivant leur qualité et leurs dimensions, à tel ou tel genre de gants.

Le gantier prend alors la peau *notisée* et la mouille avec de l'eau et des jaunes d'œufs ; il l'étend sur une plaque de marbre et la soumet au *dollage*. Cette opération, qui est très-importante pour la qualité des gants, a pour but de *dénerver* la peau, c'est-à-dire de l'assouplir, de l'amincir et de lui donner partout la même épaisseur. Le dollage se fait avec une lame rectangulaire très-aiguë (fig. 119) à l'aide de laquelle l'ouvrier racle la peau du côté de la chair, en l'étirant de temps en temps dans différents sens. Pour que le dollage soit bon, il faut le faire en travers et en long. Ce travail est très-fatigant.

Le dollage ayant pour effet de dessécher la peau, il faut humecter celle-ci pour pouvoir continuer à la doller : aussi la met-on dans un linge mouillé, où elle reste quinze à vingt minutes ; si elle y séjournait plus longtemps elle pourrait se piquer.

Fig. 119. — Outil à doller les gants.

Vient alors le *dépeçage*, qui consiste à découper des morceaux ayant la forme d'un carré long, chacun d'eux devant servir à la confection d'un gant. Chaque morceau est ensuite *étavillonné :* cela veut dire que l'ouvrier le plie en deux suivant sa longueur, et le tend de manière à lui donner grossièrement la forme de la main quand elle est ouverte. Tous ces morceaux pliés sont empilés par groupes de douze et mis sous presse ; puis ils passent à l'opération de la *fente*, par laquelle le gantier pratique dans chaque morceau des fentes qui sépareront les doigts ; il fait en même temps le trou qui doit recevoir le pouce.

Les gants découpés sont ensuite donnés à la couseuse, qui réunit par des coutures les bandelettes formées par la fente ; elle ajoute sur le côté des doigts de petites bandes latérales appelées *fourchettes* destinées à permettre aux gants de mieux prendre la forme des doigts.

CHAPITRE VII

FABRICATION DES ÉPINGLES, DES AIGUILLES, DES BOUTONS DES BROSSES ET DES PEIGNES

FABRICATION DES ÉPINGLES ET DES AIGUILLES A COUDRE

La fabrication des épingles a pour centre, en France, Laigle, Rugles et ses environs. La description des procédés de cette industrie va nous montrer la fécondité du principe de la division du travail et nous prouver que, lorsque la fabrication d'un objet exige plusieurs opérations distinctes, il est bon de les faire exécuter par des ouvriers différents. Chacun d'eux, répétant toujours la même opération, y acquiert bientôt une habileté et une dextérité dont il serait incapable s'il devait les exécuter toutes successivement.

Les épingles sont faites ordinairement en fil de laiton, qu'on étame après fabrication.

La confection d'une épingle comporte quatorze opérations successives :

1° *Dressage du fil.* — Le fil de laiton qui sert à la fabrication des épingles, étant livré à l'ouvrier à l'état d'écheveau circulaire, doit d'abord être dressé. Pour cela, après l'avoir placé sur un dévidoir, l'ouvrier engage le fil entre les clous d'un outil appelé *engin*, en saisit l'extrémité avec des tenailles, et le tire en courant sur une longueur de 10 mètres environ ; le fil se dévide et se redresse en passant entre les clous de l'engin ; l'ouvrier revient alors, coupe le fil et recommence l'opération.

Lorsqu'il a dressé une botte de 10 à 15 kilogrammes, ce qui s'appelle *une dressée,* il la découpe à la cisaille par morceaux ou *tronçons*, capables de donner chacun trois ou quatre épingles.

2° *Empointage.* — Un ouvrier nommé *empointeur* est ensuite chargé de rendre pointues les extrémités des tronçons, opération qui se fait sur des meules de fer ou d'acier.

3° *Découpage.* — Les tronçons sont coupés à la cisaille en morceaux de longueur égale à celle que doivent avoir les épingles ; les morceaux provenant de la région intermédiaire du tronçon n'ont pas de pointes et doivent être rendus à l'empointeur. On appelle *hanses* les morceaux coupés à longueur d'épingle.

4° *Confection de la tête.* — La tête des épingles se fait avec un tortillon de fil de laiton. Un fil plus fin que celui qui constitue l'épingle est à cet effet enroulé en hélice sur une broche à l'aide d'un petit rouet.

5° *Coupe des têtes.* — L'ouvrier prend dans la main une douzaine des hélices ainsi obtenues et les présente ensemble à l'action d'une cisaille, qui les découpe en petits morceaux correspondant chacun à deux spires de l'hélice. Chaque morceau servira à faire une tête.

6° *Recuite des têtes.* — Les têtes sont recuites en les faisant rougir dans une cuiller de fer, puis en les trempant dans l'eau froide. Cette trempe, produit sur le cuivre un effet contraire à celui qu'elle a sur l'acier : elle le ramollit et rend l'opération suivante plus facile.

7° *Frappage de la tête.* — L'ouvrière chargée de façonner la tête est appelée *tétière.* Elle a devant elle trois écuelles en bois, dont l'une renferme les *hanses* empointées, une autre les têtes, et la troisième sert à mettre les épingles faites. D'une main elle enfile, sans les regarder, les épingles dans les têtes, puis de l'autre main place l'épingle sur une petite enclume munie d'une rigole destinée à loger le corps de l'épingle et d'une cavité hémisphérique qui reçoit la tête. Sur cette enclume peut s'abattre un outil nommé *mouton,* qui se compose d'un poids assez lourd surmontant une petite matrice en acier présentant une cavité hémisphérique correspondant à celle de l'enclume. Le mouton est suspendu à une corde qui passe sur une poulie et se termine par un étrier dans lequel l'ouvrière met le pied : lorsqu'elle appuie sur l'étrier, la matrice est maintenue en l'air ; lorsqu'elle soulève le pied, le mouton glisse verticalement entre deux montants qui le guident et tombe avec force sur l'enclume ; la tête de l'épingle, se trouvant comprimée dans les deux cavités hémisphériques, se soude mécaniquement à la hanse.

8° *Décapage des épingles.* — Les épingles en sortant des mains des tétières sont noires ; on les décape en les faisant bouillir dans de la lie devin ou dans la dissolution d'un sel connu sous le nom de *crème de tartre.*

9° *Etamage.* — Les épingles doivent ensuite être étamées, ce qui se fait en les plaçant sur le fond de bassines en étain qui sont très-peu profondes, et que l'on empile dans une chaudière contenant une dissolution de crème de tartre. Pendant l'ébullition le liquide laisse déposer à leur surface une couche très-

mince d'étain. Elles sont ensuite lavées à l'eau fraîche et claire :
ce qui s'appelle *les éteindre.*

11° *Séchage et polissage.* — On les sèche ensuite et on les
polit dans du son renfermé dans un tonneau qui tourne autour
de son axe.

12° *Vannage.* — On les sépare du son au moyen d'un ventilateur ou d'un vannage sur un van à blé.

13° *Piquage des papiers.* — Le piquage du papier sur lequel
on place les épingles, est pratiqué à l'aide d'un peigne à dents
très-effilées, dont on fait entrer les pointes dans le papier au
moyen d'un coup de marteau frappé sur le peigne.

14° *Boutage.* — C'est la dernière opération ; elle consiste à
mettre les épingles dans les trous du papier.

Dans certaines usines on se sert maintenant de machines qui
rappellent les machines servant à faire les clous et qui fabriquent
la tête de l'épingle par refoulement.

Les épingles noires sont faites en fer ou en acier que l'on
recouvre de vernis noir.

Aiguilles à coudre. — L'Angleterre et la Prusse se partagent
le monopole de la fabrication des aiguilles à coudre. Cette industrie est peu développée en France ; la ville de Laigle est le
seul centre de production de cet article et elle n'arrive point
à la produire dans d'aussi bonnes conditions que nos voisins.
En Angleterre, les aiguilles se font encore à la main ; en Prusse,
l'usage des machines a réalisé de grands progrès tant au point
de vue du prix de revient qu'à celui de la qualité. La fabrication des aiguilles comporte, comme celle des épingles, un grand
nombre d'opérations dans la description desquelles nous n'entrerons pas.

FABRICATION DES BOUTONS

Les boutons qui entrent dans la confection de nos vêtements
sont faits par des procédés qui varient suivant leur forme et
leur nature.

Les boutons d'os et de bois sont ordinairement fabriqués au
tour. Les os et le bois sont d'abord découpés en plaquettes par
une scie circulaire ; puis ces plaquettes sont présentées verticalement à un outil monté sur l'arbre du tour. L'ouvrier appuie
sur la plaquette (fig. 120) et y fait entrer l'outil qui porte deux
dents pointues chargées de découper la rondelle devant former
le bouton, pendant qu'une autre partie y creuse les gorges et

les baguettes destinées à orner sa surface. Aussitôt que le bouton est tourné, il tombe dans une boîte ou dans une toile
située au-dessous du tour, et l'ouvrier, présentant à l'outil une
autre partie de la plaquette, recommence l'opération. Le *polissage* des boutons s'exécute aussi sur le tour. L'arbre porte une

Fig. 120. — Polissage.

pièce de bois, ou *mandrin*, offrant une cavité assez grande
pour recevoir le bouton, mais trop petite pour l'y laisser entrer tout entier. L'ouvrier l'y place avec dextérité et, pendant
que le mandrin tourne rapidement, il appuie sur le bouton un
linge enduit d'une pâte de savon et de blanc d'Espagne.

Les trous sont aussi percés mécaniquement à l'aide d'un foret monté sur le trou. Quand le bouton doit avoir plusieurs trous, le tour porte plusieurs forets non solidaires l'un de l'autre et tournant ensemble; les trois ou quatre trous sont donc percés à la fois.

L'application des machines à la fabrication des boutons explique le bon marché auquel le commerce les livre actuellement.

On se sert aussi, dans cette industrie, d'un fruit d'Afrique, appelé *corozzo*, analogue à la noix de coco et dont la matière, susceptible d'un travail facile et d'un beau poli, peut recevoir des teintes variables que l'on assortit à la couleur des vêtements. On désigne souvent cette substance sous le nom d'*ivoire végétal*. La fabrication des boutons d'os et de corozzo est concentrée dans le département de l'Oise. MM. Dupont et Deschamps ont installé à Beauvais une importante usine, où nous avons vu fonctionner les procédés mécaniques que nous venons de décrire.

Les *boutons de corne* sont fabriqués en comprimant dans des moules, dont la forme rappelle celle des gaufriers, des morceaux de corne ramollie dans l'eau bouillante.

Les *boutons métalliques,* au moins les plus usités, sont en général faits en étain, ou en un alliage de cuivre et d'étain que l'on fond et que l'on coule dans des moules en sable. Les boutons de laiton ou de cuivre doré sont confectionnés par estampage sur des lamelles de cuivre auxquelles on soude ensuite les queues et que l'on polit.

Les *boutons d'étoffe* sont faits en recouvrant d'étoffe ou de passementerie des moules en bois fabriqués en général dans les campagnes de la Lorraine, et qui rendus à Paris coûtent 1 centime 1/4 les douze douzaines.

Les boutons de *pâte céramique* entrent maintenant pour une très-large part dans la consommation; tels sont, par exemple, les boutons de chemise. M. Bapterosse a inventé pour leur fabrication une série de procédés excessivement intéressants, qui sont appliqués dans ses usines de Briare et de Gien.

FABRICATION DES BROSSES

La fabrication des brosses fait l'objet d'une industrie qui est répandue dans un grand nombre de localités, mais qui est surtout développée à Beauvais et dans ses environs.

Une brosse, quel qu'en soit l'usage, se compose de deux parties essentielles : la *patte* et les *soies*. La patte est faite en bois, en os ou en ivoire ; sa forme est variable ; elle est destinée à recevoir des soies de porc ou de sanglier, à les réunir et à en faire un tout assez résistant pour qu'en les passant à la surface de l'objet que l'on veut brosser, elles enlèvent les corps étrangers, poussière, etc.

Les soies de porc ou de sanglier sont d'abord triées par couleur et par force ; elles sont ensuite peignées, comme le lin, sur un peigne fixe à dents verticales. Après ce peignage elles sont lavées à la potasse, passées par paquets sur une meule qui achève le nettoyage, blanchies dans des chambres à soufre, puis *redressées*. Le redressage a pour but de leur faire perdre la forme courbe qu'elles présentent ; on les enveloppe pour cela par paquets dans des morceaux de toile que l'on serre avec une ficelle, et on les porte dans des étuves, où elles se sèchent en se redressant sous la pression exercée par la ficelle. Enfin, il faut procéder au *triage*, qui divise généralement les soies en quinze classes d'après leur longueur. A cet effet, l'ouvrière en prend une poignée que d'une main elle tient verticalement sur une table ; elle place au milieu une tige de cuivre d'une certaine longueur, puis, avec la main libre, elle tire tous les poils qui sont plus longs que la tige et les met à part. Elle remplace la première tige par une plus courte et continue ainsi jusqu'à ce qu'elle soit arrivée aux poils de la plus courte dimension.

Étudions maintenant la fabrication des pattes qui doivent recevoir les soies. Le bois, l'os ou l'ivoire sont débités à la scie circulaire, et les morceaux provenant de ce débitage sont ébauchés à l'aide d'outils mécaniques qui leur donnent grossièrement la forme que doit avoir la patte ; ils sont finis à la lime, mouillés avec un mélange de savon et de blanc d'Espagne et polis sur des meules garnies de coton, qui tournent avec une grande rapidité. Les pattes sont ensuite percées de trous destinés à recevoir les soies : ce forage se faisait autrefois à la main ; aujourd'hui il est exécuté par des machines qui sont construites avec tant d'habileté, que la patte disposée sur elles se déplace avec une régularité parfaite pour venir présenter ses différents points à l'action du foret. Tantôt les trous sont percés de part en part, tantôt ils ne traversent qu'une partie de l'épaisseur.

Il faut maintenant *monter* les soies. Supposons d'abord le cas où les trous sont percés de part en part. L'ouvrier passe dans le premier trou une ficelle pliée en boucle et dont l'un des bouts est fixé à une extrémité de la patte; il engage dans la boucle un faisceau de poils, puis il tire le fil de manière à forcer la boucle à descendre dans le trou et à y entraîner le faisceau de poils qui se replie par le milieu et qui doit être assez gros pour boucher le trou; il fait une nouvelle boucle, engage le fil dans le trou suivant, et ainsi de suite. On coule

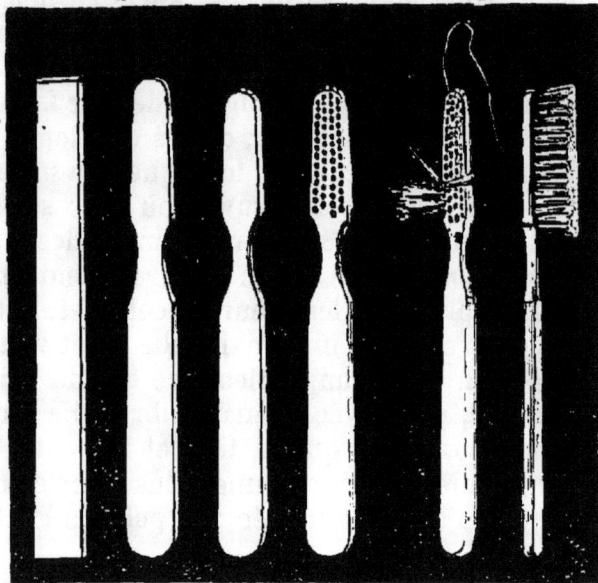

Fig. 121. — Fabrication des brosses à dents.

sur le dos de la patte de la colle forte, chaude et liquide, de manière à maintenir le tout, et l'on place au-dessus une plaque qui cache le travail. Enfin on égalise les poils en les coupant avec des ciseaux appelés *forces*.

Pour les brosses à ongles et à dents, qui sont ordinairement en os ou en ivoire, on ne perce pas les trous de part en part, mais chacun d'eux vient aboutir dans un canal percé longitudinalement; il y a autant de canaux longitudinaux qu'il y a de rangées de trous transversaux. On engage le fil horizontalement à travers le canal (fig. 121) et, à l'aide d'un petit crochet, l'ouvrier va le chercher au fond de chaque trou pour le sortir en forme de boucle.

FABRICATION DES PEIGNES (PEIGNES FINS ET DÉMÊLOIRS)

Les peignes qui servent à la toilette sont fabriqués avec la corne, l'ivoire ou l'écaille.

Les cornes employées à cet usage sont ordinairement celles de bœuf et de buffle sauvage : le Brésil nous en envoie des quantités considérables.

Préparation de la corne. — Le premier travail que l'on fait subir aux cornes consiste à les débarrasser de leur noyau intérieur : on les met d'abord macérer dans l'eau froide, puis, en les tenant par le petit bout, on les frappe avec un morceau de bois de manière à en faire sortir le noyau qui les remplit. On coupe ensuite à la scie la pointe et la base de la corne et on les vend' aux couteliers qui s'en servent pour garnir les couteaux, ou aux fabricants de cannes et de parapluies, qui en font des pommes et des crosses. La partie moyenne des cornes est alors ramollie de nouveau dans l'eau froide, puis dans une chaudière remplie d'eau bouillante, enfin exposée à l'action d'une flamme claire qui les ramollit plus encore ; pendant qu'elles sont chaudes, on les fend suivant leur longueur avec une serpette. A l'aide de pinces plates, on saisit les deux bords de la fente et l'on ouvre peu à peu la corne en la réchauffant pendant le travail pour lui conserver son extensibilité. Les plaques de corne ainsi obtenues sont mises en presse entre des plaques de fer poli et on les laisse refroidir sous une pression peu considérable. Les opérations qui précèdent constituent ce qu'on appelle l'*aplatissage à blanc* : elles s'appliquent spécialement aux cornes noires et sans transparence comme celles de buffle.

Les cornes blanches et transparentes sont soumises à l'*aplatissage à vert*, qui a pour effet d'augmenter leur transparence. A cet effet, la corne préparée à *blanc* est chauffée au-dessus d'un feu de charbon de bois et grattée avec des outils qui enlèvent toutes les parties non transparentes ; puis elle est ramollie dans l'eau froide, dans l'eau chaude, et soumise à l'action d'une presse dont les plaques sont chauffées. Après refroidissement complet, on desserre les plaques, on retire les cornes et on les charge de poids pendant quelque temps pour les empêcher de se gauchir.

Fabrication des peignes. — Les opérations précédentes sont souvent exécutées dans des usines autres que celles où se confectionnent les peignes : à leur arrivée chez le fabricant, les lames de cornes subissent le travail du *redressage,* par lequel on leur donne la forme plane en les ramollissant par la chaleur et en les mettant encore chaudes dans des presses formées de plaques de bois que l'on serre avec des vis. Alors commence une série d'opérations qui constituent la fabrication proprement dite du peigne et où l'on applique encore avec succès le principe de la division du travail, principe dont nous avons déjà constaté plus d'une fois la fécondité.

Ces opérations sont au nombre de treize : nous ne les décrirons pas en détails ; nous dirons seulement qu'après avoir tracé sur les plaques de corne des lignes qui indiquent la forme que doit avoir chaque planchette destinée à la confection d'un peigne, on découpe ces plaques à la scie circulaire. Les plaquettes obtenues sont mises à la forme du peigne à l'aide de petites meules d'acier auxquelles on les présente : on taille ensuite les dents avec une machine dont l'outil est une petite scie qui refend la corne. Puis, le peigne est achevé par une suite d'opérations où l'on adoucit ses arêtes à l'aide de petites meules d'émeri.

On met ensuite la corne *en couleur* en la faisant bouillir dans des liquides de composition convenable et ordinairement tenue secrète par les fabricants. Elle en sort avec des tons noirs ou autres qui sont plus flatteurs à l'œil que ceux de la corne naturelle. Quand on veut fabriquer de la fausse écaille, la corne est attaquée à l'aide de liquides acides qui y produisent les taches transparentes que présente l'écaille.

Le polissage est effectué à l'aide de la pierre ponce en poudre sur des meules dont les unes sont formées de lames de peau de buffle et de mouton, les autres de lames de drap. L'intervalle des dents est nettoyé avec des brosses à ongles.

Les procédés que nous venons de décrire permettent de livrer à la consommation des peignes que l'on peut vendre 3 francs la douzaine.

Préparation de l'écaille. — L'*écaille* est aussi employée à la fabrication des peignes. C'est une substance cornée qui recouvre, en plaques plus ou moins grandes et plus ou moins épaisses, la carapace de quelques espèces de tortues. La plus belle qualité est fournie par le *caret,* que l'on pêche en Asie et en Amérique. Ces lames sont détachées de la carapace par l'action de la chaleur. L'écaille se travaille à peu près comme la corne et subit comme elle l'opération de l'aplatissage : ses

lames peuvent se souder à chaud. La fabrication du peigne
d'écaille est la même que celle du peigne de corne.

Les mêmes moyens de fabrication s'appliquent aussi aux
peignes d'ivoire, de caoutchouc et de buis.

L'intéressante industrie qui nous occupe s'exerce à Paris,
dans les départements de la Seine, de l'Eure, d'Eure-et-Loir,
de l'Oise, de l'Ain, du Jura et de la Somme. Parmi les usines
qui pratiquent avec succès la fabrication mécanique, nous
citerons celles d'Ezy (Eure) et d'Airaines (Somme). La valeur
des produits fabriqués, dont une grande partie est destinée à
l'exportation, est estimée à 15 millions de francs environ.

INDUSTRIES
DU LOGEMENT ET DE L'AMEUBLEMENT

CHAPITRE PREMIER

CONSTRUCTION DES MAISONS

Tout le monde connaît la disposition générale de nos maisons : il est à peine besoin de rappeler qu'elles sont limitées extérieurement par des murs assez épais, divisées intérieurement par des murs plus minces en appartements qui communiquent entre eux par des portes ; que des cloisons horizontales appelées *planchers* les séparent en étages reliés par des escaliers ; qu'enfin l'air et la lumière y pénètrent par des ouvertures qui peuvent être fermées à volonté par des pièces mobiles nommées *fenêtres*.

Fondation. — Avant d'élever les murs, il faut d'abord s'assurer de la solidité du sol sur lequel on veut bâtir, pour éviter que le poids des matériaux superposés ne produise des tassements qui amèneraient des dislocations plus ou moins dangereuses. La surface du sol étant, en général, assez *meuble,* on pratique ordinairement des fouilles jusqu'à ce qu'on ait rencontré un terrain résistant, et l'on remplit ces fouilles avec des moellons, ou pierres irrégulièrement cassées, que l'on réunit à l'aide de mortier qui, en durcissant, fera du tout une masse compacte et capable de supporter le poids de la maison. C'est ce qu'on appelle *faire des fondations.*

Lorsque les fouilles ne rencontrent pas de terrain résistant, on peut faire des *fondations sur pilotis,* c'est-à-dire qu'à l'aide d'appareils nommés *sonnettes,* on enfonce *jusqu'à refus* des pieux de bois, que l'on coupe tous à la même hauteur ; on enlève entre eux la terre ameublie par le battage et on la remplace par un blocage en pierres sèches ou en béton. Puis on établit sur ces pieux une espèce de plate-forme en madriers sur laquelle on élève les murs.

Caves. — Les maisons sont ordinairement munies de caves voûtées, qui isolent du sol les appartements du rez-de-chaussée et en diminuent l'humidité ; de plus, elles servent à loger des provisions de ménage, et, en particulier, le vin, la bière, etc., qui sont ainsi soustraits aux variations de température de l'atmosphère. Les voûtes sont faites en briques ou en moellons que l'on pose sur des voûtes provisoires en planches, appelées *cintres*. Les briques, comme les moellons, sont disposées et taillées de manière qu'une fois en place elles tiennent pour ainsi dire d'elles-mêmes, par la poussée des unes sur les autres ; le mortier qui les réunit ne doit pas être nécessaire à la stabilité, mais servir seulement à l'augmenter. Dans la construction des voûtes, on commence par la partie centrale nommée *clef*, et l'on s'éloigne peu à peu pour aller rejoindre les murs verticaux qui les soutiennent et qu'on appelle *pieds-droits*.

Murs. — Les murs en maçonnerie sont faits en pierre de taille, en moellons ou en briques.

La face extérieure d'un mur, celle qui est visible, s'appelle *parement*. Quand le mur doit être fait en pierres de *taille*, les pierres sont taillées et dressées sur la face qui fera parement ; sur les faces latérales ou *faces de joint* et sur celles qui doivent être horizontales et qu'on nomme *lits*, on ne taille que jusqu'à une certaine profondeur. Les pierres sont disposées par rangées horizontales ou assises de 30 à 60 centimètres de hauteur ; elles sont réunies l'une à l'autre par une couche de mortier fait avec soin et régulièrement étendu. Souvent les murs sont construits avec des moellons que l'on dispose par rangées et dont on a taillé la face, les joints et les lits ; mais ce travail demande beaucoup moins de soin que pour les pierres de taille : il est exécuté par des ouvriers spéciaux à l'aide d'un seul outil appelé *hochette*. Le moellon bien taillé se nomme *moellon piqué* ; il reçoit le nom de moellon *smillé* quand le travail est moins parfait. Enfin les murs sont souvent construits en briques disposées par rangées reliées par du mortier. Quelquefois la brique est alliée à la pierre de taille, dont on se sert pour les encadrements des fenêtres, les corniches, etc.

Dans les pays où la pierre est chère, on remplace les murs en maçonnerie par des *pans de bois*, ou murs en charpente. L'intervalle des poteaux est rempli de mortier et l'on cloue des lattes à leur surface ; on étend ensuite du plâtre liquide sur les lattes avec un balai ou avec la main : c'est ce qui s'appelle *gobeter*. Une fois le gobetage sec, on applique le *crépi*, qui se fait avec du plâtre gâché plus serré ; ce crépi se jette à la main et s'étend avec le côté de la truelle, afin que la surface reste raboteuse et que la dernière couche de plâtre, appelée *enduit*, y adhère mieux : on se sert pour la lisser du dos de la truelle, ou *taloche*. Dans les pays où le plâtre est cher, on le remplace par du mortier dans lequel on a disséminé du poil de vache destiné à le lier et à empêcher qu'il ne se fendille en séchant.

Planchers. — Les planchers forment la séparation des étages ; ils sont ordinairement composés de trois parties principales : 1° la charpente, constituée par des solives qui, allant d'un mur à l'autre, sont scellées dans la maçonnerie, ou sont supportées par une pièce de bois appelée *lambourde*, scellée aussi à ses extrémités dans les murs de retour et soutenue dans l'intervalle par des pièces de fer ; 2° le *parquet*, formé de planches juxtaposées et clouées sur les solives dans une direction perpendiculaire à celles-ci ; 3° le *plafond*, formé par un lattis placé sur la partie inférieure des solives et recouvert d'un enduit au plâtre.

Escaliers. — Les escaliers sont des constructions, en pierre ou en bois, destinées à établir une communication entre les différents étages. La partie horizontale d'une marche est appelée *marche*, la partie verticale *contre-marche ;* ces deux faces se coupent suivant une arête saillante que l'on désigne sous le nom d'*emmarchement*. La partie sur laquelle on pose le pied et qui n'est pas recouverte par la marche suivante, est nommée *giron* : dans les escaliers droits, le giron a une largeur constante sur toute sa longueur ; dans les escaliers tournants, il n'en est pas ainsi. La hauteur des marches varie de 13 à 19 centimètres, et leur longueur de 1^m,06 à 0^m,89. Un escalier présente ordinairement de distance en distance des plates-formes horizontales appelées *paliers ;* la suite de marches comprise entre deux paliers consécutifs reçoit le nom de *volée* ou *rampe*. On place ordinairement sur le bord interne d'un escalier tournant une galerie nommée aussi *rampe*, qui est destinée à prévenir les chutes et dont la hauteur varie en général de 0^m,89 à 1^m,06.

Couverture ou combles. — Lorsque les travaux de maçonnerie sont terminés et que la maison est élevée, il faut la recouvrir d'une construction nommée *combles*, qui préserve de la pluie ses parties intérieures.

Les matériaux employés à la couverture des maisons sont en général composés de parties d'une surface relativement petite, comme les tuiles et les ardoises ; aussi les combles sont-ils formés de pièces de charpente dont l'ensemble est appelé *ferme*, et sur lesquelles on place un lattis ou des planches légères, nommées *voliges*, destinées à recevoir les tuiles ou les ardoises.

Quand la couverture est faite en ardoise, on place sur la ferme la volige sur laquelle le couvreur dispose et cloue les ardoises en commençant par le bas ; chaque rangée recouvre la rangée inférieure des deux tiers de la longueur de l'ardoise. Lorsqu'on doit se servir de tuiles, on cloue des lattes sur les fermes et l'on pose sur elles les tuiles.

Enduits. — Lorsque la maçonnerie est finie, on la recouvre à l'intérieur d'une couche de plâtre ou de mortier que l'on étend à la truelle et sur laquelle on collera plus tard les papiers de tenture. Cette couche constitue ce que l'on nomme les *enduits*, et fait l'objet de l'industrie du plafonneur. Les plafonds sont ordinairement en plâtre, et l'on garnit leur pourtour de corniches que l'on fait de la manière suivante : on commence par mettre un cordon de plâtre à la place que doit occuper la corniche ; quand il est dur, on applique sur lui une couche de plâtre gâché clair, et c'est avec elle que l'on fait les moulures de la corniche en passant dessus à plusieurs reprises un calibre de tôle ou de bois dont le pourtour est taillé suivant les formes des moulures.

Travaux de menuiserie. — Les travaux de menuiserie jouent aussi un grand rôle dans la construction de nos habitations. Indépendamment de la pose des planchers, il y a celle des portes, des fenêtres, des lambris, etc. Nous n'entrerons pas dans la description détaillée des procédés employés en menuiserie. Cette industrie se pratique partout, et il est facile à chacun de l'étudier ; nous dirons seulement que le menuisier doit en général commencer par *dresser* ses bois, c'est-à-dire les rendre plans à l'aide d'outils appelés *varlope, demi-varlope*, et *rabot*, qui contiennent un fer posé obliquement dans la pièce de bois formant le corps de l'outil. Lorsqu'on promène celui-ci à la surface des bois, le fer enlève toutes les aspérités. Lorsqu'on veut faire des moulures on se sert d'outils appelés *bouvets*, et dont le fer a la forme que l'on veut donner à la moulure.

Les pièces qui composent les ouvrages de menuiserie sont assemblées de différentes manières : 1° à l'aide de clous et de vis ; 2° à l'aide de *tenons* et de *mortaises*, c'est-à-dire qu'après avoir creusé dans l'une des pièces à assembler une cavité appelée *mortaises*, on taille à l'extrémité de l'autre une saillie nommée *tenon*, de même forme et de même grandeur que la cavité, et que l'on fait entrer à force dans celle-ci ; des chevilles de bois, traversant à la fois le tenon et la pièce où se trouve la mortaise, assurent la solidité de ce mode d'assemblage.

On peut aussi employer d'autres moyens d'assemblage qui varient suivant les cas, par exemple l'assemblage à *rainures* et *languettes* qui s'emploient pour assembler les différentes parties d'un plancher. Le menuisier, avec un outil spécial appelé *bouvet*, pratique dans l'épaisseur de l'une des planches à assembler une rainure prismatique, et dans l'épaisseur de l'autre planche il pratique une saillie prismatique appelée *languette*, qu'il fait entrer dans la rainure. Les bois pour planchers sont souvent vendus aux menuisiers déjà munis de rainures et de languettes.

Lorsque les travaux de menuiserie sont faits, le serrurier intervient pour fixer les portes et les fenêtres, les armoires, etc., c'est-à-dire pour ferrer les pièces de serrurerie qu'elles doivent recevoir, comme les serrures, les gonds, les espagnolettes, etc. Les objets de serrurerie sont le plus souvent fournis au serrurier par la grande industrie.

TRAVAUX DE DÉCORATION DES MAISONS

Les travaux de décoration consistent principalement dans la peinture des murs, des plafonds, des bois, et dans le collage des papiers de tenture.

Peinture en bâtiments. — Suivant la nature du liquide qui sert à délayer les couleurs, on distingue deux genres de peinture : la peinture à la *détrempe* et la peinture à l'*huile*.

Pour la première, les couleurs sont délayées dans de la colle très-claire. Ce genre de peinture ne peut servir que pour les objets non exposés aux intempéries de l'atmosphère ; il n'est employé généralement qu'à l'intérieur de nos habitations, et encore seulement lorsqu'on ne tient pas à une grande durée. Les teintes ne s'appliquent que sur des encollages, c'est-à-dire qu'on ne peint qu'après avoir passé à la surface des parties à peindre plusieurs couches d'un liquide obtenu en délayant du blanc d'Espagne dans de la colle. Tout le monde sait comment le peintre applique les couches à l'aide d'une brosse qu'il trempe dans la peinture.

La peinture à l'huile a l'avantage de ne pas se laisser pénétrer aussi vite par l'humidité ; elle sert autant à la conservation des travaux de menuiserie qu'à leur décoration. Les premières couches doivent toujours être faites avec du blanc de plomb délayé dans l'huile de lin ou l'huile de noix. On doit boucher les trous des clous avec du mastic, puis appliquer la teinte, qui se fabrique en délayant dans l'huile, additionnée d'un peu d'essence de térébenthine, du blanc de céruse et la couleur nécessaire, qui varie d'une teinte à l'autre. Nous citerons parmi les substances employées le minium ou rouge de Saturne, le jaune de chrome, l'ocre jaune, le vert de Scheele, le vert de Schweinfurt, etc.

FABRICATION DES PAPIERS PEINTS

Les enduits appliqués à la surface des murs sont ordinairement recouverts de papiers peints que l'on colle à leur surface.

La fabrication des papiers fait l'objet d'une industrie dont on attribue l'invention aux Chinois, et qui a pris naissance en France au commencement du xviiᵉ siècle. Paris est le centre de cette fabrication, qui y occupe près de 5000 ouvriers répartis dans 60 fabriques produisant annuellement pour 18 millions de francs. Il existe aussi des fabriques importantes dans divers départements, notamment à Lyon, Caen, Toulouse, Épinal et le Mans.

Fonçage. — La première opération que subit le papier est le *fonçage*, qui consiste à étaler à sa surface une teinte plate, dont la couleur varie ; les papiers à fonds blancs sont eux-mêmes *foncés*. La couleur servant à faire la teinte plate de fonçage est ordinairement délayée dans de la colle de peau assez claire, qui est fabriquée avec de vieux cuirs et des résidus de bourrelleries, etc.

Le fonçage peut s'exécuter à la main ou mécaniquement. Dans le premier cas, le papier est étalé et fixé sur des tables horizontales, d'une longueur de 9 mètres environ, longueur un peu plus grande que celle d'un rouleau ; des ouvriers armés de brosses étalent la couleur à sa surface. Lorsque le fonçage est fait, des enfants enlèvent rapidement le papier sur un bâton disposé à angle droit au bout d'une perche et le suspendent sur des perches horizontales disposées dans l'intérieur des ateliers : il y reste jusqu'à ce que la couche de fond soit parfaitement sèche.

Le fonçage se fait maintenant, dans un certain nombre d'u-

sines, à l'aide de machines ingénieuses qui permettent de produire beaucoup plus et à meilleur marché.

Satinage. — Les papiers dont le fond doit être satiné passent ordinairement au *satinage* en sortant du fonçage. Cette
opération se pratiquait autrefois à la main ; aujourd'hui elle
s'exécute mécaniquement dans les grands établissements.

Quand on satine à la main, voici comment on opère : Le papier a été foncé avec une colle contenant des substances susceptibles de prendre le poli par le frottement ; l'ouvrier, placé
devant un marbre où il étale le papier, saupoudre la surface
de celui-ci avec du talc de Venise ; puis, avec une brosse suspendue à l'extrémité d'un levier vertical et mobile autour de
charnières fixées au plafond, il frotte énergiquement la feuille,
en donnant à la brosse un mouvement oscillatoire d'arrière en
avant et d'avant en arrière : la partie de la feuille qui se trouve
sur le marbre se polit peu à peu et prend l'aspect satiné. Lorsque
l'opération est terminée, l'ouvrier la fait glisser et recommence
sur la partie qu'il a amenée sur le marbre.

Le *satinage mécanique* est exécuté d'une manière plus rapide
et avec au moins autant de perfection. La bobine venant du fonçage est placée à l'arrière d'une *machine à satiner* ; la feuille se
déroule, s'humecte légèrement au contact d'un drap mouillé,
passe au-dessous d'un tamis qui laisse tomber à sa surface
du talc en poudre, puis reçoit l'action de brosses cylindriques
qui tournent avec rapidité, égalisent la poussière de talc et produisent le satinage. A la sortie de la machine, la feuille s'enroule mécaniquement et reforme une bobine semblable à celle
qui avait été livrée à la satineuse.

Impression des papiers peints. — Les dessins plus ou
moins riches que l'on remarque à la surface des papiers de
tenture sont appliqués par des procédés d'impression qui ont
de grandes analogies avec ceux qu'emploient les imprimeurs
sur étoffes.

L'impression se fait *à la main, au rouleau* ou *au tire-ligne*.

Impression à la main. — L'imprimeur à la main se sert de
planches en bois portant en relief les dessins à reproduire. Ces
planches sont semblables à celles dont se servent les imprimeurs sur étoffes, et l'impression se fait d'une manière analogue. L'impression à la main exige beaucoup de soin et d'habileté de la part de l'ouvrier ; elle demande souvent un temps
considérable quand les dessins sont à couleurs très-variées et
à tons très-fondus ; mais elle donne des produits bien supé-

rieurs à l'impression au rouleau : aussi l'emploie-t-on exclusivement pour les papiers dont le prix dépasse 1 fr. 50 c. le rouleau.

Impression mécanique. — L'impression mécanique se fait à l'aide de machines mues à la main ou à la vapeur. Dans les unes comme dans les autres, le papier s'engage entre des cylindres disposés horizontalement et animés d'un mouvement de rotation continue qui fait avancer la feuille. L'un des cylindres porte à sa surface des dessins en relief : c'est le rouleau imprimeur ; l'autre, garni de molleton, appuie la feuille de papier sur le rouleau imprimeur. Celui-ci est à chaque instant chargé de couleur par un drap qui passe à sa surface en sortant d'un réservoir où il s'imprègne de la matière colorante. On comprend que si le dessin que l'on veut reproduire sur le papier comporte l'emploi de six couleurs, par exemple, la machine aura six paires de rouleaux qui imprimeront chacune une couleur. La plus grande difficulté dans l'impression au rouleau est le réglage de la machine, ou *rentrure*. Cette opération consiste à disposer tous les rouleaux de manière que chacun d'eux vienne déposer la couleur exactement à la place qui lui convient. Quand on met la machine en marche, les dessins manquent de couleur, les couleurs empiètent les unes sur les autres ; à l'examen de l'épreuve obtenue, le mécanicien juge du mouvement latéral qu'il doit imprimer au rouleau pour que ces défauts disparaissent et pour que les dessins acquièrent la netteté cherchée ; il y arrive par une série de tâtonnements qui sont toujours assez longs. Lorsque la machine est réglée, il n'y a plus qu'à engager la feuille de papier qui, par le mouvement même des rouleaux, vient s'appuyer sur chacun d'eux, et sort de l'appareil recouverte des dessins destinés à orner sa surface. Il y a des machines qui peuvent imprimer jusqu'à dix-huit couleurs à la fois. On est même parvenu par un artifice particulier à augmenter beaucoup ce nombre, sans augmenter celui des rouleaux.

A la sortie des machines, le papier est séché comme après le fonçage.

Impression au tire-ligne. — Pour l'impression des papiers rayés on emploie un procédé très-ingénieux, et qui donne d'excellents résultats : c'est l'*impression au tire-ligne*.

Le réservoir à couleur est une boîte triangulaire T, percée suivant une de ses arêtes d'autant de trous qu'il doit y avoir de raies (fig. 122). La boîte, dont la longueur est égale à la largeur du papier, contient d'ailleurs des compartiments remplis de couleurs différentes et repose par son arête percée de trous sur une table longue de 9 mètres environ. Supposons qu'entre cette arête et la table, nous fassions glisser la feuille de papier, chaque trou laissera tomber sur elle la couleur du compartiment au-dessous duquel il se trouve, et toutes les raies seront imprimées à la fois sur la largeur. Le rouleau de papier à imprimer est disposé en P à l'un des bouts de la table et derrière la

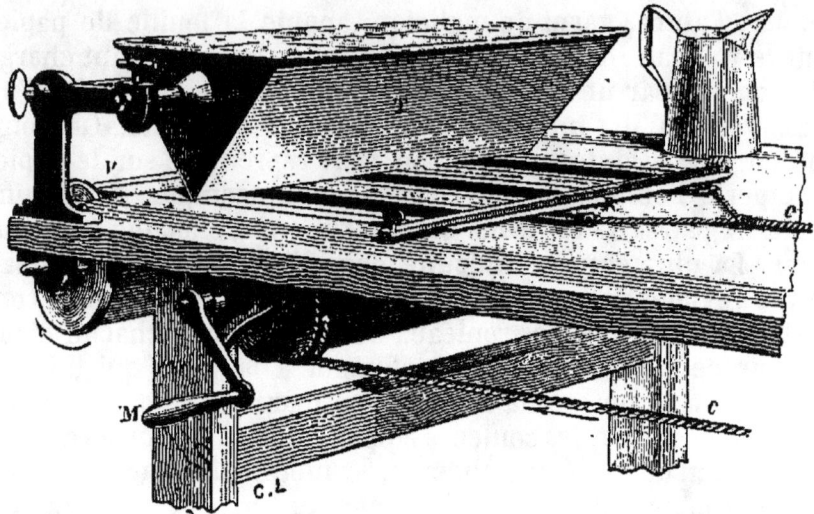

FIG. 122. — Impression des papiers rayés au tire-ligne.

boîte; on engage sous la boîte l'extrémité du rouleau et on la saisit suivant sa largueur entre deux baguettes de bois R formant pince et auxquelles est attachée une corde c qui passe sur une poulie de renvoi située à l'autre extrémité de la table; il est évident qu'en enroulant cette corde sur le cylindre que fait mouvoir la manivelle M, on fera avancer la feuille de papier, qui se déroulera au fur et à mesure.

Papiers veloutés. — Le velouté que l'on produit sur certains papiers de luxe s'obtient en imprimant aux endroits qui doivent être veloutés un mordant fait avec de l'huile demi-cuite, de l'huile forte et du blanc de céruse. Avant que ce mordant soit sec, on fait passer le papier dans une caisse contenant de la laine en poussière, ou *tontisse*, provenant de la tonte des draps; le fond de cette caisse est en toile, et il est battu à l'aide de baguettes, de manière à soulever la poussière qui forme un nuage dans l'atmosphère de la caisse, tombe sur le papier et s'attache aux endroits mordancés.

Papiers dorés et argentés. — Les dessins dorés ou argentés que l'on remarque à la surface de certains papiers de luxe, s'obtiennent en imprimant un mordant à l'huile et à l'essence aux endroits qui doivent recevoir le métal. L'application de ce dernier se fait de deux manières.

Le premier procédé, ou *dorure à la feuille*, consiste à couvrir toute la surface du papier avec des feuilles très-minces de laiton ; on détermine leur adhérence par la pression d'un rouleau; après avoir frotté avec de la ouate, on laisse sécher le mordant, et l'on passe ensuite de la mie de pain à la surface de la feuille. On comprend que par ce procédé le métal ne reste définitivement attaché qu'aux endroits couverts de mordant; l'excès se résout en poussière, qui est soigneusement recueillie pour servir dans le second procédé de dorure.

Ce procédé, dit *à la poudre*, est tout à fait analogue à celui que l'on emploie pour les papiers veloutés. Il consiste à remplacer la laine en poussière par de la poudre métallique.

Lorsque les papiers ont été dorés, il faut donner du brillant à la partie métallique. Il suffit pour cela de faire passer la feuille de papier dans une machine à cylindrer, qui se compose essentiellement de deux rouleaux, l'un en fonte parfaitement polie, l'autre en papier et situé en dessous du premier : ces deux rouleaux font l'office de laminoir, et la feuille de papier est engagée entre les deux, le côté doré se trouvant contre le cylindre métallique; la pression qu'exerce le rouleau supérieur suffit à polir les parties dorées.

L'argenture se pratique par un procédé tout à fait semblable.

ÉBÉNISTERIE

Lorsque les maisons sont construites et décorées, on les garnit de meubles destinés à en rendre l'habitation plus confortable. La fabrication des meubles fait l'objet de l'ébénisterie, industrie qui s'exerce dans toute la France, mais qui a son centre le plus important à Paris, où elle occupe presque toute la population du faubourg Saint-Antoine.

Le bois est, par excellence, la matière convenable à la fabrication des meubles, et quoiqu'on se serve souvent aussi d'autres matières (ivoire, nacre, métaux), c'est lui qui peut être considéré comme formant toujours la partie principale des objets d'ébénisterie. Indépendamment de la beauté de leurs teintes, de leurs veinures, de l'éclat qu'ils acquièrent par le polissage et le vernissage, les bois d'ébénisterie ont surtout le mérite de se travailler avec facilité et de se prêter aux formes élégantes qu'on veut leur donner.

L'ébénisterie emploie à la fois les bois de pays, comme le chêne, le poirier, le noyer, et les bois exotiques, comme l'acajou, l'ébène, le palissandre et le tuya. Les bois exotiques étant d'un prix élevé, on a vulgarisé leur emploi par le *placage*, c'est-à-dire en construisant les meubles avec du bois de pays et en appliquant à leur surface une lame très-mince de bois exotique.

Les différentes manières de façonner le bois suivant des formes voulues ont nécessairement une relation intime avec les formes décoratives qui sont le plus souvent employées. Nous distinguerons : 1° *le travail à la scie et au rabot*, 2° le *travail au tour*, 3° enfin le *travail au ciseau*, qui, dans les mains du sculpteur, vient ajouter à l'élégance des meubles de luxe toutes les ressources de la sculpture décorative.

Ls différentes pièces d'un meuble, quand leurs contours et leur forme ont été déterminés, doivent être *assemblées*, et c'est ici que se présente une différence essentielle entre la menuiserie et l'ébénisterie. L'ébéniste ne se sert jamais ni de clous, ni de chevilles pour fixer ses assemblages, mais toujours de la colle forte.

Quand les différentes pièces d'un meuble sont préparées, et que, faites avec du bois de pays, elles sont destinées à être recouvertes avec des feuilles minces de bois exotique, on procède au placage. Les feuilles de placage peuvent être faites avec la scie ordinaire, mais on emploie ordinairement des machines spéciales, qui opèrent avec plus de rapidité, d'économie, et donnent des lames de bois plus minces.

Placage des objets d'ébénisterie. — Les feuilles de placage s'appliquent à la surface des bois par quatre procédés différents :

1° *Au marteau.* — Cette méthode est surtout employée pour les parties plates. Après avoir passé à la surface du bois à plaquer, ou *bâti*, un rabot à dents dit *bretté*, qui rend cette surface rugueuse et la prédispose à recevoir la colle, on encolle le bâti et l'on applique le placage. Puis, à l'aide d'un marteau de forme spéciale, on appuie en raclant sur la feuille de placage et en poussant toujours l'outil en avant, de manière à déterminer l'adhérence de la feuille et des bâtis et à faire sortir par les bords l'excès de colle employée ; à mesure que celle-ci apparaît sur les bords, on l'essuie, afin de l'empêcher de s'y figer et de former un bourrelet solide qui s'opposerait à la sortie de l'excès qui peut encore rester entre le bâti et la feuille. On est souvent obligé de mouiller extérieurement la feuille de placage pour contrarier l'effet de la colle, qui tend à la faire *voiler* ou *gondoler*. Quand on s'aperçoit que la colle n'a pas pris en certains endroits, on y passe un fer chaud (fer à plaquer) qui, amollissant la colle, permettra à une nouvelle action du marteau de déterminer l'adhérence.

2° *A la cale.* — On comprend que le procédé que nous venons de décrire ne puisse s'appliquer au placage des parties

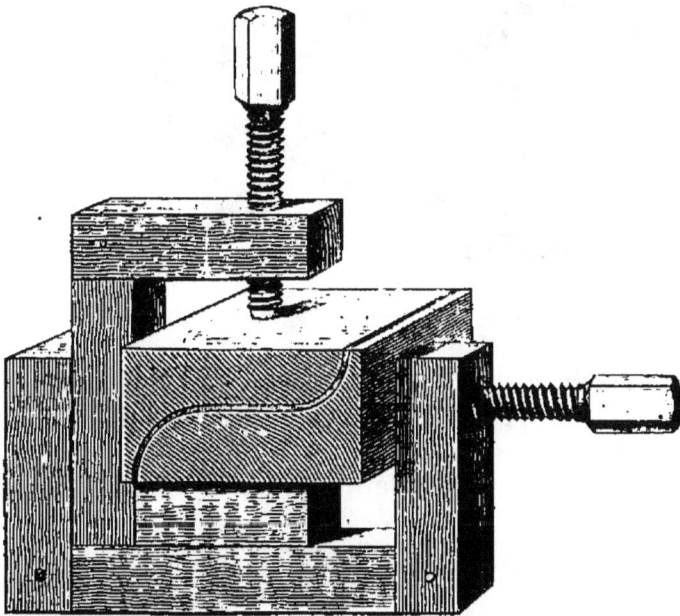

Fig. 123. — Placage à la cale.

courbes. Pour les moulures, par exemple, on emploie la *cale* : c'est un morceau de bois offrant la contre-partie de la pièce à plaquer. On donne à la feuille la courbure nécessaire, soit à l'aide du fer, soit en la mouillant légèrement d'un côté et en la chauffant de l'autre. On encolle, on pose la feuille et l'on applique au-dessus d'elle la cale que l'on a chauffée pour maintenir la colle liquide pendant un temps suffisant, on serre le tout avec des presses spéciales (fig. 123). Nous ajouterons que le placage à la cale s'emploie très-souvent aussi pour les parties plates.

3° *Au sable*. — Quand la moulure est trop contournée dans sa forme pour permettre l'emploi facile de la cale, on se sert de

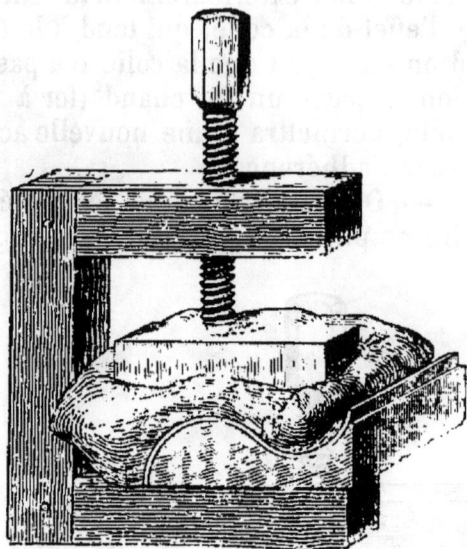

Fig. 124. — Placage au sable.

sacs remplis de sable chaud qui, pressés à l'aide de presses et de cales, forcent la feuille à bien épouser les détails de la moulure (fig. 124)

4° *A la sangle*. — Dans d'autres cas, ce moyen lui-même ne

Fig. 125. — Placage de la sangle.

suffit plus. S'il s'agit, par exemple, de plaquer le cylindre d'un secrétaire, cette pièce, creuse en dedans et convexe en dehors, ne pourrait se plaquer par les moyens précédents. On a recours aux *sangles*, c'est-à-dire qu'après avoir soutenu la pièce par des morceaux de bois (fig. 125) appelés *calibres* et appliqués dans la concavité, on pose, après encollage, la feuille de placage et on la force à adhérer à l'aide de sangles que l'on serre peu à peu.

Nous ferons remarquer que le placage ne s'emploie pas seulement pour les bois exotiques ; dans la confection des meubles à bon marché, on plaque souvent des bois de pays, comme le chêne, sur des bois d'un prix moins élevé. C'est ainsi que trop souvent on vend comme meubles en chêne des meubles faits en bois de caroline et plaqués en chêne. Toutes les précautions sont prises pour cacher cet artifice, car on plaque jusqu'aux tenons et mortaises.

Polissage et vernissage. — Quand les pièces d'un meuble sont faites et prêtes à être montées, on les polit. Pour cela, à l'aide d'un *racloir*, outil composé d'une lame d'acier montée dans un manche de bois, on racle la surface du bois de manière à faire disparaître les dernières inégalités qu'a pu laisser le rabot. On achève le polissage en frottant avec un morceau de pierre ponce ou de papier de verre imbibés d'huile. Après le polissage, si le meuble doit être verni, on promène à sa surface un tampon imprégné de vernis à la gomme laque et fait avec un morceau de toile bourré de laine ou de coton. Le vernissage exige une grande légèreté de main; l'ouvrier ne doit pas appuyer sur le bois, mais tourner en spirale et ne jamais laisser arrêter le tampon. L'alcool du vernis s'évaporant peu à peu, la gomme laque bouche les pores du bois et la surface devient polie et brillante.

Pour certains bois de pays, comme le chêne, le poirier, on ne vernit pas toujours. Après le polissage, on applique une ou plusieurs couches d'une teinture qui varie suivant l'effet à obtenir, on ponce pour faire disparaître les rugosités qu'a produites l'action du liquide (action qui consiste, comme disent les ouvriers, *à faire ressortir les pores du bois*), on passe à l'encaustique et l'on brosse.

CHAPITRE II

PORCELAINES, FAIENCES, POTERIES COMMUNES, BRIQUES

On désigne sous le nom de *céramique* une industrie qui remonte aux temps les plus anciens, et qui consiste à utiliser certaines substances naturelles, comme les argiles, les feldspaths, le sable, à la fabrication de vases devant servir, soit aux usages de l'économie domestique, soit à l'ornementation de nos habitations.

On divise les produits de la céramique en trois grandes classes : 1° les poteries *à pâte dure et translucide*, comme les différentes espèces de porcelaines ; 2° les poteries *à pâte dure et opaque*, comme la faïence fine et les grès cérames ; 3° les poteries *à pâte tendre*, comme les poteries émaillées (faïence commune), les poteries vernissées, les poteries lustrées, les terres cuites, les briques, les tuiles, etc.

Les matériaux qui entrent dans la composition des pâtes nous sont, pour la plupart, fournis par la nature ; il y en a de deux espèces principales : les uns communiquent à la pâte la plasticité qui permettra de la façonner et de lui donner les formes les plus variées : ce sont les *argiles*, comme le kaolin ; les autres, appelées substances *dégraissantes* ou *antiplastiques*, comme le quartz, le feldspath, le sable, sont destinés à enlever à l'argile l'excès de plasticité qu'elle a quelquefois, de diminuer le retrait de la matière à la cuisson, et d'empêcher le fendillement ui en résulterait.

PORCELAINE

La fabrication de la porcelaine constitue pour la France l'objet d'une industrie considérable, dont le centre principal est Limoges ; c'est aux environs de cette ville, et principalement à Saint-Yrieix (Haute-Vienne), que se trouvent des carrières assez riches en kaolin pour alimenter tous les centres de fabrication, même la Belgique, l'Italie et l'Allemagne. Limoges emploie environ 4000 ouvriers. Cette ville fut longtemps le siége presque unique de l'industrie de la porcelaine ; mais peu à peu on a été amené à penser qu'il y aurait économie à transporter le kaolin dans d'autres contrées plus riches en combustible, telles que le Berry ; des établissements importants et organisés de la manière la plus large se fondèrent dans plusieurs départements du centre, à Vierzon, à Saint-Amand-Montrond, à Méhun-sur-Sèvre (Cher), à Champroux (Allier), dans l'ouest à Bayeux, dans le midi à Saint-Gaudens. Enfin, Paris étant le centre principal du commerce de la céramique, des fabriques se sont établies dans la ville et dans ses environs, et c'est là surtout que s'est développé l'art de la décoration de la porcelaine. Le monde entier connaît les admirables produits de la manufacture nationale de Sèvres.

Préparation des pâtes à porcelaine. — Les matières premières employées à la fabrication de la porcelaine sont le kaolin, un sable quartzeux et le feldspath : le kaolin constitue la substance plastique de la pâte à porcelaine, le sable quartzeux en est la partie dégraissante, et le feldspath, en faisant éprouver à la porcelaine au moment de sa cuisson un commencement de fusion, la rend translucide. A Sèvres on ajoute aussi de la craie de Bougival. Ces matières premières doivent d'abord recevoir une préparation qui en fait une pâte parfaitement homogène. A Limoges, ces préparations ne se font pas toutes dans les manufactures de porcelaine, mais dans des établissements spéciaux.

A leur arrivée dans les manufactures de porcelaine, elles sont soumises à un nouveau traitement, le *pétrissage*, dont le but est d'assurer l'homogénéité la plus parfaite : c'est la condition essentielle de toute bonne fabrication. En tête des moyens de pétrissage, il convient de placer le *marchage*, qui s'exécute sur des aires en pierre où l'on place la pâte arrivant des établissements de préparation et mélangée, à parties égales, aux résidus provenant des opérations du façonnage que nous décrirons bientôt ; un ouvrier la piétine en marchant du centre à la circonférence et de la circonférence au centre : c'est ce qu'à Limoges on appelle la *danse*. Puis la pâte est relevée à la pelle en *ballons* de 25 kilogr. environ et battue, soit à la main, soit avec des battes de bois ; en même temps on la découpe avec un fil de laiton pour découvrir les soufflures et l'on mélange les morceaux en les battant.

Toutes ces opérations mécaniques exigent beaucoup de soin et de propreté de la part de l'ouvrier, qui doit éviter que des poussières ou d'autres matières organiques ne s'incorporent dans la pâte parce qu'elles se décomposeraient par la chaleur et produiraient des soufflures ou des fentes ; la présence d'un cheveu suffit pour gâter complétement un objet de porcelaine.

Les pâtes ainsi préparées peuvent servir à la fabrication de la porcelaine, mais on a reconnu qu'on améliorait leur qualité en les abandonnant dans des caves humides pendant un temps qui peut durer plusieurs années.

Il faut maintenant mettre la pâte en œuvre et procéder à la confection des vases de différentes formes. On suit pour cela plusieurs procédés, parmi lesquels nous distinguerons le *travail sur le tour*, le *moulage* et le *coulage*.

Tournassage des poteries. — Le tour du potier consiste en un axe vertical sur la partie inférieure duquel est implanté

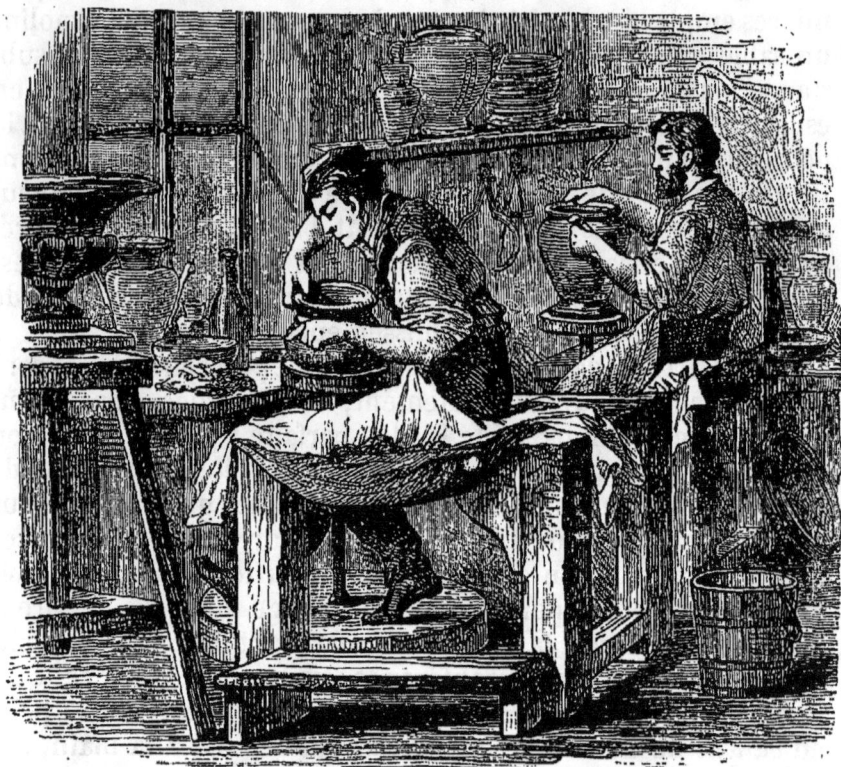

FIG. 126. — Travail de la porcelaine sur le tour.

un grand disque horizontal en bois que l'ouvrier peut faire tourner avec le pied (fig. 126); un second disque plus petit que le premier est fixé à la partie supérieure de l'axe et reçoit la pâte. L'ouvrier est assis sur un banc; il place au centre du disque supérieur la quantité de pâte nécessaire, met le tour en mouvement et façonne la pièce en lui donnant approximativement, avec la main, la forme et les dimensions qu'elle doit avoir. Dans ce façonnage, l'ouvrier comprime avec les mains la balle de pâte placée sur le tour, de manière à l'aplatir, à l'allonger ensuite et augmenter ainsi son homogénéité; il répète plusieurs fois cette opération, en ayant soin de se mouiller chaque fois les mains avec de la *barbotine*, c'est-à-dire avec un mélange de pâte et d'eau. Puis il enfonce le pouce dans le milieu de la balle pour la percer et en faire une pièce creuse; en la façonnant ensuite avec les mains, il l'amène peu à peu à la forme définitive. La figure 127 représente les différentes phases de la fabrication d'un vase de porcelaine.

FIG. 127. — Différentes phases de la fabrication d'un vase de porcelaine.

Tout ce que nous venons de décrire constitue l'*ébauchage*. C'est un travail excessivement difficile; la moindre négligence, le moindre défaut d'homogénéité dans l'épaisseur, dans la structure moléculaire de la pâte, suffisent pour perdre la pièce à la cuisson.

L'ébauchage donne rarement à l'objet une forme assez régulière pour qu'on puisse le soumettre directement à la cuisson; aussi complète-t-on le travail par le *tournassage*. Après avoir abandonné la pièce pendant quelque temps à une dessiccation spontanée qui lui donne plus de consistance, l'ouvrier la remet sur le tour et, pendant qu'elle est en mouvement, il lui donne sa dernière forme et ses dimensions avec un outil de bois ou d'ardoise, appelé *estèque*, qui lui sert à l'entamer et à la polir ; c'est un travail analogue à celui du tourneur en bois. Il n'y a plus qu'à détacher l'objet du tour, ce qui se fait en passant un fil métallique dans la base ; avant la cuisson il faudra, comme nous le verrons, soumettre les pièces au travail du *rachevage*.

Le tournassage ne s'exécute pas toujours comme nous venons de le dire ; souvent on place sur le tour un moule en plâtre représentant en creux les filets ou ornements qui doivent être en relief ; on y introduit l'ébauche toute fraîche encore, on fait marcher le tour, et, à l'aide d'une éponge humide, on applique la pâte contre le moule : c'est le tournassage *à la housse*. Après un commencement de dessiccation, on démoule, on laisse sécher de nouveau et l'on tourne la pièce à l'intérieur seulement, car la forme extérieure a été donnée par le moule.

Moulage des poteries. — Le *moulage* s'applique à la fab

FIG. 128. — Fabrication de la porcelaine : Moulage à la croûte.

cation des pièces de porcelaine qui ne peuvent se travailler sur le tour. On se sert de moules habituellement en plâtre que l'on fabrique sur des modèles en plâtre, en terre et même en métal s'ils doivent servir un grand nombre de fois. Le moule se compose souvent de plusieurs parties qu'il est facile de séparer pour sortir la pièce fabriquée quand elle n'a pas de *dépouille*, c'est-à-dire quand elle présente des saillies qui ne permettraient pas de la sortir, sans la déchirer, d'un moule fait d'une seule pièce.

Le moulage s'exécute, soit à la *balle*, soit à la *croûte*. Dans le premier procédé, on fait pénétrer avec le pouce, dans toutes les cavités et aussi également que possible, de petites balles de pâte que l'on juxtapose et que l'on comprime pour les souder ensemble.

Le *moulage à la croûte* se pratique en appliquant la pâte contre le moule, sous forme d'une feuille plus ou moins épaisse, et en l'y comprimant avec une éponge de manière à lui faire épouser toutes les cavités ou saillies du moule (fig. 128). Ces feuilles s'obtiennent ordinairement en écrasant la pâte sur une table avec un cylindre de bois que l'on fait rouler sur elle en appuyant. On peut comparer ce travail à celui du pâtissier faisant des feuilles de pâte.

Fabrication des assiettes. — Pour la fabrication des assiettes et des plats voici comment on opère. Après avoir com-

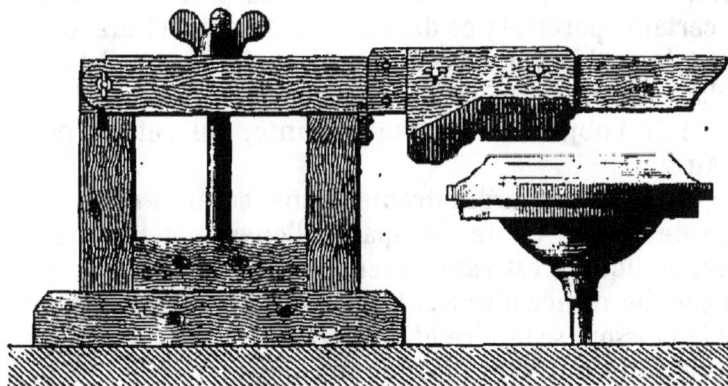

FIG. 129. — Fabrication des assiettes.

primé à l'éponge une plaque de pâte sur un moule en plâtre présentant en relief la forme de l'intérieur de l'assiette, l'ouvrier place le moule (fig. 129) sur le tour, et pendant la rotation il applique contre lui un calibre dont le tranchant représente le demi-profil de la face extérieure de l'assiette ; l'outil enlève l'excédant de pâte et donne à l'assiette la forme voulue. Cette opération s'appelle *calibrage*.

Coulage des poteries. — Le *coulage* s'exécute en versant dans un moule en plâtre une bouillie liquide de pâte de porcelaine (cette bouillie se nomme *barbotine*). Le moule absorbe l'eau de la barbotine et la pâte se solidifie sur ses parois en couches plus ou moins épaisses, suivant que le contact a duré plus ou moins longtemps. On renverse le moule pour faire écouler l'excès de *barbotine* et l'on retire l'objet. C'est par cette méthode qu'on fabrique les tubes en porcelaine, les tasses à café très-minces, les becs de théières, les anses creuses des vases de porcelaine, etc., etc.

Rachevage. — Les objets fabriqués par les méthodes précedentes doivent être soumis avant la cuisson à un travail nommé *rachevage*, qui a pour but de corriger leurs imperfections et de compléter leur fabrication.

Le rachevage comprend en outre les opérations qui consistent à coller entre elles les différentes parties d'une pièce, à placer les anses et autres appendices fabriqués à part, etc. Ce collage s'effectue avec de la barbotine.

Cuisson de la porcelaine. — Il faut maintenant procéder à la cuisson des pièces, pour leur donner de la dureté et fixer leurs formes. Cette cuisson se fait en deux fois: le premier degré (*dégourdissage*) a pour effet de durcir la pâte et de lui donner une certaine porosité ; ce durcissement l'empêchera de se déformer et de se délayer dans le liquide qui va servir à la recouvrir de glaçure Cette glaçure ou *couverte* a pour but de former à la surface de l'objet une couche brillante, polie et non perméable à l'eau.

La couverte est ordinairement une bouillie claire d'un mélange de quartz et de feldspath ; l'ouvrier y trempe l'objet à *glacer*, le liquide est rapidement absorbé et laisse à sa surface une couche mince d'une substance facilement fusible qui, pendant la cuisson, se fondra et formera une espèce de vernis. Après la pose de la couverte, des femmes examinent les pièces et remettent de la glaçure avec un pinceau sur les parties qui n'en ont pas pris, comme celles par lesquelles l'ouvrier tenait la pièce ; elles enlèvent aussi la glaçure aux points qui ne doivent pas en être recouverts, tels que le dessous des pièces, les gorges qui reçoivent les couvercles, etc.

Quand la barbotine est séchée à la surface des pièces, on les introduit dans des cylindres de terre réfractaire, ou *cazettes*, où

on les soutient, de manière qu'elles ne se touchent pas, à l'aide
de supports en porcelaine de forme variée. Cette opération que

FIG. 130. — Four à porcelaine.

l'on nomme *encastage*, a pour but de protéger les objets contre
la fumée et les cendres et de les empêcher de se souder en-

semble. Elle doit être exécutée avec beaucoup de soin; la plus grande attention est apportée à la disposition des pièces, au choix des cazettes, à leur nettoyage, etc.

Après l'*encastage* vient l'enfournement, qui consiste à disposer les cazettes, par piles, dans un four (fig. 130) chauffé par des foyers extérieurs et ordinairement divisé en plusieurs compartiments superposés, celui du bas étant nommé *laboratoire*, celui du haut *dégourdi*. Ce dernier est destiné, à cause de sa température plus basse, à la première cuisson des pièces avant la pose de la glaçure.

La cuisson de la porcelaine se fait généralement au bois, quelquefois à la houille, à Sèvres par exemple. On commence par un feu lent qu'on nomme *petit feu* et l'on termine par le *grand feu*. Pendant la première période, l'eau qui se trouve encore dans la pâte se dégage lentement et sans déterminer les fêlures qui se produiraient inévitablement à une température plus élevée; le grand feu opère la cuisson proprement dite, la glaçure recouvre la pièce d'un vernis uniforme. Pendant cette fusion, les objets ne se collent pas aux cazettes, parce qu'on a eu la précaution d'enlever la glaçure sur les points par lesquels devait avoir lieu le contact entre la pièce et la cazette. C'est cette partie que l'on voit rugueuse à la face inférieure des assiettes, des tasses, etc.

Après la cuisson, dont le temps varie avec la nature et les dimensions des objets (seize à vingt heures pour le petit feu, dix à douze heures pour le grand feu), on défourne avec soin, on vérifie les pièces et on les classe d'après leur perfection et leurs défauts. Quelques-uns de ces défauts sont corrigés par des opérations spéciales.

FAÏENCES

Il existe toute une classe de poteries dont la pâte est poreuse après la cuisson : telles sont les *faïences* de diverses qualités, ainsi que les poteries communes employées pour la cuisson des aliments.

La fabrication de la faïence date, en France, du milieu du XVIᵉ siècle et fait aujourd'hui l'objet d'une industrie considérable, dont les centres principaux sont : Gien (Loiret) pour les faïences de luxe ; Montereau (Seine-et-Marne), Creil (Oise), Choisy-le-Roi (Seine) et Bordeaux pour les faïences de consommation courante ; enfin Nevers, Lunéville, Tours, Paris et ses environs pour la faïence commune.

On emploie pour la fabrication des faïences une pâte composée d'argile et de quartz. Quand l'argile contient un peu de chaux, la pâte constitue ce que l'on appelle la *terre de pipe*. Lorsque les argiles ne renferment pas d'oxydes métalliques colorants, tels que les oxydes de fer et de manganèse, la pâte est blanche après la cuisson ; alors la couverte qu'elle reçoit est transparente et plombifère. Quand, au contraire, les argiles sont colorées, la pâte l'est aussi et l'on dissimule cette coloration par une couverte rendue opaque par l'oxyde d'étain.

La pâte de faïence est plus facile à travailler que celle de la porcelaine, elle est plus plastique ; le façonnage est à peu de chose près le même, mais à cause des qualités de la pâte on se sert souvent du tour horizontal. La cuisson a lieu dans des fours analogues à ceux que l'on emploie pour la porcelaine : l'encastage est plus simple, parce que, la pâte ne se ramollissant pas, on n'a pas de déformations à craindre. La glaçure est, en général, pour les faïences à pâte incolore un verre d'oxyde plomb.

La faïence offre moins de résistance à l'usage que la porcelaine : elle va moins bien au feu ; la glaçure se fendille facilement au contact de l'eau chaude.

Décoration de la porcelaine et de la faïence. — La porcelaine et la faïence sont souvent enrichies de couleurs ou de dessins coloriés qui en font quelquefois de véritables objets d'art. Telles sont, par exemple, les porcelaines peintes de la manufacture de Sèvres, dont la réputation est établie dans le monde entier. Les matières colorantes employées sont ordinairement des oxydes métalliques, qui doivent donner aux pâtes, à la température de leur cuisson, la couleur que l'on veut obtenir. Tantôt elles sont mélangées à la pâte elle-même, tantôt appliquées sur la pâte, mais recouvertes par la glaçure qui en fondant les recouvre et les fixe ; dans d'autres cas, elles sont réparties dans la glaçure ; enfin, et c'est le cas le plus fréquent, le peintre sur porcelaine applique à la surface de la glaçure des matières colorantes qu'on peut ranger dans trois classes différentes, les *couleurs*, les *métaux* et les *lustres métalliques*.

Les fours appelés *moufles*, dans lesquels on cuit les couleurs, sont des cavités en fonte ou en terre cuite qui reçoivent les pièces et qui sont chauffées extérieurement, soit au bois, soit à la houille. L'ouvrier est guidé dans la conduite du feu par l'examen de *montres* ou petits morceaux de porcelaine sur lesquels il applique une des couleurs les plus susceptibles qui se trouvent sur les vases et qu'il place dans le four à côté des pièces à cuire. Il retire ces montres de temps en temps et dirige le feu d'après le résultat qu'elles offrent à son observation.

Il est enfin un autre procédé d'application des couleurs qui s'emploie spécialement sur la faïence : c'est l'*impression*. On grave le dessin à reproduire sur une planche de cuivre, à la surface de laquelle on passe ensuite un rouleau chargé de la couleur délayée dans l'huile. En appliquant alors sur le cuivre une feuille de papier, on reproduit sur celle-ci le dessin gravé; on la colle sur l'objet en porcelaine et on lave à l'eau pour enlever le papier, qui laisse la couleur sur la faïence. Afin de détruire l'huile mélangée à la couleur, on soumet les pièces à un feu *petit rouge*, qui brûle la matière organique et laisse la couleur minérale; on pose ensuite les couvertes : le dessin disparaît sous la couche de couverte, mais redevient visible après la cuisson par la vitrification de la substance employée pour faire cette glaçure.

POTERIES COMMUNES ET TERRES CUITES, GRÈS CÉRAMES

Les poteries communes employées à la cuisson des aliments sont faites avec des argiles ferrugineuses auxquelles on ajoute une certaine quantité de chaux à l'état de marne et de sable quartzeux. Elles se façonnent par les procédés ordinaires ; leur couverte est formée par un silicate double d'alumine et d'oxyde de plomb. Il faut éviter de laisser séjourner dans les poteries du vinaigre et des corps gras, qui dissoudraient peu à peu le vernis plombifère et produirait un sel vénéneux.

On comprend sous le nom de *terres cuites* les briques, les tuiles, les pots à fleur, etc. Ces objets sont fabriqués avec des argiles dégraissées avec du sable.

Les briques ordinaires sont faites dans des moules, soit à la main, soit mécaniquement. Puis elles sont abandonnées à la dessiccation : on a ainsi les *briques crues* : pour leur donner plus de consistance, on les cuit en les soumettant à une température élevée.

Les poteries de grès, ou *grès cérames*, se fabriquent avec une pâte qui ne diffère de celle de la porcelaine qu'en ce qu'elle est colorée par du fer ; le travail est fait avec moins de soin et la cuisson s'exécute dans un four de forme particulière. On les vernit en projetant dans le four une certaine quantité de sel marin humide : celui-ci se volatilise, se combine avec l'argile et produit avec elle un silicate fusible qui fond à la surface de la poterie et la vernit.

CHAPITRE III

VERRERIE ET CRISTALLERIE

On donne le nom de *verres* à des corps transparents doués d'un éclat caractéristique appelé *éclat vitreux*, qui sont durs et cassants, se ramollissent sous l'action de la chaleur et passent par tous les degrés de viscosité. Cette propriété permet de les étirer en fils et de les travailler comme la cire ou l'argile.

L'industrie du verre paraît être due aux Égyptiens et remonter à l'époque où Thèbes et Memphis jetèrent dans l'antiquité un si vif éclat au double point de vue de la science et de l'industrie. De l'Égypte l'art de la verrerie passa à Rome, puis à Venise, ensuite en Espagne et dans les Gaules ; enfin il alla se fixer de nouveau à Venise, où il devint l'objet d'un monopole ; il fut introduit en France par Colbert. Aujourd'hui, la verrerie et la cristallerie nous fournissent une infinité d'objets employés par l'économie domestique ou servant à orner nos habitations. La première s'exerce sur un grand nombre de points. Les verreries de Rive-de-Gier et de Saint-Étienne (Loire) sont les plus importantes ; nous citerons aussi les usines de Lyon, Givors (Rhône), Fresnes, Anzin, Aniche (Nord), Forbach (Moselle), Vierzon (Cher), Chagny, Blanzy, Épinac (Saône-et-Loire), Alais (Gard), Quiquengrogne, Folembray et Prémontré (Aisne). La Seine-Inférieure et l'Orne possèdent aussi des verreries assez considérables.

Fabrication du verre. — Les verres incolores ordinaires servant pour les vitres, les glaces coulées, la gobeleterie, sont des silicates doubles de chaux et de potasse ou de soude. Aussi les matières premières employées pour leur fabrication sont-elles la silice fournie par un sable qui doit être aussi incolore que possible, la potasse ou la soude et la chaux.

Les matières premières (sable, carbonates de potasse ou de soude, ou sulfate de soude, chaux ou carbonate calcaire) sont mélangées et fondues dans de grands vases ou *creusets* en argile réfractaire, dont la forme et les dimensions sont variables Leur hauteur varie entre $0^m,50$ et 1 mètre.

Les fours de fusion sont construits avec des briques réfractaires faites avec la même terre que les creusets. Ils sont chauffés au bois ou à la houille; la température doit y être très-élevée, constante et facile à régler. La flamme circule (fig. 131) entre les creusets, qui sont chacun en communication avec une ouverture ménagée dans la paroi du four et qu'on nomme *ouvreau*. C'est par cette ouverture qu'on introduit les matières premières et qu'on *cueille* le verre pour le façonner lorsqu'il est fondu. Beaucoup de verriers ont adopté le four Siemens, que l'on chauffe avec les gaz provenant du passage de l'air à faible vitesse sur une grille inclinée chargée d'une couche épaisse de charbon en combustion

FIG. 131. — Four de verrerie.

Quel que soit le système de four, la fusion des matières a lieu, et la silice du sable forme les silicates de potasse, du soude et de chaux qui constituent le verre. A mesure que l'action de la chaleur se prolonge, la matière devient moins bulbeuse, s'éclaircit, s'affine et prend une grande fluidité. Le *fiel de verre*, qui est un mélange de corps étrangers contenus dans les produits employés, monte à la surface de la masse fondue : on l'enlève avec des outils en fer. Quand l'affinage est suffisant, ce qui a lieu au bout d'un temps variant entre douze et vingt-quatre heures, on laisse la température s'abaisser de manière à donner au verre la consistance pâteuse qui permet de le travailler; puis on commence le travail que nous allons décrire pour les principales espèces de verre.

Fabrication des verres à vitres. — Lorsque le verre provenant de la fusion des matières employées à la fabrication est

fondu et affiné, le travail commence. Devant chaque creuset
se trouve un plancher en fonte ou en pierre situé à 2^m,5 du
sol : chaque creuset est desservi par un souffleur et par un aide
appelé *gamin*.

Le gamin retire une certaine quantité de verre du creuset
en y plongeant un tube creux en fer nommé *canne*, et terminé

Fig. 132. — Four de verrerie pour les verres à vitres.

par une partie renflée appelée *nez*. Ce tube est entouré à sa
partie supérieure d'un manchon en bois qui permet à l'ouvrier
de le manier sans se brûler. Le gamin, après avoir arrondi la
masse vitreuse suspendue à la canne, en la faisant tourner
dans un bloc creux en bois mouillé, et l'avoir réchauffée à
l'ouvreau, la passe au souffleur. Celui-ci, en soufflant dans la
canne, gonfle la masse vitreuse qui est suspendue à son extré-

mité et en forme une poire. Il relève ensuite rapidement la
canne en l'air et souffle une boule qui s'affaisse par le poids du
verre et ne s'étend que dans le sens horizontal. Puis, abaissant
la canne en la balançant comme un battant de cloche, la rele-
vant (fig. 132) et soufflant dedans, il donne successivement à
la masse vitreuse les formes que représente la figure 133 et
arrive à en faire un cylindre terminé par deux parties ar-
rondies.

Pour percer ce cylindre, l'ouvrier en place l'extrémité op-

FIG. 133. — Formes du verre à vitres.

posée à la canne dans l'ouvreau, afin de ramollir par la chaleur
la partie arrondie ; lorsqu'il souffle ensuite dans la canne, le
verre éclate à l'endroit chauffé et il se produit une ouverture
que l'on régularise avec des ciseaux. Après refroissement, on
pose le cylindre sur un chevalet en bois et l'on détache la
seconde partie arrondie en enroulant, suivant la circonférence,
un fil de verre chaud qui détermine une rupture nette. On le
fend ensuite dans sa longueur en promenant, le long d'une
même arête, une tige de fer rougie au feu ; un des points
chauffés étant mouillé avec le doigt, le verre éclate suivant la

ligne parcourue par le fer chaud. Souvent aussi on fait ce trait au diamant.

Il s'agit maintenant de transformer ces manchons fendus en une feuille plane de verre à vitres.

A cet effet, on les porte au four d'*étendage* (fig. 380), où ils subissent une température assez élevée pour les ramollir ; pendant le ramollissement, l'ouvrier les amène l'un après l'autre sur une plaque plane qui est située au milieu du four ; puis, avec une règle en bois (fig. 134), il affaisse les deux côtés, qui cèdent au poids de la règle. Il prend alors une barre de fer terminée par une masse du même métal, dont l'un des côtés est très-poli ; il appuie ce côté sur le verre et le passe rapidement

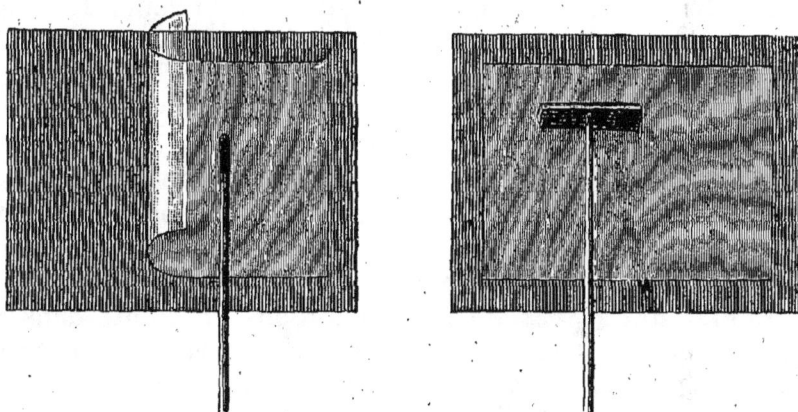

Fig. 134. — Étendage à la règle.

sur toute sa surface de manière à la rendre parfaitement plane. On pousse ensuite la feuille dans un second compartiment du four, où la température est moins élevée, où elle se refroidit lentement et prend une structure moléculaire qui assure sa solidité. C'est ce qu'on appelle le *recuit*. Si le refroidissement avait lieu brusquement, le verre se tremperait et se briserait au moindre choc.

Fabrication des glaces. — Les premiers miroirs dont l'homme se servit furent en métal poli, surtout en airain. Cicéron en attribue l'invention à Esculape. Praxitèle, contemporain de Pompée, remplaça par l'argent la composition métallique qui était en usage jusqu'à lui et dans laquelle entrait l'étain. Plus tard, on employa à cette fabrication le verre à vitres étamé sur l'une de ses faces : cette industrie fut pendant longtemps le

monopole des Vénitiens, qui opéraient par un procédé de soufflage analogue à celui que nous venons de décrire pour la fabrication du verre à vitres. Ce procédé fut importé en France
en 1665, et l'on créa à Tour-la-Ville, près de Cherbourg, une
manufacture de glaces qui n'a disparu qu'en 1808. En 1688,
Abraham Thevart imagina de couler les glaces : son établissement, construit d'abord à Paris, rue de Reuilly, fut transporté
peu de temps après à Saint-Gobain, près de la Fère, où il existe
encore. Aujourd'hui, cette industrie a pris en France un grand
développement : elle est concentrée dans un petit nombre
d'usines. Saint-Gobain (Aisne), Cirey et Saint-Quirin (Meurthe),
Monthermé (Ardennes), Jeumont et Aniche (Nord), Montluçon
(Allier), sont nos seules manufactures de glaces.

Le verre employé à cette fabrication est en général un silicate double de soude et de chaux, formé par la fusion de 73
parties de silice, 15,5 de chaux et 11,5 de soude. La chaux y
est introduite à l'état de calcaire exempt d'oxyde de fer, la
soude à l'état de sulfate de soude raffiné ; le sable qui fournit
la silice doit être blanc. Le plus grand soin doit être apporté
dans la préparation de ces produits, qui sont fondus dans des
creusets disposés dans des fours de verrier : le four Siemens
est adopté aujourd'hui dans plusieurs fabriques.

Coulée des glaces. — La composition, introduite dans un
grand creuset portant au milieu de sa hauteur une rainure,
appelée *ceinture*, doit suffire à la coulée d'une glace. Lorsque
le verre est fondu et affiné, on laisse tomber le feu pour qu'il
prenne l'état pâteux, puis les ouvriers saisissent le creuset à la
ceinture avec une grande tenaille montée sur roues, et, après
l'avoir placé sur un petit chariot en fer, le traînent rapidement
au pied d'une grue G (fig. 135) où il reste suspendu en P au-
dessus de la table de coulée que l'on voit en C. Cette table est
en fonte ; elle est portée sur des galets. Elle est chaude, très-
propre et munie de tringles mobiles qui doivent donner à la
glace son épaisseur et sa largeur ; sur ces tringles repose un
rouleau en fonte servant à laminer le verre.

Le creuset, soutenu à un mètre environ au-dessus de la
table, reçoit un mouvement de bascule qui renverse le verre
fondu. La masse vitreuse s'écoule sur la table et le rouleau est
immédiatement mis en jeu : guidé par les tringles, il parcourt
la table en étendant uniformément le verre ; deux mains en
cuivre le suivent dans son mouvement et empêchent les bavures de se former sur les côtés ; une glace présentant des

bavures est une glace perdue, qui casse lorsqu'on la recuit.

La table de coulée est à la hauteur de la sole du four D appelé *carcaisse*; après la coulée, la glace encore rouge et à peine rigide est poussée dans ce four au moyen d'une large pelle en équerre : elle y reste plusieurs jours, pendant lesquels elle se recuit. On ouvre les carcaisses et l'on en retire les glaces que

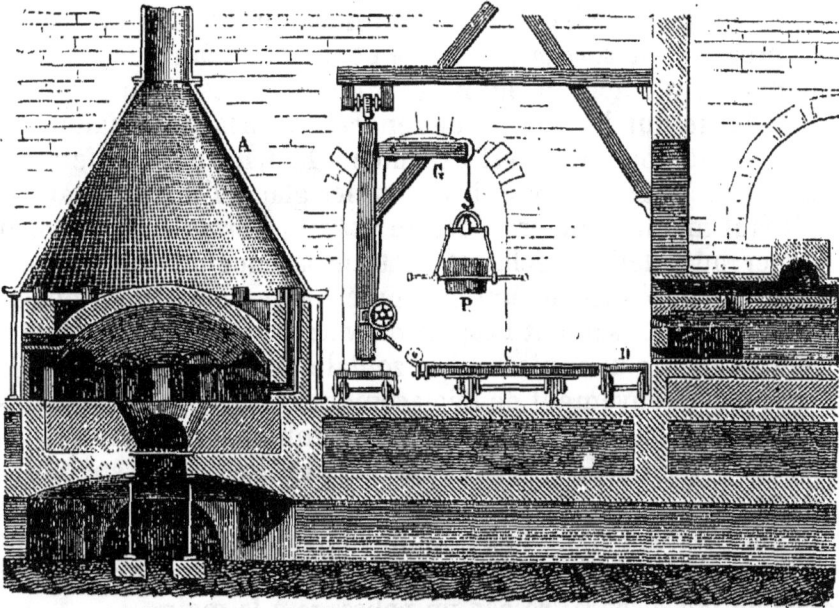

Fig. 135. — Coulée des glaces.

l'on coupe à la grandeur voulue avec un diamant, en tenant compte des défauts que l'on a soin d'éviter dans le découpage.

Polissage des glaces. — Puis on procède au polissage, qui comprend trois opérations distinctes : le *doucissage*, le *savonnage* et le *polissage proprement dit*. Ces opérations, qui se faisaient autrefois à la main, s'exécutent maintenant à l'aide de machines qui rappellent celles que nous avons vu employer pour le polissage du marbre.

Le *doucissage* a pour but de rendre les deux faces de la glace parallèles et bien planes. On la scelle d'abord avec du plâtre sur une grande pierre bien horizontale, puis on frotte sa surface avec un grand plateau mû mécaniquement et garni sur sa face inférieure de plaques de fonte. Ce plateau, appelé *férasse*, reçoit un double mouvement de va-et-vient et de rotation ; un filet d'eau est lancé sur la glace pendant qu'un ouvrier jette

constamment, entre elle et le plateau, du grès qui fait dispa
raître les aspérités. Quand on a terminé une face, on retourne
la glace et on la scelle sur la face dégrossie, puis on use la deuxième face. Après ce dégrossissage, on achève l'opération en
frottant au moyen de la machine deux glaces l'une sur l'autre;
mais on emploie cette fois un sable plus fin, lavé, tamisé, et
auquel succède de la poudre d'émeri assez grosse.

Après le doucissage, on fait le *joint*, qui consiste à user les
bords de la glace sur un plateau horizontal en fonte. Ensuite
on procède au *savonnage*, qui a pour but de faire disparaître,
au moyen d'émeri de numéros différents, les points que le
sable laisse sur le verre et de rendre les surfaces parfaitement
lisses. Cette opération est exécutée à la main par des femmes
ou par des jeunes gens qui frottent les glaces l'une sur l'autre.

Il faut maintenant procéder au *polissage proprement dit* pour
donner aux glaces l'éclat et la transparence qu'elles doivent
avoir, car après les opérations précédentes elles sont mates,
blanches, et présentent l'aspect du verre *dépoli*. On les monte,
à cet effet, sur une pierre horizontale qui peut être animée
d'un léger mouvement de déplacement, pendant que des frot-
toirs en bois garnis d'un feutre épais imbibé d'oxyde rouge de
fer, ou colcothar, se meuvent à leur surface et opèrent le polissage. On met également sur la glace avec un pinceau, du
colcothar délayé dans l'eau. Enfin, lorsque ces glaces sortent
de la machine, elles présentent quelquefois des défectuosités
que l'on fait disparaître par un polissage à la main.

Une grande partie des glaces fabriquées est employée à
l'état transparent pour faire des devantures de magasin, de vi-
trines, etc. ; les autres sont étamées pour servir de miroirs.

Étamage des glaces. — Cette opération a pour but de
déposer à la surface de la glace une couche métallique capable
de réfléchir les rayons lumineux et de la transformer en miroir.
Autrefois on pratiquait en appliquant la glace sur une feuille
d'étain que l'on avait étalée sur une table et sur laquelle on
avait versé du mercure. En chargeant la glace avec des blocs de
pierre on déterminait l'adhérence de la feuille d'étain avec la
glace. Aujourd'hui on remplace l'alliage d'étain et de mercure
par une couche d'argent. A cet effet on verse à la surface de la
glace une liqueur dans laquelle se trouve une dissolution de
nitrate d'argent, de l'ammoniaque et de l'acide tartrique.
L'acide tartrique provoque la décomposition du sel d'argent et
le dépôt à la surface de la glace d'une couche d'argent brillante.

FABRICATION DES BOUTEILLES

Les matières premières employées à la fabrication du verre

Fig. 136. — Soufflage des bouteilles.

à bouteilles sont de nature diverse suivant les localités. On se sert des sables du pays, en donnant la préférence à ceux qui, étant calcaires, argileux et ferrugineux, fournissent un verre facilement fusible et, par suite, de production économique.

Le verre des bouteilles est un mélange de silicate de chaux, de soude, d'alumine et de fer. Le verre est d'autant plus coloré qu'il contient plus de silicate de fer : le silicate de fer et le silicate d'alumine sont fournis par des sables et des argiles ferrugineux introduits dans sa confection.

Lorsque le verre est au degré de fusion voulu, le *gamin* en cueille, avec la canne, à plusieurs reprises, jusqu'à ce qu'il ait ramassé la quantité nécessaire pour faire une bouteille. Il passa alors la canne au maître verrier, qui, après avoir façonné le goulot sur une plaque en fer (fig. 136), donne à la masse vitreuse le forme d'une poire en soufflant dans la canne; puis il l'introduit dans un moule, souffle de nouveau, et la bouteille prend la forme et les dimensions du moule.

Le fond de la bouteille est façonné à l'aide d'un outil qui n'est autre qu'une petite lame rectangulaire de tôle; l'ouvrier renverse sa canne, en pose l'embouchure sur le sol, et appuie un angle de son outil au centre de la bouteille pendant qu'il fait tourner la canne. L'une des arêtes de l'outil fait alors un cône dans le fond de la bouteille. Le verre est encore rouge et malléable, quoique cependant il ait bruni un peu depuis sa sortie du four. Un aide appelé *porteur* présente au verrier une espèce de panier long nommé *sabot* et emmanché au bout d'une longue tige : au fond s'élève une forte saillie; l'ouvrier y place la bouteille en forçant légèrement sur la saillie pour compléter la cavité qui doit former le fond et, par un mouvement convenable, il détache la canne de la bouteille qui reste au fond du sabot. Autrefois la baguette ou *cordeline*, que l'on remarque sur le goulot, se faisait en entourant ce goulot d'un anneau de verre en fusion.

Aujourd'hui, on préfère introduire le col de la bouteille dans une ouverture ménagée dans la paroi du four; il s'y réchauffe, s'y ramollit, et lorsqu'il a la consistance nécessaire, l'ouvrier s'asseoit sur un banc, fait tourner horizontalement la bouteille sur un support placé devant lui et, à l'aide d'une pince en fer, refoule le verre et façonne la cordeline. Un bon souffleur peut faire 650 bouteilles par jour. Les *porteurs* reprennent ensuite les sabots et vont porter les bouteilles dans un four à recuire, où elles restent pendant vingt-quatre heures.

Les bouteilles qui doivent avoir rigoureusement une capacité déterminée sont fabriquées dans un moule métallique qui fait aussi le fond. La figure 137 représente un moule pour bou-

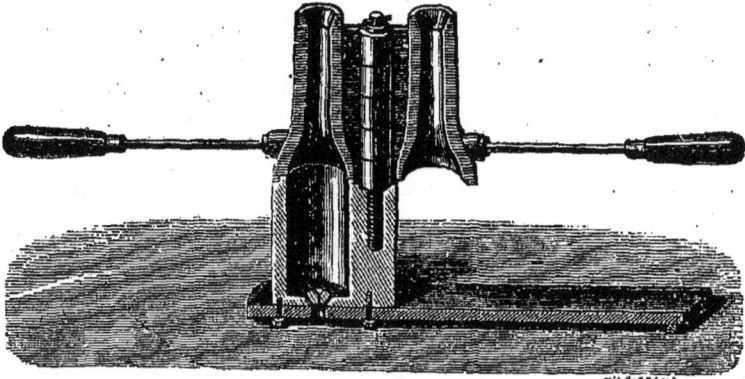

Fig. 137. — Moule pour bouteilles bordelaises.

teilles bordelaises à fond presque plat, d'une capacité de 70 centilitres.

GOBELETERIE

On désigne sous le nom de *gobeleterie* un ensemble d'objets faits en verre ou en cristal (verres à boire, carafes, buires, salières, coupes, bols, etc., etc.). Les procédés de fabrication étant les mêmes, nous n'en ferons qu'une description unique, qu'il s'agisse de verre ou de cristal.

Cristallerie. — La cristallerie, qui donne naissance à des objets si délicats et si élégants, est concentrée dans un petit nombre d'établissements : quelques-uns ont acquis une renommée universelle par les qualités de leurs produits. En première ligne figurent les usines de Baccarat (Meurthe), Clichy (Seine). Nous citerons aussi les fabriques de cristaux de Pantin (Seine) et de Fourmies (Nord).

Le cristal est une espèce de verre qui n'est employé que pour les objets de luxe : il était connu à une époque fort ancienne. C'est un silicate de potasse et d'oxyde de plomb. Lorsqu'il est bien préparé il est incolore ; plus transparent, plus brillant et plus lourd que le verre ordinaire, il doit ses caractères au silicate de potasse et de plomb : il ne faut pas qu'il contienne une trop grande quantité de ce dernier corps, car il prendrait une une teinte jaunâtre et deviendrait facile à rayer. La potasse, la silice et le minium, ou oxyde de plomb, employés doivent être aussi purs que possible · aussi faut-il laver avec soin le sable déjà si pur de Fontainebleau et de Champagne. Baccarat fabrique lui-même son minium. Les creusets dans lesquels on opère la fusion des matières premières (300 parties de sable pur, 200 de minium et 100 de carbonate potasse purifié), sont des creusets fermés, afin d'éviter l'influence des gaz du four qui noirciraient le cristal en réduisant l'oxyde de plomb à l'état de plomb.

Soufflage. — Les objets de gobeleterie se font par *soufflage* et par *moulage*. Nous ne pouvons entrer ici dans tous les détails de la fabrication, qui varient à l'infini avec la nature des pièces, surtout pour le soufflage ; nous choisirons quelques exemples simples pour donner une idée de ce genre de travail.

Les figures 138 à 149 représentent les phases successives de la fabrication d'un verre à boire.

N° 1. Un ouvrier nommé *cueilleur*, après avoir plongé la canne dans le creuset et en avoir extrait la quantité de cristal

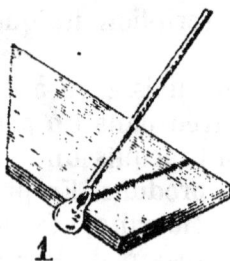

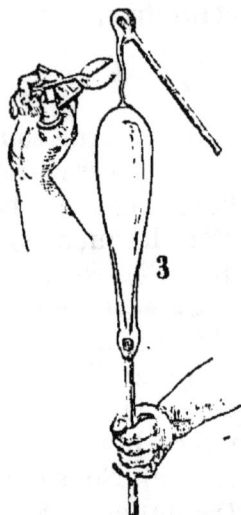

FIG. 138.   FIG. 139.   FIG. 140.

nécessaire, l'apporte et le roule sur une plaque de fonte appelée *marbre*.

N° 2. On souffle dans la canne pour donner au cristal la forme que doit avoir le corps du verre.

N° 3. On apporte une quantité de cristal suffisante pour faire la tige du pied.

N° 4. On donne à la canne placée sur deux supports situés

de chaque côté de l'ouvrier un mouvement de rotation, pendant lequel l'ouvrier façonne avec des pinces la tige du pied.

Nº 5. On apporte une nouvelle quantité de cristal pour faire le pied.

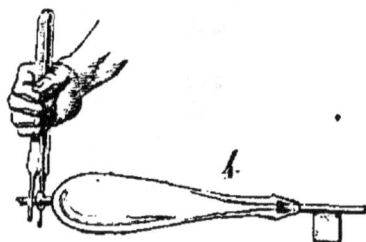

FIG. 141.

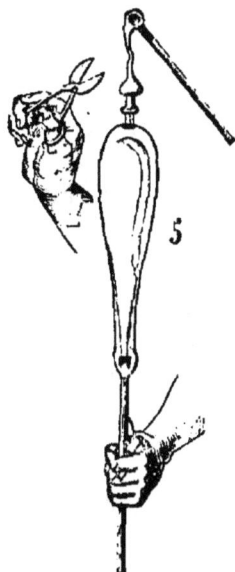

FIG. 143.

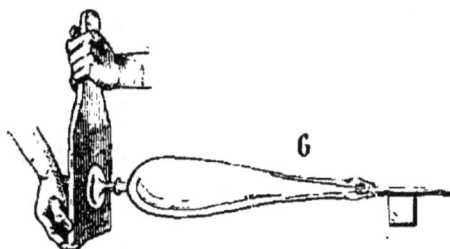

FIG. 142.

Nº 6. Pendant que la canne tourne, un aide appuie sur le cristal avec une planche pour planer la face inférieure du pied.

Nº 7. L'ouvrier, toujours en faisant tourner la canne sur ses supports, façonne le pied avec des pinces.

Nº 8. Un ouvrier a cueilli, à l'extrémité d'une tige de fer appelée *pontil*, une certaine quantité de cristal et, pendant que celui-ci est encore chaud et mou, il vient le coller contre le pied du verre.

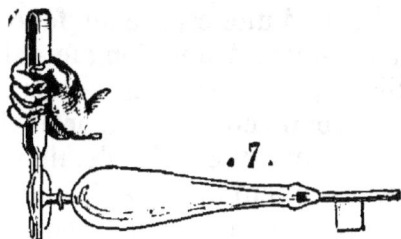

FIG. 144.

Nº 9. On sépare le verre de la canne qui n'est plus nécessaire, le pontil servant maintenant de support.

Nº 10. On taille les bords du verre avec des ciseaux.

N° **11**. On lui donne son évasement avec des morceaux de bois que l'on appuie sur la matière encore molle.

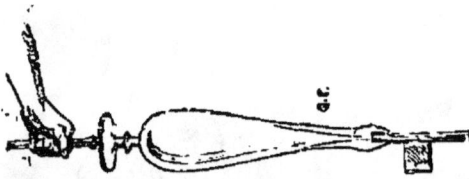

FIG. 145.

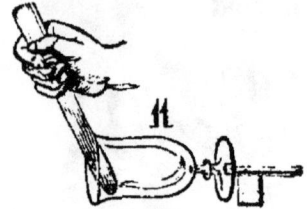

FIG. 148.

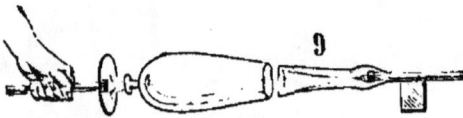

FIG. 146.

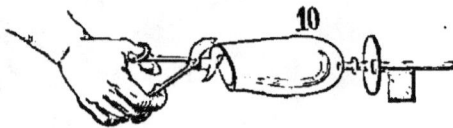

FIG. 147.

FIG. 149.

Le n° **12** représente le verre terminé.

Lorsque les pièces sont fabriquées, des enfants les saisissent à l'aide d'une espèce de fourche et les portent à l'*arche à recuire*, qui est une longue galerie chauffée dans laquelle les pièces placées sur des chariots roulants avancent lentement : le refroidissement dure ordinairement six heures. A Baccarat, on a remarqué qu'il n'était pas nécessaire de produire un refroidissement aussi lent, qu'il suffisait pour donner au verre et au cristal une structure convenable, de les refroidir de manière que toutes leurs molécules fussent toujours à un moment donné dans le même état d'équilibre. On enferme à cet effet les pièces dans des caisses chauffées sur lesquelles on renverse un couvercle dont le joint est fait au sable. Au bout d'une heure la pièce est recuite.

Moulage. — Les objets *moulés* se font par deux procédés diffé-

rents. Dans le premier, l'ouvrier, après avoir cueilli à l'extrémité
de sa canne la quantité de verre ou de cristal nécessaire, l'introduit
dans un moule ouvert qu'un aide referme sur la masse de verre
chaud ; puis il souffle dans la canne pour forcer la matière à
épouser les détails du moule. Afin d'éviter la fatigue que produit ce soufflage, un ouvrier verrier de Baccarat, appelé Robinet, a inventé en 1826 la pompe qui porte son nom. Elle se
compose d'un cylindre de laiton fermé par un bout : dans l'intérieur peut glisser un piston troué maintenu par un ressort à
boudin (fig. 150); cette pompe se fixe sur l'extrémité supérieure de la canne, et quand on appuie sur elle, le ressort
cède, le piston monte, et l'air com-
primé entre lui et le fond de la pompe
pénètre dans la canne et souffle le
verre.

Dans le second procédé par moulage, on coule le verre fondu dans un
moule qui représente intérieurement
la forme extérieure du vase, on descend à l'aide d'une presse à vis la
contre-partie du moule, c'est-à-dire un
mandrin ayant la forme intérieure de
la pièce à fabriquer ; le verre com-
primé entre les deux parties prend les
contours voulus : l'excédant de matière est coupé avec des ciseaux. Les
objets moulés se reconnaissent toujours
à ce que leurs arêtes sont moins vives
que celles que l'on obtient par la taille.

Taille du verre et du cristal. —
Les objets de cristal et de verre sont
souvent soumis à l'opération de la
taille, qui a deux buts principaux : enlever leurs imperfections et déterminer

Fig. 150. — Pompe
de Robinet.

à leur surface des facettes qui réfléchissent, réfractent la lumière
et leur donnent de l'éclat. La taille se fait (fig. 151) sur des
meules verticales qui sont animées d'un mouvement rapide
de rotation et auxquelles les ouvriers présentent les objets à
tailler ; elle comporte plusieurs opérations. La première est
l'ébauchage, qui s'exécute avec une meule en fonte ou en fer,
sur laquelle un entonnoir laisse tomber une bouteille de grès
blanc ; l'ouvrier tailleur, assis devant la roue sur un tabouret

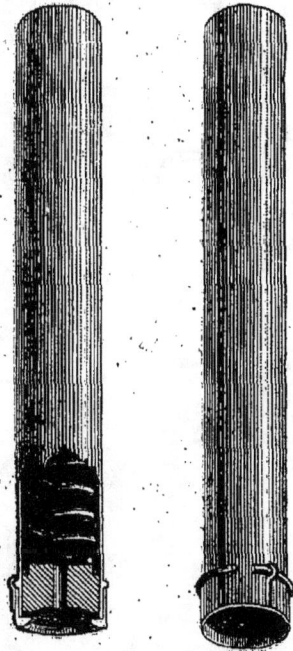

en bois, appuie contre elle la pièce à tailler. Lorsque l'ébau-

FIG. 151. — Taille du verre et du cristal.

chage a produit les facettes, la pièce est livrée au *tailleur*, qui

régularise le travail avec une meule en grès arrosée par un filet
d'eau ; en quittant ses mains, elle est mate et terne sur les parties taillées ; on l'adoucit encore avec une roue de bois et le
pouce et on lui rend le poli et la transparence à l'aide o'une
roue en bois ou en liége couverte de *potée d'étain,* c'est-à-dire
d'un alliage de 33 parties d'étain et de 66 parties de plomb.

Quand les pièces sortent des ateliers de taille, elles sont lavées, séchées et portées, soit aux magasins, soit aux ateliers de
décoration, où elles subissent l'opération de la gravure, dont le
but est de produire à leur surface des dessins mats qui les
transforment souvent en véritables objets d'art.

Gravure du verre et du cristal. — La gravure s'exécute
par deux procédés différents, soit *à la molette,* soit *à l'acide fluorhydrique.*

La gravure *à la molette* se fait à l'aide de petites roues en
cuivre ou en acier sur lesquelles tombe de l'émeri ; l'ouvrier
appuie contre elles la pièce à graver et elles y tracent des sillons
qu'elles dépolissent en même temps : ce travail est tout artistique et nous étions émerveillé en visitant Baccarat, de l'habileté
avec laquelle les graveurs entaillaient le cristal et faisaient
naître sous la molette les dessins les plus riches et les plus fins.

La gravure *à l'acide fluorhydrique* repose sur ce fait que,
lorsqu'on expose le verre à l'action de l'acide fluorhydrique, le
silicate se trouve décomposé. Quand on emploie l'acide fluorhydrique gazeux, on obtient des gravures mates ; quand, au
contraire, on se sert d'acide en dissolution, la gravure est brillante et d'un moins bel effet comme décoration. Pour remédier à cet inconvénient et ne pas employer cependant l'acide
fluorhydrique gazeux dont l'usage est très-dangereux, on a
imaginé de produire par une réaction chimique l'acide fluorhydrique gazeux dans le liquide même où l'on plonge la pièce.

Quel que soit le procédé suivi, il faut évidemment recouvrir
les parties qui ne doivent pas être attaquées d'une substance
qui les préserve de l'action de l'acide. On a employé à cet effet
plusieurs moyens ; celui qui est le plus en usage aujourd'hui
est le suivant : On grave en creux, sur une planche en métal,
le dessin des parties que l'on veut protéger contre l'action de
l'acide ; puis, après avoir passé sur elles une encre de composition spéciale, on la racle de manière à ne laisser d'encre que
dans le creux ; sur cette planche, on étend une feuille de papier pelure où s'imprime le dessin des parties à réserver ; cette
feuille est alors appliquée sur le cristal, et lorsqu'on l'en retire,

elle laisse à sa surface l'impression, en encre grasse, des dessins qui ne doivent pas être gravés. Quelques heures après, on peut plonger l'objet dans un bain d'acide qui n'attaquera que les parties nues. On enlève ensuite l'encre, soit avec des essences, soit par un moyen mécanique.

CHAPITRE IV

INDUSTRIES DE L'ÉCLAIRAGE

Parmi les industries qui s'occupent de rendre nos habitations plus commodes et plus confortables, nous devons aussi appeler l'attention sur celles qui, pendant l'hiver, nous préservent du froid, et sur celles qui, pendant la nuit, nous fournissent la lumière. Les premières ne sont pas, à vrai dire, des industries manufacturières; elles mettent seulement en place des appareils de chauffage qui leur sont livrés par les industries préparatoires et, en particulier, par la fonderie. Nous les laisserons de côté. Quant aux industries qui nous procurent les moyens d'éclairage et, en nous permettant de vaquer pendant la nuit à nos occupations, prolongent la durée de la vie active, qui, chez les peuples non civilisés, cesse dès que le soleil disparaît à l'horizon, ce sont à vrai dire des industries manufacturières, transformant la matière pour la faire servir à nos besoins : à ce titre, leur description doit trouver place ici.

Chez les anciens et chez les peuples sauvages, les procédés d'éclairage sont tout primitifs; des torches de bois résineux, la cire, des lampes à huile d'une construction grossière servirent d'abord à l'éclairage. Les Indiens, les habitants de la haute Asie, les Égyptiens, les Hébreux, les Romains et les Grecs ont fait usage de lampes dont nous possédons encore de nombreux modèles. Aujourd'hui la lampe modérateur est le plus généralement employée : elle se compose, comme chacun sait, d'un réservoir dans lequel se met l'huile; un ressort à boudin, que l'on tend à l'aide d'une clef engrenant avec une crémaillère, porte à sa partie inférieure un piston plein qui appuie sur l'huile et la fait monter dans la mèche à mesure que le ressort se détend.

FABRICATION DES CHANDELLES

La graisse qui sert à la fabrication des chandelles est presque exclusivement la graisse de bœuf, de mouton ou de porc. Cette graisse, détachée de la bête dans les abattoirs, est livrée au fabricant sous le nom de *suif en branches.*

La fabrication des chandelles se compose de deux opérations successives : la *fonte des suifs* et la *fabrication même de la chandelle.*

Fonte des suifs. — La fonte des suifs a pour but de séparer la graisse des membranes qui sont mélangées avec elle; cette séparation se fait, soit en filtrant du suif fondu dans des paniers d'osier qui retiennent les membranes, soit en faisant agir sur elle l'acide sulfurique pendant que le suif est maintenu en ébullition par l'action de la vapeur. Au bout de plusieurs heures, le suif fondu est à la surface et les membranes altérées se déposent au fond de la chaudière.

Pour fabriquer la chandelle avec le suif préparé par l'une des méthodes précédentes, on peut suivre deux procédés : soit le procédé de *fabrication à la baguette,* soit le *moulage.*

Fabrication des chandelles à la baguette. — La première méthode consiste à plonger à plusieurs reprises, dans le suif fondu, la mèche de coton qui doit faire l'axe de la chandelle. Après chaque immersion, on laisse égoutter; le suif se solidifie, et l'on répète l'opération jusqu'à ce que la chandelle, par la superposition des couches successives, ait atteint la grosseur voulue. Afin d'économiser la main d'œuvre, l'ouvrier plonge ordinairement un certain nombre de mèches à la fois, et pour cela il prépare des baguettes en bois, de 80 centimètres de longueur environ, auxquelles il suspend des mèches espacées de 10 centimètres. Il plonge ces baguettes deux par deux ou trois par trois; les mèches s'étalent dans le bain en gardant leurs positions respectives et se recouvrent de suif.

Pour faire l'extrémité effilée de la chandelle, l'ouvrier procède à une dernière immersion, et, cette fois, enfonce la mèche un peu plus loin que lors des immersions précédentes; la partie de la mèche qui n'avait pas encore été immergée se recouvre d'une couche de suif moins épaisse et effilée. Quant à la base, elle se fait en passant la chandelle sur une plaque chauffée.

Fabrication des chandelles par moulage. — On substitue souvent au procédé précédent le procédé par moulage qui est plus rapide et consiste à couler le suif dans un moule en étain présentant la forme de la chandelle et dans l'anse duquel est suspendue la mèche.

Pour rendre le moulage plus rapide, MM. Leroy et Durand, à Paris, emploient le système suivant, qui permet de remplir six moules d'un coup. Les moules DDD (fig. 152) sont disposés par rangées de six sur de fortes tables de chêne P ; sur les bords de la table peut rouler, au moyen de galets S, une caisse remplie de suif fondu. Cette caisse porte des trous correspondant à chacun des six moules d'une rangée. Ces trous sont fermés par des bouchons en métal et peuvent être ouverts en soulevant les bouchons à l'aide d'un levier N. En faisant rouler la caisse, on amène les trous successivement au-dessus de chaque rangée

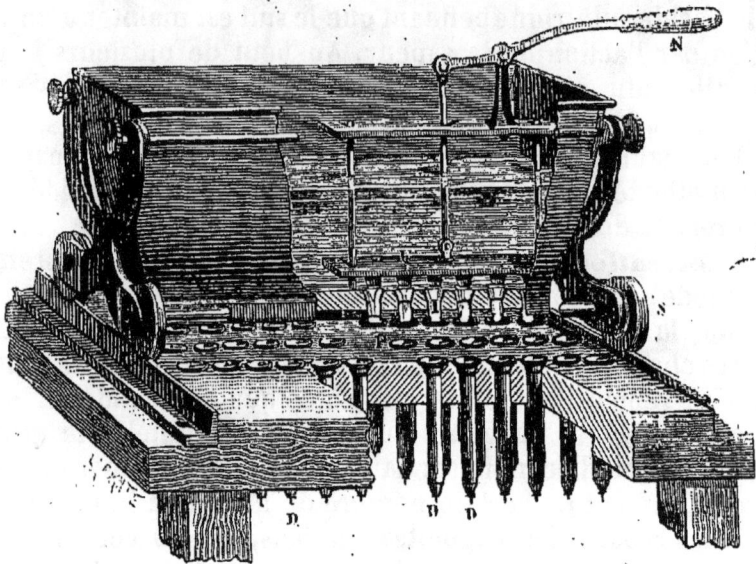

Fig. 152. — Moulage des chandelles.

de moules, et en soulevant le levier, à chaque station on laisse écouler le suif dans six moules qui se remplissent simultanément.

Les chandelles fabriquées par l'un des procédés précédents doivent être blanchies. Le moyen le plus simple consiste à les exposer à la lumière et en plein air pendant quelques jours.

FABRICATION DES BOUGIES STÉARIQUES

L'usage des chandelles de suif a été presque exclusivement remplacé par celui des bougies stéariques, dont l'invention est due à Gay-Lussac et à M. Chevreul (1825), et que l'on fabrique avec les acides gras extraits des corps gras neutres, comme les suifs. Ces acides ont un point de fusion supérieur à celui des matières d'où ils proviennent et à ce titre sont d'un emploi plus avantageux pour l'éclairage. Les bonnes bougies stéariques fondent à 55°,5 et donnent une lumière plus belle que celle des chandelles; leur mèche se consume d'elle-même, sans qu'on

FIG. 153. — Machine à mouler.

soit obligé de la couper, comme cela arrive pour les chandelles; enfin elles ne répandent pas d'odeur en brûlant.

Les acides gras qui doivent servir à la fabrication des bougies sont extraits des suifs ou autres corps gras par des procédés chimiques que nous ne décrirons pas. On obtient par ces méthodes des pains d'acides gras qui sont composés d'acides gras solides et d'acides gras liquides: on soumet ces pains à une forte pression, d'abord à froid, puis à chaud, et l'on exprime ainsi la partie liquide : le résidu solide fourni par les presses sert à la fabrication des bougies qui se font par des procédés ayant une grande analogie avec ceux que l'on emploie pour les chandelles. Le moulage se fait d'une manière très-expéditive à l'aide d'une machine inventée par M. Cahouet (fig. 153) : un grand nombre de moules sont disposés verticalement et sont traversés suivant leur longueur par une mèche, qui vient d'une bobine placée au-dessous de chacun d'eux dans la boîte *bb*; on y coule les acides fondus et quand ils sont solidifiés, on a autant de bougies qu'il y a de moules. Par un mécanisme spécial, on soulève les bougies faites qui sortent des moules et entraînent à leur suite la mèche qui est sur la bobine et qui se trouve placée pour l'opération suivante. On coupe alors la mèche et l'on enlève les bougies qui sont portées au blanchiment. On les expose dans de vastes cours à l'action blanchissante de l'air et de la lumière, sur des grillages où elles sont placées verticalement. Après le blanchiment il ne reste plus qu'à les laver, à les rogner et les polir.

L'admirable découverte de M. Chevreul et de Gay-Lussac fut entravée dans la pratique par les inconvénients que présentait la mèche de coton ordinaire, qui absorbait une trop grande quantité de matière grasse. M. Cambacérès eut l'idée d'y substituer une mèche que l'on fait en nattant trois fils de coton; mais sa combustion incomplète laissait un résidu charbonneux qui contrariait l'ascension des corps gras, ou qui, en tombant dans le godet formé par la fusion à la partie supérieure de la bougie, liquéfiait trop rapidement la matière et la faisait couler. Pour remédier à cet inconvénient, M. de Milly a imaginé d'imprégner la mèche d'acide borique, qui vitrifie les cendres de la mèche et produit à son extrémité une petite perle vitreuse et lourde : celle-ci courbant la mèche en dehors de la flamme, lui permet de brûler complétement et rend inutile l'opération du mouchage.

GAZ DE L'ÉCLAIRAGE

C'est à la fin du siècle dernier que remonte l'invention de l'éclairage au gaz. Les premiers essais furent faits par Lebon, ingénieur français : ils furent repris par Murdoch en Angleterre et ce ne fut qu'en 1820 que la nouvelle invention commença à fonctionner régulièrement à Paris. Depuis cette époque elle n'a fait que se développer.

Les avantages de l'éclairage au gaz le firent bientôt répandre en province : toutes nos grandes villes possèdent depuis long-temps ce mode d'éclairage, et chaque jour on voit se fonder des usines à gaz dans les villes de moindre importance.

L'éclairage par le gaz est certainement le plus économique.

Le prix d'éclairage par le gaz n'est que le sixième de celui de l'éclairage par la bougie et la moitié de celui de l'éclairage par une lampe Carcel.

FIG. 154. — Four à gaz.

Les substances organiques qui peuvent, par leur distillation, fournir un gaz propre à l'éclairage, sont assez nombreuses, mais la houille est certainement la plus avantageuse ; car elle donne non-seulement du gaz, mais encore du coke, dont la valeur est à peu près égale à la moitié de la sienne, du goudron et des sels ammoniacaux que l'industrie utilise.

Distillée en vases clos, la houille donne un volume considé-rable de gaz hydrogènes carbonés, hydrogène, azote, oxyde de carbone, acide sulfhydrique, du sulfure de carbone, du sulfhydrate d'ammoniaque, etc.

La fabrication du gaz de l'éclairage comprend trois phases distinctes : 1° la distillation de la houille ; 2° l'épuration physique du gaz ; 3° l'épuration chimique.

Distillation de la houille. — Pour la distillation, la houille est chargée dans des cornues en terre réfractaire F (fig. 154) que l'on dispose par batteries dans des fours adossés deux à deux. Elles peuvent être fermées par un obturateur que l'on fixe à l'aide d'étriers et communiquent par un tube vertical avec un cylindre I I appelé *barillet*. Ces cornues sont chauffées au rouge vif au moment où l'ouvrier les emplit : les premières portions de charbon qu'on y jette distillent immédiatement et les remplissent de gaz ; aussi, lorsque l'ouvrier pose l'obturateur, l'air est chassé et il n'y a plus à craindre de mélange détonant. A la sortie des cornues, tous les produits de la distillation se rendent par les tubes verticaux dans le barillet qui court le long des fours et qui est à moitié rempli d'eau. Chaque tube plonge dans l'eau, de sorte que chaque cornue est séparée par cette eau du reste de l'appareil, et si l'une d'elles venait à se briser, le gaz contenu au delà du barillet ne pourrait ni s'enflammer, ni se mélanger à l'air. Le barillet a, de plus, l'avantage de condenser déjà une certaine quantité d'eau de goudron, etc.

Épuration du gaz. — Le gaz est ensuite conduit par un tuyau dans des réfrigérants, où la majeure partie des matières liqué-

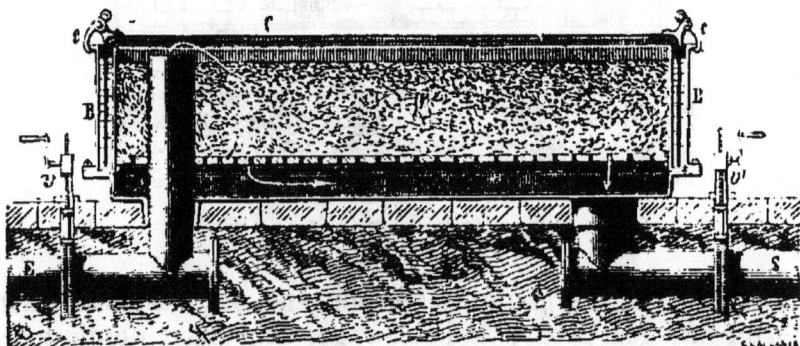

FIG. 155. — Coupe de la caisse à épuration.

fiables se condense par le refroidissement. Ces appareils, désignés sous le nom de *jeu d'orgue*, se composent d'une série de tubes ayant la forme d'U renversés et qui sont fixés sur le couvercle de caisses en fonte. Le gaz est forcé de passer d'une série dans l'autre et y abandonne de l'eau ammoniacale et des goudrons.

L'épuration physique se complète à travers une colonne remplie de coke sur lequel coule un filet d'eau ammoniacale, provenant d'une opération précédente : cette eau condense l'ammoniaque du gaz et commence l'épuration chimique, qui a pour but de le débarrasser de l'acide sulfhydrique, du carbonate d'ammoniaque et du sulfhydrate d'ammoniaque. Cette épuration se fait dans des caisses que représente la figure 155 dans lesquelles on met, soit de la chaux, soit un mélange de sesquioxyde de fer et de sulfate de chaux.

Fig. 156. — Gazomètre.

A la sortie des caisses d'épuration, le gaz arrive par le tube A B C (fig. 156) dans un gazomètre, ou appareil formé par une cloche en tôle renversée sur l'eau d'un réservoir. Le tube est articulé en A, B, C et permet à la cloche de se soulever à mesure que le gaz arrive : quand le gazomètre est rempli le poids de la cloche, en pesant sur lui, le force à s'échapper par un tube semblable qui communique avec les tuyaux en fonte ou en tôle étamée chargés de le distribuer dans les différents quartiers de la ville.

FABRICATION DES ALLUMETTES CHIMIQUES

La fabrication des allumettes chimiques se rattache directement aux industries du chauffage et de l'éclairage. De toute antiquité et jusqu'au commencement de ce siècle, le seul moyen en usage pour se procurer du feu consistait à utiliser les étincelles produites par le choc de l'acier sur le silex pour enflammer des morceaux de chanvre carbonisé. Plus tard, on substitua à cette matière inflammable une espèce de champignon, l'amadou, qu'on trempait dans une dissolution de nitrate de potasse pour le rendre plus inflammable. Cet amadou servait lui-même à enflammer des tiges de bois sec imprégnées de soufre. A une époque plus rapprochée de nous, on employa des appareils divers qui furent remplacés vers 1832 par les allumettes phosphoriques, dont l'invention est attribuée, en Souabe, à un nommé Kammerer, en Angleterre à J. Walker, pharmacien de Stockton. A partir de cette époque, la fabrication des allumettes prit un rapide essor, surtout à Darmstadt, sous l'impulsion du docteur F. Mollenhauer.

Il y a quelques années, cette industrie fabriquait en France plus de 16 milliards d'allumettes et consommait plus de 400 000 kilogrammes de phosphore. Ses centres principaux étaient Paris et Marseille. Par une loi récente, l'État vient de s'attribuer le monopole de la fabrication des allumettes chimiques.

La fabrication des allumettes chimiques en bois comprend plusieurs opérations distinctes : le débitage du bois, la mise en presse des allumettes, le soufrage des tiges, la préparation de la pâte phosphorée, le trempage du bout soufré dans cette pâte, le séchage et la mise en paquets ou en boîtes.

Aujourd'hui, le débitage des bois se fait à l'aide de machines spéciales qui font, soit des allumettes cylindriques, soit des allumettes prismatiques.

S'il fallait prendre à la main chacune des allumettes et les tremper dans le soufre et la pâte phosphorée, la main d'œuvre élèverait beaucoup trop le prix de revient. Aussi a-t-on imaginé de les disposer dans des cadres-presses à trois côtés, AB, BC, CD, que représente la figure 157. Les côtés AB et CD du cadre sont intérieurement munis d'une rigole, dans laquelle on peut faire glisser des règles r r r, et entre chaque règle on place un lit d'allumettes, de manière que leur extrémité sorte du plan du cadre ; quand elles sont toutes placées, on les serre en ajustant le côté *e f*. On emprisonne ainsi un grand nombre d'allumettes, que l'on pourra tremper à la fois, par leur extrémité, dans le soufre fondu et dans la pâte phosphorée. On comprend l'intérêt qu'il y avait en outre à ne pas être obligé de placer à la main les allumettes dans les cadres-presses : aussi cette opération se fait-elle mécaniquement, à l'aide d'un appareil qui permet de mettre sous presse 5000 allumettes en quatre-vingt-dix secondes.

Il ne reste plus alors qu'à garnir de soufre l'une des extré-

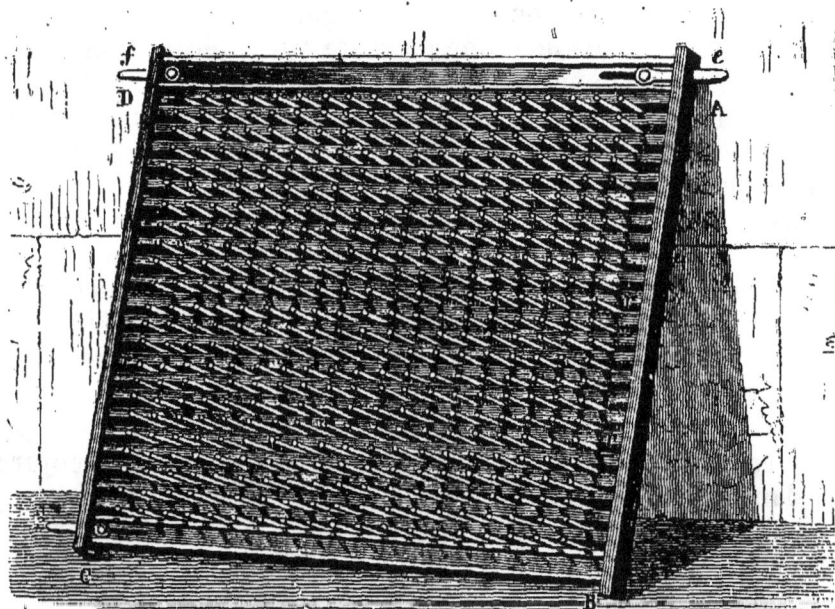

FIG. 157. — Châssis monté pour le soufrage des allumettes.

mités de l'allumette, puis de pâte phosphorée inflammable. On place d'abord les cadres-presses sur une plaque de fonte chauffée : lorsque les allumettes sont assez chaudes pour que le soufre fondu ne se solidifie pas trop vite à leur extrémité, ce qui aurait l'inconvénient de former un bourrelet, on pose les cadres au-dessus d'un bain de soufre fondu, dans lequel les allumettes plongent de quelques millimètres. On les retire, et quand la couche est solidifiée, on trempe alors de la même manière toutes les allumettes d'un même cadre dans une pâte phosphorée semi-fluide qui est étalée sur une plaque de marbre légèrement chauffée.

On prépare cette pâte en faisant dissoudre de la gomme dans l'eau au bain-marie, puis en y incorporant le phosphore qui fond et se divise à mesure qu'on agite la dissolution de gomme ; on ajoute ensuite les autres substances qui entrent dans la composition.

Lorsque les allumettes ont été imprégnées de pâte, on les porte dans une étuve où on les laisse sécher pendant une heure ; on les sort des cadres-presses et on les met en boîtes. La mise en boîte est faite à la main par des ouvrières, qui ont une telle habitude de cette opération, qu'elles prennent les allumettes par poignées correspondant toutes à la contenance d'une boîte. Dans l'une des usines que nous avons visitées, nous avons vu travailler une ouvrière qui, vérification faite, ne se trompait jamais de plus de deux allumettes par boîte.

Les allumettes bougies se fabriquent par des procédés analogues. Elles se composent d'une mèche de coton enduite d'un mélange de stéarine et de cire.

La facilité avec laquelle les allumettes s'enflamment, les propriétés toxiques du phosphore qu'elles renferment, constituent un double danger qui peut être évité par l'emploi des allumettes au phosphore rouge ou phosphore amorphe. Ces allumettes ne renferment pas de phosphore et ne s'enflamment que par le frottement sur une plaque recouverte d'une composition formée de phosphore et de sulfure d'antimoine.

L'emploi du phosphore rouge qui n'est pas un poison conjure le danger d'empoisonnement.

INDUSTRIES

SATISFAISANT AUX BESOINS INTELLECTUELS

Parmi les industries qui concourent à la satisfaction des besoins intellectuels de l'homme, nous étudierons la papeterie, la fabrication des plumes métalliques et des crayons, l'imprimerie, la lithographie et la gravure.

CHAPITRE PREMIER

FABRICATION DU PAPIER, DES PLUMES MÉTALLIQUES ET DES CRAYONS

L'invention du papier remonte à une époque fort reculée. Les Égyptiens eurent longtemps le monopole de cette fabrication, qui consistait dans une préparation qu'ils faisaient subir aux fibres d'une plante appelée *papyrus*. Vers le ix⁰ siècle, on voyait encore en Europe du papyrus, qui fut remplacé plus tard par un papier de coton venu d'Orient : les procédés de fabrication dus aux Chinois furent importés d'abord en Espagne, puis chez nous, et c'est la France qui, du xiv⁰ au xviii⁰ siècle, a fourni l'Europe entière du produit de ses papeteries. Aujourd'hui, la papeterie est une de nos plus importantes industries. Nous citerons en première ligne les papeteries d'Angoulême, de Rives et d'Annonay, dont les produits ont une réputation européenne ; les papeteries des Vosges, notamment celle de Souche près de Saint-Dié; les papeteries de Normandie (vallée de la Vire, de la Bresle, environs de Dieppe), du département de l'Eure, de Saint-Omer, de Prouzel (Somme), de Besançon, et enfin la papeterie d'Essonne, qui est un des plus grands établissements que nous ayons aujourd'hui.

Le papier peut être considéré comme résultant de l'entre-croisement de fibres presque exclusivement composées (pour le papier fin) d'une substance que les chimistes désignent sous le nom de *cellulose*, que l'on rencontre dans un grand nombre de végétaux, mais qui dans les vieux chiffons se trouvent en un état très-propre à la fabrication du papier. Aussi emploie-t-on spécialement les vieux chiffons à cette fabrication.

Triage et délissage des chiffons. — Les chiffons, qui ont été ramassés partout dans les villes et dans les campagnes par les chiffonniers, sont vendus par des marchands en gros au fabricant de papier. Celui-ci les accumule dans des magasins, où on les prend pour les livrer à des ouvrières chargées d'en opérer le *triage* et le *délissage*. Cette dernière opération consiste à enlever les ourlets, les parties doubles, à diviser les chiffons en morceaux de dimensions convenables, et à séparer les corps étrangers, fragments de métal, boutons, agrafes, etc.

Lessivage des chiffons. — Après le délissage, les chiffons sont débarrassés des poussières qui les salissent par un battage énergique effectué dans une machine spéciale ; puis ils subissent un lessivage qui les sépare des matières étrangères qu'ils contiennent et l'on commence les opérations qui préparent le blanchiment.

Lorsque la papeterie n'employait que des chiffons blancs, ces opérations s'exécutaient dans des cuves où l'on faisait agir sur eux une lessive de soude ; aujourd'hui, comme on se sert aussi de chiffons très-colorés, il faut avoir recours à des moyens plus énergiques. On soumet les chiffons à l'action de la vapeur et d'une lessive alcaline de chaux ou de soude dans des appareils rotatifs qui sont, soit de grands cylindres en tôle tournant autour de leur axe, soit des sphères en tôle tournant autour d'un diamètre incliné.

Après ce nettoyage, il faut détruire le tissu du chiffon, en isoler les fibres pour les mélanger ensuite et en faire une pâte homogène. C'est le but de l'opération appelée *défilage* ou *effilochage*, qui se faisait autrefois dans des mortiers où le chiffon était battu par des pilons, mais que l'on exécute aujourd'hui à l'aide de machines inventées au xviiie siècle par les Hollandais et que l'on nomme *piles* ou *cylindres*. Elles se composent essentiellement d'un grand bac, dans lequel se meut avec une vitesse de 180 tours par minute un cylindre armé de lames métalliques ; ces lames rencontrent, dans leur rotation, d es lames fixes implantées sur une pièce appelée *platine* et situ ée au fond du bac. Les chiffons jetés dans l'appareil sont entraîn és par le cylindre et déchirés entre ces lames et celles de la pla - tine. Un courant d'eau, qui circule dans la pile, lave le chiffo n et le dépose sur un plan incliné à l'état de pâte homogèn e. Au bout de deux heures environ l'opération est achevée, et la pâte, ou *défilé*, est soumise au blanchiment.

Blanchiment. — Autrefois, le blanchiment s'exécutait à l'air sur le pré ; aujourd'hui, on se sert du chlorure de chaux que l'on dissout dans l'eau, et on agite le chiffon au milieu de cette dissolution à l'aide d'appareils qui rappellent les piles dé- fileuses. La pâte blanchie doit être lavée et réduite en fragments plus ténus encore que ceux qui sont sortis des premières piles. C'est le but du *raffinage,* qui s'exécute dans des piles défileuses semblables au précédentes, mais dans lesquelles le cylindre est plus rapproché de la platine. Après plusieurs passages aux piles raffineuses, la pâte se compose de cellulose presque pure et il n'y a plus qu'à la transformer en papier.

Ajoutons que dans l'eau des piles raffineuses on verse la ma- tière colorante qui doit colorer le papier si celui-ci ne doit pas être blanc ; dans le cas où le papier se fait à la mécanique, on encolle la pâte en versant dans la raffineuse un mélange d'em- pois de fécule, de savon, de résine et de solution d'alun. Cet encollage a pour but de rendre le papier imperméable et de permettre, lorsqu'on a gratté sa surface, d'écrire encore à l'en- droit gratté sans que l'encre soit bue.

La transformation en papier de la pâte raffinée se fait, soit à la main, soit à la mécanique.

Fabrication du papier à la main. — Dans le premier cas, la .pâte étant mise en suspension dans l'eau, un ou- vrier, appelé *ouvreur,* y plonge horizontalement un châssis en bois, ou *forme,* dont le fond est constitué, soit par une toile métallique très-serrée, soit par des fils de laiton en- trecroisés. Un autre cadre, nommé *frisquette* ou *couverte,* s'ap- plique exactement sur les bords de la forme, et sa hauteur, conjointement avec la liquidité plus ou moins grande de la pâte, déterminera l'épaisseur de la feuille de papier. Plus la pâte est liquide, moins la feuille sera épaisse. Pour régulariser la couche de pâte qui se dépose sur le fond du châssis, l'ou- vrier imprime à la forme un mouvement spécial qui exige de sa part une grande habitude. Après avoir laissé égoutter un peu la feuille, il retire la frisquette, passe sa forme à un autre ouvrier appelé *coucheur*, qui la renverse sur une feuille de feutre ou *flotre*; la feuille se détache et reste sur le feutre ; le coucheur renvoie la forme à l'ouvreur et place sur la feuille de papier un second feutre, et ainsi de suite. Quand on est arrivé au nombre de feuilles constituant ce qu'on désigne sous le nom de *porse*, on porte le tout sous une presse pour en faire sortir l'eau. Un troisième ouvrier, nommé *leveur*, enlève les feutres et empile les feuilles, qui sont soumises plusieurs fois à une pression capable d'en exprimer l'eau. Le papier est ensuite porté au séchoir, où il est étendu sur des cordes attachées à des poteaux verticaux. Pendant l'été, le séchage se fait à l'air libre et froid, pendant l'hiver dans un courant d'air chaud.

Pour donner au papier une imperméabilité qui permette d'écrire à sa surface, pour l'empêcher de boire l'encre, on plonge les feuilles dans une dissolution faible et tiède de colle d'amidon, d'un savon résineux et d'alun. Après le collage, les feuilles sont pressées et séchées de nouveau, puis soumises à l'action de presses qui donnent de la fermeté au papier et rendent sa surface plus ou moins polie.

La fabrication à la main n'est plus employée maintenant que d'une manière exceptionnelle et pour obtenir certains papiers doués de qualités spéciales ; elle est partout remplacée par la fabrication mécanique.

Fabrication mécanique du papier. — C'est à Essonne que Robert eut, en 1799, la première idée de la magnifique machine dont nous allons décrire le principe, mais c'est en Angleterre qu'elle fut construite au commencement de ce siècle. Cette machine est parvenue aujourd'hui à une telle perfection, que la pâte arrive en bouillie à l'une des extrémités et sort, à l'autre extrémité, à l'état de feuille séchée et rognée à la grandeur voulue.

La pâte est amenée dans de grands réservoirs, où elle est remuée par un agitateur à palettes ; de là elle se rend à une machine que nous ne décrirons que sommairement : elle (fig. 158) tombe sur une toile métallique sans fin à travers les mailles de laquelle l'eau s'égoutte pendant qu'un mouvement transversal d'oscillation imprimé à la toile entrecroise les fibres. La coagulation de la pâte est activée par des pompes qui, en faisant le vide dans une longue caisse en cuivre située au-dessous de la toile, aspire l'eau qui a résisté au tamisage. La feuille est faite : il s'agit maintenant de la sécher. Elle s'engage, toujours soutenue par

Fig. 153 — Machine à fabriquer le papier

la toile métallique, entre deux cylindres garnis de feutre ; en les quittant, elle est assez forte pour ne plus avoir besoin de la toile métallique, et s'appuyant sur un drap sans fin appelé *feutre coucheur*, elle passe entre deux cylindres de cuivre qui la livrent à une série de cinq paires de cylindres chauffés à la vapeur et chargés de la sécher et de la laminer. Après quoi, la feuille s'enroule d'une manière continue sur un dévidoir. Lorsqu'elle a fait sur lui un nombre de tours suffisant, elle est coupée ; le dévidoir est enlevé et remplacé par un autre, sur lequel se continue l'enroulement. Le papier sort fabriqué de cette machine deux minutes après que la pâte qui le constitue y est entrée.

La feuille continue est ensuite coupée, divisée en morceaux de formats différents ; puis ces morceaux sont visités avec soin ; les boutons de pâte qui ont résisté à l'opération sont enlevés au grattoir. Le papier est, d'après ses qualités, classé en trois catégories et soumis à une forte pression par piles de 500 à 1000 feuilles placées entre des plateaux de bois ou de carton. On renouvelle plusieurs fois cette pression, et à chaque fois on change la disposition des feuilles l'une par rapport à l'autre de manière à en régulariser la surface. Enfin, les feuilles sont laminées entre des lames de carton ou de métal ; suivant que la pression est plus ou moins grande, on a du papier *lisse*, *satiné* ou *glacé* : *lisse*, il est un peu plus uni qu'apprêté à la presse ; *satiné*, il est doux au toucher, brillant, mais sans transparence ; *glacé*, il a une surface très-polie, brillante, il a acquis de la transparence. Le glaçage ne peut s'obtenir qu'avec des feuilles de cuivre ou de zinc ; pour le lissage et le satinage, on emploie des feuilles de carton.

Le chiffon est devenu tellement rare depuis un certain nombre d'années, que l'on a essayé de le remplacer dans la fabrication du papier. On utilise les cordes et les cordages, les vieux filets de pêche, les déchets de filature et de sparterie, le foin, la paille, le bois blanc, l'alpha, qui est une plante d'Algérie. On mêle ces substances réduites en pâte à une quantité de pâte de chiffons. La paille fournit d'excellents résultats. Saint-Junien (Haute-Vienne) produit de très-bons papiers de paille pour l'emballage.

Fabrication du carton. — Le *carton* se fabrique avec les vieux papiers que l'on humecte et que l'on fait pourrir en tas pendant dix ou quinze jours pour détruire les matières étrangères altérables ; on les désagrége en les broyant à l'eau sous des meules verticales. La pâte ainsi préparée est mise en feuilles épaisses à l'aide d'une forme spéciale, pressée entre des feutres et séchée à l'air libre.

FABRICATION DES PLUMES MÉTALLIQUES

Les plumes métalliques ont aujourd'hui presque entièrement remplacé les plumes d'oie dont on se servait autrefois pour écrire et les plumes de corbeau que l'on employait pour dessiner. La fabrication de ces plumes est centralisée à Boulogne, où elle occupe de huit à neuf cents ouvriers, qui pour la plupart sont des femmes.

Toutes les plumes métalliques sont faites en acier et l'Angleterre a jusqu'ici le monopole de la production du métal propre à cette fabrication : ce sont les aciers de Sheffield qui sont regardés comme réunissant seuls les qualités voulues.

Ils arrivent à l'état de feuilles de $0^{mm},7$ d'épaisseur qu'on recuit et qu'on lamine pour leur donner l'épaisseur voulue. Lorsque les lames et les rubans d'acier sont laminés, ils sont envoyés à l'atelier de fabrication. La fabrication comporte douze opérations successives que nous allons énumérer et décrire.

1° *Découpage.* — Cette opération consiste à découper le morceau d'acier qui servira à faire la plume : elle se fait à l'aide d'une machine assez simple qui, plus ou moins modifiée, servira dans plusieurs phases de la fabrication. Cette machine, dont l'ensemble rappelle une presse à marquer le papier à lettres, porte à sa partie inférieure un couteau emporte-pièce qui a la forme de la plume. Au-dessous de l'emporte-pièce est une petite enclume fixée à l'appareil qui lui-même repose sur une table devant laquelle l'ouvrière est assise. Celle-ci place une lame d'acier sur l'enclume et, en agissant sur un balancier situé à la partie supérieure de la machine, fait descendre l'emporte-pièce qui découpe dans la bande de métal un morceau ayant la forme d'une plume. Une ouvrière habile découpe ainsi de 360 à 400 grosses de plumes par jour, c'est-à-dire (la grosse se composant de douze douzaines) 51 840 à 57 600 plumes.

2° *Marque de la plume.* — La plume reçoit ensuite la marque du fabricant et, quelquefois en même temps, certains ornements que l'on imprime à sa surface. Pour cela, on place la plume sur une petite enclume et on laisse tomber sur elle un poids assez lourd portant en relief les caractères que l'on veut tracer en creux. Ce poids peut glisser entre deux montants verticaux :

par un mécanisme très-simple ce poids est relié à un étrier dans lequel l'ouvrière met le pied : quand elle appuie sur l'étrier, le poids reste suspendu en l'air; quand elle cesse d'appuyer, il tombe sur la plume.

3º *Perçage.* — Le *perçage* a pour but de pratiquer dans la plume des ouvertures destinées à lui communiquer plus d'élasticité. Le trou que l'on voit au centre des plumes et dans le prolongement de la fente, a un autre but, dont nous parlerons plus tard.

Le perçage se fait à l'aide de la première machine, où l'on a remplacé la pièce en acier servant au découpage par une autre pièce portant en creux la forme des trous qui doivent être faits sur la plume.

4º *Formage.* — Jusqu'ici la plume est encore plate : il faut lui donner la forme concave qu'elle a ordinairement; la machine à balancier sert encore pour cette opération. L'enclume présente une cavité dans laquelle peut descendre un morceau d'acier ayant la forme et la courbure qu'on veut donner à la plume. Celle-ci étant placée sur la cavité, l'ouvrière fait descendre le morceau d'acier qui comprime la plume et la force à se mouler sur lui.

5º *Trempe.* — Il faut que l'acier, pour subir les opérations que nous venons de décrire, ne soit ni trop élastique, ni trop dur, ni trop cassant ; la plume fabriquée doit, au contraire, être élastique et dure. On lui communique ces propriétés en *trempant* le métal, c'est-à-dire en le portant à une haute température pour le refroidir ensuite brusquement. Pour cela, les plumes sont enfermées dans des boîtes métalliques que l'on expose pendant une heure, dans des fours, à l'action d'une température rouge-cerise. Puis on les sort et on les trempe aussitôt dans un bain d'huile qui les refroidit brusquement : la trempe à l'eau serait trop dure.

6º *Adoucissage.* — L'opération précédente a rendu le métal trop cassant : on corrige cet effet par l'*adoucissage* ou *recuit*, qui consiste à chauffer les plumes dans un appareil semblable à celui que l'on emploie pour la torréfaction du café et à les laisser refroidir lentement. La température doit être bien moins élevée que celle à laquelle on porte l'acier avant la trempe, sans quoi on détruirait ce qu'a produit cette opération.

7º *Nettoyage.* — La trempe et l'adoucissage ont eu pour effet de déterminer la formation d'une couche superficielle d'oxyde, que l'on enlève en plongeant d'abord les plumes dans un acide. On les place ensuite avec du gravier dans de grandes boîtes de fer-blanc qui sont mises en mouvement de rotation autour de l'axe sur lequel elles reposent : ces boîtes portent à l'intérieur des pointes qui divisent la masse et renouvellent les surfaces en empêchant les plumes d'aller s'appliquer contre les parois et de tourner sans frottement. Le gravier, en frottant contre les plumes, les nettoie, les polit, et l'on achève le travail en remplaçant le gravier par la sciure de bois.

8° *Aiguisage.* — La plume subit alors l'*aiguisage en long* : l'ouvrière la saisit avec une pince par le bout opposé à la pointe, et présente l'autre extrémité à l'action d'une meule verticale animée d'un mouvement rapide de rotation. Cette meule, qui a environ 1 centimètre d'épaisseur, est recouverte de cuir et d'émeri. Une ouvrière peut aiguiser par jour 14 à 15 000 plumes.

9° *Mise en couleur.* — La mise en couleur consiste a recouvrir la plume de substances qui diffèrent d'un genre à l'autre, mais qui sont destinées à la préserver de l'oxydation. On emploie pour cela différents procédés.

Après la mise en couleur, on fait quelquefois subir à la plume un aiguisage en travers, qui a pour effet d'enlever le cuivre ou l'étain sur certaines parties et de déterminer des tons différents qui servent à l'ornement.

10° *Refendage.* — Jusqu'ici la plume n'est pas encore *fendue.* On la fend à l'aide de la machine à balancier que nous avons décrite plus haut et que l'on a transformée à cet effet. Une ouvrière refend environ 15 000 plumes par jour. Certains modèles, surtout les plus grands et ceux qui sont en acier fort, présentent sur les bords des fentes destinées à donner de l'élasticité : ces fentes ont été faites en même temps que le perçage.

11° *Vernissage.* — Enfin, la plume n'a plus qu'à subir l'opération du vernissage.

FABRICATION DES CRAYONS

La fabrication des *crayons* est une industrie peu importante en France : aussi n'en donnerons-nous qu'une description sommaire. On donne ce nom à de petites baguettes faites avec une variété de charbon appelée *graphite, plombagine* ou *mine de plomb*, et renfermées dans des cylindres en bois. Ces baguettes servent à écrire ou à dessiner.

Les meilleurs crayons de plombagine anglais se préparent en débitant à la scie des baguettes de graphite pur préalablement chauffé en vase clos à une forte chaleur rouge. Ces baguettes sont habituellement enchâssés dans des baguettes en bois de cèdre. On taille aussi de petits cylindres en graphite très-courts, destinés à être fixés dans des porte-crayons métalliques.

En 1795, Conté inventa un procédé très-simple qui permet de fabriquer des crayons avec un mélange d'argile et de plombagine. Ces deux substances, réduites en poudre fine, après avoir été portées à une température qui leur donne les propriétés requises, servent à faire avec l'eau une pâte que l'on l'on coule dans des rainures parallèles pratiquées dans des planches. Lorsque la pâte est sèche, on introduit les baguettes ainsi formées dans des creusets, où on les chauffe à une température d'autant plus élevée que l'on veut avoir des crayons plus durs. On les enferme dans des cylindres en bois que l'on a coupés suivant leur longueur en deux parties inégales; dans le milieu de la plus grosse est pratiquée une rainure où on loge la mine de plomb; les deux morceaux sont ensuite recollés ensemble.

Les crayons noirs pour le dessin se font en mélangeant du noir de fumée très-fin avec deux tiers environ d'argile, et en comprimant la pâte dans des moules qui ont la forme pyramidale que l'on donne ordinairement à ces crayons.

On fabrique les crayons pour pastel en comprimant dans des moules cylindriques une pâte composée de terre de pipe bien fine et de matières colorantes.

CHAPITRE II

IMPRIMERIE TYPOGRAPHIQUE

La découverte de l'imprimerie est sans contredit une de celles qui ont exercé le plus d'influence sur la marche de l'humanité: propager la connaissance de chefs-d'œuvre qui restaient forcément le privilége de quelques-uns, permettre la reproduction à l'infini des travaux de l'esprit, faciliter entre les hommes l'échange journalier de leurs idées et de leurs conceptions,

développer enfin l'instruction de chacun, tels sont les caractères propres de cette grande découverte qui remonte au
xvᵉ siècle.

Avant cette époque, malgré quelques essais déjà faits dans
la voie du progrès, on était encore réduit à copier à la main
les œuvres des littérateurs et des savants. Ces copies, appelées
manuscrits, étaient souvent exécutées avec un grand soin, et
des artistes distingués y traçaient de luxueuses illustrations ;
mais, quelque simples qu'elles fussent, elles exigeaient toujours
un temps considérable pour leur confection et, par suite, leur
prix restait très-élevé. Vers 1440, Jean Gensfleich, ou Gutenberg, surnom qu'il a depuis immortalisé, imagina de graver à
la surface de planches en bois des lettres en relief, d'enduire
cette planche d'une encre grasse et d'y appliquer ensuite une
feuille de papier. Toutes les parties en relief touchées par l'encre
se reproduisirent en noir sur la feuille de papier. Une bible fut
imprimée par ce procédé. Tel est encore aujourd'hui le principe de toute impression. Mais la nécessité de graver ces planches
à la main en restreignait beaucoup l'usage ; de plus, elles ne
donnaient que des épreuves assez imparfaites. Gutenberg s'as-
socia alors à Jean Faust de Mayence, puis à Pierre Schœffer, et,
par leurs efforts réunis, ils arrivèrent à la découverte des procédés en usage aujourd'hui, [c'est-à-dire à l'emploi de lettres
mobiles que l'on dispose les unes à côté des autres dans l'ordre
voulu et dont l'ensemble forme les lignes et les phrases à reproduire.

Nous ne suivrons pas les progrès de cette industrie, qui a
maintenant une importance considérable, nous la décrirons
telle qu'elle est pratiquée actuellement.

Il y a trois espèces d'imprimeries : la *typographie,* la *lithogra-*
phie et la *taille-douce.*

IMPRIMERIE TYPOGRAPHIQUE

L'imprimerie typographique consiste dans la reproduction du
manuscrit d'un auteur à l'aide de lettres mobiles en relief, que
l'on assemble pour former des mots et des phrases, et qui, après
l'impression, peuvent être désunies de manière à servir de nouveau à la reproduction d'autres manuscrits.

L'industrie de la typographie comprend trois parties principales, que nous examinerons séparément : la *fonte des carac-*
tères, la *composition,* le *tirage.*

Fonte des caractères. — La fonte des caractères se fait ordinairement dans des établissements spéciaux. Cependant certaines maisons importantes l'exécutent elles-mêmes. Un caractère d'imprimerie est un prisme fait avec un alliage fusible de plomb et d'antimoine (fig. 159) ; l'une des bases de ce prisme porte en relief l'une des lettres de l'alphabet, c'est l'*œil* du caractère : c'est la partie qui imprime ; l'autre base présente une échancrure ou *gouttière*. Sur l'une des faces latérales, celle qui correspond à la partie inférieure de la lettre, se trouve une entaille ou *cran* qui sert à désigner le sens de la lettre. La grosseur du caractère est appelée *force de corps*. On la mesure du dessus au dessous de la lettre à l'aide d'une unité que l'on nomme *point typographique* : c'est la sixième partie de la ligne du pied de roi (1). Quoique cette mesure ne rentre pas dans notre système métrique actuel, elle est restée en usage pour éviter la perturbation que jetterait dans les ateliers l'adoption d'une nouvelle unité. Les caractères employés le plus ordinairement ont une force de corps variant entre 5 et 11 points.

Fig. 159. — Caractères d'imprimerie.

On fabrique le caractère d'imprimerie en coulant de l'alliage de plomb et d'antimoine dans un moule qui forme un petit canal allongé et prismatique, à la base duquel on applique une plaque de cuivre appelée *matrice* et portant en creux l'empreinte de la lettre. Cette empreinte est obtenue de la manière suivante : Un ouvrier, nommé *graveur en caractères*, grave en relief, à l'extrémité d'une tige d'acier appelée *poinçon*, la lettre à reproduire. Ce travail demande une grande habileté et exige de véritables artistes. Lorsque le poinçon est achevé et qu'on lui a donné la trempe nécessaire, on s'en sert pour *frapper* la matrice. Pour faire la *frappe*, on applique la lettre gravée sur une planche de cuivre, et en frappant sur l'autre extrémité du poinçon on la force à s'imprimer en creux. Les matrices subissent ensuite un travail désigné sous le nom de *justification*, qui a pour but de les équarrir et d'égaliser la profondeur des empreintes.

(1) Le pied de roi équivaut à 144 lignes et la ligne équivaut à $2^{mm},256$.

La fonte des caractères peut se pratiquer par différents procédés et à l'aide de machines spéciales qui permettent de fondre un grand nombre de caractères à la fois.

Après la fonderie, les caractères subissent un travail de régularisation qui se compose d'opérations multiples que nous ne décrirons pas. Après ce travail de retouche les caractères sont assemblés régulièrement en paquets et expédiés chez l'imprimeur qui les vérifie et en fait opérer la distribution dans les casses, c'est-à-dire dans des boîtes à compartiments appelés cassetins.

Composition. — La *composition* ne comprend pas seulement la combinaison des caractères et la formation des pages; elle comprend réellement toutes les opérations qui précèdent le tirage et qui sont la *composition proprement dite*, la *mise en pages*, l'*imposition* et la *correction*.

Composition proprement dite. — La *composition proprement dite* consiste à assembler, en suivant le manuscrit de l'auteur, les lettres une à une pour en former des mots, des lignes et des pages. Voici comment on opère : L'ouvrier typographe,

FIG. 160. — Composteur.

placé devant sa casse posée sur un pupitre appelé *rang*, tient de la main gauche un outil nommé *composteur*. Cet instrument n'est autre qu'une lame de fer (fig. 160) dont le bord est relevé en équerre dans toute sa longueur: à l'un des bouts se trouve une facette carrée fixe; le long de la règle glisse une autre facette carrée que l'on peut fixer à l'aide d'une vis. La distance des deux facettes doit être égale à la longueur qu'aura la ligne imprimée: cette longueur est désignée sous le nom de *justification*. L'ouvrier lit le manuscrit qui est posé devant lui et de la main droite prend chaque lettre l'une après l'autre dans les cassetins et les place, le cran en dessous, dans son composteur: c'est ce qui s'appelle *lever la lettre*. Quand le compositeur a placé toutes les lettres d'un mot, il pose à leur droite une petite lame métallique appelée *espace*, qui est moins haute que la lettre et qui séparera le mot composé du mot suivant. Lorsque la ligne est finie, on la consolide ou *justifie* en y introduisant de *petites espaces* destinées à maintenir solidement les lettres et, autant que possible, à espacer également les mots; puis on place au-dessus une petite réglette nommée *interligne*, qui est moins haute aussi que la lettre et constitue l'intervalle devant exister entre chaque ligne.

Quand le composteur contient le nombre de lignes qu'il peut recevoir, l'ouvrier les enlève et les place sur une planchette munie d'un bord en équerre (fig. 161) et appelée *galée*. Les lignes suivantes sont composées de la même manière, posées à

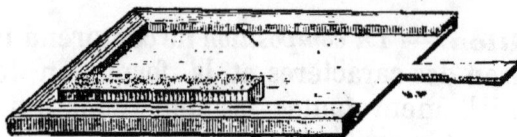

FIG. 161. — Galée.

leur tour sur la galée avec les premières, et ainsi de suite jusqu'à ce que la galée soit à peu près pleine. Cela fait, on lie toutes les lignes ensemble avec une ficelle, de manière à former ce qu'on appelle un *paquet*.

Mise en pages. — Les opérations précédentes constituent la composition proprement dite. Vient maintenant la *mise en pages*, qui consiste à prendre dans chacun des paquets composés le nombre de lignes qui entrent dans une page et à y mettre le folio, le titre courant et la signature (on appelle *signature* le numéro d'ordre des différentes feuilles : il se trouve au bas de la première page de chaque feuille).

Imposition. — A la mise en pages succède l'*imposition*, opération par laquelle on dispose, dans un ordre convenable, à l'intérieur d'un cadre nommé *forme*, toutes les pages qui doivent être imprimées d'un même côté de la feuille de papier. Cette disposition sera telle, que lorsque le tirage aura été fait sur les deux faces de la feuille de papier, on puisse ensuite plier celle-ci et faire un cahier dans lequel les pages se succèdent dans l'ordre de leur pagination.

Pour imposer, l'ouvrier dispose d'abord ses paquets sur une table appelée *marbre*, dans l'ordre qui correspond au format adopté pour l'ouvrage. Dans tous les cas, le nombre de pages composant la feuille se trouve divisé en deux parties égales, dont chacune est destinée à imprimer l'un des côtés du papier. L'une des faces de la feuille est nommée *côté de première*, et l'autre *côté de seconde*.

S'il s'agit d'un in-folio, c'est-à-dire d'un format tel que l'on n'imprime que deux pages à la fois de chaque côté de la feuille, voici la disposition adoptée : (les chiffres représentent les numéros de pages) :

Côté de première.			Côté de seconde.	
1	4		3	2

Pour un in-quarto, on imprime quatre pages à la fois sur chaque côté de la feuille et l'imposition se fait comme l'indique le tableau suivant :

Côté de première.			Côté de seconde.	
4	5		6	3
1	8		7	2

Pour l'in-octavo, on imprime huit pages à la fois ; pour l'in-douze, douze pages, et ainsi de suite.

Les pages étant rangées suivant l'ordre prescrit par leur format, on entoure chaque forme d'un châssis. On sépare ensuite les pages en tous sens par des blocs de fonte qui représentent les marges et que l'on appelle *garnitures*. Enfin à l'aide de pièces nommées *réglettes*, *biseaux* et *coins*, qu'on dispose contre les bords intérieurs du châssis, on achève de serrer toutes les pages de manière à en faire un tout parfaitement solide, qui constitue la *forme* ou planche destinée à l'impression.

Tirage des épreuves et correction. — On tire alors une *épreuve*, c'est-à-dire qu'après avoir réparti de l'encre à la surface de la forme à l'aide d'un rouleau dont nous parlerons à propos du tirage, on applique sur cette forme une feuille de papier et l'on soumet le tout à l'action d'une presse. Les caractères, qui seuls ont pris l'encre, puisqu'ils font saillie, impriment les lettres à la surface de la feuille de papier, et l'on a ce qu'on appelle la *première épreuve*, qu'on donne à l'employé nommé *correcteur*, avec le manuscrit de l'auteur, ou *copie*. Un autre employé, appelé *teneur de copie*, lit à haute voix le manuscrit pendant que le correcteur le suit sur l'épreuve et indique en marge, par des signes conventionnels, les différentes fautes faites par le compositeur.

L'épreuve corrigée est rendue au *metteur en pages* qui remet les formes sur le marbre, les desserre et appelle successivement chaque compositeur pour qu'il ait à corriger la portion qu'il a composée. Cette correction se fait en desserrant d'abord la ligne et en retirant, avec de petites pinces ou mieux avec les doigts, les lettres qui doivent être enlevées, et en les remplaçant par d'autres.

On tire alors une seconde épreuve que l'on remet à l'auteur. Celui-ci marque les corrections et modifications à faire, et ainsi de suite jusqu'à ce qu'il indique sur l'épreuve qu'on peut procéder au tirage définitif : ce qu'il fait en écrivant en tête les mots *bon à tirer*.

Tirage. — Le *tirage* comprend la *préparation* que doit subir le papier avant d'être livré à la presse et le *tirage proprement dit*.

La préparation du papier est une des opérations qui ont le plus d'influence sur la qualité de l'impression. Elle doit être appropriée à sa nature et se compose de deux parties : la *trempe* et le *remaniement*. Pour tremper le papier, l'ouvrier en prend une main, l'ouvre et la place sur une table appelée *ais*; il asperge avec un balai de bouleau trempé dans l'eau la feuille qui se trouve au-dessus, prend une autre main, la place sur la première et répète la même opération. Quand un certain nombre de mains ont été superposées et mouillées, on les met en presse et on les abandonne pendant quelques heures: la pression fait pénétrer l'eau dans toutes les feuilles. Pour assurer la répartition égale de l'humidité le papier est *remanié*, c'est-à-dire que l'ouvrier prenant successivement des paquets de plusieurs feuilles, les retourne tantôt de gauche à droite, tantôt de bas en haut, en ayant soin à chaque fois de les lisser avec la main pour étendre et effacer les rides. L'humidité est ainsi répartie très-également et chaque feuille ne conserve qu'une simple moiteur. On met en presse de nouveau et l'on procède, pour les ouvrages soignés, au *glaçage*, qui consiste à placer les feuilles entre des lames de zinc et à faire passer le tout entre les cylindres d'un laminoir ; la pression des cylindres écrase le grain du papier et, par conséquent, glace la surface.

Avant de faire le tirage, on commence par laver les formes avec une dissolution de potasse pour enlever l'encre qui reste à leur surface et qui y a été mise pour le tirage des épreuves. On les laisse ensuite sécher et on les porte à la *presse*.

Il y a deux sortes de presses: la *presse à bras* et la *presse mécanique*. Cette dernière est maintenant la plus employée.

La *presse à bras* (fig. 162) présente une plate-forme appelée marbre, sur laquelle on pose la forme. On peut rabattre sur elle un cadre nommé *tympan*, qui est garni de drap et sur lequel on place la feuille de papier dont la position a été bien déter-

FIG. 162. — Presse typographique à bras.

minée, une fois pour toutes, dans une opération qui consiste à faire la *marge*. La marge est une feuille prise dans le papier à imprimer et qui, collée sur le tympan, sert d'indicateur à l'imprimeur pour toutes les feuilles qu'il doit tirer.

Après avoir fait la marge, on fixe sur le tympan deux petits ardillons appelés *pointures*, qui perceront dans la feuille un trou destiné à servir plus tard de point de repère. Sur cette dernière peut lui-même se rabattre un cadre à jour nommé *frisquette*, formé par le collage de plusieurs feuilles de papier superposées. L'ouvrier, après avoir placé sa feuille avec soin et rabattu la frisquette, encre sa forme, c'est-à-dire qu'au moyen d'un rouleau fait avec un mélange de gélatine et de mélasse coulé sur un mandrin en bois il prend de l'encre sur une table-encrier, que nous ne décrirons pas, et l'étend sur la forme en passant plusieurs fois le rouleau à la surface.

Il rabat ensuite la frisquette et le tympan sur la forme et fait glisser le tout sous une plaque appelée *platine*, qui est portée par une vis verticale entre deux montants nommés *jumelles*. A l'aide d'un levier il fait descendre la platine, et, la feuille de papier se trouvant pressée entre la forme et le tympan, les lettres s'impriment à sa surface. La frisquette, par ses parties pleines, préservera de toute maculature les portions de la feuille qui, comme les marges, doivent rester blanches. On ramène alors le marbre et le tympan, on enlève la feuille de papier et l'on en place une autre.

Nous avons supposé que, dès que la forme avait été encrée et la feuille bien placée sur le tympan, il n'y avait plus qu'à faire le tirage. Les choses ne sont pas aussi simples: quand l'ouvrier a tiré une première feuille, il s'aperçoit le plus souvent que les lettres ne sont pas toutes imprimées avec la même intensité, qu'il y a, comme on dit, des *forts* et des *faibles*. Les forts correspondent aux parties où la feuille de papier a été trop pressée contre la forme : il s'est même produit une espèce de gaufrage nommé *foulage ;* les faibles correspondent aux régions où la pression n'a pas été aussi grande. Pour corriger ces défauts, il suffit évidemment de découper la marge aux endroits forts et de coller de petits morceaux de papier aux endroits faibles ; l'épaisseur devenant moindre aux parties foulées, plus grande aux parties faibles, la feuille se trouvera uniformément pressée, et par suite le tirage aura plus de régularité. On modifie l'épaisseur de la marge jusqu'à ce qu'on soit arrivé à une épreuve parfaitement régulière. Cette opération s'appelle la *mise en train.*

Pour les ouvrages illustrés, la mise en train est plus importante encore, elle constitue une opération très-longue et très-minutieuse. La reproduction des illustrations se fait en interca lant dans la forme, aux endroits réservés aux figures, des planches gravées sur bois ou des clichés en cuivre dont nous décrirons bientôt la fabrication. Pour que le tirage des gravures intercalées dans le texte soit aussi parfait que possible, le metteur en train est obligé de découper tous les détails du dessin et de les coller sur le tympan (ou sur le cylindre dans les presses mécaniques), en augmentant l'épaisseur dans les endroits faibles, en la diminuant aux endroits foulés.

La *retiration* est le tirage du second côté de la feuille. Lorsqu'un certain nombre de feuilles ont été tirées du premier côté, on les reprend pour faire le tirage du second. L'ouvrier place sur la marge une feuille de décharge, après avoir diminué la pression d'un tour de vis pour compenser l'augmentation d'épaisseur. Cette feuille est destinée à recevoir ·une partie de l'encre du premier côté, qui n'a pas encore eu le temps de sécher complétement : elle doit être renouvelée dès qu'étant trop chargée d'encre elle menace de maculer la feuille imprimée.

Avant de procéder au tirage, l'ouvrier s'assure que les pages du *verso*, ou second côté, s'impriment exactement derrière les pages du *recto*, ou premier côté. Il y arrive après quelques tâtonnements et modifications dans la position des pointures. Cela fait, il *met en train* et procède enfin au tirage.

La *presse mécanique* est une machine qui permet de faire mécaniquement toutes les opérations du tirage ; l'ouvrier n'a qu'à mettre en place la feuille de papier, qui se trouve saisie par la machine et n'est rendue qu'après l'impression. Les formes sont placées sur le marbre qui est animé d'un mouvement de va-et-vient horizontal : après avoir reçu l'encre de rouleaux, sous lesquels elles passent, elles viennent passer sous un cylindre qui appuie la feuille de papier sur elles. C'est à un mécanicien anglais, nommé Nicholson, que l'on doit la première idée de la presse mécanique ; mais c'est à MM. Kœnig et Bauer, horlogers saxons, qu'est due la construction de la première machine véritablement pratique (1814). Il y a maintenant des variétés très-nombreuses de ce genre d'appareils.

Certaines machines impriment la feuille sur ses deux faces. Le principe de leur fonctionnement est le même ; mais le marbre reçoit les deux formes correspondant aux deux côtés de la feuille.

Telle est la presse mécanique dans toute sa simplicité ; des perfectionnements nombreux y ont été apportés tant au point de vue de la régularité du tirage qu'à celui de sa rapidité. On fait maintenant pour les journaux des machines qui tirent jusqu'à sept mille exemplaires à l'heure sur les deux faces.

Lorsqu'on a tiré le nombre d'exemplaires commandé à l'imprimeur, les formes sont lavées et desserrées, et les caractères sont remis à des ouvriers qui les répartissent dans les différents cassetins des casses. Cette opération, appelée *distribution*, doit être faite avec le plus grand soin, car c'est d'elle que dépend la régularité de composition de l'ouvrage pour lequel on se servira des mêmes caractères.

STÉRÉOTYPIE

La *stéréotypie* est une opération qui permet de faire, en un seul bloc de métal fusible, une page semblable à la page composée en caractères mobiles. Ces blocs sont conservés après le tirage jusqu'au moment où, les exemplaires tirés étant vendus, l'éditeur fait réimprimer l'ouvrage. Il n'est pas nécessaire alors de composer à nouveau ; les mêmes planches servent à la réimpression.

Voici comment on obtient ces blocs. On compose une première fois l'ouvrage en caractères mobiles et, par des procédés différents, on prend en creux l'empreinte des pages composées ; dans les moules ainsi obtenus on coule un alliage liquide qui, en s'y solidifiant, reproduit tous les détails des pages. Ces blocs sont mis à épaisseur convenable, et ce sont eux que l'on impose dans les formes.

RELIURE

Brochage. — Lorsque les feuilles d'un ouvrage sortent des mains de l'imprimeur, elles sont réunies par paquets ne contenant que des feuilles d'un même numéro. Le papier étant encore plus ou moins humide, on le fait sécher, et l'on dispose sur une table les paquets les uns à la suite des autres et par numéro de feuilles. On procède alors à l'*assemblage*, c'est-à-dire qu'un ouvrier se déplaçant le long de la table prend une feuille à chaque paquet ; quand il est arrivé au bout de la série, il a assemblé la matière d'un volume et il recommence la même opération. Ces nouveaux paquets sont livrés aux *plieuses*, qui, comme leur nom l'indique, sont chargées de plier les feuilles, de manière que les pages se suivent dans leur ordre naturel. Les divers cahiers résultant du pliage sont ensuite cousus et assemblés avec un fil et recouverts d'une couverture imprimée. Dans cet état, le livre est dit *broché* et se vend souvent ainsi ; mais il ne présente pas assez de solidité et tôt ou tard il est nécessaire de le *relier*.

La reliure s'exerce, soit dans de grands ateliers où l'on travaille pour les libraires, qui font maintenant relier la plupart des livres de luxe avant de les mettre en vente, soit dans de petits ateliers où l'on relie pour les particuliers qui ont acheté les livres brochés. Ce second genre de travail diffère un peu du premier et pourrait être désigné sous le nom de *reliure d'amateur*, l'autre constituant la *reliure industrielle*.

Battage et mise en presse. — Lorsque le livre a été plié, il doit subir l'opération du *battage*, qui a pour but de comprimer le papier et de réduire son volume. Le battage se fait à l'aide d'un marteau en fer, à tête carrée et à manche court, pesant 5 kilogrammes environ. Le relieur, tenant d'une main un paquet de cahiers appelé *battée*, le place sur une grosse pierre de 0^m,80 de haut environ : de l'autre main il soulève le marteau et le laisse retomber sur le paquet à battre. Pendant le battage, l'ouvrier doit déplacer la battée, de manière qu'un coup de marteau empiète toujours sur le précédent. On évite ainsi de faire des bosses, qu'on nomme *noix*. Aujourd'hui le battage est presque toujours remplacé par un laminage entre des feuilles de zinc. Ce procédé est plus expéditif, moins fatigant et plus efficace. Les livres sont ensuite mis en presse pour faire disparaître le gondolage qu'a produit l'opération précédente. Chaque volume sous presse est séparé du suivant par une planchette appelée *ais*. A la sortie de la presse, les exemplaires sont collationnés, afin de vérifier si les cahiers sont bien en ordre et s'il n'en manque pas ; puis on colle, le long du dos du premier et du dernier cahier, une feuille de papier blanc pliée en deux, nommée *garde blanche*. Ce sont ces feuilles blanches que nous voyons au commencement et à la fin de nos livres, et dont la moitié forme l'envers de la feuille colorée qui se trouve immédiatement après le couvert et qu'on appelle la *garde marbrée*.

Grecquage. — Il faut alors réunir tous ces cahiers en les cousant, mais le cousage est précédé du *grecquage*, opération qui consiste à faire sur le dos du volume, mis entre les mâchoires d'un étau, plusieurs sillons destinés à loger les ficelles qui serviront tout à l'heure de points d'attache pour les fils de la couseuse. Le grecquage s'exécute, soit à la main avec une petite scie, soit mécaniquement avec des scies circulaires montées sur un axe horizontal tournant en dessus des mâchoires de l'étau.

Cousage et rognage. — Le *cousage* est ordinairement fait par des femmes à l'aide d'un appareil fort simple.

Après le cousage, on coupe les ficelles en laissant excéder un bout de chacune d'elles ; on passe une couche de colle forte sur le dos du livre et l'on fait sécher : on applique ordinairement la colle sur plusieurs volumes à la fois.

Dans la reliure industrielle, au collage succède la *rognure*, opération par laquelle on aplanit parfaitement les tranches du livre. Pour cela, on le serre dans une pince horizontale en bois, d'où l'on ne fait sortir que ce qui doit être rogné ; puis, avec un couteau, on coupe tout ce qui excède. Le couteau est fixé dans une monture appelée *fût*, qu'il suffit de faire glisser sur la presse.

Le plus souvent ce mode de rognage est remplacé par l'emploi d'une machine qui permet de rogner un grand nombre de livres à la fois, et qui consiste essentiellement en un couteau animé d'un mouvement vertical. Les livres sont placés en pile sur une plate-forme et le couteau, en descendant, les rogne.

Endossage. — On procède ensuite à l'*endossage*, opération qui a pour but d'arrondir le dos et de produire la saillie, nommée *mors*, que les longs côtés du dos forment sur le corps du volume et qui doit recevoir la couverture en carton. On frappe d'abord sur le dos du livre placé à plat, puis on le met dans un étau horizontal dont les mâchoires sont inclinées de dedans en dehors et ne laissent sortir que la partie destinée à faire le dos. En serrant l'étau on comprime le livre, et les longs côtés du dos font alors saillie sur les mâchoires ; on les rabat sur elles par quelques coups de marteau, et lorsqu'on desserre le livre, le mors se trouve fait.

Chacun a remarqué que dans un livre la tranche parallèle au dos a toujours une forme concave : cette concavité est appelée la *gouttière*. Il est facile de se rendre compte de la manière dont elle est produite. Avant l'arrondissage du dos, la tranche est parfaitement plate, mais cette opération ayant pour effet de pousser en avant les feuilles du commencement et de la fin du livre, tandis que celles du centre ne bougent guère, il en résulte que la tranche prend une forme concave, le fond de la concavité correspondant aux pages du centre.

Pose de la couverture. — Il faut maintenant poser la couverture, qui est faite avec deux lames de carton percées sur l'un de leurs longs côtés d'autant de fois deux trous qu'il y a de ficelles au dos du livre. Ces ficelles sont placées dans les trous et rabattues sur le carton où elles sont collées. Elles servent aussi de charnières. On pose ensuite le dos de toile ou de peau en collant ses bords sur le carton et en l'amincissant avec un outil tranchant ; puis on colle la couverture et les gardes marbrées.

Le titre et les ornements dorés que l'on voit sur le dos du livre se placent de la manière suivante : On passe une couche d'albumine ou blanc d'œuf sur la région à dorer, on la recouvre d'une feuille d'or, c'est ce qu'on appelle *écoucher*, et à l'aide d'une matrice en cuivre, nommée *fer*, portant en relief les caractères à dorer et que l'on a chauffée, on appuie sur la partie à dorer. Il se produit une espèce de gaufrage dans lequel entre l'or. Si l'on passe alors un blaireau, l'excès d'or s'en va et il n'en reste que dans les sillons formés par le fer.

Dans la reliure industrielle, cette opération se fait à l'aide de machines spéciales.

Pour les livres à bon marché, la reliure est souvent simplifiée. Au lieu, par exemple, de relier le dos au carton à l'aide de ficelles, on colle sur le livre un dos et une couverture ne formant qu'une pièce ; les ficelles sont rabattues sur les gardes. Ce genre de reliure, nommé *emboîtage*, est beaucoup moins solide.

CHAPITRE III

GRAVURE ET LITHOGRAPHIE

La reproduction sur papier des œuvres des artistes, des dessins destinés à faire comprendre les descriptions scientifiques ou autres, est exécutée par deux arts distincts, la gravure et la lithographie, dont nous allons exposer les principaux traits.

GRAVURE

On connaît depuis longtemps le moyen de graver des dessins en creux sur des planches métalliques, mais c'est au Florentin Masso Finiguerra que l'on doit d'avoir utilisé ces planches à la reproduction sur papier des lignes gravées. C'est à lui qu'est due l'invention de la *gravure au burin*, qui de tous les procédés en usage est le plus ancien. Malgré la variété des méthodes de gravure, nous les ramènerons toutes à deux types principaux :

la gravure en creux ou *en taille-douce*, et la *gravure en relief* ou *en taille d'épargne*.

Gravure en creux ou en taille douce. — La *gravure en creux* s'exécute sur métal au *burin* ou à *l'eau-forte*.

La *gravure au burin* consiste à pratiquer dans une planche de cuivre, qui doit être très-homogène, des sillons entre-croisés, ou *tailles*, reproduisant tous les détails du dessin. Ce travail exige de la part de l'artiste une très-grande habileté et se fait à l'aide d'un outil en acier, appelé *burin*. Si l'on passe sur la planche ainsi gravée un tampon imprégné d'encre d'imprimerie très-épaisse, l'encre entre dans les tailles et il devient facile de re-produire par impression sur une feuille de papier les dessins gravés. Dans la pratique, le burin ne sert ordinairement qu'à activer le travail préparé par l'action de l'eau-forte, action dont nous allons maintenant parler.

La gravure à *l'eau-forte*, dont les uns attribuent l'invention à Albert Durer, les autres à François Mazzuoli, a été pratiquée pour la première fois par Wenceslas d'Olmütz, en 1466. Ce procédé consiste à creuser le métal (cuivre ou acier) par l'ac-tion de l'acide azotique étendu d'eau. Pour atteindre ce but, on couvre la planche d'un vernis ; puis, avec des pointes, on en-lève le vernis suivant les lignes du dessin. On borde ensuite la planche d'une petite muraille de cire, de manière à en faire une espèce de cuvette, dans laquelle on verse l'eau-forte. Le mordant attaque le métal, le creuse partout où il est à nu, c'est-à dire suivant les lignes du dessin, et respecte les parties recou-vertes de vernis. Quand l'attaque est jugée suffisante pour les tailles fortes et commence à atteindre celles qui doivent être moins creusées, on transvase l'eau-forte et l'on ajoute de l'eau ordinaire. Puis on enlève la couche de vernis en frottant la planche avec un morceau de charbon de saule ; par un lavage à l'eau-forte, on rend au cuivre sa couleur qui a été altérée, on arrose la planche avec de l'huile et on la frotte assez éner-giquement avec un morceau de feutre à chapeau : elle est prête à être livrée à l'imprimeur.

La gravure en taille-douce se fait aussi sur pierre. Après avoir préparé la pierre avec une solution de tannin, de gomme laque et d'acide nitrique, qui empêchera l'encre d'imprimerie de prendre sur les parties non gravées, on décalque le dessin à graver sur la pierre. Pour cela, on enduit d'une poudre rouge appelée *sanguine* le verso de la feuille où est le dessin, on l'applique sur la pierre et, en suivant les lignes de ce dessin

avec une pointe, on les reproduit en traits constitués par la sanguine. Ce sont ces traits que le graveur entaille ensuite au
burin. Après gravure, on enduit la pierre d'huile pour la préserver de l'humidité et avoir des tons plus purs ; puis elle est
livrée à l'imprimeur, qui se sert d'une presse analogue à celle
que nous décrirons bientôt à propos de la lithographie.

Gravure en relief ou en taille d'épargne. — La gravure en
relief ou en *taille* d'*épargne* se pratique ordinairement sur des
morceaux de buis en bois debout. Le graveur entaille au burin
toutes les parties qui doivent rester blanches, les parties correspondant aux noirs seront en relief et prendront seules l'encre
lorsqu'on passera le rouleau à leur surface.

Le graveur sur bois suit dans son travail le dessin fait à la
surface du morceau de buis par un artiste appelé *dessinateur*.
Voici comment ce dessin a été exécuté : Le dessinateur en fait
d'abord un projet sur papier et place sur lui une feuille de papier gélatine transparent ; avec un burin très-fin il suit les principaux traits : il obtient ainsi, en gravure sur papier gélatine,
l'esquisse du dessin. Après avoir passé sur la face gravée un
peu de sanguine, qui ne reste que dans les sillons formés par le
burin, il applique cette face sur le morceau de buis, et en frottant le papier gélatine il reproduit sur le bois l'esquisse du dessin. C'est sur cette esquisse qu'il travaille ensuite au crayon et
à l'encre de Chine.

Le bois gravé peut servir à imprimer sur papier, mais on
comprend qu'au bout d'un certain nombre de tirages les re-
liefs s'écraseraient et perdraient de leur finesse. Pour éviter
cet inconvénient et respecter aussi longtemps que possible
le travail du graveur, on procède par *clichage*, c'est-à-dire
qu'on reproduit par la galvanoplastie le bois gravé, et ce n'est
plus le bois qui est employé à l'impression, mais le cliché qui,
dès qu'il sera détérioré par l'usage, pourra être refait sur le
bois. C'est ainsi que sont faites les figures des ouvrages illustrés.

LITHOGRAPHIE

La lithographie est un art qui consiste à imprimer les caractères et dessins tracés avec un corps gras sur une pierre calcaire appelée *pierre lithographique*. L'invention de cet art
remonte à l'année 1799 ; elle est due à Aloys Senefelder,
choriste au théâtre de la cour à Munich. Senefelder avait composé plusieurs pièces de théâtre ; mais n'ayant pas les res-

sources suffisantes pour subvenir aux frais de leur impression, il chercha le moyen économique de reproduire l'écriture. Après des essais assez nombreux, il eut l'idée d'utiliser à cet effet une pierre calcaire que l'on trouve en abondance aux environs de Munich, qui a le grain serré et peut recevoir un beau poli. Il imagina d'écrire sur cette pierre parfaitement polie, à l'aide d'un corps gras, puis de verser à sa surface un acide qui, rongeant la pierre aux endroits recouverts de corps gras et la respectant aux parties préservées par lui, mettrait les caractères en relief et produirait ainsi une véritable planche d'imprimerie. Senefelder n'obtint pas le relief nécessaire pour l'impression, mais il remarqua que la partie attaquée de la pierre était devenue incapable de recevoir l'encre d'imprimerie, si bien que, lorsqu'on passait à sa surface un rouleau à encrer, les caractères seuls se chargeaient d'encre. Il suffisait alors d'appliquer une feuille de papier sur la pierre, de la soumettre à une pression convenable pour avoir la reproduction des caractères tracés. Tel est encore le principe sur lequel repose la lithographie. Depuis Senefelder cet art a subi de remarquables perfectionnements; il fait aujourd'hui l'objet d'une importante industrie qui s'est répandue dans toutes les grandes villes, mais dont Paris surtout est le siége. Nous allons en décrire les principaux détails.

On emploie communément en France deux espèces de pierres lithographiques : celles d'Allemagne ou de Munich et celles des environs de Châteauroux, du Vigan et de Bruniquel.

Les pierres reçoivent une première préparation qui a pour effet d'en dresser parfaitement la surface et de la rendre légèrement grenue.

Travail de l'artiste lithographe. — L'artiste chargé de tracer à la surface de la pierre les caractères à reproduire se sert à cet effet d'encre ou de crayons lithographiques : d'encre quand il veut tracer des caractères d'écriture ou des dessins imitant le dessin ordinaire à la plume; de crayons, quand il veut imiter le dessin au crayon. L'encre lithographique est un mélange dont la composition varie. Pour se servir de cette composition, qui est solide, on la frotte à sec dans une soucoupe, et on la délaye avec le doigt dans une quantité d'eau qui varie avec la quantité d'encre que l'on veut obtenir. L'encre doit être assez épaisse. Ce liquide est employé à l'aide de pinceaux, de tire-lignes, de plumes métalliques ordinaires et de plumes faites avec une lame d'acier très-mince que chaque artiste taille avec une paire de ciseaux. Pour qu'après l'impression les caractères apparaissent sur le papier dans leur sens naturel, il est nécessaire que sur la pierre ils soient tracés à rebours. C'est une habitude que le lithographe prend peu à peu, et, pour se rendre compte de l'effet que produira son œuvre sur le papier, il a près de lui un miroir dans lequel il regarde de temps en temps les caractères tracés sur la pierre. Le miroir les lui présente dans leur sens naturel.

Préparation de la pierre lithographique. — Lorsque le dessin est fait, on prépare la pierre pour l'impression en étendant à sa surface un liquide formé d'acide nitrique et d'une dissolution de gomme arabique. Par l'action de ce liquide, les parties nues de la pierre deviennent inaptes à recevoir l'encre d'imprimerie et les caractères tracés avec le corps gras prennent plus de fixité. On lave ensuite la pierre à l'eau, puis à l'essence de térébenthine. Celle-ci dissout le corps gras de l'encre lithographique, et les caractères disparaissent. Ils existent cependant encore en ce sens que les parties qui étaient recouvertes par l'encre ou le crayon gras n'ont pas été attaquées par l'acide, de telle sorte que si, après avoir mouillé légèrement la pierre avec une éponge fine, on passe un rouleau encré à sa surface, ces parties seules prennent l'encre et les caractères reparaissent.

Tirage. — Il ne reste plus maintenant qu'à exécuter le tirage, qui se fait soit sur les presses à bras ou sur des presses mécaniques.

La *presse à bras* se compose (fig. 163) d'un bâti rectangulaire dans l'intérieur duquel se trouve un chariot C qui peut glisser, dans le sens longitudinal du bâti, sur un cylindre placé transversalement. C'est sur ce chariot qu'on place la pierre ; on la mouille avec une éponge et l'on passe à sa surface un rouleau semblable comme forme aux rouleaux d'imprimerie, mais qui est fait avec du feutre et du cuir collés sur un cylindre de bois. (L'encrage du rouleau s'exécute comme en imprimerie typographique.) L'encre s'attache seulement sur les caractères et respecte les autres parties qui sont protégées par la préparation à l'acide et par la petite couche d'eau qui les mouille. On applique alors sur la pierre une feuille de papier rendue humide par un séjour de quelques minutes entre des feuilles mouillées appelées *intercales;* on place au-dessus une feuille de papier qui fera coussin et l'on rabat sur le tout un cadre, nommé *châssis*, dont la surface est formée par une lame de cuir fixée sur ses côtés. Sur ce cadre on amène une pièce verticale O

nommée *râteau*, qui transmettra la pression. Pour cela l'ouvrier
agrafe ce râteau à un levier qui peut s'abaisser par le mouvement d'une pédale sur laquelle il pose le pied. En même temps
qu'il appuie sur la pédale, il fait tourner une roue verticale
placée sur le côté de la machine et appelée *moulinet*. Cette roue
produit l'enroulement d'une sangle attachée au chariot et force

FIG. 163. — Presse lithographique à bras.

celui-ci à passer sous le râteau dont il subit la pression. En
lithographie, il est important, pour éviter la rupture des pierres,
que cette pression ne soit pas exercée trop brutalement. La machine que nous venons de décrire satisfait à cette condition ;
car, dès que l'ouvrier qui manœuvre la presse sent une résistance un peu trop forte, il appuie sur la pédale avec plus de
précaution et, à l'aide de vis, règle la position du râteau, de

manière à avoir une pression convenable. Quand le chariot a passé, l'ouvrier dégrafe le porte-râteau, le relève, et l'orsqu'une chaîne à contre-poids a ramené le chariot dans sa position primitive, il ouvre le chassis, enlève la feuille qui a reçu l'impression et recommence l'opération.

Les *presses mécaniques* des lithographes ont une grande analogie avec celles qu'emploient les imprimeurs typographes. La pierre y remplace la forme.

Reports. — On comprend qu'une pierre lithographique ne puisse, comme une forme d'imprimerie, servir au tirage d'un grand nombre d'exemplaires sans être détériorée. C'était là un inconvénient assez grave, puisqu'il nécessitait que l'artiste dessinât sur une nouvelle pierre les caractères qu'il avait tracés sur la première. Le procédé des reports évite ce nouveau travail du dessinateur. Voici en quoi il consiste : au moyen d'une feuille de papier humide encollée à sa surface avec de la *colle de pâte*, on tire une épreuve sur la pierre originale ; puis on applique cette feuille encore humide sur une autre pierre, le côté de l'épreuve en dessous, et l'on soumet à la presse. Sous l'influence de la pression, la couche de colle contracte de l'adhérence pour la pierre, et lorsque, après avoir lavé à l'eau, l'ouvrier soulève la feuille, la colle ne la suit pas et reste sur la pierre tenant emprisonnés entre elle-même et celle-ci les caractères qui étaient sur l'épreuve. On lave encore à l'eau, la colle s'en va et les caractères restent seuls, reproduisant sur la pierre le travail du dessinateur. Il n'y a plus maintenant qu'à traiter cette pierre comme on a traité la pierre originale, l'attaquer à l'acide, etc., et s'en servir pour le tirage. On comprend facilement l'avantage d'un tel procédé : il permet le tirage d'un nombre indéfini d'exemplaires, car on pourra faire autant de reports que la pierre originale pourra donner d'épreuves sans être détériorée, et chaque report donnera lieu lui-même au tirage d'un grand nombre d'exemplaires.

FIN

QUESTIONNAIRE

INDUSTRIES EXTRACTIVES

CHAPITRE PREMIER. — Mines et carrières. — Extraction des matériaux employés dans les constructions. — Pierre a batir. — Marbres. — Ardoises. — Chaux. — Platre.

Pages 1 à 10. — Qu'est-ce qu'une carrière ? Qu'est-ce qu'une mine ? Quels sont les principaux outils employés dans l'abatage des roches ? Comment procède-t-on à l'abatage ? Qu'est-ce que le procédé dit à la lance ? Comment se sert-on de la poudre pour l'abatage ? Qu'est-ce que le procédé par rigoles, par havage ?

Pages 11 à 19. — Quelle est la pierre à bâtir généralement employée ? Quelles sont les principales carrières de pierre à bâtir exploitées en France ? Comment procède-t-on à l'exploitation à ciel ouvert et à l'exploitation souterraine ? Quelles sont les principales régions où l'on extrait le marbre en France ? Comment se font le sciage et le polissage du marbre ?

Pages 19 à 23. — Qu'est-ce que le granite ? Quelles sont en France les principales carrières de granite ? Quels sont les usages de l'ardoise ? Comment l'extrait-on à Angers et dans les Ardennes ? Comment le fend-on ? Quels sont les usages du grès ?

Pages 23 à 29. — D'où provient la chaux ? Comment la fabrique-t-on ? Quelle différence y a-t-il entre les fours à cuisson intermittente et les fours à cuisson continue ? Quels sont les usages de la chaux ? Qu'est-ce qu'une chaux grasse, une chaux maigre, une chaux hydraulique ? Qu'est-ce qu'un ciment ? Quelles sont les meilleures espèces ? Qu'est-ce que le plâtre ? D'où provient-il et comment le fabrique-t-on ? Quels sont ses usages ?

CHAPITRE II. — Combustibles.

Pages 29 à 46. — Qu'est-ce que la houille ? Comment explique-t-on sa formation ? Quelles sont en France les principales régions où on l'exploite ? En quoi consistent les travaux de recherche ? Comment se fait le sondage ? Qu'entend-on par travaux préparatoires ? A quoi servent les puits de mines et comment les établit-on ? A quoi servent les galeries de mines ? Comment soutient-on leurs parois ? Comment abat-on la houille ? Comment la transporte-t-on jusqu'au puits d'extraction ? Décrire les cages mouvantes qui servent à l'extraction. Comment aère-t-on les mines ? Quels sont les usages de la houille ?

Pages 46 à 52. — Qu'est-ce que le coke ? Comment le fabrique-t-on ? Qu'est-ce que les *agglomérés* ? Qu'est-ce que la tourbe ? D'où provient-elle et comment l'extrait-on ? Comment fabrique-t-on le charbon de bois ?

CHAPITRE III. — Extraction du sel.

Pages 52 à 58. — Qu'est-ce que le sel? Qu'est-ce que le sel gemme? Où le trouve-t-on? Comment extrait-on le sel gemme? A quoi sert le raffinage du sel et comment se pratique-t-il? Qu'est-ce qu'un marais salant? Quelles sont les régions en France où l'on rencontre les marais salants.

CHAPITRE IV. — Métallurgie.

Pages 58 à 84. — Les métaux se trouvent-ils dans la nature à l'état de pureté? Qu'est-ce qu'un minerai? Qu'appelle-t-on métallurgie? Quels sont les principaux minerais de fer et où les trouve-t-on? Qu'entend-on par préparation des minerais? Quels sont les principes sur lesquels repose la métallurgie du fer? Qu'est-ce que la méthode catalane? Qu'est-ce qu'un haut fourneau? A quel état le fer sort-il du haut fourneau? Quels combustibles emploie-t-on dans les hauts fourneaux? Comment utilise-t-on les gaz chauds sortant des hauts fourneaux? Qu'est-ce qu'une fonte blanche, une fonte grise? Comment transforme-t-on la fonte en fer? En quoi consiste l'affinage au bois? Qu'est-ce que l'affinage à la houille? Qu'est-ce qu'un marteau pilon? Comment lamine-t-on le fer? Qu'est-ce que le corroyage du fer? Qu'est-ce que la tôle? Comment la fabrique-t-on? Comment fait-on le fil de fer? Qu'est-ce qu'une filière? Comment fait-on les rails? Qu'est-ce que le fer-blanc et le fer galvanisé? Comment les fabrique-t-on? Qu'est-ce que l'acier? Quelles sont les principales espèces d'acier et comment les fabrique-t-on? D'où extrait-on le plomb et quels sont ses usages? Quelles sont en France les principales mines de plomb? D'où extrait-on le cuivre, le zinc, l'étain, le mercure, l'argent, l'or et le platine?

INDUSTRIES PRÉPARATOIRES

CHAPITRE PREMIER. — Fonderie et forgeage.

Pages 84 à 113. — En quoi consiste l'art du fondeur? Quelles sont les qualités que doivent avoir les fontes employées en fonderie? Qu'est-ce qu'un châssis? Comment fait-on un moule au châssis? Qu'est-ce qu'un cubilot? Comment coule-t-on la fonte? Qu'est-ce que le forgeage? Qu'est-ce qu'une enclume? Quels sont les principaux centres de la fabrication des clous? Comment fait-on les clous forgés? Comment fait-on les pointes de Paris et les clous à souliers? Comment fabrique-t-on les clous découpés? Qu'est-ce qu'un boulon? Comment fabrique-t-on la tête, le pas de vis et l'écrou d'un boulon? Comment fait-on les vis? Comment fait-on les casseroles en fer battu? Comment fait-on les scies, les limes et les faux? Quelles sont les principales parties d'une serrure simple? Qu'est-ce qu'une serrure bénarde, une serrure bec de cane, une serrure à deux tours et demi?

CHAPITRE II. — Coutellerie et fabrication des armes.

Pages 113 à 128. — Quelles sont les principales parties d'un couteau fermant, d'un couteau non fermant? Comment fait-on les lames de couteaux non fermants? Qu'est-ce que la trempe, l'émoulage, l'aiguisage et le polissage? Qu'est-ce qu'une arme blanche? Comment et où fabrique-t-on les sabres et les baïonnettes? Qu'est-ce qu'un canon? Qu'appelle-t-on âme, volée, culasse, bouche, bourrelet en tulipe, lumière et affût d'un canon? Comment charge-t-on un canon? Comment enflamme-t-on la poudre? Quels sont les inconvénients des canons lisses et les avantages des canons rayés? Décrire les principales pièces du canon de Reffye se chargeant par la culasse? Qu'est-ce qu'un obus fusant et un obus percutant? Quelles sont les principales opérations de la fabrication d'un canon? Décrire les pri - cipales pièces d'un fusil Chassepot, la manière dont on le charg   s principales opérations de sa fabrication. Comment fait-on les fu chasse?

CHAPITRE III. — CONSTRUCTION DES MACHINES.

Pages 128 à 143. — Qu'est-ce qu'un tour à pédale? Qu'est-ce tour à chariot? Qu'est-ce qu'une machine à raboter, à percer? Q sont les principales espèces de scies mécaniques? Qu'est-ce que la chaudronnerie? Comment fabrique-t-on une marmite? Qu'appelle-t-on emboutir? Qu'est-ce qu'une chaudière? Qu'est-ce qu'un rivet, comment le fait-on?

CHAPITRE IV. — PRODUITS CHIMIQUES.

Pages 143 à 157. — A quoi sert le soufre? D'où vient-il? Où et comment le raffine-t-on? Quels sont les usages des acides sulfurique, nitrique et chlorhydrique? Quels sont les usages des soudes et des potasses? Qu'est-ce que la fécule et l'amidon? Comment les extrait-on? Quelles sont les principales substances employées dans l'industrie des huiles? Comment extrait-on les huiles de graines? Comment extrait-on l'huile d'olives? Qu'est-ce qu'un savon? Quels sont les usages du savon? Quels sont les corps employés dans la fabrication du savon? Quelles sont les principales opérations de cette fabrication?

CHAPITRE V. — TANNAGE. — CORROIERIE. — MÉGISSERIE. — CHAMOISERIE. CAOUTCHOUC ET GUTTA-PERCHA.

Pages 157 à 172. — Quel est le but du tannage? En quoi consiste le tannage? Quelle est la substance qui joue le rôle principal dans le tannage? Qu'est-ce qu'un cuir fort et un cuir mou? Quelles sont les espèces de peaux employées à leur fabrication? Quelles sont les principales opérations qui précèdent le tannage proprement dit, soit pour les cuirs mous, soit pour les cuirs forts? Comment se fait le tannage? Qu'est-ce que la corroierie? Quelles en sont les principales opérations? Comment fait-on le cuir verni? Quel est le but et quels sont les moyens employés par les mégissiers? Qu'est-ce que le maroquin? Comment le fabrique-t-on? D'où nous vient le caoutchouc? Comment le récolte-t-on? Comment le prépare-t-on? Comment fait-on des fils, des tubes et des vêtements de caoutchouc? Quels sont les usages du caoutchouc durci? D'où vient la gutta-percha? A quoi sert-elle et comment la prépare-t-on?

CHAPITRE VI. — TABAC.

Pages 172 à 180. — D'où nous vient le tabac? Où le cultive-t-on en France? Comment prépare-t-on le tabac à priser, le tabac à mâcher, le tabac à fumer? Comment fait-on les cigares?

INDUSTRIES DE L'ALIMENTATION

CHAPITRE PREMIER. — FARINES. — PAINS. — PATES ALIMENTAIRES.

Pages 180 à 193. — Qu'est-ce que la meunerie? En quoi consiste le nettoyage du blé? En quoi consiste la mouture? En quoi consiste le blutage? En quoi consiste la panification? Décrire la préparation des levains, le pétrissage de la pâte, la cuisson du pain. Comment fait-on la semoule, le vermicelle?

CHAPITRE II. — BEURRE ET FROMAGES.

Pages 193 à 201. — De quoi se compose le lait? Qu'est-ce que le beurre? Qu'est-ce que l'écrémage, le barattage et le délaitage? Combien y a-t-il d'espèces de fromages? Comment fabrique-t-on les principaux fromages?

CHAPITRE III. — CONSERVES ALIMENTAIRES.

Pages 201 à 208. — Qu'appelle-t-on *conserves alimentaires?* Où les fabrique-t-on principalement? Décrire le procédé Appert, le procédé de dessiccation, le fumage et la salaison. Comment pêche-t-on et prépare-t-on les sardines, la morue, les harengs?

CHAPITRE IV. — SUCRE. — CONFISERIE. — DRAGÉES. — CHOCOLAT.

Pages 208 à 220. — D'où nous vient l'usage du sucre? Qu'est-ce que la betterave et comment la cultive-t-on? Comment rape-t-on les betteraves et en extrait-on le jus? Qu'est-ce que la défécation et la carbonatation des jus de betteraves? Comment évapore-t-on les sirops? Comment les cuit-on? En quoi consiste le raffinage du sucre? Comment fait-on les dragées? Quelles sont les substances qui entrent dans le chocolat et comment le fabrique-t-on?

CHAPITRE V. — BOISSONS.

Pages 220 à 233. — Qu'est-ce que le vin? Quelles sont les principales classes de vins produits par la France? Comment fait-on la vendange? Qu'est-ce que l'égrappage, le foulage, la fermentation du moût, le décuvage, le pressurage? Qu'est-ce que le collage du vin? En quoi la fabrication du vin blanc diffère-t-elle de celle du vin rouge? Comment fait-on le vin de Champagne? Qu'est-ce que la bière? Pourquoi mouille-t-on et fait-on germer l'orge? Qu'est-ce que le brassage et le houblonnage? Comment fait-on fermenter la bière? Qu'est-ce que le cidre et comment le fait-on? Qu'est-ce que l'eau-de-vie? Où et comment la fabrique-t-on? Quelles en sont les principales espèces? Qu'est-ce que le vinaigre et comment le fabrique-t-on?

INDUSTRIES DU VÊTEMENT ET DE LA TOILETT[

CHAPITRE PREMIER. — DE LA SOIE.

Pages 234 à 245. — D'où nous vient la soie? Comment élève-t-on l[
vers à soie? Quelles sont les maladies du ver à soie? Comment peut-o[
éviter les désastres que produisent ces maladies? Quelles sont les prin[
cipales opérations de la filature de la soie?

CHAPITRE II. — DU LIN ET DU CHANVRE.

Pages 245 à 256. — Qu'est-ce que la filasse et la chènevotte[
Qu'est-ce que le rouissage, le macquage et le teillage du lin? Pourquo[
peigne-t-on le lin et comment se fait le peignage? Quels sont les principe[
sur lesquels repose la filature du lin? Qu'est-ce que l'étalage, le doublage[
Qu'est-ce qu'un banc à broches, un métier à filer? Qu'est-ce que l[
chanvre? Quels sont ses usages?

CHAPITRE III. — COTON ET LAINES.

Pages 256 à 267. — Qu'est-ce que le coton? D'où nous vient-il? Quel[
sont les principaux centres où on le travaille? Qu'est-ce que l'ouvrage,[
le battage du coton? Qu'est-ce qu'une carde? Qu'est-ce que le doublag[
et l'étirage? Qu'est-ce qu'une mule jenny? Qu'est-ce que la laine? D'où
nous vient-elle? Quelles sont les principales espèces de laines? Comment
lave-t-on la laine? Quel est le but du peignage de la laine? Qu'appelle-t-on
blouse? Quel est le but du cardage de la laine? Comment la file-t-on?

CHAPITRE IV. — FABRICATION DES TISSUS.

Pages 267 à 282. — Qu'est-ce qu'un tissu? Qu'appelle-t-on chaîne et
trame dans un tissu? Qu'est-ce que l'ourdissage? Comment tisse-t-on la
toile? Comment fabrique-t-on les dentelles? Comment fait-on la broderie?

CHAPITRE V. — TEINTURE. — BLANCHIMENT. — IMPRESSION ET APPRÊTS
DES TISSUS. — FABRICATION DES DRAPS.

Pages 282 à 293. — En quoi consistent les premiers apprêts des
tissus? Pourquoi et comment grille-t-on les étoffes? Comment blanchit-on
les tissus de lin, de coton et de laine? Quel est le but de la teinture? Quel
est le but de l'impression des tissus? Comment se fait l'impression à la
main et à la mécanique? En quoi consistent les derniers apprêts des
tissus? Comment dégraisse-t-on les draps? Quel est le but du foulage et
comment se fait-il? En quoi consistent le lainage et le tondage des draps?

CHAPITRE VI. — CONFECTION DES VÊTEMENTS, DES CHAPEAUX,
DES CHAUSSURES ET DES GANTS.

Pages 293 à 306. — Qu'est-ce que le feutre? — Qu'est-ce que le
sécrétage? Comment fait-on le feutre à la main ou mécaniquement? De
quoi se compose un chapeau de soie? Comment réunit-on la galette à
l'étoffe de soie? Comment se font les chapeaux de paille? Quels sont les

ncipaux centres de fabrication des chapeaux? Comment fait-on la
ussure cousue? Qu'est-ce que la première, l'empeigne, la trépointe,
semelle, le cambrion, le talon? Comment ajuste-t-on ces différentes
ces? Qu'est-ce que la chaussure clouée et la chaussure vissée? Quelles
it les peaux employées par les gantiers? Quels sont les principaux centres
fabrication des gants? Quelles sont les préparations que subit la peau
vant d'être livrée au gantier? Qu'est-ce que le dollage et la fente?

CHAPITRE VI. — FABRICATION DES ÉPINGLES, DES AIGUILLES, DES BOUTONS, DES PEIGNES ET DES BROSSES.

Pages 306 à 315. — Combien y a-t-il d'opérations dans la fabrication
une épingle? Décrire ces opérations. Comment fait-on les boutons d'os?
a-t-il d'autres espèces de boutons? Qu'est-ce que la patte et les soies
une brosse? Comment prépare-t-on les soies? Comment les fixe-t-on
r la patte? Quelle est la préparation que l'on fait subir à la corne et à
caille? Comment fait-on les peignes?

IDUSTRIES DU LOGEMENT ET DE L'AMEUBLEMENT

CHAPITRE PREMIER. — CONSTRUCTION DES MAISONS.

Pages 316 à 330. — Quelles sont les principales parties d'une maison
t comment les établit-on? Qu'est-ce que la peinture à la détrempe et à
huile? Quels sont les principaux centres de fabrication des papiers peints?
u'est-ce que le fonçage du papier? Qu'est-ce que le satinage? Comment
imprime-t-on les papiers peints à la main, à la machine et au tire-ligne?
Comment veloute-t-on le papier? Comment dore-t-on et argente-t-on les
papiers peints? En quoi consiste le travail de l'ébéniste? Pourquoi et
comment plaque-t-on les meubles? Comment polit-on et vernit-on les
meubles?

CHAPITRE II. — PORCELAINES. — FAÏENCES. — POTERIES. — BRIQUES.

Pages 330 à 341. — Qu'est-ce que la céramique et comment divise-t-on
ses produits? Quel est l'élément plastique dans une poterie et quel est
l'élément dégraissant ou antiplastique? Quels sont les principaux centres
de fabrication de la porcelaine? En quoi consiste la préparation des pâtes?
En quoi consiste le travail au tour, le moulage et le coulage des poteries?
Comment fabrique-t-on les assiettes? Comment cuit-on la porcelaine?
Qu'est-ce que la faïence? Comment décore-t-on la porcelaine et la faïence?
Comment fait-on les briques?

CHAPITRE III. — VERRERIE ET CRISTALLERIE.

Pages 341 à 358. — Qu'est-ce que le verre? Quels sont les principaux centres de fabrication? Quelles sont les substances qui entrent dans
la composition du verre? Comment fait-on le verre? Comment fabrique-t-on
les vitres? Comment fabrique-t-on les glaces? Comment les polit-on? Comment étame-t-on les glaces? Comment fabrique-t-on les bouteilles? Qu'est-ce

que le cristal? Indiquer les différentes phases de la fabrication d'un ver
à boire. Comment fait-on le moulage du verre et du cristal? Comment :
fait la taille du verre et du cristal? Quels sont les procédés par lesque
on grave sur le verre et sur le cristal?

INDUSTRIES SATISFAISANT AUX BESOINS INTELLECTUELS

TABLE DES MATIÈRES

INDUSTRIES DE L'ALIMENTATION

INDUSTRIES DU VÊTEMENT ET DE LA TOILETTE

FIN DE LA TABLE DES MATIÈRES.

PARIS. — IMPRIMERIE DE E. MARTINET, RUE MIGNON, 2

www.ingramcontent.com/pod-product-compliance
Lightning Source LLC
Chambersburg PA
CBHW061004220326
41599CB00023B/3823